教育部高等学校电子信息类专业教学指导委员会规划教材
高等学校电子信息类专业系列教材

Contemporary Communication Systems

现代通信系统

主　编◎杨育红　朱义君

副主编◎王　彬　崔维嘉　菅春晓　巴　斌

　　　　任嘉伟　张艳语　李　盾　张二峰

清華大學出版社

北京

内 容 简 介

现代通信系统是现代通信技术和通信设备的集成。本书系统地介绍了当代应用最为广泛的几种通信系统的基本原理、关键技术、系统结构和工程设计,是为适应当前电子与信息领域科学及技术的快速发展而编写的电子与信息类专业通信系统教材。全书共分6章,内容包括通信系统概述、数字微波中继通信系统、卫星通信系统、短波通信系统、移动通信系统和光纤通信系统。

本书适合通信工程、电子信息工程专业高年级的本科生、研究生学习使用,也可供相关工程技术人员参考。

图书在版编目(CIP)数据

现代通信系统/杨育红,朱义君主编.—北京:清华大学出版社,2020.12(2025.1重印)
高等学校电子信息类专业系列教材
ISBN 978-7-302-56878-0

Ⅰ.①现…　Ⅱ.①杨…②朱…　Ⅲ.①通信系统-高等学校-教材　Ⅳ.①TN914

中国版本图书馆 CIP 数据核字(2020)第 228055 号

责任编辑:王　芳
封面设计:李召霞
责任校对:焦丽丽
责任印制:宋　林

出版发行:清华大学出版社
　　　　网　　　址:https://www.tup.com.cn, https://www.wqxuetang.com
　　　　地　　　址:北京清华大学学研大厦 A 座　　　　邮　　编:100084
　　　　社 总 机:010-83470000　　　　　　　　　　　邮　　购:010-62786544
　　　　投稿与读者服务:010-62776969, c-service@tup.tsinghua.edu.cn
　　　　质量反馈:010-62772015, zhiliang@tup.tsinghua.edu.cn
　　　　课件下载:https://www.tup.com.cn, 010-83470236
印 装 者:三河市君旺印务有限公司
经　　销:全国新华书店
开　　本:185mm×260mm　　印　　张:22.5　　　　字　　数:540 千字
版　　次:2020 年 12 月第 1 版　　　　　　　　　印　　次:2025 年 1 月第 5 次印刷
印　　数:3201～3500
定　　价:79.00 元

产品编号:083926-01

序
FOREWORD

我国电子信息产业销售收入总规模在 2013 年已经突破 12 万亿元,行业收入占工业总体比重已经超过 9%。电子信息产业在工业经济中的支撑作用凸显,更加促进了信息化和工业化的高层次深度融合。随着移动互联网、云计算、物联网、大数据和石墨烯等新兴产业的爆发式增长,电子信息产业的发展呈现了新的特点,电子信息产业的人才培养面临着新的挑战。

(1)随着控制、通信、人机交互和网络互联等新兴电子信息技术的不断发展,传统工业设备融合了大量最新的电子信息技术,它们一起构成了庞大而复杂的系统,派生出大量新兴的电子信息技术应用需求。这些"系统级"的应用需求,迫切要求具有系统级设计能力的电子信息技术人才。

(2)电子信息系统设备的功能越来越复杂,系统的集成度越来越高。因此,要求未来的设计者应该具备更扎实的理论基础知识和更宽广的专业视野。未来电子信息系统的设计越来越要求软件和硬件的协同规划、协同设计和协同调试。

(3)新兴电子信息技术的发展依赖于半导体产业的不断推动,半导体厂商为设计者提供了越来越丰富的生态资源,系统集成厂商的全方位配合又加速了这种生态资源的进一步完善。半导体厂商和系统集成厂商所建立的这种生态系统,为未来的设计者提供了更加便捷却又必须依赖的设计资源。

教育部 2012 年颁布了新版《高等学校本科专业目录》,将电子信息类专业进行了整合,为各高校建立系统化的人才培养体系,培养具有扎实理论基础和宽广专业技能的、兼顾"基础"和"系统"的高层次电子信息人才给出了指引。

传统的电子信息学科专业课程体系呈现"自底向上"的特点,这种课程体系偏重对底层元器件的分析与设计,较少涉及系统级的集成与设计。近年来,国内很多高校对电子信息类专业课程体系进行了大力度的改革,这些改革顺应时代潮流,从系统集成的角度,更加科学合理地构建了课程体系。

为了进一步提高普通高校电子信息类专业教育与教学质量,贯彻落实《国家中长期教育改革和发展规划纲要(2010—2020 年)》和《教育部关于全面提高高等教育质量若干意见》(教高【2012】4 号)的精神,教育部高等学校电子信息类专业教学指导委员会开展了"高等学校电子信息类专业课程体系"的立项研究工作,并于 2014 年 5 月启动了《高等学校电子信息类专业系列教材》(教育部高等学校电子信息类专业教学指导委员会规划教材)的建设工作。其目的是为推进高等教育内涵式发展,提高教学水平,满足高等学校对电子信息类专业人才培养、教学改革与课程改革的需要。

本系列教材定位于高等学校电子信息类专业的专业课程,适用于电子信息类的电子信息工程、电子科学与技术、通信工程、微电子科学与工程、光电信息科学与工程、信息工程及其相近专业。经过编审委员会与众多高校多次沟通,初步拟定分批次(2014—2017 年)建设约 100 门课程教材。本系列教材将力求在保证基础的前提下,突出技术的先进性和科学的前沿性,体现创新教学和工程实践教学;将重视系统集成思想在教学中的体现,鼓励推陈出新,采用"自顶向下"的方法编写教材;将注重反映优秀的教学改革成果,推广优秀的教学经验与理念。

为了保证本系列教材的科学性、系统性及编写质量,本系列教材设立顾问委员会及编审委员会。顾问委员会由教指委高级顾问、特约高级顾问和国家级教学名师担任,编审委员会由教育部高等学校电子信息类专业教学指导委员会委员和一线教学名师组成。同时,清华大学出版社为本系列教材配置优秀的编辑团队,力求高水准出版。本系列教材的建设,不仅有众多高校教师参与,也有大量知名的电子信息类企业支持。在此,谨向参与本系列教材策划、组织、编写与出版的广大教师、企业代表及出版人员致以诚挚的感谢,并殷切希望本系列教材在我国高等学校电子信息类专业人才培养与课程体系建设中发挥切实的作用。

吕志伟 教授

前 言
PREFACE

　　信息及通信理论与技术是当代人们研究的热点内容之一。随着信息与通信技术的飞速发展和人们需求的提升,通信系统及设备内容的更新周期越来越短,信息与通信工程学科以及相关学科对人才培养要求也在不断提高。为适应上述发展的要求,我们在牛忠霞、冉崇森、刘洛琨等编写的《现代通信系统》以及内部教材《现代通信系统》的基础上,结合多年的教学与科研工作实践,考虑人才培养实际需求,补充大量新热点、新技术、新理论,经过大幅更新,重新编写成本书。

　　在本书编写过程中,对如何处理好加强基础知识与引入新的理论技术之间的关系,注重开拓学生的知识面,培养学生的创新能力等问题,编者结合多年的教学与科研工作实践,进行了一些有益的尝试。

　　全书共分6章。第1章简述了通信系统的发展历史、现状和发展趋势,概括性地介绍了现代通信系统的一般概念、系统模型及分类等;第2章较全面地介绍了数字微波中继通信的相关概念以及系统的组成,以及多路复用、复接和调制等关键技术和微波传播特性,通过举例讨论了数字微波中继通信系统设计中的一些关键问题,包括射频波道的频率配置、微波中继线路设计、站址选择与核查等问题,并介绍了本地多点分配业务;第3章概述了卫星通信基本概念、通信卫星和地球站的组成,着重讨论了卫星通信的线路计算和多址联接方式,给出了数字卫星通信系统的范例和卫星通信与互联网融合的方式等内容;第4章介绍了短波信道的传播特性和线路设计、短波自适应选频技术、短波数字传输等技术,并介绍了第二代、第三代短波自适应通信系统等内容;第5章介绍了移动通信的基本概念、移动环境下的电波传播,并重点介绍了移动通信系统的网络结构、GSM第三代以及第四代和第五代数字移动通信系统;第6章介绍了光纤通信系统,着重论述了光纤与光缆、光路的无源光器件、光发送机和光接收机;给出了光纤通信系统的设计方法。

　　本书的第1、2章由朱义君、杨育红、菅春晓编写;第3章由杨育红、菅春晓、任嘉伟编写;第4章由王彬编写;第5章由崔维嘉、巴斌编写;第6章由张艳语、朱义君编写。本书的编写得到了解放军信息工程大学信息系统工程学院各级领导的关心与支持,在此对他们表示衷心的感谢。此外,本书的编写参考了国内外众多的书籍及文献,仅将主要参考资料附书后,同时向各原作者表示深深的谢意。

　　由于本书编写的内容覆盖面较广,加之编者水平有限,不足之处,诚请读者批评指正。

编　者

2020 年 10 月

目 录

CONTENTS

绪　　论

1.1　现代通信的一般概念

用任何方法,通过任何媒介将信息从一地传送到另一地,从广义上讲均可称为通信。人类社会建立在信息交流的基础上,通信是推动人类社会文明、进步与发展的巨大动力。同时,社会的发展,对通信也提出越来越高的要求。自电通信问世以来,通信的距离越来越远,通信的可靠性及有效性越来越高,通信的业务类型也越来越多(包括语言、文字、图像、数据等)。而随着数字通信的发展,原有的各种通信手段如短波通信、模拟微波中继、同轴电缆载波及移动调频电台等,都逐渐表现出不能适应现代化对通信的要求,因而也在不断发展和改进中获得新生。

当今社会已步入信息时代,而作为社会信息交流的重要技术支撑——现代通信应满足如下要求:

(1) 现代通信能对大量的信息进行处理、传递、交换和复现,并最大限度地节省频带资源与功率资源,提高信息传输的有效性与可靠性。

(2) 现代通信要求在任意通信系统中,在任何复杂的电磁环境中,信息复现时的失真最小。

(3) 现代通信应能将信息传递到世界上任何角落,不受地形影响,任意跨越高山、海洋、沙漠和草原。应使任何国与国之间的通信满足"及时、迅速、可靠甚至保密"的要求,应使国内各族人民,不论在城市和农村都能感受到现代通信带来的变化。

(4) 现代通信应能使信息社会中的各种生活、办公、科研、生产及文教卫生等活动组成一个整体,以高效率、高质量地提供经济可靠的通信手段。

1.2　通信系统及其模型

通信是由一系列设备来实现的,而完成信息传递所需的一切技术设备及传输媒介的总和称为通信系统。通信系统的模型如图 1.1 所示。

1. 信息源和收信者

根据信息源输出信号的性质不同可分为模拟信源和离散信源,模拟信源(如电话机、电视摄像机等)输出连续幅度的信号;离散信源(如电传机、计算机等)输出离散的符号和数字序列。模拟信源可通过抽样和量化变换为离散信源。随着计算机和数字通信技术的发展,

图 1.1　通信系统的一般模型

离散信源的种类和数量越来越多。

　　信息源产生的种类和速率不同,对传输系统的要求也各不相同。

2. 发送设备

　　发送设备的基本功能是将信源和传输媒介匹配起来,即将信源产生的消息信号变换为便于传送的信号形式,并根据传输距离大小以一定的信号功率送往传输媒介。变换方式是多种多样的。在需要频谱搬移的场合,调制是最常见的变换方式。

　　对于数字通信系统来说,发送设备又常常包含信源编码与信道编码两部分,如图 1.2 所示。信源编码是把连续消息变换为数字信号;而信道编码则是使数字信号与传输媒介匹配,提高传输的可靠性。

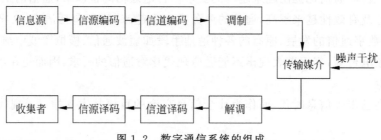

图 1.2　数字通信系统的组成

　　发送设备还包括为达到某些特殊要求所进行的各种处理,如多路复用、保密处理等,当然,频率变换、滤波、功率放大等也是不可缺少的。

3. 传输媒介

　　从发送设备到接收设备之间信号传递所经过的媒介,可以是无线的,也可以是有线的。有线和无线均有多种传输媒介。传输过程中必然引入干扰,如热噪声、脉冲干扰、衰落等。媒介的固有特性和干扰特性直接关系到变换方式的选取。

4. 接收设备

　　接收设备的基本功能是完成发送设备的反变换,即进行解调、译码、解密等。它的任务是从带有干扰的信号中正确恢复原始消息,对于多路复用信号,还包括有解复用设备以实现正确分路。

　　以上所述是单向通信系统,但在大多数场合下,通信双方是收发兼备的,以便随时交流信息,实现双向通信,电话就是一个最好的例子。如果两个方向有各自的传输媒介,则双方都可以独立进行发送与接收,但若共享一个传输媒介,则必须用频率、时间或空间分割等办法来共享。

　　另外,通信也不只是点对点通信,很多情况下是多点之间的通信,以完成信息的传输与交换。这时,就涉及多址技术和交换技术,整个通信系统就构成了一个通信网。

1.3　电通信发展简史及通信系统分类

电通信的出现是人类现代文明的标志之一,追溯电通信的历史可以将一些重要的有关记载归纳如下。

1800 年,伏特(Voita)发明了原始电池,为人们进行电通信的尝试奠定了基础。

1837 年,莫尔斯(Morse)首先发明了有线电报通信。他以电流的有、无表示传号和空号,并利用传号和空号的长短进行电报符号的编码,翻开了远距离电通信的首页。

1876 年,贝尔(Bell)利用电磁感应原理发明了电话机,实现了利用导线中电流的强弱传送话音信号,使通信技术又向前跨进了一步。

1887 年,赫兹(Hertz)通过实验证实了 1864 年麦克斯韦(Maxwell)关于电磁波存在的预言,为现代无线电通信提供了理论和实验根据。

20 世纪初期,人们利用正弦波易产生和控制的特点,提出了以信息控制高频正弦波振幅的调制方法——即初始的调幅制(Amplitude Modulation,AM),使通信不仅可以传送电报、电话,还可以传送音乐、图形、图像等,促进了有线和无线通信的发展。

1936 年,人们针对调幅易受噪声干扰、信号易失真的缺点,发明了抗干扰能力强的调频(Frequency Modulation,FM)通信技术。这一方面推动了移动通信的发展,也迎来了 20 世纪 40 年代模拟通信的兴旺时期。

1937 年,瑞韦斯(Hreeves)在奈奎斯特(Nyquist)定理的基础上发明了脉码调制(Pulse Code Modulation,PCM)通信,它伴随着通信理论和技术的其他发展(如过滤和预测理论、香农信息论、信号和噪声理论、调制解调理论、纠错编码理论等),使通信技术开始由频分复用(Frequency Division Multiplexing,FDM)向时分复用(Time Division Multiplexing,TDM)、由模拟通信向数字通信推进,揭开了现代通信的新篇章。

1945 年和 1955 年,德克拉克(de Clerk)和皮尔斯(Pierce)先后提出建立地球外中继站和利用卫星通信的设想,1962 年,人类发射了第一颗通信卫星,为国际卫星通信业务的发展开辟了道路,为通信容量需求的不断增加和范围的不断扩大创造了条件。1966 年,英籍华人高锟(K. C. Gao)就光纤传输的前景发表了具有历史意义的论文,提出了光纤可用于通信的概念。一种容量更大、质量更高的通信迅速发展起来。

补充说明以下几点:

(1)和任何事物的发展一样,电通信每一步的发展都不是一帆风顺的,都是在人们深刻理解了已有通信并透视了现有通信所面临问题的基础上,通过理论和实践的锐意探索才取得的。

(2)在通信发展过程中,理论和实践是并重的,相辅相成的,其每一步的发展都是以当时当地的综合技术条件为基础的。

(3)通信每一步大的发展都是在突破了已有模式和框框的前提下取得的。

通信系统的分类方法很多,这里仅讨论由通信系统模型所引出的分类。

1. 按消息的物理特征分类

根据消息的物理特征的不同,有电报通信系统、电话通信系统、数据通信系统及图像通信系统等。这些通信系统可以是专用的,也可以是兼容或并存的。由于电话通信最为发达,因而其他通信常常借助于公共的电话通信系统进行。例如,电报通信常是从电话话路中划出一部分频带传送,或者是用一个话路传送多路电报。又如,随着电子计算机发展而迅速成长起来的数据通信,近距离时多用专线传送,而远距离时则常常借助电话通信信道传送,传真信号亦是如此。综合数字通信网中,各种类型的消息都能在一个统一的通信网中传输、交换和处理。

2. 按调制方式分类

根据是否采用调制,可将通信系统分为基带传输和调制传输。

基带传输是直接传送未经调制的信号,如音频市内电话、数字信号基带传输等。

调制传输是对各种信号变换后进行传输的总称,调制方式很多。同时还常常采用复合调制方式,即用不同调制方式进行多级调制。

3. 按传输信号的特征分类

变换后的信号与消息之间必须建立单一的对应关系,否则在收端就无法恢复出原来的消息。调制时消息被携带在正弦波或脉冲序列的某个参量和几个参量上,按参量的取值方式又将信号分为模拟信号和数字信号。模拟信号中参量的取值范围是连续的,因此有无限多个取值;而数字信号中携带的信息参量仅可取有限个数值。

按照信道中所传输的是模拟信号还是数字信号,可相应地把通信系统分为两类,即模拟通信系统和数字通信系统。数字通信在二十多年来得到了迅速发展,并代表着通信发展的方向。

4. 按传输媒介分类

按传输媒介的不同,通信系统可分为有线和无线两类。

1.4　几种主要通信系统的现状和发展趋势

1. 电缆通信系统

电缆通信是最早发展起来的通信手段之一,用于长途通信已有近百年的历史,当前在通信中占有很重要的地位。在光纤通信和移动通信发展之前,电话、电报及传真等各用户终端与交换机的连接全靠电缆。电缆还曾是长途通信和国际通信的主要手段,大西洋和太平洋均有大容量的越洋电缆。电缆通信中主要采用模拟单边带(Single Side Band)调制和频分复用制(SSB/FDM)。国际上同轴电缆每芯容量可达 13200 路(或 6 路电视)。我国沪—杭、京—汉—广同轴电缆干线可通 1800 路载波电话。自从数字电话问世以来,各国大力发展脉码调制时分多路信号(PCM/TDM)在同轴电缆中的基带传输技术,数字电话容量可达 4032 路。近年来,由于光纤通信的发展,同轴电缆正在逐渐被光缆取代。

2. 微波中继通信

微波是在 20 世纪 60 年代开始发展的,它弥补了电缆通信的缺点,可达到电缆极难或无法覆盖的地区,且容易架设、建设周期短,投资也低于同轴电缆。微波通信是各国国内长途电话和电视节目的主要传输手段。模拟电话微波通信容量每频道可达 6000 路,主要采用 SSB/FDM/FM 制传输。

随着数字通信的发展,数字微波成为微波中继通信的主要发展方向。早期的数字微波大都采用了二进制相移键控(Binary Phase Shift Keying,BPSK)和四相相移键控(Quadrature

Phase Shift Keying,QPSK)调制,为了提高频谱利用率,增加容量,现已向多电平调制技术发展,采用了 16QAM(Quadrature Amplitude Modulation)和 64QAM 调制,并已出现了 256QAM 甚至 1024QAM 等超多电平调制的数字微波。采用多电平调制,在 40MHz 的标准频道间隔内可传送 1920～7680 路 PCM/TDM 话,赶上并超过模拟通信容量。

我国现有十万余千米的微波中继线路,主要用于数据通信和广播电视节目的传输。由于光纤通信的明显优势,其发展趋势将是和光纤通信的融合,逐渐变为骨干通信的一种补充方式。

3. 光纤通信

光纤通信具有容量大、中继距离远的优点,而且不怕电磁干扰,与同轴电缆相比可以大量节约有色金属和能源。因此,自 1971 年世界上第一个光纤通信系统在芝加哥开始运行以来,光纤通信发展极为迅速,新器件、新工艺、新技术不断涌现,性能日臻完善。目前世界各国广泛采用光纤通信。大西洋、太平洋海底光缆通信系统的容量已大大超出原有的海底电缆通信系统。由于长波长激光器和单模光纤的应用,每芯光纤通话路数已超过百万路,中继距离已超过 100km。市话光纤通信系统的成本也大幅度下降。目前,很多国家长途及市话中继系统光纤通信网的建设已经完成,今后将集中发展用户光纤通信网。

至今我国已铺设光缆达 100 000km,覆盖包括拉萨在内的所有省会和自治区首府城市。目前,光纤通信除了对原有光纤线路进行技术改造、扩容外,还计划发展 Tb/s 量级的光纤通信技术,其中包括密集复用技术特别是高密度多波复用技术、光时分复用技术和光码分多址技术、高码速率调制的光发射技术、宽带放大器技术、光纤色散补偿技术和波分复用(Wavelength Division Multiplexing,WDM)传输技术等。

光纤通信的发展,已为全球因特骨干网的物理层奠定了坚实的基础,并且为其网络层选择 IP 而非 ATM 起了举足轻重的作用。就长远发展而言,光纤通信将以 IP over WDM 技术构筑 21 世纪的全光通信网。

4. 卫星通信

卫星通信具有距离远、覆盖面积大、不受地形条件限制、传输容量大、建设周期短、可靠性高等特点。自 1965 年第一颗国际通信卫星投入商用以来,卫星通信得到了迅速发展。目前,卫星通信的使用范围已遍及全球,仅国际卫星通信组织就拥有数十万条话路,80% 的洲际通信业务和近 100% 的远距离电视传输业务均采用卫星通信。卫星通信已成为国际通信的重要手段,同时,卫星通信已进入国内通信领域,许多国家已拥有国内卫星通信系统。

我国自 20 世纪 60 年代初即开始研制微波中继通信系统和人造地球卫星,它标志着中国人民已有能力依靠自己的力量,涉足卫星通信领域,为通信网增加新的通信手段。20 世纪 70 年代中期,中国已有大型地面站为国内、国际通信服务。近年来,得益于国家重视和国内科技人员等各方面的共同努力,中国卫星通信在研究、开发、制造和卫星发射、运营等多领域,得到了长足发展,在国际上处于领先地位。

卫星通信为了在与光纤通信的有力竞争中确保一席之地,作为向 TDMA 体制发展的过渡阶段,正在由只能传输话音、模拟电视信号和中速数据的、传统的 FDM/FM/FDMA 和 QPSK/IDR(Intermediate Data Rate)技术,积极向 1998 年底出台的 IESS—310 技术方案推进,在全球发展 PTCM 与 RS 码级联编码调制方案,一方面适应多媒体业务的迅速发展与

Internet 互联,另一方面也使数字卫星通信系统的可靠性得到了进一步的提高。与此同时,随着通信业务的迅速发展,卫星通信正向更高频段发展,采用多波束卫星和星上处理等新技术。地面系统目前的一个重要发展趋势是小型化。近年来蓬勃发展起来的甚小口径终端(Very Small Aperture Terminal,VSAT)技术集中反映了调制、解调、纠错编码/译码、数字信号处理、通信专用超大规模集成电路、固态功放和低噪声接收、小口径低旁瓣天线等多种新技术的发展。

在继续发展同步轨道卫星通信的同时,还要发展相应的移动卫星通信,特别是重点发展低轨小型移动卫星通信系统;发展能集海事、航空、陆地综合通信业务的综合移动卫星通信系统,即不仅使系统具有话音、数据和电视传输功能,还要具有导航、定位、遇险告警和协调救援等多种功能;将卫星通信系统与地面光纤通信网和地面移动通信网连接成面向全球的个人通信网,以实现真正意义上的个人全球化通信。

5. 移动通信

移动通信是现代通信中发展最为迅速的一种通信手段,它是随着汽车、飞机、轮船、火车等交通工具的发展而同步发展起来的。近年来,在微电子技术和计算机技术的推动下,移动通信从过去简单的无线对讲或广播方式,发展成为一个有线与无线融为一体、固定与移动相互连通的全国规模乃至国际规模的通信系统。

基于 20 世纪 90 年代提出的解决移动通信数字化、微型化和标准化,在发展第二代移动通信的同时,就已经推出了 W-CDMA 和 CDMA2000 为主流技术的第三代移动通信模式。它除考虑与第二代系统的良好兼容外,较之第二代系统容量更大,通信质量更高,而且能在全球范围内实现无缝漫游,并且具有支持用户的话音、数据及多媒体在内的多种业务的能力,更适应与 Internet 连接的需要,目前已开始投入商用。第三代移动通信所涉及的关键技术有:高效编译码技术、智能天线技术、初始同步与 Rake 接收技术、多用户检测技术、功率控制技术等,以实现系统的高频谱效率、高服务质量、高保密性和低成本等性能要求。

6. 短波通信

短波通信发展较早,在 20 世纪 30 年代末已比较成熟。由于短波通信具有进行点对点通信时无须中继转发即可达很远距离,并且设备的制造和维护费用低等优点,几十年来一直广泛应用在民用及军用领域,特别在车载、船载和机载的远离通信中占有重要地位。但它也存在通信容量小,传输媒介不稳定、可靠性差的缺点。20 世纪 60 年代卫星通信崛起后,国际上便形成了一股“卫星热”,特别是轻型战术卫星出现后,有人曾认为短波通信已经过时。但随着 70 年代后期航天技术的发展,人们预感到在军事领域,战争一旦爆发,卫星有可能被摧毁或遭受某种对抗措施的强烈干扰,卫星通信将不可靠。于是,短波通信又被重视起来。随着计算机技术和大规模集成电路等数字技术实施:如自动选频预报、自适应技术、扩频技术以及新的调制与编码的组合技术等,通信的可靠性也在逐步提高。所以 20 世纪 80 年代开始了短波通信的复兴时期,今后在没有更高效、更廉价的传输系统取代它之前,短波通信仍将起着重要的补充作用。

应该指出,任何现代的通信都不是原来简单意义上的点对点通信,都是计算机与控制系统按一定程序和协议规约管理与控制下的网络通信的一部分。

人们为了方便快捷地进行或享受各种通信服务,曾提出在信息社会从电话、数据到图像、电视,从用户到用户可全部数字化,构成数字传输、数字交换、数字处理的宽带综合业务数字网。信息网的传输线路将主要由光纤通信和卫星通信联网组成。

另外,20 世纪末快速兴起的互联网,作为全球性开放信息资源网,连接或综合了世界各地区和各种计算机网络和设备,实现世界各地区、各种网络信息资源的共享。

毫无疑问,宽带综合业务也好,综合各种网络也好,最终的目的是为人类提供方便、快捷、廉价、高质量的信息服务。因此,其发展方向应该是集中了人类正在发展中的各种现代通信技术与计算机技术的高级智能信息网。

1.5 通信系统的性能指标

通信系统的任务是传递信息,因此,信息传递的有效性和可靠性是通信系统最主要的质量指标(当然通信系统的质量指标还包括电气性能、工艺结构及操作维修等方面,但从信号的传输角度上看,主要还是有效性与可靠性)。所谓信号传输的有效性是指在给定信道内所传输信息内容的多少;而可靠性是指保证所接收信息的准确程度。这两者是相互矛盾又相互联系的,在一定条件下可以相互转换。通常只能要求在满足一定可靠性指标下,尽量提高通信系统的有效性。

对模拟通信来说,信号传输的有效性通常可用有效传输频带来衡量,即在指定信道内所允许同时传输的最大通路数目。这个通路数目等于给定信道的传输带宽除以每路信号的有效带宽。对于基带传输系统,其有效性随着复用程度的提高而提高,而复用程度又与传输媒质有关;而射频传输的有效性与调制方式有很大关系;FM 波比 AM 波占用频带宽,传输同样的消息,用 AM 波时有效性高于 FM 波。

模拟通信系统的传输可靠性常采用接收端输出信噪比(S/N)来衡量。S/N 越高,可靠性越高,反之越低。通常,电话要求信噪比为 20~40dB,电视则要求 40dB 以上。S/N 与调制方式也有关,如一般情况下 FM 信号的输出信噪比就比 AM 信号高得多。所以,FM 传输可靠性高于 AM 传输,由此可以看出有效性与可靠性两者之间存在一定的矛盾。

对于数字通信系统,有效性可用一定信道条件下信息速率来衡量。当信道一定时,信息传输速率越高,有效性也越高。为了提高有效性,可采用多进制传输,此时每个码元携带的信息量超过 1 比特,若码元速率为 R_s,信息速率为 R_b,每个码元有 N 种可能采用的符号,则它们之间的关系为

$$R_b = R_s \log_2 N\,(\text{b/s}) \quad \text{或} \quad R_s = \frac{R_b}{\log_2 N}$$

码元速率的单位为波特(band),故常称为波特率。

数字通信系统的可靠性可用错误率来衡量。错误率又分为误比特率和误码率。

$$误比特率:P_b = \frac{错误比特数}{传输比特数}$$

$$误码率:P_s = \frac{错误码元数}{传输总码元数}$$

前者又称为误信率,误码率又称为误符号率。显然二进制中 $P_b = P_s$,且系统的 P_b 越低,则可靠性越高。

最后需要说明,在工程应用上还有一个衡量系统可靠性指标,这就是可靠度与中断率。所谓可靠度是指系统在全部工作时间内,其正常工作时间所占的百分数;而中断率指在全部工作时间内,传输中断所占时间的百分数。显然,这两者之和为1。造成传输中断的原因包含两个方面,即设备故障引起的中断和信道造成的中断,后者通常是由于电波在传播过程中的衰落引起的。因此,工程设计时总是把总的可靠性指标在设备可靠性与传输信道可靠性两个方面进行分配。

第 2 章

数字微波中继通信系统

2.1 数字微波中继通信概念

2.1.1 概述

数字微波中继通信是在数字通信与微波通信的基础上发展起来的一种更为先进的通信传输手段,它集合了数字通信和微波通信两者的优点,具有容量大、上下话路方便、长途传输质量较稳定、投资较少、建站较快等特点。微波中继通信与光纤通信、卫星通信一道被国际公认为是最有前途的三大传输手段。

微波通信是用微波(300MHz~3000GHz)作为载体传送数字信息的一种通信手段。数字微波通信属于无线通信,即借助无线电波在空间的传播实现信息的传递。微波通信的通信方式主要有下列三种。

(1)散射通信。电波借助对流层(5~10km)的散射返回地面,一般通信距离一次可达到几百千米。

(2)卫星通信。电波借助高空中的人造地球卫星的转发返回地面,一般通信距离可跨越上万千米。

(3)微波中继通信。电波借助地面架设的微波中继站的转发实现远距离的通信。

其中,采用微波中继通信的原因有以下两点。

1. 微波的似光性

微波具有似光性,电波在自由空间是直线传播的。图 2.1 示出了微波中继通信中的电波传播模型。因为地球表面是曲面(地球平均半径 $R=6371$km),假设地球表面没有任何障碍物,即图中通信的两点 A 点到 B 点之间没有遮挡,那么天线架得越高,A、B 两点的可视距离就越远,即两点间的通信距离越远。

图 2.2 示出最大可视距离与天线高度之间的关系,最大可视距离 $d=d_1+d_2$。

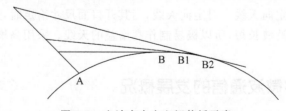

图 2.1 电波在自由空间传播示意

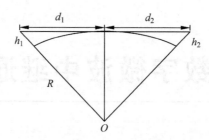

图 2.2 最大可视距离与天线高度之间的关系

由图 2.2 可得

$$d_1 = \sqrt{(R+h_1)^2 - R^2} \qquad (2.1)$$

$$d_2 = \sqrt{(R+h_2)^2 - R^2} \qquad (2.2)$$

$$d = d_1 + d_2 = \sqrt{2Rh_1 + h_1^2} + \sqrt{2Rh_2 + h_2^2} \qquad (2.3)$$

通常 $R \gg h_1(h_2)$，所以

$$d \approx \sqrt{2Rh_1} + \sqrt{2Rh_2} = \sqrt{2R}\,(\sqrt{h_1} + \sqrt{h_2}) \qquad (2.4)$$

将 A、B 两点天线架高 50m，即 $h_1 = h_2 = 50$m，由式(2.4)可以计算得到最大可视距离 d 约为 50km。要实现更远距离的两点之间的通信，需要在两点间架设微波中继站。

2. 传输损耗大

波长越短，损耗也就越大，所以远距离通信需要不断提供能量补偿。

2.1.2 数字微波中继通信的特点

数字微波中继通信除拥有数字通信的特点外，还兼有微波通信的特点。

1. 微波占用频带宽

微波频段 300MHz~300GHz，占用的频带越宽，能容纳同时工作的无线电设备就越多，通信容量就大。

2. 适用传输宽频带信号

相比长、中及短波通信设备，微波通信设备工作在微波频段，在相同的相对通频带(绝对通频带 $\Delta f/f_0$)条件下，载频 f_0 越高，绝对通频带越宽。如：$\Delta f/f_0 = 1\%$，若 $f_0 = 40$MHz，则 $\Delta f = 0.4$MHz，若 $f_0 = 4000$MHz，则 $\Delta f = 40$MHz，可几千个话路同时工作，当然也可用于传输电视图像等宽频带信号。

3. 受干扰小

当频率高于 100MHz 后，工业干扰、天电干扰及太阳黑子的活动对其通信影响极小，因而微波传输可靠性高。

4. 天线的方向性强、增益高

点对点通信采用定向天线。对定向天线，当其开口面尺寸给定时，天线的增益与工作波长的平方成反比。微波波长短，所以极易制作高增益的天线。采用高增益的天线，可降低发信机的发射功率。

2.1.3 数字微波通信的发展概况

微波通信技术问世已半个多世纪，作为一种无线通信手段，最初的微波通信系统都是模拟制式的。它与当时的同轴电缆载波传输系统同为通信网长途传输干线的重要传输手段，例如，我国城市间的电视节目传输主要依靠的就是微波传输。20世纪70年代起研制出了中小容量(如8Mb/s、34Mb/s)的数字微波通信系统，这是通信技术由模拟向数字发展的必然结果。80年代后期，随着同步数字系列(Synchronous Digital Hierarchy，SDH)在传输系统中的推广应用，出现了 $N \times 155.520$Mb/s 的 SDH 大容量数字微波通信系统。随着技术的不断发展，除了传统的传输领域，数字微波技术在固定宽带接入领域也越来越引起人们的重视。工作在 28GHz 频段的本地多点分配业务(Local Multipoint Distribution System，LMDS)已在很多国家大量应用，预示着数字微波技术拥有良好的市场前景。

2.2 数字微波中继通信系统组成

图 2.3 给出的是一条数字微波中继通信线路。除线路两端的终端站，还有大量的间隔距离 50km 左右的中继站以及分路站，所有这些站统称为微波站。

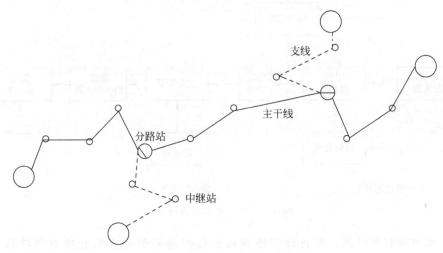

图 2.3 微波中继通信线路示意

1. 终端站

终端站是处于线路两端的微波站，是系统的终端。它对一个方向收发，且收发射频不同，可以上、下话路。

2. 中继站

中继站是线路的中间转接站。它对来自两个方向的微波信号放大、转发，不能上、下话路。

3. 分路站

分路站具有中继站的功能，还可以上、下部分话路。

4. 枢纽站

在微波中继通信网，两条以上的微波线路交叉的微波站称为枢纽站。它可以从几个方向分出或加入话路或电视信号。

相邻两个微波站之间的线路称中继段。

　　各种类型的微波站功能不同,相应配备的设备也不同。由于构成系统所需使用的技术设备很多,如用户终端、交换机、数字终端机、天馈设备、微波收发信机、监测控制设备以及电源设备等,所以本节仅简要介绍微波站中的数字微波收发信机设备及中继站的中继方式。

2.2.1 数字微波收发信设备

1. 发信设备

　　在数字微波中继通信系统中,发信设备通常有两种,图2.4示出了这两种发信设备的组成框图。

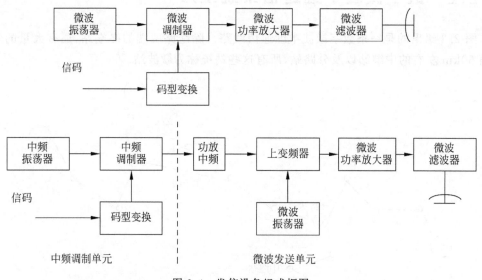

图 2.4　发信设备组成框图

　　(1) 微波调制发射机。来自数字终端机的信码经码型变换后直接对微波载频进行调制。

　　(2) 中频调制发射机。来自数字终端机的信码经码型变换后,首先在中频调制器中对中频载频(70MHz/140MHz)进行调制,然后经中频功率放大,把已调信号放大到上变频器要求的功率电平,上变频器把已调信号变换为微波调制信号,再经微波功率放大器,放大到所需的输出功率电平,最后经微波滤波器输出馈送到天线振子,由发送天线将此信号送出。中频调制发射机设备组成与一般的模拟微波收发信机相似,只要更换调制、解调单元,就可以传输模拟/数字信号,实现数字模拟系统兼容。

2. 收信设备

　　收信设备组成一般采用超外差接收方式,组成方框图见图2.5。它由3部分组成:射频系统、中频系统和解调系统。

　　数字调制信号的解调采用相干解调或非相干解调,相干解调具有较好的抗误码性能,所以在数字微波中继通信中一般采用相干解调。图2.5是相干同步解调。还有一种解调方式为差分相干解调。

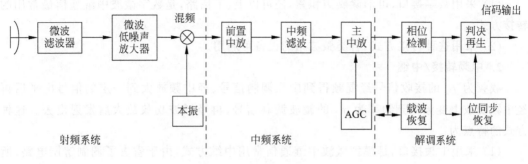

图 2.5 收信设备组成框图

2.2.2 中继站的中继方式

数字微波中继通信系统有 3 种中继方式,中继方式不同,设备组成也就不同。图 2.6 给出这 3 种中继方式工作图。

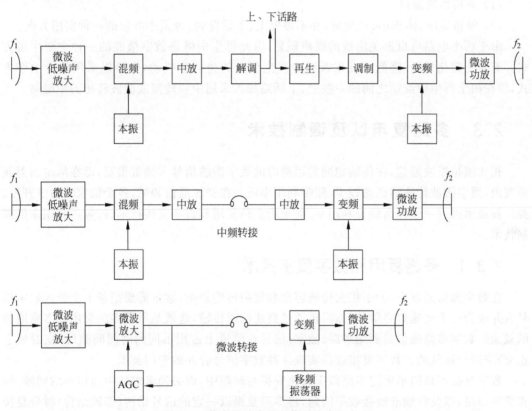

图 2.6 数字微波中继通信系统中继方式

1. 再生转接/中继

载频为 f_1 的接收信号经混频变换成中频,经中频放大送至解调电路,解调后信号经判决再生电路还原出原信码脉冲序列。还原的信码脉冲序列再对发射机的载频进行数字调制,再经变频和功率放大器(以下简称功放)以 f_2 为载频经由天线发射出去。这种中继方式具有以下特点。

（1）采用数字接口，可消除噪声积累，还可以上、下话路，是数字微波中继通信最常用的转接方式。

（2）采用这种转接方式，各类微波站的设备可通用。

2. 中频转接/中继

载频为 f_1 的接收信号经混频得到中频调制信号、经中频放大到一定的信号电平后再经中频功放上变频得到频率为 f_2 的微波调制信号，再经微波功放放大后发射出去。这种方式的特点为：

（1）采用中频接口，是模拟微波中继通信常用中继方式，由于省去了调制解调电路，所以设备较简单，功耗较少。

（2）只能增加通信距离，不能消除噪声积累，也不能上、下话路。

3. 微波转接/中继

载频为 f_1 的接收已调信号经功率放大后，变频为载频为 f_2 的微波已调信号，再经微波功放放大后发射出去。这种方式的特点为：

（1）采用微波接口。

（2）设备简单、体积小、功耗低，在不需要上、下话路时，也是中继站的一种实用方案。

由于再生电路可以避免沿线的噪声积累，因此再生中继是数字微波的一种主要中继方式。有时为简化设备、降低功耗以及减少再生引入的位同步抖动，也可以采用混合中继方式，即在两个再生中继站之间的一些上、下话路加入采用中频转接或微波转接的中继站。

2.3　多路复用以及调制技术

相比模拟微波通信，在传输相同的话路时的数字微波信号占频带很宽，即在给定的射频带宽内，数字微波传输的话路较少、频带利用率低。在微波通信领域，各个国家致力于开发、推广新技术以进一步提高频带利用率，如采用多路复用和数字复接技术、高频带利用率的调制技术。

2.3.1　多路复用和数字复接技术

在数字通信系统中，为了扩大传输容量和提高传输效率，常常需要把若干个低速数字信号合并成为一个高速数字信号，然后再通过高速信道传输，这就是所谓多路复用或多路通信的概念。数字多路通信是利用多路（数字）信号在信道上占用不同的时间间隙（即在时域上正交）来进行通信的。数字复接就是实现这种数字信号合并的专门技术。

数字复接不是简单地把多路数字码流安排在时隙中，而必须考虑数字通信中的同频、同相管理联络，以及收端准确接收等问题，将多路数据以一定的信号结构（即帧结构）时分复接起来。为了使终端设备标准化和系列化，同时又能适应不同传输媒体和不同业务的要求，一些国际标准化组织提出了有关数字复接帧结构的统一格式，广泛应用于数字微波中继通信系统中的复接规范有准同步数字系列（Plesiochronous Digital Hierarchy，PDH）和同步数字系列。

1. 数字复接系统

如图 2.7 所示，数字复接系统包括数字复接器和数字分接器两部分。数字复接器是把

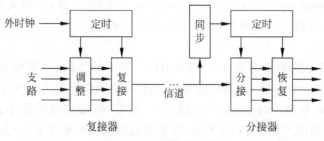

图 2.7　数字复接系统

两个或两个以上的支路数字信号按时分复用方式合并成为单一的合路数字信号的设备；数字分接器是把一个合路数字信号分解为原来的支路数字信号的设备。通常总是把数字复接器和数字分接器装在一起做成一个设备，称为复接分接器，一般简称数字复接设备。

数字复接器由定时、调整和复接单元组成；数字分接器由同步、定时、分接和恢复单元组成。定时单元向设备提供统一的基准时间信号。复接器的定时单元备有内部时钟，也可以由外部时钟推动。分接器的定时单元只能由接收的时钟信息来推动，借助同步单元的控制，使得分接器的基准时间信号与复接器的基准时间信号保持同步。调整单元的作用是把各输入支路数字信号进行必要的频率或相位调整，形成与本机定时信号完全同步的数字信号，然后由复接单元对它们实施时间复用形成合路数字信号。分接单元的作用是把合路数字信号实施时间分离形成同步支路数字信号，然后再通过恢复单元把它们恢复成为原来的支路数字信号。

在复接单元输入端上的各支路数字信号必须是同步的，即它们的生效瞬间与本机相应的定时信号必须保持正确的相位关系。但是在调整单元的输入端上即在复接器的输入端上则不是必须这样要求。如果复接器输入支路数字信号与本机定时信号是同步的，那么调整单元只需调整相位，有时甚至连相位也无须调整，这种复接器称同步数字复接器。如果输入支路数字信号与本机定时信号是异步的，即它们的对应生效瞬间不一定以同一速率出现，那么调整单元要对各个支路数字信号实施频率和相位调整，使之成为同步数字信号，这种复接器称异步复接器。如果输入支路数字信号的生效瞬间相对于本机对应的定时信号是以同一标称速率出现，而速率的任何变化都限制在规定的容差范围内，这种复接器称为准同步复接器。

数字复接可能是按位复接，也可能是按字复接或按帧复接。

按位复接是轮流把各支路的一位码元发送到线路上。这种方式要求复接电路存储容量小，比较简单，PDH 大多采用它。但复接后的新帧中无法区分原来支路中一个话路甚至一帧的码字，破坏了原信号的完整性，不利于信号的处理和交换。

按字复接也称为按路复接，每话路的一个样值的 8 位码元称为一个字。按字复接是轮流将各支路中的一个字发送到线路上。这种方式要求复接电路有一定的存储容量，但它保持了单路码字的完整性，即在多次复接后仍能辨别出某一路的码字，便于在高次群中直接对支路乃至话路信号进行处理和交换。SDH 的复接多采用这种方式。

按帧复接是指每次复接一个支路的一帧数码（如一帧含有 256 个码元）。

2. PDH 数字复接——PCM/TDM 数字复接

国际上主要有两大系列的 PDH 系列，经国际电报电话咨询委员会（International

Telegraph and Telephone Consultative Committee, CCITT) 推荐, 两大系列有 PCM 基群 24 路系列和 PCM 基群 30/32 路系列, 本书仅介绍后者。

1) PCM/TDM

模拟话音信号的频率范围为 $300\sim3400\mathrm{Hz}$。采用 PCM 技术对模拟话音信号数字化时, 可根据奈奎斯特抽样定理, 取抽样频率为 $8\mathrm{kHz}$, 即抽样周期为 $125\mu\mathrm{s}$, 则所得标准数字话路的数据比特率为 $R_\mathrm{b}=8\times8000=64\mathrm{kb/s}$。可见, 传输这样的数字话音信号, 需每隔 $125\mu\mathrm{s}$ 传送一个样值的 8 比特 PCM 码元, 如果采取传输比特率高于 $64\mathrm{kb/s}$ 的速率传输, 则这样的信道传输一个数字话路有空闲时间。为了提高信道利用率, 可以利用该空闲时间传输其他路的话音信号, 从而实现多路话音信号的分时传送, 这就是 TDM 的基本设想。

把整个通信过程划分成一个个称之为"帧"的基本时间间隔, 对 $64\mathrm{kb/s}$ 的数字话音信号, 这个时间间隔是 $125\mu\mathrm{s}$, 即帧长是 $125\mu\mathrm{s}$。每一帧的时间又根据复用的路数划分为许多不相重叠的小间隔, 称为"时隙", 每个时隙依次传输各路信号的一个信息单元。如前所述, 信息单元若是位, 称为逐位复用; 信息单元若是字节, 称为逐字复用。复用的各路信号的信码在帧中的排列结构称为"帧结构"。图 2.8 给出了 PCM/TDM 的工作原理。

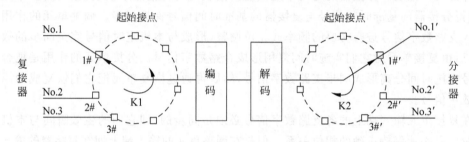

图 2.8 PCM/TDM 工作原理

如图 2.8 所示, PCM/TDM 复接器、分接器的发端有一旋转开关 K1, 收端是一个旋转开关 K2。两者以相同的速度旋转, 同步运行, K1 在起始接点时, K2 也必在起始点位置, 当 K1 旋转到接点 1♯, K2 也旋至接点 1♯′, 使 No.1 用户和 No.1′用户的话音沟通, 经过一个时隙的时间 $=125\mu\mathrm{s}/N$(N 为复用的话路数), K1/K2 旋转至 2♯/2♯′接点, 用户 No.2 与用户 No.2′接通, 如此循环往复, 周而复始, 使与接点相连接的用户每隔 $125\mu\mathrm{s}$ 接通一次, 每次持续时间为一个时隙的时间, 传送一个 8 比特的 PCM 码字。因为在每帧中复用用户都是依次接通的, 因而各路数字话音信号互不重叠。只要两个旋转开关旋转的速率相同且同步, 各对应的用户间通话就不会错位。旋转开关 K1 相当一个抽样器, K2 相当一个分路器。抽样后的话音经编码、解码, 通过 K2 再分送给各用户, 滤波后还原成声音。

2) TDM 的关键问题

(1) 帧同步(正确分路)。收发端旋转开关每一周的旋转中与各路接通的顺序必须一致, 才能保证每一帧中的各路数码被正确地分送到每一路中去。通过帧同步, 接收端能够知道每帧的起始时刻, 所以能够正确识别路序, 实现正确分路, 这就是所谓帧同步。

(2) 位同步(避免分路错位)。收发端开关旋转速度必须相等, 才能保证每位数码的选通时间保持一致, 即保证收发端信息速率一致, 避免分路错位, 这称为位同步。

复用后的数字基带信号, 比特速率要大大提高, 假设复用前比特速率是 R'_b, 那么复用后的群路信号的比特率 $R_\mathrm{b}>NR'_\mathrm{b}$, 此处大于号成立的原因是复用时增加了帧同步码和信令码。

3）PCM/TDM 组群标准及帧结构

国际电信联盟（International Telecommunication Union，ITU）对 PCM/TDM 数字电话推荐有两个组群标准（每路数字话音 8 比特编码，比特速率为 64kb/s），两种标准规定的复接等级及参数见表 2.1。

表 2.1 ITU 规定的两种系列标准

标　　准	级别	标称话路数	数码率/(Mb/s)	注
30/32 路（欧洲/中国）	基群	30	2.048	＝32×64
	二次群	120	8.448	＝4×2048＋256
	三次群	480	34.368	＝4×8448＋572
	四次群	1920	139.264	＝4×34 368＋1792
	五次群	9680～11 520	560～840	
24 路	基群	24	1.544	＝24×64＋8
	二次群	96	6.312	＝4×1544＋136
	三次群	672(美)	32.064	＝5×6312＋504
		480(日)	44.736	＝7×6312＋552
	四次群	1440(日)	97.728	
		4032(美)	274.176	
	五次群	5760(日)	396.200	

对非话路信号，数字化后利用 PDH/TDM 数字通信系统进行传输时，编码后的比特速率应遵循表 2.1。例如，6MHz 带宽的广播彩色电视信号，若采用 8 位编码，可采用 30/32 路的四次群也即大容量的数字传输系统来传输（6×2×8＝96Mb/s）；对诸如 4800b/s、9600b/s 的低速率数据，可以使用 TDM 合成 64kb/s 的速率，从而利用一路 PCM 话路信道进行传输。30/32 路 PCM/TDM 的基群帧结构如图 2.9 所示。

在 125μs 中复用的路数 N＝32，即一帧中安排有 32 个时隙：TS0，TS1，TS2，…，TS31。一个时隙占据时长为 3.9μs，也称为路时隙。TS1～TS15，TS17～TS31 传 30 个话路的 PCM 码字；TS0 传输的是帧同步码字，用于传输帧同步信号或帧失步告警信号；TS16 传输信令码以及复帧同步码组，其中信令码用来表示某一路的摘机、挂机、正常、故障以及话务员的再振铃或强拆等信息。

规定偶数帧的 TS0 的低 7 位传送帧同步码，最高位保留，目前固定为"1"。奇数帧的 TS0 传送帧失步对告，帧失步对告用 1 比特表示，安排在第三位，当本局接收端同步时，向对方局发"0"，否则发"1"。奇数帧 TS0 的第一位保留，目前固定是"1"，第二位固定为"1"，以区别偶数帧奇数帧。

由于通常用 4 位码传送每个话路的信令即可，所以 TS16 分为两部分，前四位和后四位分别传送两路的信令信号。30 个话路需要 15 个 TS16 传送信令信号，故而将 16 帧组成一个复帧（复帧时长为 125μs×16＝2ms）。16 个帧的编号分别为 F0、F1、…、F15。F0 帧的 TS16 的前四位传复帧同步码 0000；第六位作为复帧失步对告码，该位置"0"表示复帧同步，置"1"表示复帧失步；其余位保留，不用时固定为"1"。F1～F15 中 TS16 的前四位传送的是前 15 路话的信令码，后四位传送的是后 15 路话的信令码。

3. SDH 同步数字复接

数字通信技术的应用首先是从市话中继传输开始的，当时为适应非同步支路的灵活复

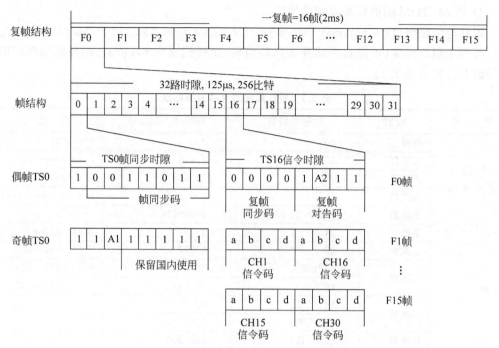

图 2.9　30/32 路 PCM/TDM 的基群帧结构

接,采用塞入脉冲技术将准同步的低速支路信号复接为高速数码流。开始时的传输媒介是电缆,由于频带资源紧张,因此主要着眼于控制塞入抖动及节约辅助位开销,根据国家/地区的技术历史形成了如上所述的美、日、欧 3 种不同速率结构的 PDH。PDH 能很好地适应传统的点对点通信,却无法适应动态联网的要求,也难以支持新业务的开发和现代网络管理,无法支撑未来的宽带综合业务数字网(Broadband-Integrated Services Digital Network,B-ISDN)。而以光纤为代表的高速宽频带大容量传输技术,必然成为支撑 B-ISDN 的重要基础。由光纤同步网(Synchronous Optical NETwork,SONET)演变而来的 SDH 应运而生,成为新一代公认的理想传输体制,正逐步取代以往的 PDH 准同步数字传输体制。

1) PDH 的缺陷

PDH 体制存在以下固有的缺点:

(1) 标准不统一,欧洲、北美和日本等国家和地区规定的话音信号编码率各不相同,这就给国际间网络互通造成困难;

(2) 没有世界性的标准光接口规范;

(3) 复用结构复杂;

(4) 系统运营、管理与维护能力受到限制。

2) SDH 简介

为了克服 PDH 的上述缺点,20 世纪 80 年代中期美国贝尔公司首先提出 SONET,美国国家标准协会于 20 世纪 80 年代制定了有关 SONET 的国家标准,CCITT 采纳了 SONET 的概念,并进行了修改和扩充,重新命名为同步数字系列 SDH,并制定了一系列的标准。

SDH 网就是由一些基本网络单元(例如终端复接器、TM 数字交叉连接设备 DXC 等)组成,在光纤、微波、卫星等介质上进行同步信息传输、复用和交叉连接的网络。其主要特点是同步复用、标准光接口和强大的网管功能。

限于篇幅,此处仅简单介绍 SDH 复接等级和速率以及基本复接方式。

SDH 具有一套标准化的信息结构等级,称为同步传输模块(STM-1、STM-4、STM-16 和 STM-64)。STM-1 的速率为 155.520Mb/s,更高等级的系列 STM-4、STM-16、STM-64 是由 STM-1 信号以 4 倍的字节间隔同步复接而成,具体速率如表 2.2 所示。

表 2.2　同步传输模块速率

等　　级	速率/(Mb/s)	等　　级	速率/(Mb/s)
STM-1	155.520	STM-16	2488.320
STM 4	622.080	STM-64	9953.280

SDH 的帧结构为页面式,其中大量比特用于维护管理。STM-N 帧是由 9 行和 $270 \times N$ 列字节组成的码块。对于任何等级,其帧长均为 $125\mu s$,每帧的比特数为 $9 \times 270 \times N \times 8$,如图 2.10 所示。

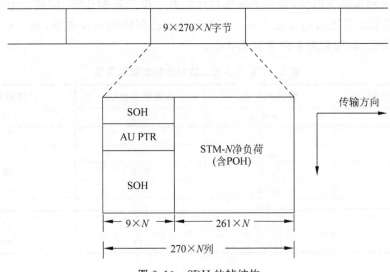

图 2.10　SDH 的帧结构

3) SDH 微波通信网络的特点

随着通信业务量的不断增长,小容量的微波通信系统已经不能满足人们通信业务的要求,SDH 新技术运用于微波通信系统中,成为新一代大容量微波通信系统。SDH 微波通信网络具有如下特点。

(1) 传输容量大。目前数字微波中继系统的单波道传输速率可达 300Mb/s 以上,为了能够适应 SDH 传输速率的要求,可采用适当的调制方法来提高频率的利用率。现在多数情况下是采用多级调制方法来达到此目的。

(2) 通信性能稳定。由于在系统中使用了自适应均衡、中频合成和空间分集接收以及交叉极化消除等高新技术,可进一步消除正交码间干扰及多径衰落的影响。

(3) 便于进行运行、维护和管理操作。在 SDH 帧结构中,为运行、维护和管理提供了大量的比特开销,因而当 SDH 技术运用于微波通信中时,还可加入专用的微波开销字节,利用这些开销便于进行运行、维护和管理操作以及开展微波公务路边业务等。

2.3.2 调制技术

幅移键控(Amplitude Shift Keying,ASK)、频移键控(Frequency Shift Keying,FSK)、相移键控(Phase Shift Keying,PSK)是数字调制的最基本方式,PSK 在数字微波传输系统中使用较多,本书主要讨论在数字微波通信中比较常用的 8PSK、16QAM 及各自的频带利用率。

1. 8PSK

在提高频带利用率的高速数字传输技术中,8PSK 是一种有效的多进制调制技术,如:美国 MDR_6 型数字微波设备即采用 8PSK 调制方式,传输速率为 90.258Mb/s,话路数为 1344 路。但对于大于 8 相的 PSK 调制方式,由于相邻相位的取值之差减小,传输的可靠性降低,故很少使用。下面简单介绍 8PSK 的基本原理。

1) 8PSK 基本原理

和 2/4PSK 相似,8PSK 用具有 8 个不同相位的载波来代表八进制码元(0~7),也即载波相位 φ 有 8 种可能的取值,每一个取值均代表着 3 位二进制比特,构成一个 8PSK 符号。φ 与 3 位二进制比特之间的相互关系可以是自然二进制码的对应关系,也可以是二进制格雷码的对应关系,其相互关系列于表 2.3 中。

表 2.3 φ 与 3 位二进制比特的相互关系

八进制码元	载波相位角	二进制自然码	二进制格雷码
0	$\pi/8$	000	111
1	$3\pi/8$	001	110
2	$5\pi/8$	010	010
3	$7\pi/8$	011	011
4	$9\pi/8$	100	001
5	$11\pi/8$	101	000
6	$13\pi/8$	110	100
7	$15\pi/8$	111	101

与 QPSK 一样,在实用中常采用格雷码的形式,目的是为了使相邻的 3 比特之间仅有 1 比特的差异,这样当相邻相位状态相混淆时仅产生 1 比特的差错。所以在发送端一般需要自然码到格雷码的码转换电路,在接收端需要格雷码到自然码的码转换电路。

图 2.11 示出了 8PSK 调制器工作原理,该调制器是通过数字电路采用相位选择法来实现的,速率为 f_b 的二进制信码在数据分配单元经串/并变换,输出三路并行的速率为 $f_b/3$ 的数据流,这些并行的数据流控制高速数字逻辑选相电路的逻辑门,门的开关取决于基带信号的逻辑状态(3 比特码元的不同码元组合),于是输出 8 个数字中频,再经带通滤波器后,便得到 8PSK 信号。

2) 频带利用率

在数字微波通信中,基带信号常采用非归零矩形脉冲波形。将一比特宽度记作 T_b,数据比特率记作 R_b;将 PSK 符号宽度记作 T_s,符号率记作 R_s,则有 $T_s = T_b\log_2 M$(s)和 $R_b = R_s\log_2 M$(b/s)。如图 2.12 所示,由于信号的能量主要集中在 R_s 之内,取理想的最小无码间串扰信道带宽 $B = R_s$,则可推得 MPSK 信号理想的频带利用率为

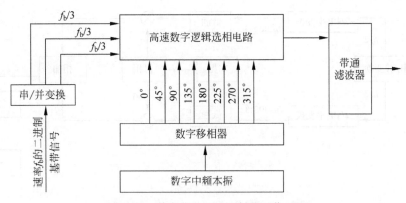

图 2.11 数字化 8PSK 调制器工作原理

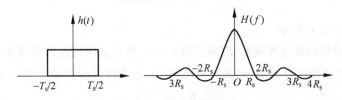

图 2.12 8PSK 波形频谱

$$\eta = R_b/B = \log_2 M \quad \text{b/(s} \cdot \text{Hz)} \tag{2.5}$$

对于 MPSK(M 分别为 2、4、8)数字调制,理想情况下,频带利用率为

$$M = 2\eta = 1\text{b/(s} \cdot \text{Hz)}$$
$$M = 4\eta = 2\text{b/(s} \cdot \text{Hz)}$$
$$M = 8\eta = 3\text{b/(s} \cdot \text{Hz)}$$

2. 16QAM(MQAM)

为进一步提高频带利用率,必须采用更高进制的调制方式。但是,$M > 8$ 的 MPSK 的抗干扰性能不如相同 M 值的 QAM,例如 16QAM 的频带利用率高于 8PSK,而抗干扰性又优于 16PSK,所以在大、中容量的数字微波通信系统中广泛采用了 16QAM 调制。16QAM 调制属于幅相调制。

1) 16QAM 调制器

16QAM 通常有两种调制方:正交调幅法、四相叠加法。图 2.13 给出的是正交调幅法的示意图。

比特速率是 R_b 的二进制信码经串/并变换后,变为两个并行的二进制码流,各自速率 $R'_b = R_b/2$,分别送往 I 信道及 Q 信道。在每个信道进行 2/4 电平变换,把 $R_b/2$ 的二进制码流变成 4 个电平($\pm d$,$\pm 3d$)的数字基带信号,由于是四电平,每个码元传输的比特数为 $\log_2 4 = 2$ 比特,码元宽度 $T_s = 2T'_b = 2/R'_b$,则 I、Q 信道上的码元速率为

$$R_s = \frac{R'_b}{\log_2 4} = \frac{R_b}{4}(\text{波特}) \tag{2.6}$$

上述信号经过限制数字基带信号的低通滤波器(Low Pass Filter,LPF),分别对两个正交的载波进行抑制载波的双边带调幅,最后把两信道的四种电平信号矢量相加即得到 16QAM 信号。

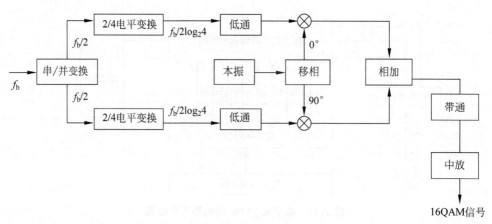

图 2.13　正交调幅法

2）MQAM 频带利用率

假设采用理想矩形低通滤波器(滚降系数 $\alpha=0$)，那么低通滤波器的奈奎斯特带宽 $B_{\min}=R_s/2$，中频带通滤波器的带宽 $B=2B_{\min}=R_s$，理论上可得到的频带利用率为

$$\eta=\frac{R_b}{B}=\log_2 M \tag{2.7}$$

实际上，$\alpha\neq0$，则 $B_{\min}=\dfrac{R_s}{2}(1+\alpha)$，$B=2B_{\min}=R_s(1+\alpha)$。由此可得，MQAM 调制信号的频带利用率为

$$\eta=\frac{R_b}{B}=\frac{\log_2 M}{1+\alpha} \tag{2.8}$$

例 2.1　16QAM 调制信号，$R_b=10\text{Mb/s}$，$\alpha=0.3$，求频带利用率。

解：$M=16$，由 $R_b=10\text{Mb/s}$，可得 $R_s=2.5$ 兆波特，所以

$$B_{\min}=1.25\times1.3=1.625\text{MHz}, \quad B=2B_{\min}=3.25\text{MHz}$$

16QAM 的频带利用率为

$$\eta=\frac{R_b}{B}=\frac{\log_2 M}{1+\alpha}=\frac{4}{1.3}=3.07\text{b/(s·Hz)}$$

2.4　传播特性

由于电波在传播过程中会受若干因素的影响，除收、发天线间的视距传播外，发信天线发出的电波还会经过其他途径到达收信天线，这些因素当中，地形和大气的影响最大。为简化电波传播计算，工程上通常先假想电波在自由空间传播，得到自由空间的传播特性，然后再考虑地形、大气的影响，最后将两者综合起来。实践证明，这样所得到的结果，其精确度足以满足工程设计的要求。

2.4.1　微波在自由空间的传播损耗

自由空间又称理想介质空间，它充满均匀、理想介质，电波传播不受阻挡，不发生反射、

绕射、散射和吸收等现象,所以电波在自由空间传播总能量不会损耗。

但是,实际电波是以球面波的形式在自由空间传播,距离波源越远,球的表面积越大 $(4\pi d^2)$,到达接收点单位面积上的能量就越少,这种因电波在自由空间的传播扩散而造成的能量衰减就被称为电波在自由空间的传播损耗。计算自由空间传播损耗的示意图见图 2.14。

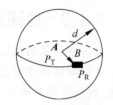

图 2.14　自由空间传播损耗计算示意图

假想自由空间 A 点、B 点分别有无方向发信天线和收信天线。发信功率为 P_T 的发信天线对空辐射,电波能量均匀扩散,分布在以 A 点为球心、以 A、B 间距离为半径的球面上。

接收点 B 单位面积上平均功率为

$$P_{RO} = \frac{P_T}{4\pi d^2} \tag{2.9}$$

按照天线理论,无方向天线的有效面积为

$$S_e = \frac{\lambda^2}{4\pi} \tag{2.10}$$

其中,λ 为波长。这样,在 B 点,无方向天线收到的电波功率为

$$P_R = \frac{P_T}{4\pi d^2} \cdot \frac{\lambda^2}{4\pi} = P_T \left(\frac{\lambda}{4\pi d}\right)^2 \tag{2.11}$$

自由空间的传播损耗就等于 P_T 与 P_R 之比

$$L = \frac{P_T}{P_R} = \left(\frac{4\pi d}{\lambda}\right)^2 \tag{2.12}$$

实际中传播损耗多用分贝(dB)表示,即

$$[L] = 10\lg\left(\frac{P_T}{P_R}\right) = 20\lg\left(\frac{4\pi d}{\lambda}\right) \text{(dB)} \tag{2.13}$$

若距离 d 用 km 为单位,波长 λ 换算成频率$\left(\lambda = \frac{c}{f}, c = 3 \times 10^8 \text{m/s 为光速}\right)$,频率单位用 MHz,则

$$[L] = 32.5 + 20\lg d \text{(km)} + 20\lg f \text{(MHz)} \text{(dB)} \tag{2.14}$$

若频率用 GHz 作单位,则

$$[L] = 92.5 + 20\lg d \text{(km)} + 20\lg f \text{(GHz)} \text{(dB)} \tag{2.15}$$

例 2.2　A、B 两微波站相距 50km,工作频率是 2GHz,试计算电波从发射站 A 到达接收站 B 的自由空间传播损耗。

解:由式(2.15)可得

$$[L] = 92.5 + 20\lg d \text{(km)} + 20\lg f \text{(GHz)} \text{(dB)}$$
$$= 92.5 + 20\lg 50 + 20\lg 2$$
$$= 132.5 \text{(dB)}$$

由式(2.14)和式(2.15)可见,自由空间传播损耗与站间距离以及工作频率有关,若工作频率或站间距离增加一倍,自由空间传播损耗增加 6dB。因此,对发射频率很高的系统,或者传播条件比较恶劣的地区,适当缩短站间距离是提高传输信道可靠性的有效途径。

实际上,微波中继通信中的收发天线均为定向天线,若设收发天线的功率增益分别为 G_R、G_T,考虑收发天线两端的馈线损耗分别是 L_R、L_T,则在自由空间传播条件下,接收点的

收信功率为

$$[P_R](dBm) = [P_T](dBm) + [G_R] + [G_T] - [L_R] - [L_T] - [L] \tag{2.16}$$

2.4.2 地面对微波视距传播的影响

自由空间是假想的空间,对于微波中继通信来说,电磁波主要在靠近地表的大气空间传播。地形对微波波束会产生反射、折射、散射、绕射以及吸收,所有这些都会影响电波传播的能量,且反射的影响最大。

为分析地面对电波的反射影响,首先忽略地面对电波的吸收,即分析光滑平坦地面对电波的反射影响。

1. 光滑地面的反射损耗

若两站很近不用考虑地球的曲率时,可以认为地面是平面。对光滑地面或水面,它们能将发射天线发出的一部分电磁波能量反射到接收天线,如图 2.15 所示。反射波场强 E_1 与反射点地面的反射能力以及反射波经过的路径有关,为

$$E_1 = -E_0 \rho e^{-j2\pi\Delta\gamma/\lambda} \tag{2.17}$$

收信点的合成波场强 E 为

$$E = E_0(1 - \rho e^{-j2\pi\Delta\gamma/\lambda}) \tag{2.18}$$

其中,ρ 是地面反射系数,$0 \leqslant |\rho| \leqslant 1$,$\rho = 1$ 为全反射,$\rho = 0$ 为无反射;$\Delta\gamma$ 是直射波与反射波的行程差,由图 2.15 可得:$\Delta\gamma = (TO + OR) - TR \approx 2h_1h_2/d$;$2\pi\Delta\gamma/\lambda = \Delta\psi$ 是行程差引起的直射波与地面反射波的相位差。合成场强取决于反射系数 ρ 及相位差 $2\pi\Delta\gamma/\lambda$,并随 $\Delta\gamma$ 作周期变化。

考虑反射波影响后,收信点的场强比自由空间场强相差一个衰减因子 α,其大小为

$$\alpha = |E| / |E_0| = \sqrt{1 + \rho^2 - 2\rho\cos(2\pi\Delta\gamma/\lambda)} \tag{2.19}$$

令 $\rho = 1$,可得 α 与 $\Delta\gamma$ 的关系曲线,见图 2.16。

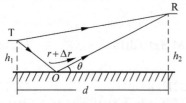

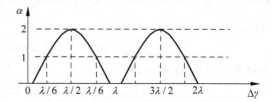

图 2.15 电波在光滑平坦地面传播　　　　　图 2.16 $\rho = 1$ 时 α 与 $\Delta\gamma$ 的关系曲线

随着 $\Delta\gamma$ 的变化,收信点的场强从零变化到 $2E$。当 $\Delta\gamma = n\lambda/2$,$n$ 取 1、3、5、…时,接收端合成场强最大等于 $2E$,即直射波与反射波的场强同相相加;n 取 2、4、6、…时,接收端合成波场强最小为零,即直射波完全被反射波抵消,传播损耗达到最大值,这是应该避免的。为了避免传输损耗最大,在进行微波中继站的站址选择和线路设计时,应充分注意反射点的地理条件,两站之间最好选择森林、山区或丘陵地带以阻挡反射波,使接收信号电平稳定。

2. 障碍物对微波视距传播的影响

在微波中继线路上,所经过的地面难免有山头、树林以及高大建筑物等障碍物,它们会阻挡或遮挡一部分电波,使收信电信号电平降低,即微波传播可能存在障碍物的阻挡损耗。为保证电磁波的畅通无阻,只要保证电波在一定的费涅尔(Fresnel)区内不受障碍物阻挡即

可,这样的费涅尔区也称为电波传播空中通道。

由几何学可以证明,空间所有满足行程差 $\Delta\gamma=n\lambda/2$ 的反射点构成的面是一个以 T、R 两点为焦点形成的一个旋转椭球体的面。在电波传播理论中,把这些面称为费涅尔区面,把费涅尔区面所包含的区域称为费涅尔区,参见图 2.17。$n=1、2、3、\cdots$ 的费涅尔区分别被称为第一、二、三、$\cdots$ 费涅尔区。第 n 费涅尔区半径为

$$F_n=\sqrt{\frac{n\lambda d_1 d_2}{d}} \tag{2.20}$$

考虑到微波中继段的长度一般仅为几十千米,所以式(2.20)中,d_1 近似为发信点与反射点之间的距离;d_2 近似为反射点与收信点之间的距离;d 为站距,$d=d_1+d_2$。

令 $n=1$,得第一费涅尔区半径为

$$F_1=\sqrt{\frac{\lambda d_1 d_2}{d}} \tag{2.21}$$

进而有

$$F_n=\sqrt{n}\,F_1 \tag{2.22}$$

可见,P 点的位置不同,各费涅尔区的半径不同。

由图 2.16 可见,当 $\Delta\gamma<\lambda/6$,$\alpha<1$,$E=\alpha E_0<E_0$,即电波传播有衰减,所以一般将 $n=1/3$、行程差等于 $\lambda/6$ 时对应的费涅尔区称为最小费涅尔区,其半径为

$$F_0=\frac{1}{\sqrt{3}}F_1 \tag{2.23}$$

最小费涅尔区表示电磁波传播所需的最小空中通道(此时收信点场强等于自由空间场强),通道半径为 F_0。显然,F_0 在站距中心处时最大,越接近两端越小。

选定微波站的站址或线路后要做的工作是研究沿途的地形剖面图,假定仅考虑地面条件的影响,则可根据最小费涅尔区的计算结果来确定天线的架设高度,实际上还应考虑大气等因素的影响。注意收、发天线之间的传播通道应留有传播余隙。所谓传播余隙指的是两天线的连线与障碍物最高点之间的垂直距离,如图 2.18 所示。

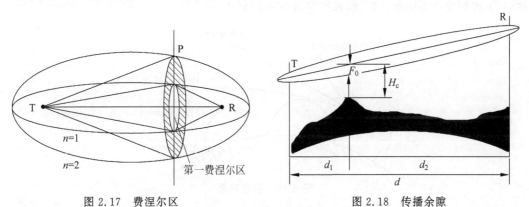

图 2.17　费涅尔区　　　　　　　图 2.18　传播余隙

余隙用 H_c 表示,若障碍物在 T、R 连线之上,$H_c<0$,在 T、R 连线之下,$H_c>0$。按照费涅尔区的原理,要确保电波传播的最小空中通道、使电波无阻挡地传播,就要求传播余隙 H_c 至少要等于最小费涅尔半径,即

$$H_c \geqslant F_0$$

2.4.3 大气折射对微波传播的影响

微波中继通信的电波是在地表以上 $0\sim10\mathrm{km}$ 的低空大气层中传播,由于大气的不均匀性,对微波射束会产生折射。

1. 电波的传播速度和大气折射率

电波在自由空间的传播速度 V_0 等于光速 C,即

$$V_0 = C = \frac{1}{\sqrt{\varepsilon_0 \mu_0}} = 3 \times 10^8\,\mathrm{m/s} \tag{2.24}$$

其中,ε_0、μ_0 分别是真空介电常数和磁导率。

实际大气的介电常数 $\varepsilon' = \varepsilon_0 \times \varepsilon$,$\varepsilon$ 为相对介电常数;大气传导率为 $\mu = \mu_0$。电波在大气中的传播速度为

$$V = \frac{1}{\sqrt{\mu_0 \varepsilon'}} = \frac{C}{\sqrt{\varepsilon}} \tag{2.25}$$

可见 $V < V_0$。

大气折射率 n 定义为 V_0/V,可推得:

$$n = \sqrt{\varepsilon} \tag{2.26}$$

由于地球表面大气层的 ε 不是常数,它与大气的温度、压力以及湿度有关,所以 n 也随大气的温度、湿度以及压力变化。

2. 折射梯度

常采用折射梯度 $\Delta n/\Delta h$ 这一参数来表现不同高度的大气压力、温度以及湿度对大气折射率的影响,其中,n 为折射率,h 为高度。对折射梯度 $\Delta n/\Delta h$ 的取值有 3 种情况。

(1) $\Delta n/\Delta h = 0$,n 不随高度 h 变化,无折射。电磁波传播轨迹为直视线。

(2) $\Delta n/\Delta h > 0$,高度 h 增加 n 增加,电波传播的轨迹向上弯曲,称为负折射。

(3) $\Delta n/\Delta h < 0$,高度 h 增加 n 减小,电波传播的轨迹向下弯曲,称为正折射。如图 2.19 所示,正折射又分为标准折射、临界折射以及超折射。

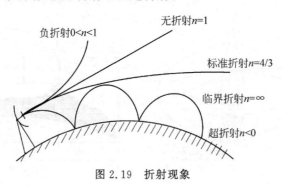

图 2.19 折射现象

3. 等效地球半径

如上所述,由于大气的折射,实际电磁波传播不是按直线传播,而可能按曲线传播。若按实际电磁波射线轨迹来设计、计算微波线路会相当麻烦,所以工程上引用了等效地球半径的概念。

引进等效地球半径的概念后,可以如图 2.20 所示,把电磁波射线等效为直线,从而地球

半径等效为随大气折射率作相应的变化的参数,称该参数为等效地球半径,用 R_{e} 表示

$$R_{e} = \frac{R_{0}}{1 + R_{0} \times \frac{\Delta n}{\Delta h}} = KR_{0} \tag{2.27}$$

其中,R_{0} 为地球实际半径,K 为地球半径扩大系数。标准折射情况下,$K = 4/3$。当然 K 的具体值应该在站址选择和确定线路走向时,通过实地考察来确定。

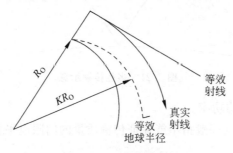

图 2.20　地球等效半径

可见,引进等效地球半径后,微波电磁波的传播可视为不存在大气折射情况下的传播,原来在理想条件下得到的有关电波传播的计算公式仍可使用,只是原来公式中的地球半径参数要用等效地球半径参数来替代。

2.4.4　衰落及其统计特性

前面讨论了在正常传播条件下,微波中继通信中保证无线电磁波畅通无阻的条件,如:通过合理选择站址和天线高度以及引入等效地球半径等措施。但是,由于气象条件是随时间变化的,因而接收信号电平也是随时间而明显起伏变化的,有时在收信点的收信电平会突然降低,甚至造成通信中断,且收信电平降低的持续时间长短不一。这种收信电平随时间起伏变化的现象称为衰落。

衰落产生的原因种类很多,且具有随机性、无法避免的特性,其中多径干涉是视距传播深衰落的主要原因。

1. 多径传播衰落

由于地面反射和大气折射的影响,使发信天线到收信天线之间会有两条、三条甚至更多条不同传播路径的射线,如图 2.21 所示。因为接收的信号是各射线的矢量和,所以接收到的信号与自由空间传播的信号不同,又因为气象参数随时间变化(其变化可由 K 值反映出来),因而接收信号电平也随时间而明显起伏变化,这种现象称为多径衰落。

2. 衰落的统计特性

出现衰落的情况比较复杂,但如上所述,多径干涉是视距传播深衰落的主要原因。根据对工作在不同的传播条件下、不同的工作频率以及不同的微波站距的大量收信电平的资料整理、分析得知,多径干涉造成的收信电平衰落的分布特性服从瑞利分布(Rayleigh Distribution),即收信电平为 V 值的概率为

$$P(V) = \begin{cases} 0 & V < 0 \\ \frac{2V}{\sigma^{2}} e^{\frac{-V^{2}}{\sigma^{2}}} & V > 0 \end{cases} \tag{2.28}$$

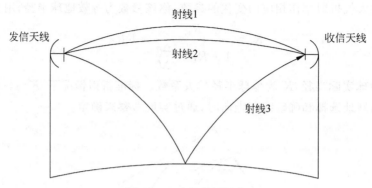

图 2.21　多径传输示意

其中，σ^2 为信号电平的平均功率。

对低于某给定电平 V_S（一般指不能保证传输质量的门限电平值），收信点衰落电平小于 V_S 的概率分布函数为

$$P(V \leqslant V_S) = \int_0^{V_S} P(V)\,dV = \int_0^{V_S} \frac{2V}{\sigma^2} e^{\frac{-v^2}{\sigma^2}}\,dV = 1 - e^{\frac{-v_S^2}{\sigma^2}} \tag{2.29}$$

式中，$V_s^2/\sigma^2 = P_r/P$，P_r 为衰落发生时的接收功率，P 为平均接收功率。它近似等于没有深衰落时经自由空间传播到达接收点的功率。若考虑深衰落出现概率为 P_S，则实际收信电平中断的全概率（总中断率）为

$$P_{\text{receiver}} = P_S \times P(V \leqslant V_S) \tag{2.30}$$

在系统设计中，为确保较高的传输可靠性，常要求系统能提供较高的储备余量，其作用是：

（1）抵消必不可少的自由空间传播损耗。

（2）在发生深衰落时，确保收信电平不小于 V_S，保证中断概率低于系统设计要求。

3. 克服多径衰落的措施

提高设备能力，增加收信电平余量，在很大程度是克服多径衰落的行之有效的方法，不过对于站距大（如 50km），且在炎热潮湿的平滑地形的区段，有限的衰落储备量还不能保证通信的可靠传输。

一般采用分集接收技术可有效克服多径衰落。常用的分集接收技术有频率分集、空间分集以及混合分集等，其理论基础是假设在多个射频通道上同时发生衰落的概率极低。据此将衰落信道传输中两个或两个以上彼此衰落概率不同的信号，在接收端以一定的方式合并起来，由于当其中一个信号衰落时，另一个或多个信号并不一定也发生衰落，采用合适的信号合成方法，便可克服衰落的影响，这就是分集接收的原理。

如图 2.22 所示，频率分集是把同一个数字信息送到两部发信机，这两部发信机的射频频率间隔足够大。在接收端同时接收这两个频道的信号，然后合并成输出信号。由于工作频率不同，电波间的相关性很小，所以当某一个频道的信号发生衰落时，另一个频道的信号不一定同时发生衰落，因而系统可获得分集增益。频率分集的代价是多占用了频率资源。

空间分集接收如图 2.23 所示，它是在收信端采用空间位置相距足够远的两副天线，同时接收同一个发射天线发出的信号。因为接收天线的高度不同，这样无线电波经过不同的

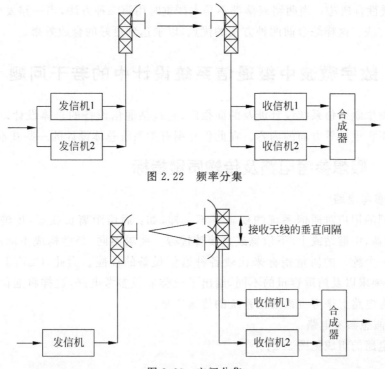

图 2.22 频率分集

图 2.23 空间分集

传播途径到达接收点,各路径对应的行程差不尽相同,因此,当某一副天线接收到的电波发生衰落时,另一副天线收到的电波不一定同时发生衰落,即彼此的衰落是统计无关的,在接收端采用适当的信号合成方法,就可以克服衰落的影响。空间分集接收的代价是增加了一套收信系统。

为了充分利用射频波道,在数字微波中继通信系统中空间分集接收技术应用更广泛,有时将上述两种分集技术结合使用,成为混合分集。

举一个简单例子以说明分集接收的抗衰落效果。一微波中继通信传输系统在无分集时的中断率为 $P_1 = 0.01$。若采用二重空间分集,假设两路接收信号具有相同的中断率,则只有当两信号同时中断时,合成信号才会中断。故采用分集合并后的合成信号的中断率为 $P = P_1 \times P_2 = 0.0001$,即中断率降低了 100 倍。如果单纯用提高设备能力的办法取得相同的效果,相当于把微波发信机的功率从 1W 提高到 100W。

4. 分集信号合成

无论用哪种分集手段,都要解决如何将分集信号合成的问题。常用的方法有优选开关法、线性合成法和非线性合成法,下面以二重分集为例说明。

(1) 优选开关法。根据信噪比最大、误码率最低原则,在两路信号中选择信噪比最大的一路作为输出。开关的切换可以在中频进行,也可以在解调后的基带进行,这种方法电路简单,并利用了现有的备份切换技术。

(2) 线性合成法。将两路信号经相位校正后线性叠加。这一过程通常在中频上进行,电路较为复杂。当两路衰落都不是很严重时,对改善信噪比有利,但当某一路发生深衰落时,合成效果不如第一种方法。

（3）非线性合成法。当两路衰落都不是太严重时用第二种方法,当一路发生深衰落时,则用第一种方法。这样综合前两种方法的优点,以求达到更好的合成效果。

2.5 数字微波中继通信系统设计中的若干问题

数字微波中继通信系统设计涉及的面很广,它包括通信设备的总体设计以及通信线路建设与线路工程设计等方面的内容。在此仅介绍有关系统总体设计的一些基本知识。

2.5.1 假想参考电路及传输质量指标

1. 假想参考电路

由于不同的用户对通信系统的要求各不一样,如:通信距离长或短,传的信息是话音、数据或图像,中继站或上/下信息或直接转接等。要求不同,必然构成不同的通信线路,这样很难用一个统一的质量指标来比较各种通信设备的性能。为此,CCITT 根据通信距离、传输质量要求以及信道容量的不同,给出了三类假想参考电路,这样将通信设备安装在某一假想参考电路上来考查该通信系统的传输质量。

1) 高级假想参考电路

该假想电路的组成见图 2.24。

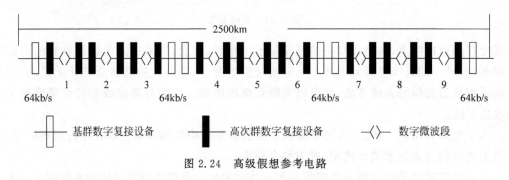

图 2.24　高级假想参考电路

（1）容量在二次群以上,长度为 2500km。

（2）在每个传输方向,有 9 组符合 ITU 建议的标准系列的数字复用设备,每组数字复用设备包括一套并路设备和一套分路设备。

（3）包含 9 段等长的、完全相同的数字微波段。

数字微波段指相邻两组数字复用设备之间的区段,一个数字微波段可包含若干个微波中继段。由图 2.24 可见,该电路包含有两次 64kb/s 数字信号转接。该假想电路主要适用于国际与国内的远距离通信干线。

2) 中级假想参考电路

该假想电路的组成图见图 2.25。

（1）容量在二次群以上,基本长度 1220km。

（2）由 6 段不等数字微波段组成,传输质量不同。图 2.25 中 1 是第 Ⅳ 类,2 是第 Ⅲ 类,3～6 为第 Ⅰ 类或第 Ⅱ 类。1、2 段是 50km,3～6 段是 280km。

该假想电路主要用于国内支线电路。

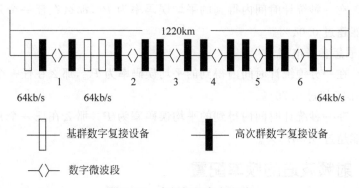

图 2.25　中级假想参考电路

3）用户级假想参考电路

该假想电路组成见图 2.26，长度为 50km，用于本地数字交换端局与 64kb/s 用户之间的连接。

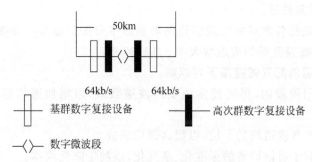

图 2.26　用户级假想参考电路

2. 传输质量指标

在数字微波中继通信系统中，误码率是传输质量指标，有两种误码率指标。

（1）低误码率。在较长时间间隔内统计平均得到的误码率，决定系统大多数时间内的误码性能，是系统正常工作时的误码率。引起误码的主要原因是设备恶化、码间干扰或来自其他系统的干扰。

（2）高误码率。在较短时间间隔内统计平均得到的误码率，决定系统在特殊情况下的误码性能。引起误码的主要原因是传播衰落或其他特殊原因。

下面分别给出不同类的假想参考电路的误码率指标，供实际参考。

1）高级假想参考电路

低误码率。在一分钟统计时间内得到的平均误码率为 P_m，那么在任一个月内 P_m 大于 10^{-6} 的时间不能超过 0.4%。

高误码率。在一秒统计时间内得到的平均误码率为 P_s，那么在任一个月内 P_s 大于 10^{-3} 的时间不能超过 0.054%。

2）中级假象参考电路

低误码率。在一分钟统计时间内得到的平均误码率为 P_m，那么在任一个月内 P_m 大于 10^{-6} 的时间不能超过 1.5%。

高误码率。在一秒统计时间内得到的平均误码率为 P_s，那么在任一个月份内 P_s 大于 10^{-3} 的时间不能超过 0.04%。

3) 用户级假想参考电路

低误码率。在一分钟统计时间内得到的平均误码率为 P_m，那么在任一个月份内 P_m 大于 10^{-6} 的时间不能超过 0.75%。

高误码率。在一秒统计时间内得到的平均误码率为 P_s，那么在任一个月份内 P_s 大于 10^{-3} 的时间不能超过 0.0075%。

2.5.2　射频波道的频率配置

每一套微波收、发信机都有它固定的工作频率(射频频率)，在该频率上，设备具有一定的频带宽度，所以设备的带宽是有限，这就意味着一套微波收发信机传输的话路数有限。为了增加线路的通信容量，每个微波站可以设置多套微波机同时工作，但为了避免相互之间的干扰，每套微波机需要采用不同的工作频率，这样每套微波机就构成了一条独立的数字微波通道，被称为一个射频波道。

射频波道配置是指各波道中收发信机的射频频率分配。通常一条微波线路可设置 6、8、12、20 个波道，使线路容量相应地增大 6、8、12、20 倍。

为完成射频波道的配置需遵循下列原则：

(1) 在整个可用频段内，尽可能多地安排波道数量，以增加通信容量，即提高频带利用率。

(2) 尽可能减少各波道间的干扰，以提高通信质量。

(3) 尽可能有利于通信设备的标准化、系列化，以利于降低成本。

目前常见的有两种频率配置，一种是单波道频率配置；另一种是多波道频率配置。

1. 单波道频率配置

单波道顾名思义就是在一条微波线路上只有一个波道。频率分配多采用二频制方案，即线路的一个双向波道上使用两个不同的微波频率，如图 2.27 所示。

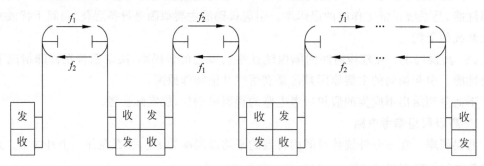

图 2.27　单波道的频率配置

这种频率分配方案，中继站的两部接收机工作在同一频率，两部发信机也工作在同一频率。为减小相互间的干扰，要求天线的反向防卫度高，一般是 70dB 以上，即天线反向接收的信号应比正向接收的信号衰减 70dB 以上。另外还有可能存在越站干扰。

2. 多波道频率配置

所谓多波道指一条微波线路上有多个波道同时工作。本着波道配置原则，中继站上收发频率的配置有两种方案：交错制和分割制。

1) 交错制

每站各个波道的收发频率按波道的次序间隔排列，例如 6 个波道，序号为 1、2、3、4、5、6，频率排列见图 2.28。其中标号 a 表示发信，标号 b 表示收信。相邻波道的发信频率或收信频率间隔 80MHz。相邻站的收发频率配置正好相反。

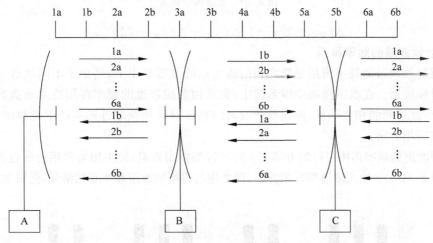

图 2.28 交错制频率配置

2) 分割制(分集制)

每站各个波道的收发频率分别相对集中，见图 2.29。发信频率 1、2、…、6 集中在低频段，收信频率 1′、2′、…、6′集中在高频段。在下一个站又反过来。可见分割制的收发频率相隔较远，抗干扰能力优于交错制。实际上常用的是分割制。CCITT 的有关建议都是按收发频率分割制配置的。

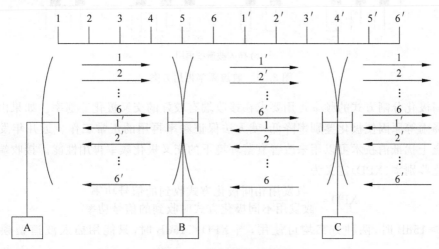

图 2.29 分割制频率配置

分割制波道频率配置参数主要参数有相邻波道间隔 $\Delta f_{波道}$、相邻收发间隔 $\Delta f_{收发}$ 及边沿保护间隔 $\Delta f_{保护}$。图 2.30 所示的是分割制波道频率配置图，共有 n 对波道(n 个双向射频通道)。$\Delta f_{带宽}$是标称带宽，可以得到

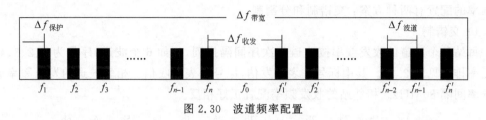

图 2.30　波道频率配置

$$\Delta f_{带宽} = 2(n-1)\Delta f_{波道} + \Delta f_{收发} + 2\Delta f_{保护} \tag{2.31}$$

3. 射频波道的频率再用

所谓射频波道的频率再用是指在相同或相近的波道频率上,借助于不同的极化来安排更多的射频波道。在数字微波中继系统中,常采用射频波道的频率再用技术来提高频带利用率,减少波道间的相互干扰,而模拟微波通信系统对同频及邻近频率的干扰很敏感,很少使用频率再用方法。

射频波道的频率再用可行的方案有:同波道型再用方案,即主用与再用的波道频率完全重合见图 2.31(a);插入波道型再用方案,即主用与再用的波道频率互相错开,见图 2.31(b)。

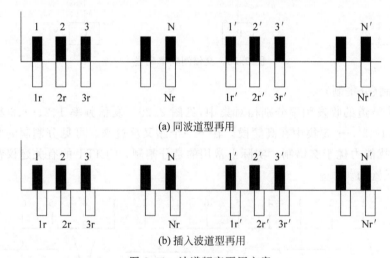

(a) 同波道型再用

(b) 插入波道型再用

图 2.31　波道频率再用方案

采用极化分割方式的频率再用要求在接收端有较好的交叉极化鉴别率。如果由于多径衰落或降雨等原因使极化鉴别率降低,就无法保证频率再用的正常工作。近几年发展起来的自适应干扰抵消技术可以用来改善衰落环境下的交叉极化频率再用性能。接收端天线的交叉极化鉴别率(XPD)定义为

$$XPD = \frac{收发用相同极化方式收到的信号功率}{收发用不同极化方式时收到的信号功率}$$

当 XPD>15dB 时,两种方案均可使用,当 XPD<15dB 时,只能用插入波道型频率再用方案。

例 2.3　美国 MDR-11 微波设备采用 8PSK,其射频频率配置如图 2.32 所示,射频频段是 10.68～11.72GHz,中心频率是 11 200MHz,共有 6 对波道,试根据图中给出的参数值计算得到边沿保护间隔 $\Delta f_{保护}$ 的值。

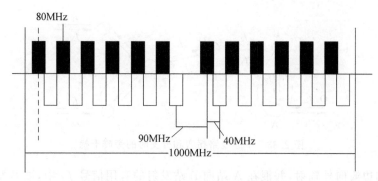

图 2.32 MDR 11 微波设备射频频率配置

解：(1) 首先不考虑频率再用。

$$\Delta f_{带宽} = 2(n-1)\Delta f_{波道} + \Delta f_{收发} + 2\Delta f_{保护}$$

其中，$n=6$，$\Delta f_{波道}=80\text{MHz}$，$\Delta f_{收发}=90+40=130\text{MHz}$，$\Delta f_{带宽}=11.72-10.68=1.04\text{GHz}$

(2) 若考虑频率再用。由图 2.32 可见，整个频带带宽在不采用频率再用时的 $\Delta f_{带宽}$ 的基础上增加了 40MHz，所以实际的整个频带带宽是

$$\begin{aligned}
\Delta f_{带宽} &= 2(n-1)\Delta f_{波道} + \Delta f_{收发} + 2\Delta f_{保护} + 40 \\
&= 2 \times (6-1) \times 80 + 130 + 40 + 2\Delta f_{保护} \\
&= 1040\text{MHz} \\
\Delta f_{保护} &= 70/2 = 35\text{MHz}
\end{aligned}$$

2.5.3 微波中继线路设计、站址选择与核查

在对微波中继线路进行设计时，除考虑前面讨论的衰落干扰外，另一个需要考虑的问题是线路各微波站本身和站间的干扰问题，这类干扰通常是以干扰噪声的形式出现，如果线路路由或站址选择不当，会妨碍通信系统的正常工作，或干扰其他通信设施。

1. 微波线路中的干扰

由于微波视距传播特性，一般系统工作频率低于 11GHz 时，站距可为 50km，而工作频率高于 11GHz 时，站距还应缩短。通常一条微波中继线路长达数百至数千千米，线路上肯定有很多中继站。来自本系统内部的各种频率干扰必然存在，此外，与本微波通信线路共存于同一区域的其他通信线路和通信设备之间也存在相互干扰的问题。

避免或减少这两种干扰的方法：路由选择时恰当选择站址；采用合适的天线以及工作频率。

1) 系统内部的频率干扰

(1) 越站干扰。在采用二频制(一个波道两个工作频率)的微波传输系统中，越站干扰属同频干扰。一旦发生越站干扰，受干扰的收信机对其毫无办法。为避免越站干扰，站址选择时微波线路上的各站不要安排在一条直线上，而是要相互错开一定的角度(≥15°)，呈"之"字形路由。

(2) 旁瓣干扰。对实际微波天线，其辐射方向性图，除主瓣外，还有旁瓣。旁瓣的能量辐射或接收所造成的干扰，称为旁瓣干扰。在微波线路出现拐弯或分支时，极易因旁瓣干扰而发生邻站的同频干扰。如图 2.33 所示，中继线路拐弯时，A 站向 O 站发射的 f_1 信号，同

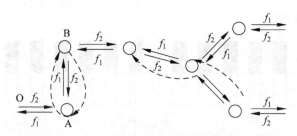

图 2.33　中继线路拐弯和分支时的旁瓣干扰

时由该天线的边瓣向外辐射,并混在 A 站向 B 站发射的有用信号 f_1 中,被 B 站的天线所接收。线路分支处产生的干扰与线路拐弯处的情况类似,且传播路径相同。

减少这类干扰的办法,只能依靠调整天线路径的空间相对位置来取得。拐弯及分支处的夹角不要小于 90°。如小于 90°,可采用正交极化配置的方法来实现,但夹角不宜小于 70°。此外,在中继线路的分支处,通过采用不同的频率配置,使限制条件放宽或不受限制,表 2.4 列出了不同频段下线路分支最小夹角的参考值。

表 2.4　不同频段下线路分支最小夹角

频段	同波道		插入型波道	
	同极化	正交极化	同极化	正交极化
2GHz	93°	75°	80°	无限制
4GHz	85°(22°)	30°(11°)	60°(22°)	无限制
6GHz	18°(18°)	14°(9°)	—	—
11GHz	85°	33°	20°	无限制

注:( )内为采用喇叭天线数据。

2) 系统外部的干扰

系统外部干扰有外部无线电设备的发射频段相近的无线电波和工业源的杂散辐射。这些干扰作为无用信号或噪声进入通信机,导致信噪比变坏。因此,在进行通信线路的站址选择和线路设计时,应了解所选线路区域的有关无线电设备的发信频率、功率、天线方向图等,也应了解沿线的大型电动设备、电炉、注塑机等工业设备的火花辐射等,以免带来相互干扰和影响。

2. 中继线路路由、站址选择及核查

1) 站址选择考虑的因素

在对微波中继线路的路由和站址进行选择和设计前,首先要明确已知条件,如:

(1) 线路或被连接的终端位置、沿线城市或单位。

(2) 沿线附近原有的通信线路站址及其频段、天线方向图等,这涉及线路间或站间的相互干扰问题。

(3) 沿线的地形、地貌、气候等情况,它们对电磁波的传播和接收信号的衰落特性均有影响。

需根据以上已知条件,在有关的地图上进行图上作业,从微波线路的终端站开始,逐段确定通信线路的路由和中继站段。

路由和站址选择的基本原则是：

（1）从长远规划出发，目前需要与长远规划相结合。

（2）充分利用有利地形，站距不宜太长，各中继段长度不应相差过大，站距以 50km 左右为宜。

2）初步核查

在线路和站址等初步确定后，应仔细进行路由、站址的核查。如画出各个中继段的电波传播路径剖面图，仔细地核查沿线的反射点特性和可能的反射干扰以及必要的天线塔高度和传播余隙的大小等。在特制的坐标图上画出线路剖面图和传播余隙 H_c 的标示图，并进行传播余隙计算。

另外，核查时还应注意微波中继线路沿线的其他通信台、站或通信设施（如卫星通信站）间的相互干扰等问题，尤其注意使用同一个频段的微波中继通信和卫星通信间的相互干扰问题。为此，ITU 作了如下规定：

（1）在 1～10GHz 的共用频段内，微波中继站发信机馈送到天线输入端的功率应不超过 13dBm，天线的最大辐射方向应至少偏离卫星轨道 2°。

（2）在 10～15GHz 的共用频段内，要求中继站发信机馈送到天线输入端的功率应不超过 10dBm，天线的最大辐射方向应至少偏离静止卫星轨道 1.5°。

在经过上述的初步核查后，若发现微波中继线路的路由或站址不符要求，应重新选址和复查、核算，直至选定较理想的路由和站址。

3）传输质量的核查

在经过上述初步核查后，应对线路可能达到的传输质量进行核算，看看所选择的线路方案是否满足电气性能的预定指标。对于数字微波中继通信系统，收信机的门限接收电平和传输的可靠性是需要进行核算的两项基本传输质量指标。门限电平是指信号传输差错率小于给定指标时所需要的接收信号电平。

（1）传输路径的衰减量。图 2.34 是一个中继段射频信道从发射到接收的路径传输示意图。为分析方便，按电磁波在自由空间传播条件下计算收信机输入信号的功率 P_R，即

$$[P_R](\text{dBm}) = [P_T](\text{dBm}) + [G_T] + [G_R] - [L_T] - [L_R] - [L_0] \qquad (2.32)$$

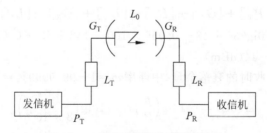

图 2.34　中继段射频信道传输路径

（2）收信机门限电平 P_{th} 的计算。应核算上面计算得到的收信机输入信号电平是否满足可靠解码所需的最小收信电平（门限电平）。在数字微波通信中，来自系统内部和外部的噪声和干扰总是存在的，它们对有用信号造成干扰。由于解码是在噪声背景下进行检测和判决的，因而，差错或误码是随机发生的。误码率取决于接收机输出的信号电平与噪声电平的比值（即信噪比）。不同的调制方式，在误码率要求一定的条件下，会有与之相对应的收信

机信噪比门限值要求

$$[P_{th}](dBm) = [E_s/N_0](dB) + [N_F](dB) + [n_0](dBm) + B(dB) \qquad (2.33)$$

其中，P_{th} 为收信机输入端的门限电平，N_F 为收信机的噪声系数，B 为收信机的等效带宽，$n_0 = kT_0$ 是收信机单位频带的噪声功率谱密度（k 是波尔兹曼常数 $= 1.380\,54 \times 10^{-23} J/K$，$T_0 = 290K$），$N_0 = n_0 B$，$E_s/N_0$ 为符号功率与噪声功率的比值。

（3）核查无分集时的衰落保护余量 $\Delta(dB)$。在无分集条件下，为了保证预定的每个中继段可靠传输，就必须提供足够的设备余量。根据实际系统所能提供的设备能力及收信机输入信号电平 P_R，用上式计算出保证正确接收所必需的门限接收电平 P_{th}；衰落电平余量 $\Delta(dB)$ 则需根据传输可靠性要求的中断率 p 和每个中继段深衰落出现概率 P 算出，即

$$\Delta(dB) = -10\lg(p/P)$$

显然，为满足收信门限电平和传输可靠性要求，应当保证

$$P_R(dBm) - P_{th}(dBm) - \Delta(dB) \geqslant 0 \qquad (2.34)$$

（4）分集条件下的衰落保护余量核算。当不采用分集的通信传输质量不能满足要求时，首先应想到采用分集接收技术，而不能靠缩短站距或加大发信功率这些措施，因为这意味着增加中继站，提高设备的能力，使建设投资加大，设备更趋复杂。采用分集接收是既经济又行之有效的方法，尤其对多径效应造成的衰落。例如，当采用二重分集技术后，可在保证满足传输中断率要求 p 的条件下，对每一分集支路的传输中断率要求将降低为 $(p)^{1/2}$，即

$$\Delta(dB) = -10\lg[(p)^{1/2}/P] \qquad (2.35)$$

可见采用分集接收之后，系统对电平余量 Δ 的要求大幅度降低。

例 2.4 已知一中继段发信机输出功率 $P_T = 200mW(23dBm)$；收信机门限电平 $P_{th} = -76dBm$；工作频率是 $f_O = 6GHz$；数字码元传输速率 $R_b = 8448Kb/s$，码元长度 $T_s = 1/R_b$；收发天线功率增益 $G_T = G_R = 43dB$；收发天线馈线的传输损耗 $= 0.056dB/m$，馈线长度是 $100m$；传输站间自由传播损耗 $L_O = 142dB$；传输可靠度 99.9999%；线路衰落概率 $P = 8 \times 10^{-3}$。计算收信机的输入门限电平和衰落余量 Δ。

解：

（1）计算输入信号电平 P_R

$$\begin{aligned}
[P_R] &= [P_T] + [G_T] - [L_T] - [L_O] + [G_R] - [L_R] \\
&= 10\lg230 + 43 - 0.056 \times 100 - 142 + 43 - 0.056 \times 100 \\
&= -44(dBm)
\end{aligned}$$

（2）计算不分集接收时的衰落余量，中断率 $p = 1 - 99.9999\% = 10^{-6}$

$$\Delta(dB) = -10\lg\left(\frac{p}{P}\right) = -10\lg\left(\frac{10^{-6}}{8 \times 10^{-3}}\right)$$

$$= 39dB$$

（3）核算无分集接收时的传输质量

$$P_R(dBm) - P_{th}(dBm) - \Delta(dB) = -44 + 76 - 39 = -7dB < 0$$

无分集接收时的传输质量不能满足要求。

（4）计算二重分集接收时的衰落余量

$$\Delta'(dB) = -10\lg\left(\frac{(p)^{1/2}}{P}\right) = -10\lg\left(\frac{10^{-3}}{8 \times 10^{-3}}\right) = 9dB$$

$$P_R(\text{dBm}) - P_{th}(\text{dBm}) - \Delta'(\text{dB}) = -44 + 76 - 9 = 23\text{dB} > 0$$

可见,采用空间分集后,能满足传输可靠性要求。

2.6　本地多点分配业务

2.6.1　本地多点分配业务概述

随着 Internet 的普及和多媒体技术的飞速发展,终端用户对带宽的要求愈来愈高,而困扰通信网向宽带化、智能化和个人化发展的关键问题是如何实现高速宽带接入。全光网络是比较完美的解决方案,但对基础网络的要求过高,且存在"最后一公里"技术问题。随着无线通信技术的迅速发展,一种容量接近于光纤的新型无线通信技术异军突起,这就是本地多点分配业务(Local Multipoint Distributed Service,LMDS)。

LMDS 是一种崭新的宽带无线接入技术,1998 年被美国电信界评选为十大新兴通信技术之一。该技术采用高容量点对多点微波传输,可提供双向话音、数据及视频图像业务,实现从 $N \times 64\text{kb/s}$、2Mb/s 甚至高达 155Mb/s 的用户接入速率,具有很高的可靠性,被称为"无线光纤"技术。

LMDS 各个词都有其自身的含义:"本地"是指单个基站所能够覆盖的范围,由于 LMDS 的工作频率通常在几十吉赫兹,电波传播特性受到限制,因此,单个基站在城市环境中所覆盖的半径通常小于 5km;"多点"是指信号从基站到用户端是以点对多点的方式传送的,而信号从用户端到基站则以点对点的方式传送;"分配"是指基站将发出的信号(可能同时包括话音、数据、Internet 及视频业务)分别分配至各个用户;"业务"是指系统运营者与用户之间是业务提供与使用关系,即用户从 LMDS 网络所能得到的业务完全取决于运营者对业务的选择。

LMDS 采用类似于蜂窝系统的组网结构,把有业务需求的地区划分为一定数目的小区,每个小区的覆盖半径为 3~5km,覆盖区在地理上可以相互重叠。根据小区内用户的分布和业务要求,每个小区可以划分为多个扇区,每个扇区发射机经过点对多点无线链路与本扇区内的固定用户通信。

LMDS 一般工作在毫米波波段,频率为 20~40GHz,可用带宽达到 1GHz 以上,几乎可以提供任何种类的业务,支持话音、数据和图像业务,并支持 ATM、TCP/IP 和 MPEG2 等标准。LMDS 具有高带宽和双向数据传输的特点,可提供多种宽带交互式数据及多媒体业务,克服了传统的本地环路的瓶颈,满足了用户对高速数据和图像通信日益增长的需求,因此是解决通信网接入问题的最佳方案之一。

1. LMDS 系统结构

一个完整的 LMDS 系统由中心站(Central Station,CS)、终端站(Terminal Station,TS)和网管系统三大部分组成,如图 2.35 所示。特殊情况下在中心站和终端站之间可以通过接力站(RS)进行中继。LMDS 系统的中心站通过有限个标准化的业务节点接口(Service Node Interface,SNI)与业务节点(Service Node,SN)相连,终端站通过一个或多个用户网络接口(User Network Interface,UNI)与用户终端设备(Terminal Equipment,TE)或用户驻地网(Customer Premises Network,CPN)相连,向用户提供宽带和窄带业务。

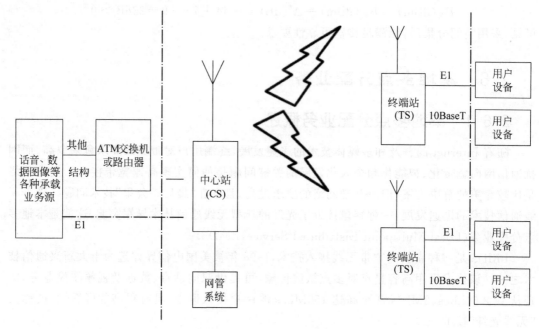

图 2.35 LMDS 系统结构框图

1) 中心站

中心站负责进行用户端的覆盖,并直接接入基础骨干网络,实现信号在基础骨干网络与无线传输之间的转换。中心站从逻辑上分为两个部分:中心控制站和中心射频站,中心控制站是业务汇聚和控制部分,并提供到网络侧的接口;中心射频站是基带和射频之间的收发转换设备,完成上下变频、微波放大、发送器和接收器等功能。一个中心控制站可以控制多个中心射频站,两者可以集成实现,也可以分立实现。

为更有效地利用频率资源,扩大系统容量,通常把中心站所覆盖的服务区划分成多个扇区,中心射频站使用一定角度范围的扇区天线来覆盖用户端设备,为扇区内的一个或多个终端站提供服务,常用的扇区天线为 90°扇区天线。中心控制站可以将来自各个扇区不同用户的上行业务量进行汇聚复用,提交不同的业务节点,并将来自不同业务节点的下行业务量通过中心射频站分送至各个扇区的终端站。

2) 终端站

终端站位于用户驻地,可服务于一个或多个用户终端设备。终端站设备的配置差异较大,一般来说包括室外单元 ODU(含定向天线、微波收发设备)和室内单元 IDU(含调制解调模块和网络接口模块)。终端站 IDU 的接口形式多样,包括 POTS、10/100BaseT、E1 帧中继、ATM 等,可支持多种应用。

终端站使用小波束角定向天线在上行方向上将来自用户终端或用户驻地网的业务适配、汇聚,通过无线链路传送到中心站,在下行方向上提取本站业务,分配给终端用户。

3) 接力站

接力站作为系统实现的可选项,用以转发中心站和用户站之间的信号,以延长中心站和用户站之间的距离。一个接力站可服务多个终端站,接力站设备一般按照同频转接方式进行配置。

4）网管系统

网管系统能提供对中心站设备、终端站设备及接力站设备的远程集中维护,完成告警与故障诊断,系统配置、系统性能分析和安全管理等功能,并能提供原始的计费信息。

2. LMDS 系统特点

LMDS 作为一种宽带固定无线接入技术,除了具有无线接入所固有的优点,如项目启动快、建设周期短、成本低以及网络运行和维护费用低等外,还具有以下优点。

（1）可用频带宽,系统容量大。目前,各国分配给 LMDS 的工作频带带宽至少有1GHz,还可以采用扇区划分和极化复用方式来进行频率复用,进一步提高系统的容量。

（2）运营商启动资金小,投资少,回收快。在网络建设初期,只需较小投资建立一个配置较简单的基站,覆盖若干用户即可开始运营。随着用户数量的增加可提高中心站的配置,增加用户端设备,逐步扩容,追加投资。

（3）业务提供速度快。LMDS 系统实施时,不仅避免了有线接入开挖路面的高额补偿费,而且设备安装调试容易,建设周期大大缩短,可以迅速为用户提供服务。

（4）在用户发展方面极具灵活性。LMDS 系统具有良好的可拓展性,易于扩充容量和提供新业务,服务商可以随时根据用户需求进行系统设计或动态分配系统资源,添加所需的设备,提供新的服务,不会因用户变化而造成资金或设备的浪费。

（5）可提供质优价廉的多种业务。LMDS 的宽带特性决定了它几乎可以承载任何业务,包括话音、数据和图像等业务。

（6）频率复用度高、系统容量大。LMDS 系统中心站的容量很可能超过其覆盖区内可能的用户业务总量,LMDS 系统一般是"范围"受限系统而不是"容量"受限系统,所以LMDS 系统特别适用于高密度用户地区。

另一方面,LMDS 系统也有其局限性,主要有以下几方面。

（1）视距传输、建筑物等各种环境因素对 LMDS 的影响较大。由于 LMDS 工作在很高的频率上,电波传播特性类似于光的传播特性,因此要求发射机和接收机之间为视距传播,否则接收机将接收不到信号。对于发展中的城市,新建筑物的出现有可能影响 LMDS 的无线传输,从而给运营、维护带来困难。

（2）LMDS 服务区覆盖范围较小,且通信质量受雨雪等天气影响较大。从电波传播原理来看,频率越高,信号随距离的衰耗就越快,衍射能力也降低。也就是说,绕过障碍物（如建筑、植物、雨滴等）的能力降低。LMDS 工作波段的信号波长尺寸与雨滴大小可比,降雨对信号传输影响很大,雨衰严重,从而决定了 LMDS 系统的典型覆盖范围为 3～5km。

（3）中心站设备相对比较复杂,价格较贵,所以在用户不多时,每个用户的平均成本较高。

3. LMDS 应用

LMDS 由于系统容量很大,每个终端站有很高（上百兆比特每秒的数量级）的业务带宽,因此特别适合于突发型数据业务和高速 Internet 接入,尤其适用于高密度用户地区,如繁华的城市商贸区、技术开发区、写字楼、居民小区等。LMDS 可同时向用户提供话音、数据及视频综合业务,还可以提供承载业务,如蜂窝系统或 PCS/PCN 基站之间的传输等。

1）话音业务

LMDS 系统是一种高容量的一点对多点微波传输技术,可提供高质量的话音服务,与传统的 POTS 系统业务相连,可实现公用电话网(Public Switched Telephone Network,PSTN)主干网的无线接入。

2) 数据业务

LMDS 系统的数据业务包括低、中、高速三类。

(1) 低速数据业务:数据传输速率范围为 1.2～9.6kb/s,能处理开放协议的数据,网络允许从本地接入点接到增值业务网。

(2) 中速数据业务:数据传输速率范围为 9.6kb/s～2Mb/s,这样的数据接口通常是增值网络的本地接点。

(3) 高速数据业务:数据传输速率范围为 2～155Mb/s。提供这样的数据业务必须有以太网和光纤分布数据接口,并支持多种协议,如帧中继、ATM、TCP/IP 和专线。同时,通过使用无线 ATM 的空中协议,可以实现系统带宽在各用户终端间共享,并保证服务质量,提高链路效率。

3) 视频业务

LMDS 能提供模拟和数字视频业务,如远程医疗、高速会议电视、远程教育、远程商业及用户电视、VOD 等。

2.6.2 LMDS 频率配置

1. 基本原则

LMDS 系统的频率配置应符合下列基本原则:

(1) 在 FDM 工作模式下,中心站与终端站在上下链路中必须使用不同的频率,并保证上下行之间有足够的频率间隔,以避免本站发送的信号被本站接收机接收到而引起干扰。

(2) 扇区内部采用不同载频,扇区之间可以采用不同载频或同一载频的不同极化。

(3) 为了确保 LMDS 能够提供高质量的通信服务,需要对所处的电磁环境进行管理,以消除各种电气设备及无线电设备之间的相互干扰。在使用 LMDS 工作频率时,各运营商需要提出申请,并得到上级主管部门的批准后方可使用。

(4) 充分利用给定的频谱资源。

在满足上述原则的基础上,进行实际网络设计时还要考虑用户分布的不均匀性和随时性,尽量做到在中心站所管辖的 360°覆盖范围内充分利用频率资源。

2. 工作频段

LMDS 的频率主要集中在 24GHz、26GHz、28GHz、31GHz 和 38GHz 这几个频段。各国政府对 LMDS 的管制政策基本上都是采用频率许可证制,只是在许可证的发放上存在不同,如美国采取的是拍卖方式,加拿大采取的则是评估方式。由于 LMDS 工作的频段较高,因此可用频谱比较丰富,许多国家分配的频谱均在 1GHz 以上。

我国于 2002 年 8 月份公布了 LMDS 试行频段,规定了 FDD 双工方式的 LMDS 系统目前的工作频率范围为 24 450～27 000MHz,其中已经分配的频率共计 2×1008MHz,具体频率为:中心站发射频段为 24 507～25 515MHz;终端站发射频段为 25 757～26 765MHz;同一波道收发频率间隔为 1250MHz。

3. 波道配置

我国规定,LMDS 系统可以采用 4 种波道配置方案,基本波道带宽分别为 3.5MHz、

7MHz、14MHz、28MHz，实际使用时可以根据业务要求将基本波道合并使用。

1）28MHz 波道带宽

28MHz 波道带宽中心频率为：

$$24\,493 + 28n\,(\text{MHz}) \quad (n = 1, 2, \cdots, 36)$$
$$25\,743 + 28n\,(\text{MHz}) \quad (n = 1, 2, \cdots, 36)$$

相邻波道间隔为 28MHz；其中下行起始频率为 24 507MHz，下行终止频率为 25 515MHz；上行起始频率为 25 757MHz，上行终止频率为 26 765MHz。具体波道配置方案见图 2.36。

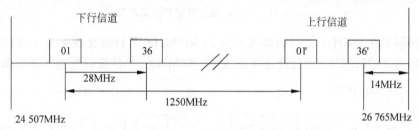

图 2.36 28MHz 波道带宽的波道配置

2）14MHz 波道带宽

14MHz 波道带宽中心频率为：

$$24\,500 + 14n\,(\text{MHz}) \quad (n = 1, 2, \cdots, 72)$$
$$25\,750 + 14n\,(\text{MHz}) \quad (n = 1, 2, \cdots, 72)$$

相邻波道间隔为 14MHz；下行起始频率为 24 507MHz，下行终止频率为 25 515MHz；上行起始频率为 25 757MHz，上行终止频率为 26 765MHz。具体波道配置方案见图 2.37。

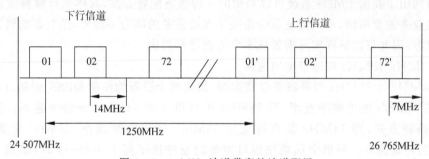

图 2.37 14MHz 波道带宽的波道配置

3）7MHz 波道带宽

7MHz 波道带宽中心频率为

$$24\,503.5 + 7n\,(\text{MHz}) \quad (n = 1, 2, \cdots, 144)$$
$$25\,753.5 + 7n\,(\text{MHz}) \quad (n = 1, 2, \cdots, 144)$$

相邻波道间隔为 7MHz；下行起始频率为 24 507MHz，下行终止频率为 25 515MHz；上行起始频率为 25 757MHz，上行终止频率为 26 765MHz。具体波道配置方案见图 2.38。

4）3.5MHz 波道带宽

3.5MHz 波道带宽中心频率为

$$24\,505.25 + 3.5n\,(\text{MHz}) \quad (n = 1, 2, \cdots, 288)$$
$$25\,755.25 + 3.5n\,(\text{MHz}) \quad (n = 1, 2, \cdots, 288)$$

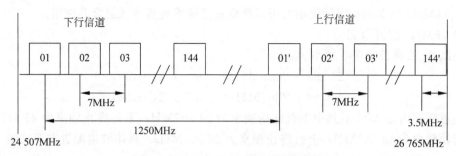

图 2.38 7MHz 波道带宽的波道配置

相邻波道间隔为 3.5MHz；下行起始频率为 24 507MHz，下行终止频率为 25 515MHz。上行起始频率为 25 757MHz，上行终止频率为 26 765MHz。具体波道配置方案见图 2.39。

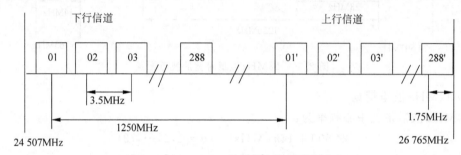

图 2.39 3.5MHz 波道带宽的波道配置

4. 波道带宽的选择

上面列出了我国 LMDS 系统可以采用的 4 种波道配置方案，具体选择哪种波道带宽主要是根据业务需要而定，不同的波道带宽除了支持业务的能力不同外，还会影响到传输性能及制造成本，因此可以根据实际需要从多个方面进行权衡。

1）14MHz/28MHz 波道带宽的选择

以 14MHz 和 28MHz 两种波道带宽为例，如果两个设备均使用 QPSK 调制，14MHz 带宽可支持 16Mb/s 的传输净速率，而 28MHz 带宽可支持 32Mb/s 传输净速率；若均使用 16QAM 调制方式，则 14MHz 带宽可支持 36Mb/s 的传输净速率，28MHz 带宽可支持 52Mb/s 的传输速率。当单个远端站接口需要的业务速率高于 40Mb/s 时，采用 28MHz/16QAM 方式的设备比较合适。但是，如果载波带宽采用 28MHz，且只能工作在 QPSK 方式下，16QAM 归一化信噪比（E_b/n_0）要比 QPSK 少约 7dB，这样当接收机噪声系数和噪声带宽相同时，16QAM 调制方式比 QPSK 调制方式的接收机门限电平要恶化约 7dB。如果对 14MHz/16QAM 与 28MHz/QSPK 进行比较，在相同的接收机噪声系数下，后者的噪声带宽增加了一倍，因此两者的接收机门限仅差约 4dB。也就是说，当考虑采用 QPSK 以适应雨衰引起的不可用性问题，且将占用带宽提高一倍以提高传输速率的权衡设计时，实际上付出了接收机门限比 14MHz/QPSK 方式恶化了 3dB 的代价，而且与 14MHz/16QAM 方式相比在抗雨衰性能上的改善并不十分明显。这种情况下，只有在采用 28MHz/QPSK 方式的同时，发信功率相应比 14MHz/16QAM 系统再提高 3dB 才是有意义的。

2）28MHz/16QAM 方式的选择

如果选用 28MHz 波道带宽，采用 QPSK/16QAM 自适应调制方式开展设计，对于

28MHz/QPSK 方式前面已经做过详细说明,这里不再赘述。而对于 28MHZ/16QAM 方式,它比 14MHz/16QAM 方式接收机门限恶化了 3dB,如果 LMDS 系统在 14MHz/16QAM 方式下接收机门限为－77dBm,那么 28MHz/16QAM 方式下接收机门限仅为－74dBm,与 14MHz/QPSK 相比接收机门限有近 10dB 的差距,这对沿海地区 LMDS 系统的抗雨衰特性影响较大。

28MHz/16QAM 在内陆地区雨衰不十分严重的环境下是可以考虑采用的。因为在这种方式下,单载波可支持 52Mb/s 接入速率,满足终端站要求一个端口接入速率大于 40Mb/s 的应用。但在目前运营商的业务需求中,这种单端口要求如此高带宽的情况并不多见。

3) 单波道 28MHz 带宽与频谱规划的关系

在 LMDS 系统商用试验期间,运营商可获得的频率资源约为 2×56MHz,随着业务的扩展,也可以再追加频率,使得频率资源达到 2×112MHz。在 2×56MHz 可用带宽条件下,基站扇区之间及小区之间的频谱规划可以有两种方式:第一种是波道带宽 14MHz 的频谱规划,即将 56MHz 带宽分为 4 个载频 f_1、f_2、f_3、f_4,将 4 个载频分为两个载频组 f_1、f_3 或 f_2、f_4,相邻扇区采用不同载频组,在一个基站内载频组可以复用;第二种是波道带宽 28MHz 的频谱规划,即 56MHz 带宽只能支持两个载频工作,相邻扇区采用不同载频,在一个基站内载频可以复用。

在频谱规划方面,到底是采用 14MHz 载波,还是采用 28MHz 载波,一个直观的评估认为,由于 28MHz 波道带宽接收机滤波器的噪声带宽比 14MHz 波道带宽接收机滤波器的噪声带宽要大一倍,所以无论是抗同频干扰还是抗邻频干扰的能力,28MHz 载波必然要差些。但是根据国外一些知名公司的研究报告分析,在 LMDS 系统的频谱规划中,为了解决同城域不同运营商之间的邻频干扰问题,建议两个运营商在相邻载频上,各自留出 14MHz 的保护频带以支持 28MHz 波道带宽的业务应用,这就充分说明了应用 28MH 波道带宽对频谱规划带来的影响。当然,在保证门限电平恶化 1dB 的条件下,同频信干比与邻频信干比指标与设备的发射频谱及接收滤波器指标密切相关,针对每个设备的实际测试指标去进行频谱规划设计才是最可靠的。

2.6.3 LMDS 系统的技术分析

1. 双工方式

LMDS 系统采用的双工方式可以是频分双工(Frequency Division Duplexing,FDD)方式或时分双工(Time Division Duplexing,TDD)方式,两种方式各有优缺点,TDD 使用一个共享的总带宽用于上行通信和下行通信,发送和接收在不同的时间进行,分配给每个方向的带宽是灵活可变的,在需要时甚至可以将全部的带宽用于发送或接收;而 FDD 则将总带宽分成上行频带和下行频带两个相对固定的部分,上下行之间有一个保护带宽,上下行的容量是固定的。

对于用户来说,选择 LMDS 主要为传送数据业务和高速接入 Internet,系统上下行的数据流量是随着时间变化的,用户只在特定的时候需要较宽的带宽,因此从效率上说,采用 TDD 方式比采用 FDD 方式具有更高的频带利用率。但是从技术上来说,由于带宽分配是固定的,采用 FDD 方式对设备以及网络规划的要求相对简单一些。从业务上看,FDD 这种相对固定的带宽分配方式比较适合于话音传输,而当数据业务量比较大时,TDD 方式占优势。但目前 FDD 方式的设备较多，也较成熟，无线电管理局分配给 LMDS 使用的也是 FDD 的频段。

2. 复用/多址方式

在 LMDS 系统中，下行主要采用 TDM、FDM 等复用方式，上行主要采用 FDMA、TDMA 或 DS-CDMA 等多址方式。三种多址方式各有特点，需要根据业务特性、服务策略和市场情况而定：FDMA 比较适合于业务量大、持续使用时间长的用户；TDMA 适用于业务突发性强的用户；而 DS-CDMA 适用于用户容量大，对信号质量要求高的场合。系统可以采用各种下行复用/上行多址方式的组合，如 TDM/TDMA 和 FDM/FDMA 等。

1）TDM/TDMA

TDMA 将连续的时间分割成若干个时间片，称为时隙，每个用户在所分配的频率段内占用规定的时隙收发信号。这种方式在支持突发性的数据业务上，如 Internet 接入等应用中占有优势。当用户需要接入 Internet 时，一般上行的数据量小，主要为数据请求和认证等，而下行方向上可能会出现较大的数据流，采用 TDMA 方式能够较好地满足用户对这种业务类型的需求。

采用 TDMA 多址方式的设备在提供业务承载能力时有以下两种实现方法。

（1）对称型。在中心站的某个扇区内，中心站到终端站的下行容量与终端站到中心站的上行容量是相等的，一般在 30Mb/s 左右，这种系统采用的下行复用方式为 TDM，上行多址方式为 TDMA。

（2）非对称型。在中心站的某个扇区内，中心站到终端站的下行容量不等于终端站到中心站的上行通信容量，这种系统采用的下行复用方式为 TDM，上行多址方式为 TDMA 与 FDMA 的混合方式。

在 FDD/TDMA 方式中，一个帧周期内，每个用户可以占用一个波道中的一个或多个时隙。例如，假设一个 LMDS 系统的上行、下行发射频率带宽各为 28MHz，对于上行的 28MHz 带宽而言，先通过 TDMA 方式将其划分成 4 个 7MHz 带宽，然后在每个 7MHz 带宽上采用 TDMA 的多址方式完成数据的传送。若系统采用 QPSK 调制，则中心站到终端站下行方向的最大数据容量为 28Mb/s，终端站到中心站的最大上行数据容量一般为 7Mb/s，即在该小区内可同时共存 4 个工作在最大容量下的终端站。

2）FDM/FDMA

这种系统采用的下行复用方式为 FDM，上行多址方式为 FDMA。FDMA 将给定的频谱按照移动的要求划分成若干个等间隔的信道，每个用户占用其中的一个信道。在 FDMA 方式下，终端站需要长期占用频率资源，适合于专线和租用线业务。

3. 调制方式

LMDS 系统采用的调制方式一般可以分为 PSK 和 QAM 两大类。目前，在 LMDS 系统中，TDMA 多址方式多采用 QPSK 调制方式，但还不能采用 64QAM 调制方法。而 FDMA 系统中则可以采用 64QAM 调制方式，所以 FDMA 系统具有更高的数据速率，但是高的调制状态对信噪比要求较高，传输距离会下降。因此，在设计实际网络时，要解决容量和距离的矛盾，就要根据覆盖距离和业务量大小选择适当的调制方式。

现在，多数 LMDS 产品还采用 QPSK 和 16QAM 自适应调制方式。也就是说当接收信噪比比较高时，采用 16QAM 调制方式以达到更高的传输速率；而当接收信噪比降低到一定门限值以下时,采用 QPSK 调制以获得更好的传输质量。

4. 组网方式

为了提高覆盖小区内的通信容量,提高频率利用率,减小扇区之间以及小区之间的干扰,LMDS 采用类似蜂窝电话网方式组网,划分多个扇区工作。LMDS 属于固定式无线接入系统,不支持用户漫游,覆盖区域完全取决于实际用户的业务需求,在实际组网时需要根据地理分布和用户需求确定覆盖区域。运营商可以根据每个扇区内的用户业务量需求和可用频带多少,灵活选用频率复用方案。在没有用户需求的扇区,可以不架设中心站;在用户业务需求较大的地区,如商业区、用户密集区等,可以考虑采用多重覆盖,以满足用户的需求。

5. 抗雨衰措施

工作在 26GHz 高频区域的 LMDS 系统受天气的影响较大。当雨、雪、雾中的水滴直径大小与 LMDS 电磁波工作波长的尺寸可比时,极易散射微波中的能量,造成散射衰落,较强的降雨甚至可能导致信号的完全中断。当 LMDS 系统工作在 20GHz 以上频段时,由于散射衰落的影响,中心站与终端站的距离一般为几千米,这样才能保证一定的接收电平。

但是利用射频应用研究方面的最新成果和先进的数字纠错技术,可以保证 LMDS 系统在降雨的过程中仍然能够保持极高的链路质量和无故障率。其中,抵抗雨衰影响、保持链路质量的措施如下。

1) 采用高系统增益的 LMDS 系统

系统增益等于发射功率与中心站天线增益、远端站天线增益之和减去接收门限电平。有了较高的系统增益,在相同的条件下才有可能获得较高的无线链路衰落储备,具有更强的抗雨衰能力。

在高系统增益的 LMDS 系统中,通常采用自适应发信功率控制技术(Automatic Transfer Power Control,ATPC),应用 ATPC 技术主要有两个目的:一是补偿由雨衰带来的衰落;二是减少小区之间的相互干扰。ATPC 通过中心站和远端站设备之间组成的反馈环路能够自动调节发射机的功率电平值,且在信号衰减较大的情况下,能自动增大信号的发射功率,为提供足够的增益储备,补偿由雨水引起的传输衰落,改善传输质量。在信号衰减较小的情况下,LMDS 系统通过采用自动功率控制,在满足一定的误码率和系统可用性指标的前提下,可自动调整射频发射功率,将扇区之间的干扰降到最小。ATPC 的调整速度要达到 30dB/s 以上,才能保证良好的链路质量。

2) 采用低阶的调制方式

ITU-R SM1046"无线系统的频谱使用与有效性的定义"中表明,对于高密度无线网络(例如 LMDS 点对多点系统),4 阶调制是最适合的。而高阶调制(8PSK、16QAM)由于抗干扰能力较低,仅仅对于低密度且干扰很小的网络比较有效(如点对点系统)。

采用 QPSK 调制方式,可以获得更强的抗干扰能力和更大的覆盖距离,把由干扰所引起的系统阻隔降到最低。

3) 扩大天线尺寸

天线的增益与天线的直径有关,直径越大,增益越大。因此,大口径天线可以得到更大的系统增益。

参考文献

[1] 牛忠霞,冉崇森,刘洛琨,等.现代通信系统[M].北京:国防工业出版社,2003.

[2] 李健东,郭梯云,邬国扬.移动通信[M].4版.西安:西安电子科技大学出版社,2006.

[3] Rappaport T S.无线通信原理与应用[M].蔡涛,等译.北京:电子工业出版社,1999.

[4] 张贤达,保铮.通信信号处理[M].北京:国防工业出版社,2000.

[5] Proakis J G.数字通信[M].张力军,等译.5版.北京:电子工业出版社,2015.

[6] Rappaport T S.无线通信原理与应用[M].周文安,等译.2版.北京:电子工业出版社,2018.

[7] 王秉均,王少勇.卫星通信系统[M].北京:机械工业出版社,2014.

[8] Padovani R. Beyond 3G-CDMA Evolution[C]. The International Forum on Future Mobile Telecommunications & China-EU Post Conference on Beyond 3G,2002.

[9] 吴诗其,朱立东.通信系统概论[M].北京:清华大学出版社,2005.

[10] 姚冬苹,黄清,赵红礼.数字微波通信[M].北京:北京交通大学出版社,2004.

[11] 傅海阳.SDH数字微波传输系统[M].北京:人民邮电出版社,1998.

[12] 姚彦,梅顺良,高葆新,等.数字微波中继通信工程[M].北京:人民邮电出版社,1990.

第 3 章

卫星通信系统

3.1 卫星通信概述

卫星通信是指设置在地球上(包括地面、水面和底层大气层中)的无线电通信站(地球站)之间利用人造地球卫星转发或反射无线电波,在两个或多个地球站之间进行的通信,如图 3.1 所示。

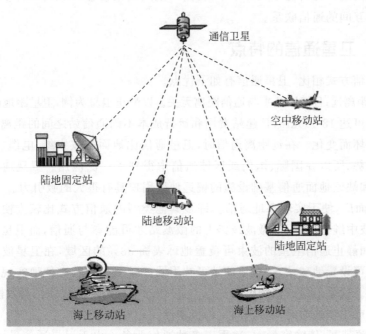

图 3.1 卫星通信示意图

卫星通信是宇宙无线通信的主要形式之一。所谓宇宙无线电通信,是指有宇宙飞行体(如人造通信卫星、宇宙飞船等)参与的无线电通信,它有三种基本形式,如图 3.2 所示。显然,图 3.2(c)所示的通信方式即为卫星通信,这时空间的宇宙站被称为通信卫星。有的情况下卫星之间也可进行通信,通常称为星间通信。一般同一轨道之间的星间通信线路称为星间链路(Inter Satellite Links,ISL);而不同轨道宇宙站之间的通信线路称为星际链路(Inter Orbit Links,IOL)。

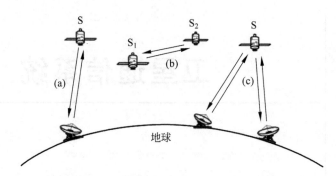

图 3.2　宇宙无线电通信的三种基本形式

（a）地球站与宇宙站之间的通信；（b）宇宙站之间的通信；（c）经宇宙站转接的地球站之间的通信

　　卫星通信是地面微波通信的发展和延伸，是一种以通信卫星为中继站的特殊的微波中继通信。对于地面微波中继通信而言，由于地球曲率的影响和天线架设高度受限，直接通信距离仅为 50km 左右，因而远距离通信需要中继，有的远距离通信甚至需要很多次中继才能够实现，这可能会使得系统建设成本过高，或者受地理等条件的限制使系统难以实现。而一般通信卫星距离地面几百甚至几万千米，在同一卫星波束覆盖区域内的许多地球站无论远近均可实现相互间的通信联系。

3.1.1　卫星通信的特点

　　与其他通信方式相比，卫星通信有如下优点。

　　（1）通信距离远，且费用几乎与通信距离无关。以静止卫星为例，卫星距地面 35 786.6km，最大通信距离可达 18 000km，且建站费用和运行成本不因通信站之间的距离远近和地理及自然条件的好坏而变化。在远距离通信时，卫星通信比地面微波中继、电缆、光缆及短波通信等有明显优势，所以在国际、国内或区域通信中得到了广泛应用。卫星通信对于航空用户、航海用户和缺乏地面通信基础设施的偏远地区用户具有很大的吸引力。

　　（2）覆盖面广，便于实现多址通信。许多其他类型的通信方式比较方便实现点对点通信，如地面微波中继通信，只有微波线路上的微波站才可能参与通信，而卫星通信可以实现大面积覆盖，如静止通信卫星的波束可覆盖地球表面 38% 的区域，在卫星波束覆盖区域中的任何一点都可设置地球站，这些地球站可共用同一颗卫星比较方便地实现双边或多边通信（多址通信）。这是卫星通信的突出优点，它可为通信网络的组成提供高效性和灵活性，同时可为移动站或小型地面终端提供高度的机动性。

　　（3）通信频带宽、传输容量大，适用于多种通信业务。由于卫星通信采用微波频段，信号可用带宽比其他频段宽得多，因而可实现大容量通信系统。目前，卫星带宽可达 500～1000MHz 以上，一颗卫星的容量可达数千甚至上万话路，并可开展各种各样的非话通信业务，如高清晰度的视频业务。

　　（4）通信线路稳定可靠，通信质量高。由于卫星通信的电波主要在大气层以外的宇宙空间传输，受地形、地物、大气和地面人为干扰的影响小，特别是宇宙空间近乎真空状态，所以电波传播比较稳定，通信质量稳定可靠。

　　（5）可以自发自收监测通信质量。地球站显然可以实现自发自收，从而可以监视本站所发信息是否正确传输以及通信质量的优劣。

除上述优点之外,卫星还能够提供直接到家庭(Direct To Home,DTH)的广播电视和Internet服务(如Hughes网络系统的DirectPC),是解决"最后一公里"问题的最佳方案之一,也是向全球用户提供宽带综合Internet业务的最佳选择。正是由于卫星通信具有以上诸多优点,因此自其诞生之日起便得到了迅猛发展,虽然也曾受到光纤通信的挑战(光纤通信具有比卫星链路大得多的容量和更低的每比特成本),但直至今日,卫星通信仍然持续繁荣,仍然是当今通信领域中最为重要的通信方式之一。

卫星通信有许多其他通信方式不可比拟的优势,但在某些方面也存在不足。

(1) 有较大的传输时延。一般地球站和卫星之间的通信信号传输距离比较长,所以具有较大的传输时延。特别是在静止卫星通信系统中,星站之间的单程传输时延约为0.27s,而经卫星一次转接的发、收地球站之间的单程传输时延约为0.54s,这样大的传输时延会在通话时给人以很不自然的感觉。正是由于这一原因,低地球轨道(Low Earth Orbit,LEO)和中地球轨道(Middle Earth Orbit,MEO)卫星被开发应用于移动通信,但其传输时延也有100ms左右。

(2) 存在星蚀和日凌中断现象。如图3.3所示,太阳、地球和卫星不可避免地会有运行到一条直线上的时候。当地球位于其他二者之间时,由于地球遮挡了阳光使卫星位于阴影区,卫星上的太阳能电池不能正常工作,这种现象称为"星蚀";当卫星位于其他二者之间时,地球站天线对准卫星的同时也对准了太阳,大量的太阳噪声就会进入地球站接收系统,严重时将导致通信的中断,这种现象称为"日凌中断"。

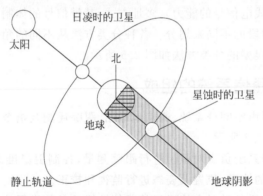

图3.3　星蚀和日凌现象

对于静止卫星通信系统,如图3.4所示,每年在春分和秋分前后的23天中,每天当卫星的星下点(指卫星和地心之间的连线与地球表面的交点)进入当地时间午夜前后时会出现星蚀现象,一年内约有90天会发生星蚀,每次星蚀的最长持续时间达到72min;日凌现象也发生在春分和秋分前后,但是在星下点进入当地时间中午前后时,即每年上、下半年各有5～6天会出现日凌中断,每次持续时间约10min,但具体持续时间与地球站的纬度、天线的口径和工作频率等因素有关。

由于卫星重量的限制,星载蓄电池难以长时间为各转发器提供足够的电能,所以应该尽量使星蚀发生在卫星服务区通信业务量最低的时间段里。日凌造成的通信中断不可避免,除非采用两颗不同时发生日凌中断的卫星来接续工作。

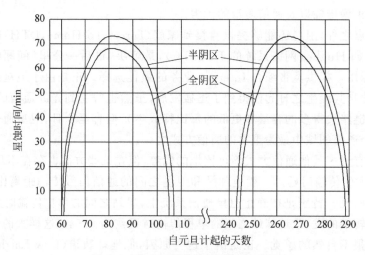

图 3.4　静止卫星星蚀的日期和时间

（3）在军事应用中的抗截获性、抗扰性和抗毁性不够强。对于军用卫星通信，卫星公开暴露在空间轨道上，所传输的信息容易被敌方窃收、干扰，卫星可能会受到摧毁。在卫星通信网中，卫星是整个通信网的关键节点，一旦被干扰或摧毁将导致系统"瘫痪"。

3.1.2　卫星通信系统分类

卫星通信系统有很多种分类方法，可以按照卫星的运动状态、卫星的通信覆盖区范围、卫星的结构（或转发无线电信号的能力）、多址方式、基带信号的体制、用户性质、通信业务种类以及卫星通信所用频段的不同来划分。各种分类方法从不同的角度反映出卫星通信系统的特点、性质和用途。典型的分类方法如图 3.5 所示。

3.1.3　卫星通信系统的组成

卫星通信系统主要由空间分系统、通信地球站、跟踪遥测及指令分系统和监控管理分系统 4 个部分组成，如图 3.6 所示。

跟踪遥测及指令分系统负责对卫星进行跟踪测量，控制卫星准确进入卫星轨道上的指定位置，并对在轨卫星的轨道、位置及姿态进行监视和校正。

监控管理分系统的任务是对在轨卫星的通信性能及参数进行业务开通前的监测和业务开通后的例行监测和控制，其中包括卫星转发器功率、卫星天线增益、地球发射功率、射频频率和带宽等基本的通信参数，以保证通信卫星的正常运行和工作。

空间分系统即通信卫星，它实际上就是设在空中的微波中继站。通信卫星的主体是通信装置，即转发器（包括通信天线），其主要功能是：接收来自地面的上行信号，进行低噪声放大、变频后再进行功率放大，然后发回地面。当然，有的转发器有其他一些处理功能，例如进行再生处理以消除噪声积累。一个通信卫星往往有多个转发器。每个转发器被分配在某一工作频段中工作，并根据所使用的天线波束覆盖区域，租用或分配给处在覆盖区域的卫星通信用户。当然，通信卫星上还有负责保障的装置，主要有遥测指令、控制装置和能源装置等，它们与地面的跟踪遥测及指令分系统和监控管理分系统构成闭环，共同完成对于卫星轨道位置、姿态、通信性能等方面的监测和控制。

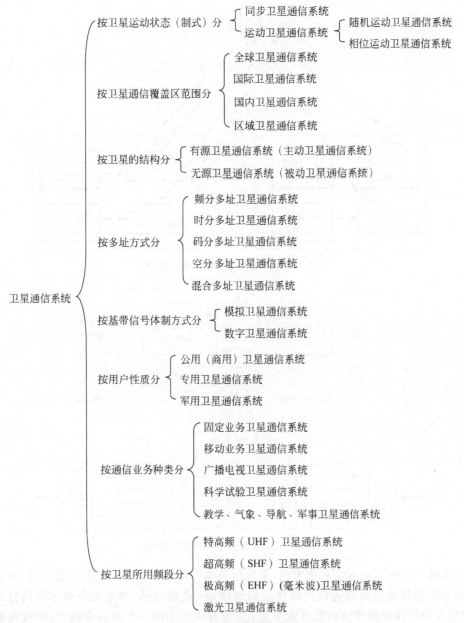

图 3.5 卫星通信系统分类

通信地球站是地球上的微波收、发信通信站,用户通过它们接入卫星线路进行通信。一般地球站大体由天线馈线设备、发射设备、接收设备、信道终端设备、天线跟踪伺服设备组成。一个卫星通信系统中往往包括许多通信地球站。

由于星上的监测和控制等装置以及地面上的跟踪遥测及指令分系统和监控管理分系统并不直接参与通信,所以很多场合中所述的卫星通信系统仅由卫星转发器、通信地球站和上下行传输信道组成。于是可以说,一个单跳(所发射的微波信号仅经过一次卫星转发器的转发)的卫星通信线路由发射地球站、上行传播路径、卫星转发器、下行传播路径和接收地球站组成,如图 3.7 所示。

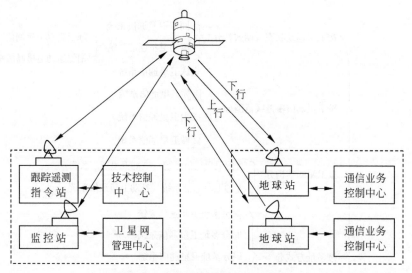

图 3.6　卫星通信系统的基本组成

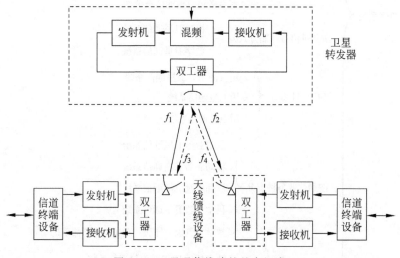

图 3.7　卫星通信线路的基本组成

以单跳单工的卫星通信系统为例,系统的基本工作过程如下:在进行通信时,地面用户发出的基带信号经过地面通信网络传送到地球站;在地球站,通信设备对基带信号进行处理,使其成为已调射频载波后发送到卫星;卫星作为空中的一个微波中继站,接收此系统中所有地球站用上行频率发来的已调射频载波,然后再进行放大和变频,用下行频率发送到接收地球站;接收地球站对接收到的已调射频载波进行处理,解调出基带信号,再通过地面网络传送给用户。为了增大发送输出信号和接收输入信号之间的隔离度,避免二者相互干扰,上行线路和下行线路应采用不同的且间隔足够大的载波频率。

当然,在卫星通信系统中,各地球站常常是双工工作的。另外,虽然卫星通信系统中的单跳工作状态是最为常见的,但也可能存在双跳工作状态,即发射地球站发送的信号要经过两次卫星转发才被对方地球站接收。双跳大体有两种应用场合,分别如图 3.8(a)和(b)所示。一种是在某些国际卫星通信系统中,分别位于两个卫星波束覆盖区内,且处于其共视区外的地球站经共视区中的中继地球站构成双跳的卫星接力线路。另一种则是在同一卫星波

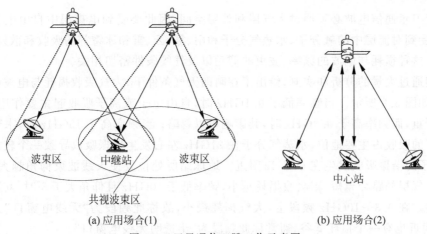

(a) 应用场合(1)　　　　　　　(b) 应用场合(2)

图 3.8　卫星通信双跳工作示意图

束覆盖区内的星形拓扑结构的卫星通信系统中,外围边远站之间不能通过卫星单跳直接通信,只能通过中心站经过两次卫星转发实现通信。

3.1.4　卫星通信的工作频段

卫星通信工作频段的选择是一个十分重要的问题,它直接影响到整个卫星通信系统的通信容量、质量、可靠性、卫星转发器和地球站的发射功率、天线口径的大小以及设备的复杂程度和成本的高低等。

卫星通信工作频率的选择一般须根据需要与可能相结合原则,着重考虑下列因素:

(1) 工作频段的电波应能穿透电离层;

(2) 电波传输损耗及其他损耗要小;

(3) 天线系统接收的外界噪声要小;

(4) 可用频带要宽,以满足通信的容量需求;

(5) 设备重量要轻,耗电要省;

(6) 与其他地面无线系统(如微波中继通信系统、雷达系统等)之间的相互干扰要尽量小;

(7) 能充分利用现有技术设备,并便于与现有通信设备配合使用。

综合考虑上述各方面的因素,显然应将卫星通信工作频段选在微波频段。微波频段可以根据波长的长短分为分米波频段(Ultra High Frequency,UHF)、厘米波频段(Super High Frequency,SHF)和毫米波频段(Extremely High Frequency,EHF),但目前人们也将该频段如表 3.1 所示进一步细分。

表 3.1　微波频段

微波频段	频率范围/GHz	微波频段	频率范围/GHz	微波频段	频率范围/GHz
UHF	0.3～1	K	18～26	W	75～110
L	1～2	Ka	26～40	D	110～170
S	2～4	Q	33～50	G	140～220
C	4～8	U	40～60	Y	220～325
X	8～12	V	50～75		
Ku	12～18	E	60～90		

　　由于卫星通信电波必须通过大气层和外层空间,因此要受到电离层中自由电子和离子的吸收,受到对流层中的氧分子、水蒸气分子和雨、雾、云、雪和冰雹等的吸收和散射,从而形成损耗。这种损耗与电波的频率、波束的仰角以及气候条件密切相关。

　　人们通过大量的分析和实测,给出了在晴朗天气条件下,大气吸收损耗与电波频率的关系曲线,如图 3.9 所示。当频率低于 0.1GHz 时,自由电子或离子吸收起主要作用,且频率越低越严重,而频率高于 0.3GHz 时,其影响可以忽略;当频率高于 15GHz 时,水蒸气分子和氧分子的吸收占主要地位,水蒸气分子在 21GHz 左右发生谐振吸收导致一个较大的损耗峰,氧分子的谐振吸收发生在 60GHz 附近。地球站所处位置使天线波束仰角越大,无线电波通过大气层的路径越短,则吸收损耗越小,频率低于 10GHz 且仰角大于 5° 时,其影响基本可以忽略。在 0.3～10GHz 频段上,大气损耗最小,故称此频段为"无线电窗口"。另外在 30GHz 附近也有一个损耗低谷,通常称此频段为"半透明无线电窗口"。

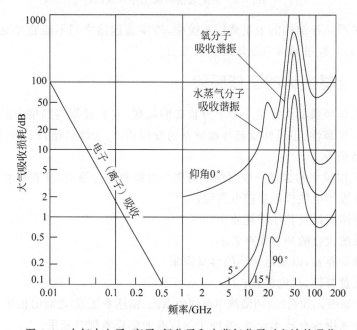

图 3.9　大气中电子、离子、氧分子和水蒸气分子对电波的吸收

　　另外,从外界噪声影响来考虑,如图 3.10 所示,当频率降低到 0.1GHz 以下时,宇宙噪声会迅速增加,所以,最低工作频率不能低于 0.1GHz。通常,在 1GHz 以上时,宇宙噪声和人为噪声对通信影响较小;而大气噪声,其中包括氧气、水蒸气、雨、云、雾噪声等在 10GHz 以上对通信影响较大。

　　综上,最适宜卫星通信的工作频段应该是 1～10GHz,当相对较低的微波频段比较拥挤而不得已要向高频段发展时,除了应注意利用 Ku 频段外,就应率先注意利用"半透明无线电窗口"频段。

　　事实上,卫星通信工作频段的开发利用正是依上述顺序展开的。C 频段是最先成功应用于卫星通信的频段,随着卫星通信业务量的急剧增加,UHF～Ka 频段被开发利用。其中,Ku 频段与 C 频段相比,在相同天线尺寸下天线波束窄(这意味着可使轨道上卫星之间间隔小)、增益高(这意味着诸如卫星广播、电视等业务可以直接到户),卫星便于多波束工

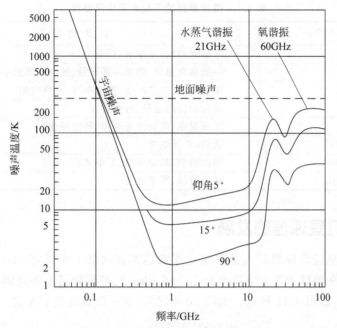

图 3.10 外部噪声对接收信号的影响

作;由于不同于地面微波中继通信系统的工作频率,卫星发射功率不受限制。Ka 频段的工作带宽可达 3~4GHz,为 4/6GHz 时 500MHz 带宽的 7 倍,一颗 Ka 频段卫星提供的通信能力能够达到一颗 Ku 卫星通信能力的 4 倍以上,所以将 Ka 频段用于卫星通信非常具有吸引力。当然,降雨对 Ku 频段和 Ka 频段的影响要比 C 频段严重得多,因而对器件和工艺的要求较高,但这些都可以采取相关的技术措施予以克服。

Ka 频段成功开发后,不少技术先进的国家又进一步开发更高的频段,如 Q 频段和 V 频段,因而使可用带宽更宽。美国联邦通信委员会(Federal Communications Commission, FCC)已计划在 17 个应用领域使用 Q 频段和 V 频段。采用 EHF 也是未来卫星通信系统的发展趋势之一,1971 年世界无线电行政会议(World Administrative Radio Conferences, WARC)已将宇宙通信的频段扩展到 275GHz;1979 年 WARC 又将其频率分配扩展到 400GHz 频段,其中 275~400GHz 频段暂供各主管部门试验和发展空间各种有源及无源业务使用。

为了充分有效地利用有限的空间无线电频率资源,WARC 有关规定中将整个地球划分为三个区域:区域 1 包括欧洲、非洲、苏联亚洲部分、蒙古、伊朗西部边界以西的亚洲国家;区域 2 包括南北美洲、格陵兰岛和夏威夷;区域 3 包括除苏联亚洲部分、蒙古以外的亚洲部分、大洋洲、南太平洋及印度洋区域。在这些区域内,频带被分配给各种卫星业务,但同一种给定业务在不同的区域内可能使用不同的频段。ITU 对不同条件下不同类别的宇宙无线电通信业务使用的频段的具体分配,可参阅 WARC 的有关文件。已开发频段的大体应用情况如表 3.2 所示,其中不高于 6GHz 的频段应用较多,特别是 4~6GHz 频段应用的历史最悠久、使用最广泛、技术也最成熟;11G~14GHz 的 Ku 频段已经得到广泛应用;20~30GHz 的 Ka 频段也早已进入实用阶段;40~50GHz 的 Q 频段在一些技术发达国家已开始试验或试用。

表 3.2　微波频段的卫星业务应用简况

频率范围/GHz	主 要 应 用
<1	军事通信、移动通信、广播电视
1~2	一般移动通信、海运移动通信、航空移动通信、气象、雷达
2~3	军事应用、电信广播、数据中继、特殊应用
4~6	国际和国内通信、电视转发
7~8	军事通信、政府公务通信、特殊用途
11~14	通信、广播电视
20~30	国内通信、移动通信、军事通信
40~50	移动通信、军事通信

3.1.5　卫星通信的发展

最先提出卫星通信设想的人是英国空军雷达军官阿瑟·克拉克(Arthur Clarke)。他于 1945 年指出,在地球赤道上空高度为 35 786.6km 的圆形轨道上等间隔放置 3 颗卫星即可实现全球通信,如图 3.11 所示。大约 20 年之后,这一设想变成了现实。

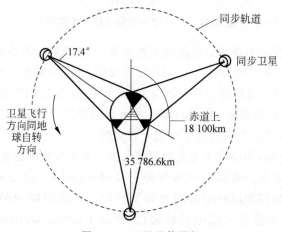

图 3.11　卫星通信设想

1. 卫星的试验阶段(1954—1964 年)

在此期间,人们先后进行了无源和有源卫星通信试验。

1954—1964 年,美国曾先后利用月球、无源气球、铜针无源偶极子带作中继站,进行了电话、电视传输试验。试验结果表明:这类无源卫星通信要求地面大功率发射和高灵敏接收,通信质量差,不宜宽带通信,卫星反射体面积大且受流星撞击干扰,卫星只能是低轨道等,因而没有实用价值。

人类也先后进行了低、中、高以及同步轨道的有源卫星试验。

1) 低轨道试验通信卫星

低轨道卫星的近地点高度一般为数百千米。为使远距离的甲乙两站通信,低轨道通信卫星要采取延迟式转发方式,即飞行到甲站上空时将甲站的信号接收下来,待飞行到乙站上空时再将信号转发下去。

苏联于 1957 年 10 月发射的第一颗低轨卫星 Sputnik 1 拉开了有源卫星通信试验的序幕,虽然它仅携带了一个信标信号发射。

1958 年 12 月,美国宇航局(National Aeronautics and Space Administration,NASA)用"阿特拉斯"火箭将"斯柯尔(SCORE)"卫星送入了椭圆轨道,轨道高度 200km/1700km,星上发射功率为 8W,频段为 150MHz,通过它传播了美国艾森豪威尔总统的圣诞节祝词。

1960 年 10 月,美国国防部发射了"信使(COVRIER)"通信卫星,进行了与上述类似的试验,该卫星可以接收和存储 360 000 个字符,并可以转发给地球站。

2) 中高轨道试验通信卫星

1962 年 6 月,美国宇航局用"德尔塔"火箭将"电星 1 号(Telstar-1)"卫星送入高度为 1060km/4500km 的椭圆轨道,成功地实现了横跨大西洋的电视转播和传送多路电话的试验;1963 年又发射了"电星"卫星,输出功率为 3W,上/下行频率为 6/4GHz,用于美、英、法、德、意、日之间的电话、电视、传真数据传输试验。

1962 年 12 月和 1964 年 1 月,美国宇航局又发射了"中继(Relay)"卫星,轨道高度为 1270km/8300km,发射机输出功率为 10W,上下行射频分别为 1.7GHz 和 4.2GHz,在美国、欧洲和南美洲之间进行了多次通信试验。

3) 同步轨道试验通信卫星

1963 年 7 月和 1964 年 8 月期间,美国宇航局先后发射了 3 颗"辛康姆"卫星。第一颗未能进入预定轨道;第二颗则送入周期为 24h 的倾斜轨道,进行了通信试验;而最后一颗被射入近似圆形的静止同步轨道,成为世界上第一颗试验性静止通信卫星,利用它成功地进行了电话、电视和传真的传输试验,并于 1964 年秋用它向美国转播了在日本东京举行的奥林匹克运动会实况。

至此,历经近 20 年,人类完成了卫星通信的基本试验。试验表明:无源卫星不可取;高轨道、特别是同步静止轨道有源卫星对于远距离、大容量、高质量通信最为有利。

2. 卫星通信的实用和提高阶段(1965 年以后)

1965 年 4 月,西方国家组成的"国际卫星组织(INTELSAT)"把第一代国际通信卫星(INTELSAT-Ⅰ,简称 IS-Ⅰ,原名"晨鸟(EARLY BIRD)")射入静止同步轨道,正式承担国际通信业务。两周后,苏联也成功地发射了第一颗非同步通信卫星"闪电(MOLNIYA)1 号",对其北方、西伯利亚、中亚地区提供电视、广播、传真和一些电话业务。这标志着卫星通信开始进入实用、提高与发展的新阶段。

卫星通信的实用与发展大致可分为 4 个阶段。

第一阶段始于 1965 年。由国际卫星组织的同步卫星提供全球商业服务,主要用于电话、传真和电视业务。

第二阶段为 1973—1982 年。在此期间,卫星通信主要提供电话、电视和一些基本数据业务的传输服务,并提供了移动卫星业务,如 INTELSAT、INMARSAT、INTERSPUNIC 为陆地、空中、海上的用户提供固定和移动卫星通信业务。

第三阶段为 1982—1990 年。由于卫星通信技术的发展和一些国家电信业务的开放,一方面,卫星通信被逐步应用于专用商业网中的数据网、数话兼容网,提供压缩视频和音频信号的传输服务;另一方面,出现了卫星直播业务,利用卫星可以播放大量的电视节目。这一时期,小站设在用户端的 VSAT 网络得到了迅猛发展,开创了卫星通信应用发展的新局面。

目前,VSAT 已广泛应用于数据/电话网、信息服务网,以及银行、证券、民航、石油、海关、交通、军事、新闻、医疗和经贸等专业网。

第四阶段是从 1990 年至今。卫星通信进入了一个重要的发展新时期,低轨、中轨和混合式轨道卫星通信系统开始广泛应用于全球电信服务,以满足宽带和移动用户的各种需求。尤其是 IP/ISP 技术、互联网业务的发展,给传统的卫星通信应用注入了新的活力,使卫星通信应用进入了一个新的大发展时期。目前,在传统的卫星通信业务继续开展的同时,非对称 Internet 业务、交互式卫星远程教学、远程医疗、双向卫星会议电视和电子商务等业务已经投入到实际应用中。

3. 卫星通信的发展趋势

目前,通信卫星中已采用许多先进技术,如氙粒子发动机、高能太阳能电池和蓄电池、大天线和多点波束天线、卫星星上处理以及射频概率动态按需分配等,这些技术的发展,对通信卫星和卫星通信的发展产生了深刻的影响。

1) 通信卫星向大、小两极发展

现代卫星通信的发展趋势之一是卫星星体本身正在向大型化和微型化两个方向发展。一方面,为了提高卫星的灵敏度和星上处理能力,以及实现一星多能,卫星星体越来越大、越来越重。然而另一方面,大卫星又有易受电磁干扰和敌方反卫星武器破坏等弱点,而小卫星、微小卫星却能克服这种弱点。如果用多颗小卫星来代替单颗大卫星,就可以提高卫星系统的生存能力。

2) 卫星通信向卫星移动通信方向演进

随着技术的发展,卫星的功能逐渐增强,许多原来由地球站执行的功能被转移到卫星上去完成,从而使地面设备变得越来越简单,天线尺寸也随之大幅度减小。随着频谱扩展、数字无线接入、智能网络技术的不断发展,卫星移动通信在向卫星个人通信方向演进,用手持机将可实现在任何地点、任何时间与世界任何地方接入卫星移动通信网的用户进行双向通信。

3) 卫星通信与互联网技术相结合

由于卫星通信和计算机的飞速发展,产生了卫星互联网技术。目前卫星互联网的连接方式主要有两种:一种是利用宽带卫星的双向传输;另一种则是利用卫星的高速下载和地面网络反馈的外交互通信方式,即将卫星链路作为下行数据链路,而将电话拨号、局域网等其他通信链路作为上行数据链路,这种方式是基于当前互联网信息流量的非对称性提出来的,它是卫星通信的一个热点。

4) 卫星通信宽带化

为了满足卫星通信系统用户对带宽的需求,卫星通信不断向高频段发展,一些国家的卫星通信系统已拓展至 EHF 频段。采用 EHF 频段有很多现有其他频段无可比拟的优点,如:启用 EHF 频段可大大减轻现有频谱拥挤现象;EHF 的波束窄,可减少受核爆炸影响出现的信号闪烁和衰落,抗干扰和抗截收能力强;采用 EHF 频段,可缩小系统部件的尺寸、减轻其重量。当然,采用 Ku 及其以上频段工作的卫星通信系统,要注意克服暴雨、浓云、密雾等恶劣天气所增加的噪声和吸收损耗的不良影响。

5) 卫星光通信

利用激光实现卫星之间、卫星与地球站以及卫星与航天器或航空机群之间的通信称为卫星光通信。卫星光通信具有通信容量大、用于星间或星际通信能避免全球通信中的"双跳"、功耗低、体积小、重量轻、高度保密、成本低、协议透明、频谱使用不受限制等优点。虽然卫星光通信也受到大气、温度、背景光、卫星姿态变化等因素的影响,需要解决与之相关的技术难题,但随着卫星光通信关键技术的突破和所具有的优势的逐步体现,人类已经认识到:面对日益增长的高数据率和大通信容量的需求,必须用光通信来实现卫星通信。未来世界的通信体系将是一个天上卫星光网和地面光纤光网连接在一起的空地激光通信体系。

3.2　通信卫星

通信卫星是卫星通信系统中的微波中继站,起着为各地球站转发信号、沟通信道的作用,是卫星通信系统的重要组成部分之一。通信卫星技术对整个卫星通信系统的性能具有决定性的影响。

3.2.1　卫星的运行轨道

人造地球卫星在空间要受太阳、月亮、地球等天体的引力的作用,其中最主要的是受地球重力的吸引,卫星之所以能保持在高空而不坠落,是因为它以适当的速度绕地心不停地飞行。这里所谓卫星的运行轨道是指人造地球卫星绕地球运行的轨迹。

1. 卫星运动的基本规律

围绕地球运行的卫星遵循着描述行星运动规律的三大经验定律——开普勒三大定律。忽略地球对卫星的影响,同时忽略宇宙中其他天体(如太阳、月亮等)对卫星的影响,并将地球假想成一个理想球体,则卫星运动的基本规律满足开普勒三大定律。

由开普勒第一定律可知,卫星以地心为一个焦点作二次曲线运动。在极坐标系中卫星运动方程可写成

$$r = \frac{\rho}{1 + e\cos\theta} \tag{3.1}$$

其中,ρ 为半焦弦,e 为偏心率,它们均由卫星入轨时的初始状态所决定;θ 为中心角。这意味着地球卫星的轨道面总是通过地心的。若满足 $0 < e < 1$,则轨道为椭圆形;若满足 $e = 0$,则轨道为圆形,如图 3.12 所示。

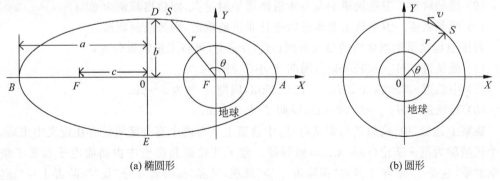

(a) 椭圆形　　　　　　　　　　　　　　(b) 圆形

图 3.12　地球卫星轨道

卫星发射成功之后,相关轨道参数是会被公布的,由此可以计算出所关心的轨道几何参数。例如,已知椭圆轨道的近地点 A、远地点 B 离地面的高度 h_A、h_B,则可用下列关系式计算椭圆轨道的半长轴 a、半短轴 b、半焦距 c、偏心率 e 及地心到近地点和远地点的距离 r_{min} 和 r_{max}

$$r_{min} = h_A + R_E = \rho/(1+e) \tag{3.2}$$

$$r_{max} = h_B + R_E = \rho/(1-e) \tag{3.3}$$

$$a = (r_{max} + r_{min})/2 \tag{3.4}$$

$$b = \sqrt{r_{max} \cdot r_{min}} \tag{3.5}$$

$$c = (r_{max} - r_{min})/2 \tag{3.6}$$

$$e = \frac{c}{a} = \frac{h_B - h_A}{h_A + h_B + 2R_E} \tag{3.7}$$

$$\rho = a(1 - e^2) = \frac{2r_{max}r_{min}}{r_{max} + r_{min}} \tag{3.8}$$

由开普勒第二定律可知,连接卫星与地球质量中心的矢径(即位置矢量),在单位时间内所扫过的面积相等。由此可导出卫星在轨道上任意位置的瞬时速度为

$$v(r) = \sqrt{\mu\left(\frac{2}{r} - \frac{1}{a}\right)} \quad (km/s) \tag{3.9}$$

其中,$\mu = 398\,613.52\,km^3/s^2$ 为开普勒常数。

由开普勒第三定律可知,卫星绕地球公转周期 T 的平方,与椭圆半长轴的立方成正比,即

$$T^2 = \frac{4\pi^2 a^3}{\mu} \tag{3.10}$$

其中,半长轴 a 的单位为 km,T 的单位为 s。

2. 卫星轨道的分类

卫星轨道的分类方法很多,一般按照其形状、倾角、高度及运转周期等的不同来区分,其中倾角是指卫星轨道平面与地球赤道平面的夹角。

若按轨道形状分类,可将卫星轨道分为圆形轨道(偏心率 $e=0$)和椭圆轨道($0<e<1$)。

若按卫星轨道倾角分类,可将卫星轨道分为:

(1) 赤道轨道。卫星轨道平面与赤道轨道平面重合,即轨道倾角为 $0°$;

(2) 极地轨道。卫星轨道平面与赤道轨道平面垂直,即轨道倾角为 $90°$;

(3) 倾斜轨道。卫星轨道非赤道轨道且非极地轨道,则为倾斜轨道。

若按卫星轨道距离地面的最大高度(H_{max})分类,可将卫星轨道分为:

(1) 低轨道。$H_{max}<1500km$,周期 T 小于 2h;

(2) 中轨道。$8000km<H_{max}<15\,000km$,周期 T 约为 5~9h;

(3) 高轨道。$H_{max}>20\,000km$,周期 T 大于 12h。

观察上述低、中、高轨道的定义可见,中轨道上下有两个高空区域没有在定义中出现,这两个区域称为范·艾伦(van Allen)辐射带。范·艾伦带是高空中由高能电子和质子组成的辐射带,它是 1958 年 1 月由"探险者 1 号"发现,又经"探险者 3 号"及"探险者 4 号"证实,并以其发现者命名的。一般认为,范·艾伦内带在 1500~6000km 或 1500~8000km,范·

艾伦外带在 15 000~20 000km。范·艾伦带内高能粒子穿透力很强,对人造卫星电子设备损害极大,卫星在其中只能存在几个月,因此必须避开。

若按卫星绕地球运转周期以及与地球自转的关系分类,可将卫星轨道分为静止轨道、同步轨道和非同步轨道。

所谓静止轨道,是指卫星绕地球公转的方向、周期与地球自转的方向和周期相同的轨道。处在此种轨道上的卫星叫静止卫星或定点卫星。理想静止轨道所必须具备的三个条件是:①轨道面必须与赤道面重合;②轨道形状必须是以地心为圆心的圆轨道;③卫星绕地球公转的方向、周期与地球自转的方向和周期相同。然而,常常由于控制水平的关系,静止轨道实质上是一个倾角很小的(小于 1°)的同步轨道。

所谓同步轨道,是指卫星绕地球公转的速度与地球自转的速度同步的轨道,可见,静止轨道是同步轨道的特例。同步轨道平均高度为 35 786km,周期是 23 小时 56 分左右。处于同步轨道的卫星称为同步卫星。同步卫星不一定是定点的。

由开普勒律易推得静止轨道只有一条,它为圆形轨道,轨道面通过圆心,半径为42 164.6km。由于地球半径约为 6378km,所以静止卫星距地面高度约为 35 786km。静止轨道为世界各国所共有,它的使用必须由 ITU 的频率登记委员会(International Frequency Registration Board,IFRB)根据国际协约《无线电规则》进行管理和协调。

3. 卫星的摄动

上述卫星轨道是将地球和卫星当作理想球体,且是在不考虑地球以外天体引力的情况下得到的。实际上,地球并非理想球体,卫星除受地球引力影响外,还要受到月亮、太阳等其他天体的影响。这些因素将导致卫星运动的实际轨道不断发生不同程度偏离理想轨道的现象,这一现象称为卫星的摄动。引起卫星摄动的主要原因有以下几个方面。

1) 太阳、月亮引力的影响

对于低轨道卫星,太阳、月亮引力的影响可以忽略。对于高轨道卫星,太阳和月亮将对其有一定程度的影响。以静止卫星为例,太阳和月亮对卫星的引力分别为地球引力的 1/37和 1/6800。这些引力的影响,将使卫星轨道位置矢径每天发生微小摆动因而偏离赤道平面。从地球上看,这种摄动会使"静止"卫星的位置在南北方向上缓慢漂移。

2) 地球引力场不均匀的影响

地球并非理想球体,它的实际形状近似一个在赤道部分有些鼓胀的扁平旋转椭球体,而且地球表面起伏不平,地球内部的密度分布也不是完全均匀的,这样就使地球四周等高处的引力不为常数,即使在静止轨道上,地球引力仍有微小起伏。显然,地球引力的这种不均匀性,将使卫星的瞬时速度偏离理论值,从而在赤道平面内产生摄动。对静止卫星而言,瞬时速度的起伏,将使它的位置在东西方向上漂移。

3) 地球大气层阻力的影响

对于高轨道卫星来说,由于它处于高度真空的环境中,故可不考虑大气层阻力的影响。而对于低高度卫星,大气层阻力将有一定程度的影响,它将使卫星的机械能受到损耗,从而使轨道日渐缩小。卫星轨道高度越低,卫星遭受的大气层阻力越大。

4) 太阳辐射压力的影响

对于表面积较大(如带有大面积太阳能电池帆板),且定点精度要求高的静止卫星来说,太阳能的辐射压力将引起静止卫星在东西方向上发生位置漂移。卫星接收太阳光照射的表面积越大、轨道高度越高,太阳辐射压力的影响就越明显。因而对于新一代大功率通信和直播卫星,不能不考虑太阳光压所引起的摄动力。

摄动力对卫星的位置保持不利,必须以适当的轨道控制措施予以克服。另外,对于大型的通信地球站,还要求具有对卫星的自动跟踪功能。

3.2.2 方位角、仰角和站星距的计算

在卫星通信地球站的调测、开通和使用过程中,都需要将其天线波束中心对准卫星。表示地球站天线指向的基本参数有两个,一是能表示方向位置的方位角度,二是能表示空间垂直方向位置的仰角。另外,在卫星通信线路的设计和计算中,为了计算电波的传播损耗,还需要知道地球站与卫星之间的距离,即站星距。由于静止卫星是国际、国内通信中使用最多的通信卫星,所以本节仅介绍地球站观测静止卫星时的方位角、仰角和站星距的计算。

利用球面几何理论的基本知识,可以推导出经、纬度分别为 φ_1 和 θ_1 的观测地球站对准经度为 φ_2(即卫星星下点的经纬度为 $(0, \varphi_2)$)的静止卫星时的方位角 ϕ_a、仰角 ϕ_e 和站星距 d 的计算公式。

1. 方位角 φ_a

一般,方位角 φ_a 定义为地球站天线对准静止卫星时的电轴线在地球站所处地平面上的投影与正北(基准)方向的夹角

$$\varphi = \varphi_2 - \varphi_1 \tag{3.11}$$

$$\phi = \tan^{-1}\left[\frac{\tan\varphi}{\sin\theta_1}\right] \tag{3.12}$$

则对位于北半球的地球站有

$$\varphi_a = 180° - \phi \tag{3.13}$$

而对位于南半球的地球站,当卫星星下点偏东时有

$$\varphi_a = \phi \tag{3.14}$$

当卫星星下点偏西时有

$$\varphi_a = 360° + \phi \tag{3.15}$$

2. 仰角 φ_e

地球站观察静止卫星的仰角 ϕ_e 定义为地球站天线对准卫星时的电轴线与地球站所处地平面的夹角,其计算公式为

$$\varphi_e = \tan^{-1}\left[\frac{\cos\theta_1\cos\varphi - 0.151}{\sqrt{1 - (\cos\theta_1\cos\varphi)^2}}\right] \tag{3.16}$$

3. 站星距

地球站与静止卫星之间的距离 d 的计算公式为

$$d = 42\,164.6 \times \sqrt{1.023 - 0.302\cos\theta_1\cos\phi} \tag{3.17}$$

3.2.3 通信卫星的组成

通信卫星主要由如图 3.13 所示的 5 个分系统组成。这些分系统分别是:天线分系统;通信分系统;跟踪、遥测与指令分系统;控制分系统;电源分系统。

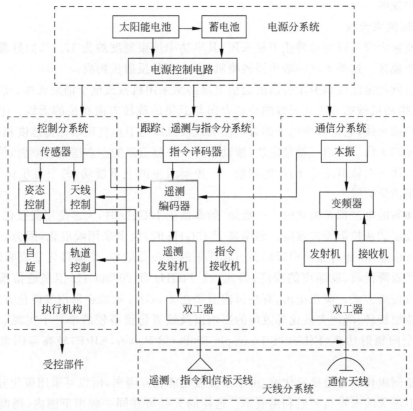

图 3.13 通信卫星组成框图

1. 天线分系统

通信卫星天线分系统中有两类天线：遥测、指令和信标天线；通信天线。对于星上天线，显然要求其具有耐高温、耐强辐射、体积小、重量轻、馈电容易、便于安装、可靠性高和寿命长等特点。对通信天线还要求其增益高、波束始终指向地球上的拟覆盖地区。

遥测、指令和信标天线通常采用全向天线，以便可靠地接收地面指令并向地面发射遥测数据和信标。这类天线的常用形式有鞭状、螺旋状、绕杆状和套筒偶极子天线等。

通信天线采用微波定向天线，其功能是在工作频段内发送和接收通信信号。由于卫星通信系统的上行频率和下行频率相差较远，所以星上通信天线通常采用不同的或分开的天线分别作接收和发射用，即使利用同一部天线主结构，馈源也是收、发分开的。

通信天线可按其波束覆盖区域大小分为点波束、区域（赋形）波束和全球波束天线。

1）点波束天线

点波束天线一般采用抛物面天线，其半功率波束宽度只有几度或更小，集中指向某一通常是圆形的小区域，故增益较高。例如 IS-Ⅳ 卫星上天线的半功率波束宽度约为 $4.5°$，增益约为 $27\sim30\text{dBi}$。

2）区域波束天线

当需要天线波束覆盖区域的形状与某地域图形相吻合时，就要采用区域波束天线，也称为赋形波束天线。目前，赋形波束天线比较多的是利用多个馈电喇叭，从不同方向经反射器产生多波束的合成来实现。对于一些较为简单的赋形天线，也有采用单馈电喇叭、修改反射面形状来实现的。

3）全球波束天线

全球波束天线只可能被静止卫星采用，其半功率波束宽度约为 17.4°，恰好覆盖卫星对地球的整个视区。这类天线一般由圆锥喇叭加上 45°的反射板构成。

采用自旋稳定法控制卫星姿态的通信卫星必须采用机械或电子消旋天线。所谓机械消旋天线，是指用机械的方法使天线的旋转方向与卫星的旋转方向相反的天线。电子消旋天线又叫电扫描天线，它是指用电子的方法使天线波束以与卫星自旋轴保持速度相同、方向相反进行扫描的天线。采用三轴稳定法（滚动轴——控制卫星的左右摆动和倾斜，偏航轴——控制卫星本体正对轨道路线飞行，俯仰轴——控制卫星的上下摆动）的卫星星体不旋转，因而无须采用消旋天线。

天线辐射的电波都是极化的。一般地，频率低于 10GHz 时，大多使用圆极化，这样有利于克服电离层的法拉第旋转效应。频率高于 10GHz 时，大多采用线极化，因为此时法拉第旋转效应可以忽略，而对流层中降雨会引起严重的去极化效应，使圆极化变成椭圆极化，其后果将会严重降低收、发隔离的程度，因此，11/14GHz 和 20/30GHz 卫星通信系统都采用线极化电波传播方式。应当指出，有些国内卫星在 4/6GHz 频段也采用线极化方式，这是综合考虑法拉第旋转、降雨去极化等效应的影响以及线极化设备较简单易于实现双极化和卫星的等效全向辐射功率（Effective Isotropic Radiated Power，EIRP）较高等因素而折中考虑的。

无论是圆极化波还是线极化波，由于正交极化能相互隔离，所以可采用极化分割的频率复用通信卫星天线来提高频谱利用效率。这样的天线可在同一频率范围内，用两种正交极化的波束进行发射，使该带宽内能发射的信息加倍。

2. 通信分系统

卫星上的通信分系统又称为转发器，它实质上是一种宽频带的收、发信机，因而是通信卫星的最为重要的组成部分，通信卫星的其他部分实质上都用于对其提供支持。对转发器的基本要求是：以最小的附加噪声和失真，以足够的工作频带和功率为各地球站有效而可靠地转发无线电信号。

目前通信卫星都采用多转发器结构，其总射频带宽可达 500MHz 至若干吉赫兹，每个转发器被分配在某一频段中工作，这样的多转发器结构利于减小交调干扰和实现多址连接。36MHz 被广泛用作转发器带宽，有些卫星采用 54MHz 或 72MHz 带宽。以工作于 6/4GHz 频段、转发器带宽为 36MHz 以及转发器之间保护间隔为 4MHz 的通信卫星为例，具有总共 500MHz 可用带宽的单极化卫星可容纳 12 个转发器，当通过正交极化采用频率再用技术时，可容纳 24 个转发器。转发器分为透明转发器和处理转发器两类。

1）透明（弯管式）转发器

透明转发器对接收到的地球站发来的信号只进行低噪声放大、变频和功率放大后发回地面。由于这类转发器只是单纯地转发信号，不进行其他的加工和处理，因而也被称为弯管式转发器。透明转发器通常采用一次变频和二次变频两种方案。

一次变频的透明转发器实际上是一种微波转发器，适用于载波数量多、通信容量大的卫星通信系统，其典型结构如图 3.14(a)所示：多个转发器的合路信号通过前置低噪声放大器（Low Noise Amplifier，LNA），又经混频器进行变频处理后馈入接收去复用器，接收去复用器将宽带信号分割成转发器子信道,各子信道信号各自经功率放大之后再复接起来馈入卫星发射单元。例如,IS-Ⅲ、IS-Ⅳ、IS-Ⅴ和CHINASAT-Ⅰ等通信卫星都采用了一次变频的透明转发器。

如图3.14(b)所示,二次变频转发器是先把接收信号变频为中频,经限幅后再变为下行发射频率,最后经功放由天线发向地球。二次变频转发器的特点是转发增益高、电路工作稳定。IS-Ⅰ、英国的"天网"卫星、我国第一个卫星通信系统,以及现代许多宽带通信卫星(MilStar、ACTS、iPSTAR、COMETS)都采用这种转发器。

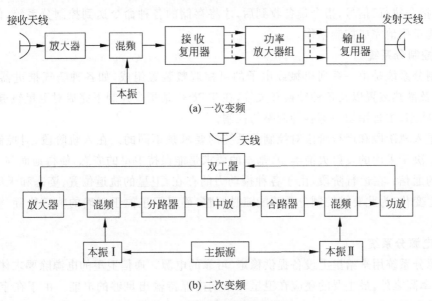

(a) 一次变频

(b) 二次变频

图 3.14 透明转发器原理框图

2) 处理转发器

处理转发器除了能转发信号外,还具有其他的信号处理功能。星上的处理主要有以下3种类型:数字信号的中继再生,以消除噪声积累;在不同的卫星天线波束之间进行信号交换与处理;进行其他更高级的信号变换、交换和处理,如上、下行线路调制方式的变换、多址方式的变换、星上抗干扰处理等。图3.15给出了一种具有再生处理功能的处理转发器原理框图,这种转发器除了采用二次变频方式转发信号外,增加了信号解调、调制等处理单元。

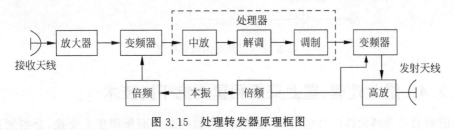

图 3.15 处理转发器原理框图

3. 跟踪、遥测和指令(TT&C)分系统

该分系统组成见图3.12,它主要包括遥测与指令两大部分;此外,还有用于地球站跟踪卫星而发射信标的设备(图中未画出)。星上遥测、指令分系统必须与地面的跟踪、遥测和指令(TT&C)站配合工作。

遥测设备采用各种传感器及其他检测器不断地测得有关卫星姿态及星内各部分的工作状态等数据,经放大、多路复用、编码、调制等处理后,通过专用的发射机和天线发给地面的TT&C站。TT&C站接收并检测卫星发来的遥测信号,转送给卫星监控中心进行分析和处理,然后向卫星发出有关姿态和位置校正、星体内温度调节、主备用部件切换、转发器增益换挡等控制指令信号。

指令设备专用来接收TT&C站发给卫星的指令。它对指令信号进行解调和译码后,一方面将其暂时存储起来,另一方面又经遥测设备发回地面进行校对。TT&C站在核对无误后发出"指令执行"信号,指令设备收到后,才将存储的各种命令送到控制分系统,使有关的执行机构正确地完成控制动作。

4. 控制分系统

控制分系统是由一系列机械或电子的可控调整装置组成,如各种喷气推进器、驱动装置、加热及散热装置以及各种转换开关等,在TT&C站指令控制下完成对卫星轨道位置、姿态、工作状态、主备用切换等各种调整与控制。

卫星入轨阶段和运行阶段对控制分系统的要求是不同的。在入轨阶段,对控制分系统的要求取决于采用的发射火箭类型,基本的要求是能保持卫星的姿态,使得地面与卫星能进行基本的通信;在运行阶段,由于各种摄动力的存在,卫星的轨道位置、姿态和天线指向等都会发生变化,为此要求控制分系统能随时调整,确保卫星位于正确的轨道位置、姿态和天线指向。

5. 电源分系统

电源分系统用来给星上设备提供稳定、可靠的电源。通信卫星的电源除要求体积小、重量轻、效率高之外,最主要的还应在卫星寿命期内保持输出足够的电能。由于在宇宙空间,阳光是最重要的能源,所以卫星上的电源分系统都由太阳能电池方阵、蓄电池组和稳压控制装置等组成,如图3.16所示。在有光照时,太阳能电池为星上设备供电并为蓄电池组充电,星蚀时由蓄电池组为设备供电。

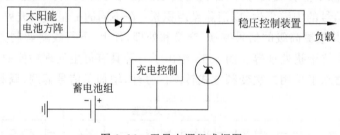

图 3.16　卫星电源组成框图

3.2.4　星上处理、星上交换和星上抗干扰技术

由前面对处理转发器的介绍可知"星上处理"的概念。而所谓星上交换,是指通过采用多波束天线的卫星转发器在不同波束之间转接信号,使位于不同卫星天线波束内的地球站可以互通;所谓星上抗干扰,目前主要指利用星上天线自适应调零和智能自动增益控制等技术提高系统的抗干扰能力。由于采用星上处理、星上交换和星上抗干扰技术所带来的好处可由卫星覆盖区域内的所有地球站或地面终端设备共享,从而可明显提高系统性能,所

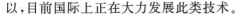

以,目前国际上正在大力发展此类技术。

1. 多波束卫星天线

目前的卫星大多仍使用普通单波束天线,卫星覆盖区域或许就是一个国家的整个国土,这会带来一个明显的缺点——卫星天线辐射到覆盖区边缘的信号功率下降非常明显。若用多个点波束取代现行的单波束则可克服上述缺点,因为卫星天线可在各点波束覆盖区域内提供较高的增益,此增益可用于提高系统的信息传输速率或用于缩小地球站天线尺寸。采用点波束天线还可通过空分多址方式实行频率再用以提高频谱利用率。

在多波束系统中,各波束在地理上可以是固定的或者跳变的。跳变波束系统的优点是在每个位置的停留时间可以动态地调节,以便和各个地点对业务量的瞬间需要相匹配,因而可以做到最佳地利用系统容量。另外,利用跳变波束可使所需的卫星接收机、发射机及其他卫星硬件设备的数量减少。但是,跳变波束必须使用时分多址(TDMA),对于高突发速率的系统,这可能需要昂贵的地面终端。

产生多点固定波束或跳变波束需要具有波束成形网络的大型卫星天线。为了实现波束间的通信,系统必须具有星上路由选择机制。与将下行信号广播到整个覆盖区域中的单波束系统相比,显然多波束系统要以增加卫星的复杂性以形成星上路由选择为代价。路由选择可以是动态的,也可以是固定的(即预分配的)。动态路由选择可以利用高速开关或者利用时间或频率多路转换器来完成,它们有秩序地将来自一个波束的上行链路与另一个波束的下行链路连接起来。固定式路由选择可以利用滤波器矩阵和交叉连接转发器来完成。一般来说,路由选择可以在分组级、电路级或多电路级上实现。

2. 具有星上处理和星上交换能力的转发器

与透明转发器相比,具有星上处理和星上交换能力的转发器具有以下优点:

(1)可以通过提高频谱利用率和传输质量来增加卫星的容量;

(2)可以通过改变传输通路或信息的动态选路来提高卫星的连通性;

(3)可以通过对上行链路和下行链路的分别设计来提高通信链路的效率;

(4)可以通过对卫星网络的动态重组来增强卫星的灵活性;

(5)可以通过实现交换和速率变换等功能更灵活地使用卫星;

(6)可以通过星上再生能力来提高卫星通信系统的抗干扰能力;

(7)可以通过星间/星际链路来扩大卫星系统的覆盖范围;

(8)可以通过使卫星具有星上信令处理能力来减小链路的建立时间;

(9)可以简化地面站设备。

除了一般的再生处理转发器之外,可根据采用的处理和交换技术的不同,把其他具有星上处理和星上交换功能的转发器分为载波处理转发器和全基带处理转发器。

1)载波处理转发器

载波处理转发器以载波为单位直接对射频信号进行处理,而不对信号进行解调/再调制和其他基带处理,在某些情况下,可能还需要进行一次简单的频率变换,以便将载波信号变换到一个适合处理的中频上,但却不需要将信号变换到一个低中频或基带上。这种载波处理转发器与通常的透明转发器相比,主要区别是前者具有星上载波交换能力,或者说是增加了一个能够在任何输入端和输出端进行连接的具有 n 个输入端和 m 个输出端的微波交换矩阵,从而可实现不同波束覆盖区域内地球站之间的互通。载波处理转发器可改善系统的连通性,但在其上行链路和下行链路之间提供的仍是一条透明转发通路。3.5.4节中介绍的空分多址-卫星交换-时分多址(SDMA-SS-TDMA)系统中的卫星转发器就属于这类载波处理转发器;载波处理转发器的另一个主要应用是用于空分多址-卫星交换-频分多址(SDMA-SS-FDMA)卫星通信系统。

2) 全基带处理转发器

全基带处理转发器不仅具有星上再生能力,而且还具有星上基带信号处理和交换能力,其星上处理至少包括解调、译码、存储、交换、重组帧、重编码和重调制等。其星上交换可以采用多种方式。对于数据业务来说,采用分组交换是最合适的;对于话音业务来说,采用电路交换可能更好一些;对于高速的多媒体业务或大业务量的综合业务来说,采用ATM是比较好的解决办法。

全基带处理转发器除了具有一般的再生处理转发器和载波处理转发器的所有优点以外,还可以利用译码后信号中的信息来进行动态选路或指定处理方式,这样不仅可以方便用户使用,还可以更有效地利用卫星的资源。如果星上具有信令处理能力,则可以大大减少卫星通信系统的呼叫建立时间。

目前使用全基带处理转发器的卫星通信系统比较少,但也有诸如3.7.3节中介绍的铱(Iridium)星、NASA研制的先进通信技术卫星(Advanced Communication Technologies and Services,ACTS)等采用了这类转发器。相信随着微处理器技术、数字信号处理技术、微波单片集成电路(Monolithic Microwave Integrated Circuit,MMIC)、专用集成电路(Application Specific Integrated Circuit,ASIC)、声表面波(Surface Acoustic Wave,SAW)技术和电耦合器件(Charge Coupled Device,CCD)等的发展,实现此类转发器的许多困难将逐步被克服,采用全基带处理转发器的卫星通信系统将会越来越多。

3. 星上抗干扰处理

由于通信卫星公开暴露在空间轨道上,所以存在着受电磁干扰或电子攻击的可能性;卫星通信的地面分系统也可能被敌方定位、干扰。因此,研究卫星通信系统抗干扰技术,提高其在恶劣电磁环境下电子设备的生存能力,是目前卫星通信系统发展的当务之急,这对于军用卫星系统尤为重要。常用的星上抗干扰处理技术有以下两种。

1) 天线自适应调零技术

自适应调零天线是通过在时域或频域采用数字信号处理技术来控制天线方向图,使其能感受到干扰的方向并迅速形成零区,以此来削弱干扰的影响、提高信干比。如美国的MilStar卫星就采用了自适应调零天线,能在感受到敌方干扰后的几秒钟之内自动控制天线方向图零点对准干扰的方向。

自适应调零天线抗干扰能力很强,能有效抑制宽带干扰、同频干扰和邻近系统干扰等不同形式的干扰。自适应调零天线抑制干扰的能力与干扰信号的强度、波形以及其与通信信号在空间的接近程度有关,通常对无用信号的抑制为20~30dB,多波束天线可达30dB以上。自适应天线技术与跳频技术相结合可使其具有对抗快速跟踪干扰和宽带梳状大功率阻塞干扰的能力。自适应调零天线的发展方向是抗多方向、宽频带干扰。

2) 智能自动增益控制

这里提及的智能自动增益控制(SMART-AGC)技术实际上是一种称为"偏置限幅抗干扰"的自适应卫星抗干扰技术,其基本原理是:利用弱信号(如DS扩频信号)与强干扰在幅值上的差异,通过对强干扰包络进行检测和提取,来自适应地控制截止限幅放大器的截止门限,使干扰大部分幅度落在截止区(通常称为零区)内,而叠加在强干扰上的小信号落入线性区被放大,从而有效地改善输出信干比、提高系统性能。在信号和干扰功率一定的情况下,信干比的改善与截止限幅放大器线性区的大小和位置有直接的关系。在一定条件下,干扰越强,信干比的改善越明显。

3.3 卫星通信地球站

卫星通信地球站是地球上的微波收、发信站,是卫星通信系统的重要组成部分之一。地球站的基本功能是从卫星接收信息或/和向卫星发送信息。

3.3.1 地球站的组成

典型的通信地球站既能发送又能接收,其组成如图 3.17 所示。它主要包括天线馈线分系统、跟踪伺服分系统、发射分系统、接收分系统、终端分系统、通信控制分系统和电源分系统。在地球站的发送端,来自地面网络或在某些应用中直接来自用户,并通过适当的接口发送过来的信号,经基带处理器变换成所规定的基带信号,然后传送到发射分系统进行调制、变频和射频功率放大,最后,通过天线分系统发射出去。在接收端,通过卫星转发器转发下来的射频信号,由地球站的天线分系统接收下来,首先经过其接收分系统中的低噪声放大器放大,然后由下变频器下变频到中频,解调器取出发给本地球站的基带信号,再经过基带处理器通过接口转移到地面网络或在某些应用中直接送达用户。监控分制系统用来监视、测量整个地球站的工作状态,并在需要时迅速进行主、备用设备间的自动或手动切换,及时构成勤务联络等。

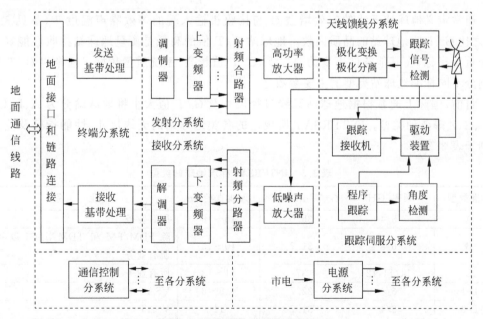

图 3.17 典型地球站组成框图

3.3.2　地球站天线馈线分系统

地球站天线馈线分系统简称天馈分系统,主要由天线和馈源组成,是地球站射频信号的输入和输出通道,也是决定地球站通信质量和通信容量的主要设备之一。天馈分系统的主要功能是实现能量的转换,将发射机送来的射频信号变成定向(对准卫星)辐射的电波,同时收集卫星发来的电波送至接收设备,从而实现卫星通信。

1. 对天线馈线分系统的基本要求

地球站的天馈分系统的建设费用很大,大约占整个地球站的 1/3,因此,地球站一般都是收、发共用一副天线,收、发微波信号通过双工器隔离分路。另外,为实现对卫星的跟踪、使天线轴始终对准卫星方向,还需要通过天馈分系统获得跟踪用的误差信号,故天馈分系统还应包括用以分离跟踪信号的部件。

由于地球站所跟踪的通信卫星的总带宽通常都在几百兆赫以上,且信号的传输距离遥远,所以,对天馈分系统的基本要求是:工作频带宽、定向增益高、噪声温度低以及指向能精确控制。

2. 天线增益和有效天线增益

计算天线增益的公式为

$$G = \left(\frac{\pi D}{\lambda}\right)^2 \eta \tag{3.18}$$

其中,D 是天线口面的直径(m);λ 是天线的工作波长(m);η 是天线的效率。

人们常常将天线增益和与之相连的馈线的损耗 L_f 折算在一起,并将其称为有效天线增益。若仍将有效天线增益记作 G 的话,则有

$$G = \left(\frac{\pi D}{\lambda}\right)^2 \eta \cdot \frac{1}{L_f} \tag{3.19}$$

通常定义地球站天线的有效增益 G 与接收机输入端的等效噪声温度 T(参见 3.4.2节)之比 G/T 为地球站的品质因数。地球站 G/T 值的高低是衡量地球站接收性能好坏的一个重要指标,在其他条件不变的前提下,G/T 值越高,系统质量越好。通常以 G/T 值作为划分不同标准地球站类型的主要参数之一。

目前,国际上通常根据地球站天线口径尺寸及 G/T 值大小将地球站分为 A、B、C、D、E、F、G、Z 等各种类型。INTERSAT 所规定的各类地球站的天线尺寸、性能指标及业务类型列于表 3.3 中。

表 3.3　INTERSAT 标准地球站类型

标准类型	频率/GHz	$G/T/\text{dB} \cdot \text{K}^{-1}$	天线直径/m	业　　务
A	6/4	35.0	15~18	所有业务
B	6/4	31.7	10~13	除 FDM/FM 和 TDMA/DSI 以外的所有业务
C	14/11,12	37	11~13	所有业务
D-1	6/4	22.7	4.5~6	VSAT
D-2	6/4	31.7	11	VSAT
E-1	14/11,12	25.0	3.5~4.5	国际卫星通信组织商务业务(Intelsat Business Service,IBS)

续表

标准类型	频率/GHz	G/T/dB·K⁻¹	天线直径/m	业 务
E-2	14/11,12	29.0	5.5～6.5	IDR
E-3	14/11,12	34.0	8～10	IBS,IDR
F-1	6/4	22.7	4.5～5.0	IBS
F-2	6/4	27.0	7～8	IBS,IDR
F-3	6/4	29.0	9～10	IBS,IDR,FDM/FM
G	6/4 或 14/11,12	—	任意尺寸	国际租赁专线
Z	6/4 或 14/11,12	—	任意尺寸	国内电路,租赁专线

3. 天线的主要类型

大多数地球站天线采用的是反射面型天线,电波经过一次或多次反射向空间辐射出去。实用的反射面天线有很多种,此处仅介绍几种常用天线。

1) 抛物面天线

如图 3.18 所示,抛物面天线是一种单反射面天线,利用轴对称的旋转抛物面作为天线的主反射面,将馈源置于抛物面的焦点上。接收时,卫星转发下来的信号经抛物面反射后聚集到馈源上,由馈源收集后将其送至接收机,信号方向如图 3.18 中所示;发射时信号方向与之相反,抛物面将馈源投射到它上面的那一部分球面波转化为在开口面上的等相的平面波辐射出去,形成定向辐射。

抛物面天线的特点是结构比较简单,但天线噪声温度较高,馈源和低噪声放大器等器件都在天线主反射面前方致使馈线较长,设计的灵活性较小,不易控制开口面上场的幅度分布,所以实际中广泛使用的是双反射面定向天线。

2) 卡塞格伦天线

卡塞格伦(Cassegrain)天线是一种双反射面天线。与抛物面天线相比,这类天线在结构上只是多了一个双曲副面,如图 3.19 所示。馈源置于双曲面的实焦点 F_1 上,抛物面的焦点和双曲面的虚焦点在同一位置 F_2 上。从馈源辐射出来的电波在双曲面上被反射到抛物面上,在抛物面上再次被反射。由于双曲面的焦点和抛物面的焦点重合,因此,经主反射面和副反射面两次反射后便以平行于抛物面对称轴的方向辐射到空中,形成定向辐射。

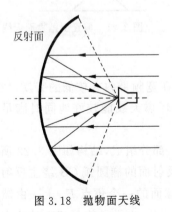

图 3.18　抛物面天线　　　　　图 3.19　卡塞格伦天线

在经典的卡塞格伦天线中,由于副反射面的存在阻挡了相当一部分能量,使得天线效率只有 60% 左右,且能量分布不均匀,因而,目前大多数地球站采用的都是修正型卡塞格伦天线。修正型卡塞格伦天线通过天线镜面修正以后,天线效率可提高到 70%～75%,而且能量分布均匀。

卡塞格伦天线的优点是天线效率高,噪声温度低,馈源和低噪声放大器可以安装在主反射面后方的射频箱里,因而可以减小馈线损耗带来的不利影响。其缺点是副反射面及其支杆会造成一定的遮挡。

3) 格里高利天线

格里高利(Cregorian)天线也是一种双反射面天线,也由主、副反射面和馈源组成,其结构如图 3.20 所示。与卡塞格伦天线不同的是,其副反射面为一椭球面,且椭球面凹对主反射面。馈源置于椭球副面的一个焦点 F_1 上,椭球副面的另一个焦点 F_2 与主反射面的焦点重合。格里高利天线的许多特性都与卡塞格伦天线类似,不同之处在于格里高利天线的主抛物面的焦点是一个实焦点,所有波束都汇聚于这一点。

4) 偏置型天线

对于上述三种天线而言,都总有一部分电波能量被馈源或副反射面阻挡,造成天线增益下降和旁瓣增益增高,因而,如图 3.21 所示的天线偏置技术得到应用。偏置天线将馈源或副反射面移出天线主反射面的辐射区,这样主波束不会被阻挡,从而提高了天线效率,降低了旁瓣电平。偏置型天线广泛应用于天线口径较小的地球站,如 VSAT 站等。然而,这类天线结构的几何结构比轴对称天线要复杂得多,特别对于双反射面偏置型天线,其馈源、焦距的调整更为复杂,因此天线偏置技术难以用于大天线。

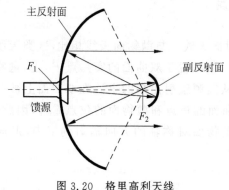

图 3.20　格里高利天线

图 3.21　偏置型抛物面天线

5) 环焦天线

对卫星通信天线,除了前述的基本要求外,还要求在宽频带内有较低的旁瓣、较高的口面效率及较高的 G/T 值,当天线的口面较小时,使用环焦天线能较好地同时满足这些要求。因此,环焦天线特别适用于 VSAT 地球站。

环焦天线主要由主反射面、副反射面和馈源喇叭三部分组成,结构如图 3.22 所示。主反射面由部分抛物面组成,副反射面是由一段凹对主反射面的椭圆弧 CB 绕主反射面轴线 OC 旋转一周构成的旋转曲面。馈源喇叭位于旋转椭球面的一个焦点 F_1 上。由馈源辐射的电波经副反射面反射后汇聚于椭球面的另一焦点 F_2,F_2 也是抛物面 OD 的焦点,因此,经主反射面反射后的电波平行射出。由于天线是绕机械轴的旋转体,因此焦点 F' 构成一个垂直于天线轴的圆环,故称此天线为环焦天线。环焦天线的设计可消除副反射面对电波的阻挡,也可基本消除副反射面对馈源喇叭的回射,馈源喇叭和副反射面可设计得很近,这样有利于在宽频带内降低天线的旁瓣和驻波比,提高天线效率。缺点是主反射面的利用率低,如图 3.22 所示,A、A' 间的区域不起作用。

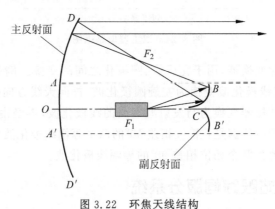

图 3.22　环焦天线结构

4. 馈源设备

天线中的馈源设备连接在天线主体与发射和接收机之间,起着传输射频信号能量、分离发送和接收电波以及完成极化变换的作用。

典型的馈源设备是由馈源喇叭、波导元件(包括定向耦合器、极化变换器和双工器等)和馈线所组成,其组成框图如图 3.23 所示。

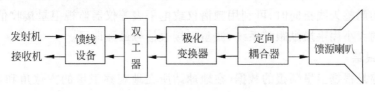

图 3.23　馈源设备组成框图

馈源喇叭负责向天线(副反射镜)辐射能量和从天线收集电波能量。它的形式有圆锥喇叭、喇叭形辐射器和波纹喇叭等。对馈源喇叭的主要要求是能产生与旋转轴对称的尖锐辐射图形。

接在馈源喇叭后面的定向耦合器、极化变换器,双工器等都是用来分离电波和变换电波极化方式的,其目的是使收、发信号之间既能高效率地进行传输,又能保持相互间不产生干扰。

双工器的电路框图如图 3.24 所示,它既实现天线及馈源的收、发共用的功能,又保证收、发信机之间的隔离,其隔离作用主要是利用收、发电波极化的正交性和收、发频段的不同,分别通过电路中的三口部件和滤波器来实现的。一般要求将收、发信道之间隔离在60～80dB 以上,同时对有用信号又不能引入太大的插入损耗,一般要求插入损耗不超过0.1dB。

如前所述,卫星通信空间电波有采用圆极化的,也有采用线极化的。可是,无论是地球站发射分系统还是接收分系统,在波导中传输的通常为线极化波。因此,卫星通信系统的馈

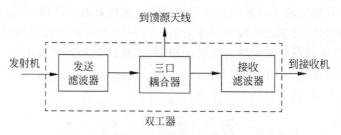

图 3.24　双工器电路框图

电设备中一般都有极化变换器,用于完成线、圆极化之间的变换。例如,发送信号经过双工器后,由极化变换器把线极化波变换为左旋圆极化波,再向天线方向传输;同时,天线所接收的信号先通过极化变换器变换为与发射波正交的线极化波,再经由双工器等向接收机方向传输。极化变换的理论依据是:相位相差 90°的两个等幅线极化波可构成一个圆极化波;一个圆极化波也可分解为两个相位相差 90°的等幅线极化波。

3.3.3　地球站跟踪伺服分系统

天线跟踪伺服分系统主要用来校正地球站天线的方位和仰角,以保证地球站天线稳定可靠地对准通信卫星。其基本工作原理是:根据卫星和地球站天线位置的某些信息,计算或检测出反映天线指向误差的信息,天线伺服设备据此信息驱动天线指向卫星。地球站天线跟踪卫星的方式有手动跟踪、程序跟踪和自动跟踪三种。

1. 手动跟踪

手动跟踪是根据预知的卫星轨道位置数据随时间变化的规律,通过人工方式调整天线的指向。手动调整天线指向时,可利用频谱仪或电平表等仪器监视卫星接收信号的大小,根据接收信号的大小用手操纵跟踪系统,调整至接收信号最强即可。

2. 程序跟踪

程序跟踪是根据卫星预报的数据(在地球站所在地观察卫星的方位角和仰角随时间变化的数据)和从天线角度检测器收集来的天线位置角度值,通过计算机计算、比较,得到卫星轨道和天线实际角度在标准时间内的角度差值,然后将该值输入伺服回路,以驱动天线消除误差角。如此不断地计算、比较、驱动,使天线一直指向卫星。

3. 自动跟踪

由于地球的密度不均匀以及其他诸多干扰因素的影响,一般很难对卫星轨道数据进行连续、长期的精确预测,所以即使是采用程序跟踪方式也不可能对卫星连续地精确跟踪。自动跟踪则是根据卫星所发的信标信号或其他地球站发来的导频信号,检测出误差信号,驱动跟踪系统,使天线自动地对准卫星。目前大、中型地球站都采用以自动跟踪为主、手动跟踪和程序跟踪为辅的跟踪方式。

有三种自动跟踪体制——步进式跟踪、圆锥扫描跟踪和单脉冲跟踪。

圆锥扫描跟踪和单脉冲跟踪体制现在都很少采用,这是因为:圆锥扫描跟踪体制虽然设备简单,但它会使天线增益下降;单脉冲跟踪的跟踪速度和跟踪精度都要比步进式跟踪体制和圆锥扫描跟踪体制高出几个数量级,但它的设备复杂、成本高,而且在这种体制下,天线一直处于运动状态,增加了机械和电机的磨损。

步进式跟踪体制是一步一步地控制天线在方位面内和俯仰面内转动,使天线逐步对准卫星,直到地球站天线接收到的信号达到最大值后,天线跟踪伺服分系统才进入休息状态。经过一段时间后,该分系统再开始进入跟踪状态,如此周而复始地进行工作。这种体制的设备结构简单、重量轻、价格便宜、维修方便,但跟踪速度慢、精度差。然而,随着卫星位置控制技术的日益提高,步进跟踪的精度和速度已能满足要求,目前步进式跟踪已成为大、中、小型卫星地球站的主要跟踪手段。

值得注意的是,目前相控阵天线技术在卫星通信跟踪方面也有较多应用,应用的领域包括陆地和空间的移动终端以及直播卫星接收机等。这种技术中的天线波束可以通过电子调整阵天线的激励元件来实现。

3.3.4 地球站发射分系统

地球站发射分系统的任务是:将已调波信号经过变频、放大等处理后,由天线发向卫星。如图 3.25 所示,它的组成主要包括:调制器、中频放大器、上变频器、微波频率源、自动功率控制器和高功率放大器(High-power Amplifier,HPA)等。

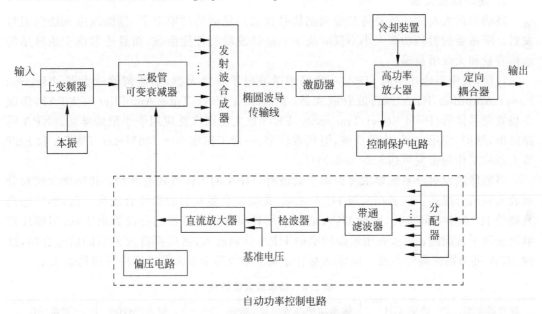

图 3.25 地球站发射分系统组成框图

地球站的发射过程如下:电话、电视或数字信号以及外加的导频信号和能量扩散信号经过基带转换后都加到调制器。对模拟信号,一般通过宽频带变频器将其变成 70MHz 或 140MHz 的调频信号;对数字信号,一般通过 PSK 等调制方式将其变成 70MHz 或 140MHz 的已调中频信号。紧接着在中频放大器和中频滤波器中对它们进行放大并滤除干扰信号,然后在上变频器中变换成微波频段的射频信号。在频分多址方式中,当需要向多个地球站发射多个载波时,这些载波还需要经过发射波合成设备合成为一个多路载波信号。低功率放大器、激励器和高功率放大设备将上述射频信号放大到所需要的发射电平,经由馈电设备送到天馈分系统发射出去。自动功率控制器应能调节输出功率,在正常情况下保持功率电平的高度稳定。

1. 对地球站发射分系统的要求

与对地球站天馈分系统工作频带的要求类似,一般要求地球站发射分系统具有很宽的频带以适应卫星通信系统多址通信的特点和转发器的技术性能,具体要求如下。

(1) 输出功率大。发射系统的发射功率主要取决于卫星转发器的 G/T 值和它所需要的输入功率密度,同时也与地球站的发射信道容量和天线增益有关。在标准地球站中,发射系统的发射功率一般为几百瓦到十几千瓦量级。

(2) 增益稳定性高。为了保证通信质量,卫星通信系统要求地球站的等效全向辐射功率(Effective Isotropic Radiated Power,EIRP)应保持在额定值的一个较小的容差范围内(如,IS-Ⅳ卫星通信系统规定,除恶劣气候条件外,该容差值为 ±0.5dB),这个容差应考虑所有可能引起变化的因素,如发射机射频功率电平的不稳定(由天线抖动、风效应等引起的)、天线发射增益的不稳定和天线波束指向误差等,对高功率发射系统的放大器增益稳定度的要求就更高,为此,大多数地球站发射系统都装有自动功率控制电路。

(3) 放大器线性好。为了减小在 FDMA 方式中放大多载波时的交调干扰,高功率放大器的线性要好。通常规定,多载波交调分量的 EIRP 在任一 4kHz 的频带内不超过 26dBW。

2. 高功率放大器

高功率放大器的任务是将基带调制信号放大到足够的功率电平,经馈线由天线向卫星发射。所需要的射频功率大小不仅取决于卫星转发器的性能指数,而且还取决于地球站的通信容量和天线增益等。

目前,大中型地球站的 HPA 一般采用微波电子管放大器,如速调管放大器(Klystron Power Amplifier,KPA)或行波管放大器(Traveling Wave Tube Amplifier,TWTA),而固态场效应晶体管(Field Effect Transistor,FET)放大器则广泛应用于小型地球站。KPA 线路简单,维护、使用方便,价格低廉,但频带较窄,一般工作在 50～100MHz;TWTA 和 FET 放大器的工作频带宽可达 500～800MHz。

当地球站发射分系统要求发射多个载波时,HPA 的工作方式有两种:共同放大式和分别放大而后合成式。前者在末级 HPA 之前,先把多个要发射的载波合成在一起,然后加到宽频带 HPA 中共同放大,这种 HPA 必须采用具有宽频带特性的行波管来实现,但要注意解决交调干扰问题;后者先用频带较窄的 HPA 分别放大,然后再将放大后的信号合路,这种 HPA 可采用速调管实现。地球站发射分系统末级功率放大器的特性可参见表 3.4。

表 3.4　功率放大器特性

放大器类型	频率/GHz	输出功率/kW	效率/%	带宽/MHz	增益/dB
速调管	6	1～5	40	60	40
	14	0.5～3	35	90	40
	18	1.5	35	120	40
	30	0.5	30	150	40
行波管	6	0.1～3	40	600	50
	14	0.1～2.5	50	700	50
	18	0.5	50	1000	50
	30	0.05～0.15	50	3000	50
FET	6	0.005～0.1	30	600	30
	14	0.001～0.05	20	500	30

3. 上变频器

由于卫星通信系统工作在微波频段,发射信号所要求的占用频带宽度与射频频率相差很大,就目前的工艺和技术水平难以做到在射频频率上直接对信号进行调制,所以通常都先在中频上进行调制(对于信号带宽较窄(如 36MHz 带宽)的情况,中频可选为 70MHz;对于信号带宽较宽(如 72MHz 带宽)的情况,中频通常选为 140MHz),然后再频谱搬移到微波频段上。上变频器就是通过将来自调制器的已调中频载波与本振载频混频以完成频谱搬移任务的部件。变频方式通常采用一次变频和二次变频。

一次上变频方式就是将 70MHz 或 140MHz 的中频信号经过一级混频,变换到射频频率上。其突出的优点是设备简单,组合频率干扰少,但因中频带宽有限,不利于宽带系统的实现,故这种变频方式在小型地球站或其他某些特定的地球站中较为适用。

二次上变频方式是先由第一级混频将中频信号变换到一个固定的高中频频率上,前者称为第一中频,后者称为第二中频,然后第二中频信号经中频滤波器再与第二本振进行第二级混频,变换到微波射频频率上。为避免镜像信号和杂散信号干扰,第二中频的频率通常选在 700～1120MHz 范围内。二次变频方式的优点是调整方便、易于实现宽带要求,而缺点则是电路较为复杂。由于微电子技术的进步,二次变频已较容易实现,故而已广泛应用于大、中型地球站中。

也有采用 3 次变频方式的上变频器,其原理类似,不再赘述。

3.3.5 地球站接收分系统

地球站接收分系统的主要任务是:接收由卫星转发的通信对方地球站发出的射频信号,经过放大、下变频和解调等处理后,传送给终端分系统进行基带处理。地球站接收分系统的组成例如图 3.26 所示,主要包括低噪声放大器、下变频器、本振源、中频放大器和解调器等。

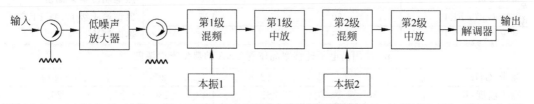

图 3.26 地球站接收分系统组成框图

地球站接收系统的工作过程如下:来自卫星转发器的微弱信号,经过馈电设备,首先加到低噪声放大器(Low Noise Amplifier,LNA)进行放大,一般还要在传输放大器中进一步放大,然后传输给接收分系统的下变频器。如果接收多个载波,那么还要经过接收波分离装置分配到不同的下变频器上去。在下变频器中,通常将接收载波经过一次变频(如采用 70MHz 的中频)或二次变频变换成中频信号(如第一中频采用 1GHz、1.4GHz 或 1.7GHz,第二中频仍用 70MHz),再经过中频放大和滤波等处理后,加到解调器,最后解调出所需的基带信号。

1. 对地球站接收分系统的要求

(1)噪声性能好。从卫星转发器发射的信号,经过远距离传输,到达接收地球站时已经非常微弱(静止卫星一般为 $10^{-17} \sim 10^{-18}$ W 的数量级),为了保证地球站满足所要求的 G/T

值,显然要求地球站接收系统噪声温度低。

(2) 工作频带足够宽。卫星通信的显著特点是能实现多址联接和大容量通信,所以要求地球站接收分系统的工作频带足够宽,以满足卫星通信系统多址联接和通信容量的要求。一般要求低噪声放大器具有 500MHz 以上的工作带宽。

(3) 其他要求。为了满足卫星通信系统的通信质量要求,还要求地球站接收设备有足够高的稳定增益和频率稳定度、足够好的线性等。接收分系统的下变频器和本机振荡器与发射分系统的上变频器及本机振荡器所用技术基本相同,所以下面仅简介低噪声放大器。

2. 低噪声放大器

地球站接收分系统前置的低噪声放大器是接收系统的关键部件,它决定着接收系统的等效噪声温度。应尽可能将低噪声放大器贴近馈源放置,而接收系统的其他设备可以置于室内,中间用波导连接。

地球站中最常用的低噪声放大器是参量放大器和砷化钾场效应晶体管(GaAs FET)放大器。这是因为参量放大器的噪声温度可以做得很低,所以一开始就在卫星通信系统中得到应用;目前的常温 GaAs FET 放大器噪声温度也可以做得很低,而且性能稳定、可靠性高,价格比较便宜,被广泛使用在卫星通信单收站上,而工作频率在 11.7～12.2GHz 的制冷 GaAs FET 放大器目前已能够大量生产。各种低噪声放大器的典型噪声温度如表 3.5 所示。

表 3.5　各种 LNA 的典型噪声温度

(a) LNA 的典型噪声温度和带宽

LNA 类型	3.7～4.2GHz 典型噪声温度/K	11.0～12.0GHz 典型噪声温度/K	状　态
制冷参放	30	90	深制冷(液氮)
常温参放	40	100	热电制冷盒内温度
制冷 GaAs FET	50	125	典型第 1 级 GaAs FET
常温 GaAs FET	75	170	热电制冷

(b) 使用高电子迁移率晶体管 LNA 的典型噪声温度

频带/GHz	4	12	20	40
噪声温度/K	30	65	130	200

3.3.6　地球站其他分系统和设备

卫星通信地球站除了天线分系统、发射分系统和接收分系统以外,还包括终端分系统、通信控制分系统和电源分系统等。

1. 终端分系统

终端分系统是地球站与地面传输信道的接口。在公用网中,地球站终端分系统的任务是要对地面线路到达地球站的各种基带信号进行变换,编排成适合于通过卫星信道传输的基带信号送给发射分系统,同时还要把接收分系统解调输出的基带信号变换成适合于地面线路传输的基带信号。

地球站终端分系统因卫星通信系统的体制不同而不同。一般而言,在发射时,终端分系统要将地面终端或地面网络(一般是地面长途交换中心)送来的基带信号由地面接口接收下来,经过信号复接、数字话音插空(Digital Speech Interpolation,DSI)和数字电路倍增(Digital Circuit Equipment,DCME)、回波抑制和消除、图像信号的压缩编码(DVB/MPEG-2)等处理,然后送至基带处理设备加入报头(把地面信号变成卫星通信系统规定的格式)、扰码、信道纠错编码等,再送至发射分系统进行其他处理。终端分系统要完成的接收处理是上述发送处理的逆处理。

2. 通信控制分系统

为了保证地球站各部分设备的正常工作,必须在站内进行集中监视、控制和测试。在由多个地球站和一个网络控制中心(Network Control Center,NCC)组成的卫星通信网络中,网络控制中心还要通过卫星链路(或备份的地面通信线路)对所有地球站进行遥测和遥控。完成这些功能的所有设备就构成通信控制分系统。

一般地,通信控制分系统包括监视设备、控制设备和测试设备3个部分。以站内通信控制分系统为例,监视设备包括电话、电视,记录等,可用来监视整个地球站的总体工作状态和各个分支系统的工作情况,一旦卫星通信线路中断或信噪比下降到质量指标以下,或地球站有关设备发生故障,便立即能在监视仪器、仪表上有所显示或有告警信号发出;测试设备包括电话电路测试设备、电视电路测试设备、试验架和各种测试仪器以及由频率变换器和调制器、解调器等构成的试验系统,在没有出现故障情况时供维护人员进行测试,以便预检出面临发生的障碍、及早加以预防和排除;控制设备则包括发射设备控制架、接收设备控制架和监控台控制部分等,对地球站中主要的通信设备进行遥测和遥控以及现用与备用设备的自动转换。

3. 电源分系统

诸如地球站接收分系统的低噪声放大器的制冷设备、发射分系统的大功率行波管放大器等关键部分需要比较长的预热时间,因此,地球站的供电电源系统供电中断时间一般不能超过50s。对标准地球站电源的要求一般不应低于地面通信枢纽的供电要求,除了应具有1～2路外线或市电供电外,通常还应配备应急电源和交流不间断电源。

地球站供电线路一般要求采用专线供电以求供电电压稳定。可将地球站的负载分为干扰较大和干扰较小,并分别供电,同时还应注意三相电源各相负载的均匀性,使零线电流尽量保持最小或平衡。此外,为了确保电源设备的安全,减少噪声、交流声的来源,所有的电源设备都应良好地接地。

应急电源设备一般由2台全自动控制并联运用的柴油发电机组、高压配电盘、自动并联控制盘、启动用蓄电池以及其他辅助设备(如自动电压调节器和线路保护继电器等)构成。当市电发生故障时,应急发电设备就会自动地或人工地开始工作。但是,即使是自动启动发电机,它要达到所需的工作转速和额定输出功率也要至少花费15s的时间,而这个时间对地球站的大功率发射机来说也是不允许的,因此还需要配置交流不间断电源设备。电源设备的配置方框图如图3.27所示。

3.3.7　地球站选址与布局

在设计一个卫星通信系统时,必须合理选择地球站站址和对地球站合理布局,这对于地球站的工作条件、管理和维护起着决定性影响,特别是对固定式或半固定式的大、中型地球

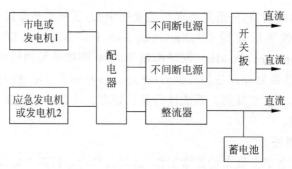

图 3.27　地球站电源设备配置框图

站来说,影响大。

1. 地球站选址

(1) 电磁干扰因素。地球站选址时,要最大限度地减少和防止地面或近地的各种电磁干扰,如,与地面通信系统的相互干扰、雷达信号干扰、工业电气干扰、工厂机械干扰、运输车辆干扰和飞机航行干扰等。

(2) 地理因素。地理因素也是地球站站址选择时必须考虑的重要因素之一。选址要考虑到地球站近期需要和将来的发展,场地要宽阔,以保证计划中或工作中卫星的全部可视性。理想的地形应该是一个盆形区域,以利于屏蔽地面微波干扰,但如图 3.28 所示的天际线仰角 一般应在 3°以下,否则地面噪声会降低地球站的 G/T 值。

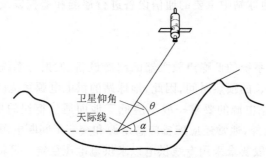

图 3.28　天际线仰角

(3) 地质条件。对于大型地球站,选址时应考虑地质条件是否适合承受天线系统和天线塔的巨大重量。地质条件欠佳又不便避开时,必须采取相应的措施。

(4) 交通和供应。站址应选在交通便利、水源和电源充分处,同时与通信交换中心的距离要近,以减少地面传输设备的投资。一般大型地球站离大城市不宜太远。

(5) 气象及环境因素。恶劣的天气(暴雨、大风、积雪等)将使卫星信道的传输损耗和噪声增大,或使天线主波束偏移量超标,从而降低线路的性能,情况严重时,将使卫星通信不能正常进行。因此,在设计地球站时,必须考虑到待选站址区的气象情况,系统应留足降雨余量,应保证天线满足符合当地气象条件的耐风性指标,必要时应在天线上安装融雪设备。对于将天线直接架设在用户楼顶的小型地球站,特别应考虑风负载对楼顶的压力。在环境方面,主要应考虑的是沙尘、腐蚀性气体和盐雾等对地球站的影响。

(6) 安全因素。首要考虑的是过量电磁辐射对人体的影响。国际上还没有有关微波辐射密度对人体影响的安全界限的统一标准,一般认为:微波辐射密度大于 $10\mathrm{mW/m^2}$ 为危险区,小于 $1\mathrm{mW/m^2}$ 为安全区,在上述两值之间为非安全区,在该区工作的时间是有限制的。另一个安全因素是地球站要远离易燃易爆、易于发生各种灾害的场所。

2. 地球站布局

决定地球站布局的主要因素一是地球站的规模;二是地球站的设备制式。

地球站的通信设备分别安装在天线塔和主机房内,其布局方式由地球站的设备制式来决定。地球站的设备制式按信号传输形式可以分为基带传输制、中频传输制、微波传输制、直接耦合制以及混合传输制。各种形式的地球站布局要求如下。

(1)基带传输制布局。在天线水平旋转部位设置较大的机房,该机房需要接纳发射分系统和接收分系统的大部分设备,并采用基带传输方法与主机房的基带和基带以下的设备进行连接。

(2)中频传输制布局。将调制、解调设备以及中频以下设备安装在主机房内,并通过同轴电缆与天线塔上机房内的中频以上设备相连接。

(3)微波传输制布局。将接收分系统的低噪声放大器和发射分系统的功率放大器装在天线塔上的机房里,并采用微波传输方法与设置在主机房的其余设备连接。

(4)直接耦合制布局。将天线放在楼顶上,低噪声放大器放在天线初级辐射器底部承受仰角旋转的位置上,下面是功率放大器,再下面是其他设备。

(5)混合传输制布局。只把低噪声放大器放在天线辐射器底部承受仰角旋转位置上,而其余设备全部放在主机房内。目前,这种布局方法使用得比较多。

3. 管理和维护要求

地球站布局除了要适应其通信系统的要求、保证满足地球站的标准特性要求之外,还要便于维护和管理,有利于规划和发展,尽量使地球站的布局适合于工作和生活之需。地球站的工作区要适当地集中,在主机房附近要留出适当的空地,工作大楼在不遮挡天线视野的前提下,要尽量靠近机房。生活区与工作区要隔离开,或留有一定的间距,以便保证工作区的安静和管理。

3.4 卫星通信体制

卫星通信中的多址联接是指多个地球站通过共同的卫星,同时建立各自的信道,从而实现各地球站相互之间通信的一种方式,是卫星通信体制的主要内容之一。所谓卫星通信体制,是指卫星通信系统的工作方式,即系统所采取的处理方式、传输方式和交换方式等,包括多路复用方式、调制方式、编码方式、多址联接方式以及信道分配方式等,其中,多址联接是卫星通信最为特殊的通信体制内容,它直接影响卫星通信系统性能。当然,在诸如移动通信网这类地面通信网中,亦涉及多个通信台、站利用同一个射频信道进行相互间的多边通信,也需要用到多址联接。

多址联接所要解决的基本问题是:共享卫星转发器的各地球站如何识别和区分地址不同的各个地球站发出的信号,以及如何从卫星转发下来的复合信号中取出本站所需的信号。前一问题与"信道分配"、后一问题与"信道定向"的概念有关。

实现多址联接的技术基础是信号的正交分割,即通过信号设计,使共享卫星转发器的各地球站的信号满足某种正交性,从而可以被区分开来。目前实用的多址联接方式主要有

FDMA、TDMA、SDMA 和 CDMA 以及它们的混合多址方式,另外还有随机多址方式。其中,SDMA 方式一般不单独使用。

在不同的多址联接方式下,"信道"的含义有所不同:在 FDMA 方式下,信道是指转发器以可用载频为中心频率的可用频段;在 TDMA 方式下,信道是指转发器的可用时隙;在 CDMA 方式下,不同的信道是指不同的码道;在 SDMA 方式下,不同的信道是指转发器的不同波束。信道分配根据需要可以是预分配(Preassignment Arrangement,PA)的:事先约定且相对固定地为各地球站分配信道,可以是按需分配(Demand Assignment,DA 或 Demand Access Multiple Access,DAMA)的:各地球站需要使用信道时向系统提出申请,也可以是随机争用(Random Assignment,RA)信道:各地球站完全随机或一定程度上随机地占用信道。

3.4.1 基带处理和编码调制权衡

本节介绍卫星通信体制基本概念及卫星通信体制的内容,重点分析数字话音内插技术的应用机理及实现,通过调制和编码技术的权衡给出功率受限系统、频带受限系统的基本概念,同时给出系统的设计思路。

首先介绍卫星通信系统所采用信号传输方式和信号交换方式,涵盖图 3.29 所示各部分模块使用的相关技术及技术指标。

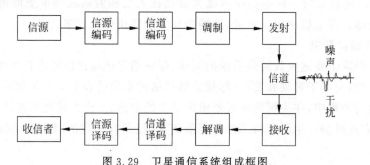

图 3.29 卫星通信系统组成框图

卫星通信体制的引入,能够将通信系统涵盖的技术完整的系统的表述出来。卫星通信体制包括所采用的信号传输方式、信号处理方式和信号交换方式。典型的卫星通信体制表述为 TDM/DSI-QPSK-TDMA-PA/DA。

1. 基带复用方式

(1) FDM。将各路用户的频谱分别搬移到互不重叠的频率上,形成多路复用信号,然后在一个信道中同时传输。如图 3.30 所示为一个 FDM 基带处理系统,单路话音频带 0.3～3.4kHz,间隔 4kHz、0.9kHz 保护频带。

(2) TDM。多路低速的数字码流按时分复用方式(各路用户占用不同的时隙)合并为高速数字码流传输。实现简单,对系统线性性要求比 FDM 低,但对同步要求高。

2. 数字话音内插技术

在电话系统中,每个话路实际传送话音的平均时间百分率 A(话音激活率)大约只有 40%。DSI 利用这个特点,用空闲时的信道穿插传送其他话路的信息,从而提高信道利用率。DSI 主要有两种:时分话音内插(Time Assignment Speech Interpolation,TASI)和话音预测编码(Speech Predictive Encoding Communication,SPEC)。

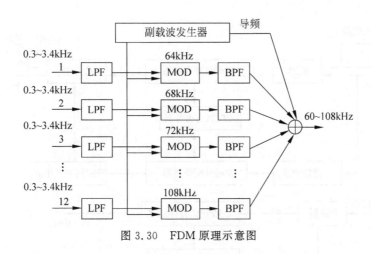

图 3.30 FDM 原理示意图

TASI 的基本原理是：利用呼叫间隙、听话而未说话以及说话停顿的空闲时间，把空闲的信道暂时分配给其他用户使用，以提高系统的通信容量。TASI 系统基本框图如图 3.31 所示。

在发送端，分配状态寄存器中存有地面信道与卫星信道之间的连接状态和地面信道话音的活动状态，当话音检测器检测到某路有话时，就启动分配处理器检查分配状态寄存器中的内容，对未使用的卫星信道进行搜索。若找到一条未使用的卫星信道，则活动话音就被存入对应于此未使用信道的一个话音存储单元，并在所分配的相应时间位置上被读出。同时，分配状态寄存器还将存入这个新的地面与卫星信道间的连接关系，而且这个连接关系还通过分配信息产生器送入卫星信道中的分配信道。设置延迟单元和话音存储器是由于话音检测和信道分配需要时间，所以需要它们予以补偿。

在接收端，收到的话音数据被暂存在话音存储器中，同时，分配信号接收器也收到分配信号，并将其送入接收分配处理器；接收分配处理器用接收到的分配信号更新分配状态寄存器内容，并根据分配信息将存于话音存储器中的信号正确地分配到 PCM 线路的各信道中。

在 TASI 中，当激活的话路数超过所准备的卫星信道数时，有些激活的卫星信道可能暂时分配不到卫星信道，并且在别的激活信道的话音消失以前，一直被"冻结"（frozen out）。由于这种"冻结"可能使有些短促话音的起始部分在传输中丢失，所以这种现象称为前端剪切（front-end clipping）。通常为保证高的话音质量，要求被剪切 50ms 以上短促话音的百分比小于 2%，而且还可采用"比特挪用"的方法减少剪切出现的概率。

SPEC 的基本原理是：判断话音样值的 PCM 代码与前一个样值的 PCM 代码是否有明显差别，仅传送有明显差别的 PCM 代码；在接收端，对未传送样值用前一帧的样值取代。SPEC 系统基本框图如图 3.32 所示。

在发送端，来自 64 条地面信道的一个抽样周期中所得到的 PCM 样值存储在预测寄存器中，每个地面信道的 PCM 样值与存于存储器中的前一帧的样值相比较，只提取与前一个样值差别较大的 24 个 PCM 样值送入 24 个卫星信道传输。图 3.32 中 64 位的分配信道用于传送信道分配信息，即 64 个地面信道对应分配信道的 64 位，如果在某一地面信道检测到不可检测样值，则相应位的分配信息比特置"1"，否则置"0"。这意味着 64 位中的第 n 个"1"表示该位对应的地面信道的 PCM 样值被送入第 n 个卫星信道中传输。

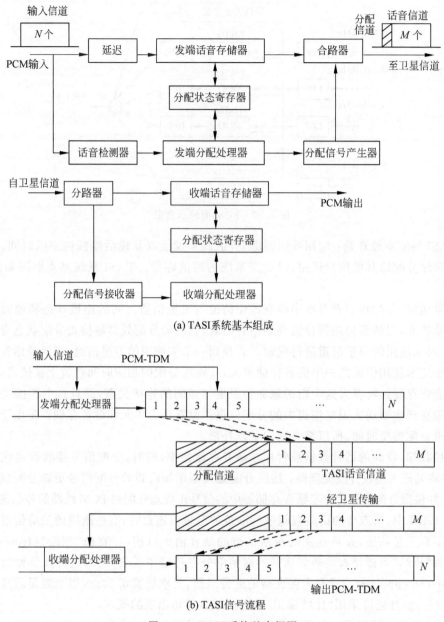

(a) TASI系统基本组成

(b) TASI信号流程

图 3.31　TASI 系统基本框图

在接收端,存储在预测寄存器中的 PCM 样值按照分配信道的分配信息用卫星信道最新传输的 PCM 样值来更新,再从预测寄存器中读出 PCM 样值以恢复速率为 4.096Mb/s 的地面数据。

在 SPEC 中不会出现如 TASI 中那样的话音剪切现象。但是,当激活的话路数超过卫星信道数时,只有那些预测误差相当大的 PCM 样值得以传输,结果相当于增加了量化误差,可能会使重构话音质量有所下降。

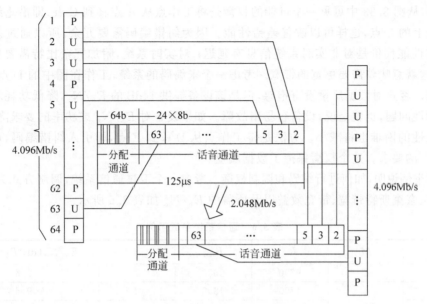

图 3.32 SPEC 系统基本框图

3. 调制与编码权衡

调制和编码权衡的目的是,在有限系统资源前提下,如何通过选择调制、编码技术来确保用户的需求。为了更好地权衡调制和编码,首先给出编码增益的概念:在一定误码率下,采用差错控制码前后所需单位比特能量与噪声密度比(归一化信噪比)之差。如图 3.33 所示,编码增益在错误概率 10^{-6} 时为 5dB。因此,在一定误码率情况下,采用信道编码可节省发射功率。

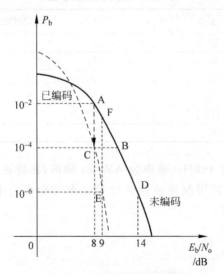

图 3.33 编码增益示意图

设想用户使用的是一个简单的话音通信系统,未采用纠错编码。系统工作在图 3.32 中的 A 点,经过一段时间试用后,顾客对话音质量产生抱怨,认为 P_b 应该在 10^{-4} 以上,系统差错性能改进的通用办法就是将工作点由 A 点移到 B 点。如果系统能获得的最大 E_b/N_o。

就是 8dB,从图 3.33 中可见一个可能的权衡是将工作点从 A 点移到 C 点,即沿垂线往下到编码曲线上的 C 点,这样可以改善差错性能。因为纠错编码需要冗余,所以通过差错编码改善差错性能代价是对非实时系统信息有延迟;对实时系统,附加冗余比特需要更高的传输速率,这就意味着需要更宽的带宽。考虑一个未编码的系统,工作在图中的 D 点,交付给客户使用。客户对数据质量没有抱怨,但是该设备提供 14dB 的 E_b/N_o,降低功耗就会存在某些可靠性问题,也就是说,设备容易出故障。如果设备对 E_b/N_o 或功率的要求降低,那么实现稳定性的困难也将减小。方法是将工作点从 D 移到 E 点,即引入纠错编码,可以降低对 E_b/N_o 的要求。这个权衡保持了数据质量。

下面举例说明,如何进行编码和调制权衡。考虑一个卫星通信系统,调制方式为 MPSK,码元速率、奈奎斯特带宽、带宽效益以及所需的 E_b/N_o 如表 3.6 所示。

表 3.6　通信系统参数示例

n	M	R_s	B_{min}	η	E_b/N_o(dB)$P_b=10^{-5}$
1	2	9600	9600	1	9.6
2	4	4800	4800	2	9.6
3	8	3200	3200	3	13.0
4	16	2400	2400	5	17.5
5	32	1920	1920	5	22.4

信道编码方案考虑常用的 BCH 码,其性能如表 3.7 所示。选取的原则是调制/编码系统的输出误码率必须满足系统差错性能要求;编码速率不能使要求的传输带宽高于可用信道带宽;编码方式尽可能简单,一般码本越短,其实现也越简单。

表 3.7　BCH 码性能参数

n	k	t	MPSK 编码增益 $G/dB(P_b=10^{-5})$
31	26	1	1.8
63	57	1	1.8
	51	2	2.6
127	120	1	1.7
	113	2	2.6
	106	3	3.1

首先,考虑信道带宽为 45kHz,噪声为 AWGN 噪声,比特速率为信息速率为 9600b/s,误比特率为 10^{-5}。由于链路限制导致接收信号功率与噪声功率谱密度之比为 $P_R/N_o=48$dB/Hz,则可以计算得到

$$\frac{P_R}{N_o}=\frac{E_b}{N_o}R_b$$

$$\left[\frac{E_b}{N_o}\right](dB)=\left[\frac{P_R}{N_o}\right]-[R_b]=48-10\lg 9600=8.2dB$$

因此,为了实现目标误比特率,选取离接收信噪比 8.2dB 最近的 9.6dB,占用带宽选为 48Hz(该系统为功率受限系统),调制方式为 QPSK($M=4$),需要信噪比为 9.6dB,需要 1.4dB 的增益。选信道编码按照码长尽量小的原则,选 BCH(31,26,1) 码型。

3.4.2 频分多址联接方式

若干地球站共用一个卫星转发器,将卫星转发器的可用带宽分割成若干互不重叠的部分分配给各地球站使用,以所用载波的不同来区分地球站地址的多址联接方式即为 FDMA 联接方式。

1. FDMA 原理

图 3.34 为频分多址联接通信方式的示意图。图中假设卫星通信系统中有 A、B 和 C 三个地球站,卫星转发器为透明转发器,其带宽 $W = 72\text{MHz}$,上行频率范围为 $5928 \sim 6000\text{MHz}$,下行频率范围为 $3703 \sim 3775\text{MHz}$;假设将频带 $5930 \sim 5950\text{MHz}$ 分配给 A 站作为其发射频带,分配 $5954 \sim 5974\text{MHz}$ 为 B 站的发射频带,$5978 \sim 5998\text{MHz}$ 为 C 站的发射频带。这样将可用频带或可用载波分配给各站使用,就是 FDMA 方式下所谓的"信道分配",这里的信道即指的是可用频带。一旦以某种方式分配了信道,各站就可根据接收信号频率的不同来识别不同的地球站。例如,当 A 站要接收 B 站的信号时,可利用带通滤波器分离出 $3729 \sim 3749\text{MHz}$ 内的相应信号即可。但是,来自 B 站的信号可能既有发往 A 站的,也有给 C 站的,如何识别和分离出 B 站发给本站的信号呢?这一类问题就是所谓的信道定向问题。FDMA 方式下有以下三种信道定向方式:单址载波方式、多址载波方式和单路单载波方式。

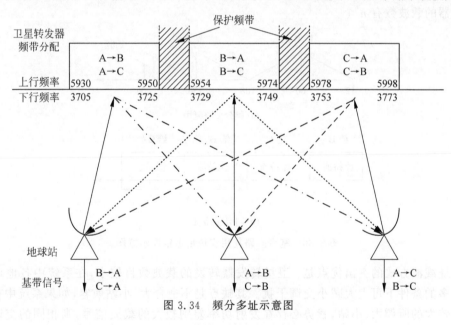

图 3.34 频分多址示意图

1) 单址载波方式

在采取单址载波 FDMA 方式的卫星通信系统中,每个地球站在规定的频带内可发多个载波,每个载波代表一个通信方向(即发往一个地球站),且每个载波可携带发往该目标地球站的多路话或多路数据。图 3.35 示意了一个有 3 个地球站的卫星通信系统的 FDMA 信道分配情况:每个站均分配了两个载波,分别用于向另外两个站发送信息。

显然,如果系统中有 n 个地球站,且任意两个站之间都要构成双向通信线路,每个站都对其他各站发射独立的载波,则每个地球站要发 $(n-1)$ 个载波,而转发器要转发 $n(n-1)$ 个载波。

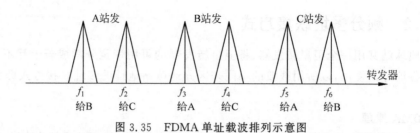

图 3.35　FDMA 单址载波排列示意图

单址载波方式的信道分配和信道定向清晰明了,线路改动比较容易,较适合于大、小站兼容,但载波数较多,交调干扰严重,为减小交调干扰需采取功率回退或输入、输出补偿技术,因而不能充分利用转发器的功率资源。

2) 多址载波方式

在采取多址载波 FDMA 方式的卫星通信系统中,每个地球站只发一个载波,各地球站采取如图 3.36 所示的 FDM 或 TDM 方式将其要发送给其他各站的信号在基带上复接成群路信号,然后调制到该载波上发射出去;接收地球站解调相关站的已调信号,并从基带多路信号上的相应频带或时隙上取出发给本站的信号。可见,这种 FDMA 方式的信道定向是在基带信道上实现的。不言而喻,如果系统中的 n 个地球站均要能实现双向通信,则通过卫星转发器的载波数有 n 个。

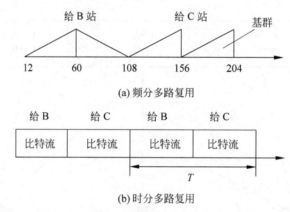

图 3.36　基带多路复用实现信道定向示意图

多址载波方式的突出优点是:卫星转发器转发的载波数目较小,在系统中各地球站类型差不多的条件下可大大减小交调干扰。其缺点是不适合大、小站兼容,如果系统中存在规模差别较大的所谓大、小站,就势必存在发射功率差别较大的载波信号,则相同的交调干扰对于功率电平低的载波信号影响更为严重。采用多址载波方式的卫星通信系统中各站最好都选用话路数目差不多、类型相同、容量较大的大站。FDMA 国际卫星通信系统通常都采用多址载波方式,并且对各站的路数及地球站的类型都有相应的限制。

3) 单路单载波方式

在采取单路单载波(Single Channel Per Carrier,SCPC)FDMA 方式的卫星通信系统中,每个地球站可根据需要发多个载波,如图 3.37 所示,但与单址载波方式不同的是每个载波只传送一路话或一路数据。

SCPC 方式主要有如下特点:适合于多地址、轻路由(各地址通信业务量小)通信系统的

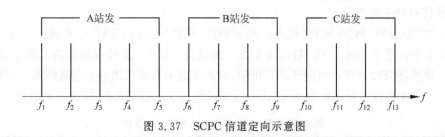

图 3.37　SCPC 信道定向示意图

需要,组网灵活,扩容方便;易于采取诸如话音激活、按申请分配信道等技术来增加系统的通信容量、提高系统资源的利用率;便于模、数兼容,即允许模拟和数字已调载波信号在系统中共存。

上述所谓话音激活,即检测到有话就发载波、无话不发载波,这样可节省系统功率,提高系统的通信容量。可这样做的理由是:通话人讲话总有间歇、通常都有倾听,据统计,一个单向话路实际上只有 40% 是忙时、60% 都是空闲时。采取话音激活可带来 $[a]=10\lg(1/0.4)=4\mathrm{dB}$ 的激活增益。

例 3.1　国际卫星通信系统 IS-Ⅳ 中的 SCPC 系统的频率配置、系统规范和系统组成如下所述。

解:

(1) 频率配置。在 IS-Ⅳ 国际卫星通信系统中,采用 SCPC 方式的透明卫星转发器的 36MHz 带宽被等间隔地划分为 800 个通道,其频率配置(中频频谱)如图 3.37 所示:以导频为界,高低频段中各设置 400 条通道,通道间隔为 45kHz,第 400 和 401 通道留空,从而使导频与相邻两通道的间隔为 67.5kHz,以保护导频不受干扰,确保各地球站对导频的提取。

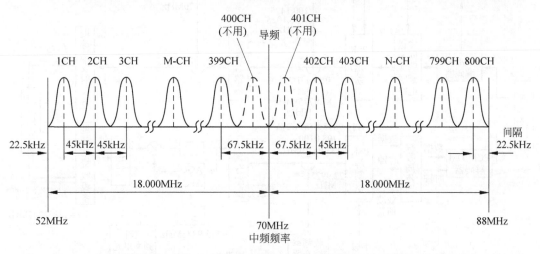

注:对不占用一个转发器的SCPC系统,导频可不位于转发器中心,而位于收发信群的中心,但与其相邻的两个信道仍应置不用,且与次二条信道采用67.5kHz间隔。

图 3.38　全转发器工作时 PCM/SCPC 的频率配置(中频频谱)

由于各传输通道间隔小、各地球站采用不同钟源以及各站信号的多普勒偏移可能各不相同,所以 SCPC 系统通常会指定特定站或由各站轮流担任参考站或基准站,这类站要发送导频信号,各站要以收到的导频信号为基准,对本站的工作频率进行严格的校正,以便实现对各通道信号的正确接收。

（2）INTELSAT PCM-SCPC 规范。对于 PCM-SCPC，INTELSAT 已有统一规范，其参数列于表 3.8 中。至于 DM-SCPC，目前没有统一的规范，其中一组可行的参数也列于表 3.8 中供参考。显然，SCPC 方式也可用于数据传输，只是此时不可能采用话音激活技术。例如，可传输采用 3/4 卷积码进行前向纠错的 48kb/s 数据或采用 7/8 卷积码的 56kb/s 的数据。

表 3.8   PCM-SCPC 和 DM-SCPC 的参数

	PCM-SCPC	DM-SCPC
基带处理	7 比特 A 律	CVSD
信道调制方式	QPSK	BPSK
速率	64kb/s	32kb/s
RF 通道带宽	45kHz	45kHz
IF 噪声带宽	38kHz	38kHz
发射的 RF 频差	±250kHz	±250kHz
接收的 IF 频差	相对于滤波器中心±1kHz	相对于滤波器中心±1kHz
门限误比特率	10^{-4}	10^{-3}

（3）系统组成。以传输话音的 PCM-SCPC 系统为例，其组成框图如图 3.39 所示。其中地球站设备由通道设备和公用设备两大部分组成。

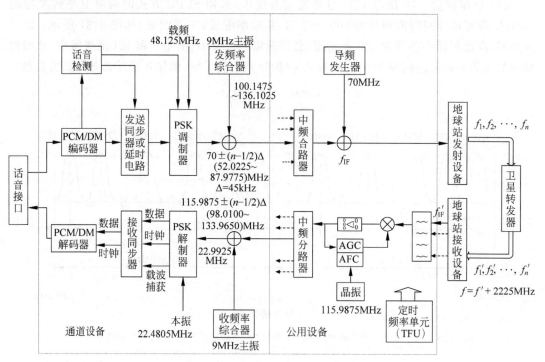

图 3.39   PCM-SCPC 系统组成框图

由于一个地球站通常可发几个到几十个载波，因而有相应数目的通道设备。每个通道设备包含 PCM（或 DM）编、译码器，通道同步器、话音检测器、频率综合器、PSK 调制和解调器等。其中，话音检测器的输出控制载波的通断以实现话音激活，频率综合器用以选择卫星信道频率。PCM-SCPC 系统的话音通道数据格式如图 3.40 所示,40 比特的载波恢复和 80 比特的比特定时恢复码构成报头;32 比特的 SOM(Start Of Message)为消息开始代码,用于码字(群)同步和解决 QPSK 相干解调时的相位模糊问题;224 比特的话音信码即为 PCM 话音代码。注意,计算话音数据率时,报头比特数并不计算在内,这是因为一般讲话持续时间都在数秒以上,其间只需发一个报头即可,所以这部分比特数忽略不计。

公用设备主要包含中频合/分路器以及相应的射频处理,其中包括自动增益控制(Automatic Generation Control,AGC)和利用导频信号进行自动频率校正的 AFC(Automatic Frequency Control)单元。

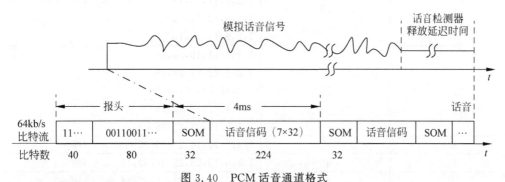

图 3.40　PCM 话音通道格式

2. 交调干扰

FDMA 卫星通信系统的 HPA 必然要同时放大多个载波信号,而且从尽可能充分利用系统的功率资源角度考虑,HPA 的工作点应该尽量靠近饱和点。然而,如 3.4.2 节中所述,由于 HPA 的 AM/AM 和 AM/PM 变换特性的非线性,会使其输出信号中出现各种新的组合频率成分,当这些组合频率成分落入工作频带内时,就形成所谓的交调干扰。

交调干扰除了直接干扰通信信号之外,还会导致大站强信号抑制小站弱信号的现象和一个载波的调制成分对其他载波进行调制的现象。前者会严重影响小站的正常工作;后者也称之为"调制变换"现象,可能会在某些情况下造成串话噪声或误码。因此,FDMA 系统设计时必须采取相应措施减小交调干扰。

3. 减小交调干扰的措施

3.2.3 节中已经提到,通信卫星的多转发器结构设置有利于减小交调干扰,除此之外,减小交调干扰的措施还有载波不等间隔排列、合理选择卫星转发器 HPA 的工作点、加能量扩散信号和采用线性化器等。

1) 载波不等间隔排列

当载波等间隔配置时,交调产物会落在各个载波上形成严重干扰,而在频带富裕的条件下,可以不等间隔地配置载波,让交调产物落在通信频带之外。

有很多选择载波间隔的方法,表 3.9 给出了一种适用于各载波的幅度和带宽都相等情况、使三阶交调产物不落入通信频带内的载波配置法。如表中所示,如果需要安排 3 个载波,则应在整个卫星频带内等间隔地选择 4 个位置(1、2、3、4),3 个载波分别安排在 1、2 和 4 位置上,其他载波数的情况可依此类推。这样可以最大限度地减小交调干扰。实际上,大部分情况下进入卫星转发器的多个载波的幅度和带宽并不相等,因而,载波不等间隔配置会更复杂一些,但仍能找到最佳的载波配置方案。

表 3.9　三阶交调产物不落入通信频带内的载波配置法

避免三阶互调的载波	所需的最小频道数	排 列 方 案
2	2	1,2　　　（唯一）
3	4	1,2,4　　（唯一）
4	7	1,2,5,7　（唯一）
5	12	1,2,5,10,12 1,3,8,9,12
6	18	1,2,5,11,13,18 1,2,5,11,16,18 1,2,9,12,14,18 1,2,9,13,15,18
7	26	1,2,5,11,19,24,26 1,2,8,12,21,24,26 1,2,12,17,20,24,26 1,3,4,11,17,22,26 1,3,8,14,22,23,26
8	35	1,2,5,10,16,23,33,35　　　　（唯一）
9	45	1,2,6,13,26,28,36,42,45　　（唯一）
10	56	1,2,7,11,24,27,35,42,54,56　（唯一）
11	73	1,2,5,14,29,34,48,55,65,71,73 1,2,10,20,25,32,53,57,59,70,73

2）合理选择转发器 HPA 的工作点

如 3.4.2 节中所述,通过采取输入-输出补偿技术、合理控制卫星转发器 HPA 的输入信号功率以选择好其工作点是减小交调干扰的技术措施之一。由 HPA 的饱和点回退至工作点所减小的输入信号功率电平值称为输入补偿值,HPA 的饱和输出功率电平与采取输入补偿技术时其输出功率电平之差值称为输出补偿值。卫星通信系统的最佳输入补偿值应使接收地球站的接收载噪比最大,该值可通过计算机仿真或实验的方法得到,而控制转发器的 HPA 工作于最佳工作点,可通过控制上行线路载波功率来实现,例如可采取对地球站的发射功率进行限制等措施。

3）加能量扩散信号

在 FDMA 方式中,当信道负荷很轻(如载波所承载的电话业务不在通话或通话路数很少)时,相应的信号能量就会出现集中分布的现象,这不仅会导致对工作于相同频段的地面微波通信干扰超标,而且在卫星转发器内会形成高电平的三阶和五阶交调干扰。抑制这种现象的措施是加能量扩散信号。对于采取 FM 调制方式的模拟卫星通信而言,当无话或通话路数很少时,采用对称三角波充当调制信号对载波予以附加调制最为适宜;在数字卫星通信系统中,则采用扰码技术来扩散能量,即通常用周期较长的 PN 序列(Pseudo-noise Sequence)作为能量扩散信号,将其与基带数字序列逐比特模 2 加之后所得的数字序列去调制载波。

4）采用线性化器

这里所指的线性化器,是指针对转发器 HPA 幅度和相位非线性的预失真校正器件,这种器件具有与之相反的幅度和相位特性,用以对卫星转发器 HPA 的非线性特性进行补偿,从而扩大其线性范围,减小交调干扰。

4. FDMA 方式的特点

FDMA 是最早出现的多址联接方式,其优点是:技术成熟、设备简单、系统同步容易、工作可靠、可直接与地面频分制线路接口、工作于大容量线路时效率较高、特别适用于站少而容量大的场合。但其具有一些不可忽视的缺点:存在交调干扰问题、为减小交调干扰不能充分利用转发器的功率资源、各信道间需设保护间隔导致频带资源不能被充分利用、大小站不易兼容。

例 3.2　设有 3 个地球站采取 FDMA 方式共同使用一个 36MHz 带宽的转发器。转发器饱和输出功率为 40W,输出补偿为 3dB,在线性区域的功率增益为 105dB;各地球站饱和输出功率均为 500W,信号带宽分别为:A 站 15MHz、B 站 10MHz、C 站 5MHz。

(1) 计算转发器输出端各地球站对应的输出功率电平。

(2) 设转发器在 3dB 输出补偿条件下工作于 HPA 的线性区域,单载波工作条件下地球站的发射功率必须达到 250W 才能在转发器 HPA 输出端获得所需的 20W 的输出功率,试计算上述三站工作时转发器接收天线输出端各地球站相应的输入功率电平。

(3) 计算上述条件下各地球站的发射功率。

解:

(1) 由题意,转发器输出功率为

$$[P_{TS}] = 10\lg 40 - 3 = 16 - 3 = 13(dBW), \quad 即 \quad P_{TS} = 20W$$

3 个地球站信号的总带宽为 $15 + 10 + 5 = 30$ MHz,转发器输出功率被三站信号依带宽按比例共享

$$A 站:P_{TSA} = 15/30 \times 20 = 10.0(W), \quad [P_{TSA}] = 10dBW$$
$$B 站:P_{TSB} = 10/30 \times 20 = 6.67(W), \quad [P_{TSB}] = 8.2dBW$$
$$C 站:P_{TSC} = 5/30 \times 20 = 3.33(W), \quad [P_{TSC}] = 5.2dBW$$

(2) 计算转发器接收天线输出端各地球站相应的载波接收功率电平

$$A 站:P_{inA} = 10 - 105 = -95.0(dBW)$$
$$B 站:P_{inB} = 8.2 - 105 = -96.8(dBW)$$
$$C 站:P_{inC} = 5.2 - 105 = -99.8(dBW)$$

(3) 计算各地球站的发射功率

$$10\lg 250 = 24(dBW)$$
$$A 站:[P_{TEA}] = 24 - 10\lg(30/15) = 21.0(dBW), \quad P_{TEA} = 126W$$
$$B 站:[P_{TEB}] = 24 - 10\lg(30/10) = 19.2(dBW), \quad P_{TEB} = 83W$$
$$C 站:[P_{TEC}] = 24 - 10\lg(30/5) = 16.2(dBW), \quad P_{TEC} = 42W$$

例 3.3　已知 PCM/PSK/SCPC 卫星通信系统的主要参数为:上行工作频率 6GHz,上行路径损耗总计为 201.4dB;下行工作频率 4GHz,下行路径损耗总计为 197dB;卫星收、发天线增益均为 26dB(含馈线损耗),$[G/T]_s$ 为 -4.5dB/K,转发器带宽为 36MHz,行波管单载波饱和输出功率为 10W,输入补偿值为 7.5dB,输出补偿值为 2.5dB,转发器匹配条件下功率增益 $[G_{PS}]$ 为 105dB,总的载波交调噪声比为 -144.4dBW/K;地球站 $[G/T]_E$ 为 23dB/K。系统设计指标给定为:误比特率 P_e 不高于 10^{-4};信道调制方式为 QPSK;信道

中频噪声带宽为 $38\mathrm{kHz}$；数据速率 R_b 为 $64\mathrm{kb/s}$；留 $2.6\mathrm{dB}$ 的设备余量和 $5\mathrm{dB}$ 的降雨余量。试估算系统的通信容量及每载波所需的卫星与地球站的 $[\mathrm{EIRP}]$。

解：此处的通信容量 n 指系统在给定条件下所能容纳的话路数，且有

$$[n] = [C/N]_\mathrm{tM} - [C/N]_\mathrm{th} - [E]$$

（1）计算 $[C/T]_\mathrm{tM}$

$$\left[\frac{C}{T}\right]_\mathrm{UM} = [P_\mathrm{TSS}] - [BO_\mathrm{O}] - [G_\mathrm{PS}] - [G_\mathrm{RS}] + \left[\frac{G}{T}\right]_\mathrm{S}$$

$$= 10\lg 10 - 2.5 - 105 - 26 - 4.5 = -128(\mathrm{dBW/K})$$

$$\left[\frac{C}{T}\right]_\mathrm{DM} = [\mathrm{EIRP_{SS}}] - [BO_\mathrm{O}] - [L_\mathrm{D}] + \left[\frac{G}{T}\right]_\mathrm{E}$$

$$= [P_\mathrm{TSS}] + [G_\mathrm{TS}] - [BO_\mathrm{O}] - [L_\mathrm{D}] + \left[\frac{G}{T}\right]_\mathrm{E}$$

$$= 10\lg 10 + 26 - 2.5 - 197 + 23 = -140.5(\mathrm{dBW/K})$$

先不考虑邻道干扰，并由式(3.83)，有：

$$\left[\frac{C}{T}\right]_\mathrm{tM} = -10\lg\left(10^{-\frac{\left[\frac{C}{T}\right]_\mathrm{UM}}{10}} + 10^{-\frac{\left[\frac{C}{T}\right]_\mathrm{IM}}{10}} + 10^{-\frac{\left[\frac{C}{T}\right]_\mathrm{DM}}{10}}\right)$$

$$= -10\lg(10^{12.8} + 10^{14.44} + 10^{14.05}) = -146(\mathrm{dBW/K})$$

注意，如果要考虑邻道干扰的话，则总载噪比计算公式中除了有上、下行线路载噪比和载波交调噪声比相关项以外，还必须有与载波邻道干扰比相关项。

（2）计算 $[C/T]_\mathrm{th}$。已知对于 QPSK 调制，$[E_\mathrm{b}/n_\mathrm{o}]_\mathrm{th} = 8.4\mathrm{dB}$ $(P_\mathrm{e} = 10^{-4})$，而 $R_\mathrm{b} = 64\mathrm{kb/s}$，由于 $C = E_\mathrm{b}/T_\mathrm{b} == E_\mathrm{b}R_\mathrm{b}$，所以

$$\left[\frac{C}{T}\right]_\mathrm{th} = \left[\frac{E_\mathrm{b}}{n_\mathrm{o}}\right]_\mathrm{th} + [k] + 10\log R_\mathrm{b}$$

$$= 8.4 - 228.6 + 48.1 = -172.1(\mathrm{dBW/K})$$

（3）计算通信容量。由于 PCM/PSK/SCPC 卫星通信系统一般都采用话音激活技术，由此在功率方面可得到 $[a] = 4\mathrm{dB}$ 的话音激活增益。

考虑 $5\mathrm{dB}$ 的降雨余量，即 $m = 10^{0.5} = 3.2$，则由 3.5 节的式(3.72)和式(3.82)可得

$$r = \frac{\left(\frac{C}{T}\right)_\mathrm{UM}^{-1} + \left(\frac{C}{T}\right)_\mathrm{IM}^{-1}}{\left(\frac{C}{T}\right)_\mathrm{DM}^{-1}} = \frac{10^{12.8} + 10^{14.44}}{10^{14.05}} = 2.5$$

$$[E_\mathrm{rain}] = \left[\frac{r+m}{r+1}\right] = 10\lg\left(\frac{2.5+3.2}{2.5+1}\right) \approx 2.1(\mathrm{dB})$$

即，门限余量得包括为降雨所留的 $2.1\mathrm{dB}$，加上题目要求的 $2.6\mathrm{dB}$ 的设备余量，在本题所给条件下，门限余量总共应为 $[E] = 2.1 + 2.6 = 4.7\mathrm{dB}$。再考虑采取话音激活技术可获得 $[a] = 4\mathrm{dB}$ 的增益，所以实际可同时上星的话路数为

$$[n] = \left[\frac{C}{T}\right]_\mathrm{tM} - \left[\frac{C}{T}\right]_\mathrm{th} - [E_\mathrm{e}] - [E_\mathrm{rain}] + [a]$$

$$= -146 + 172.1 - 2.6 - 2.1 + 4 = 25.4$$

$$n = 10^{2.54} \approx 346(\text{路})$$

可见,对于 PCM/PSK/SCPC 系统,本来 36MHz 带宽的转发器可以安排近 800 个话路,但在本题所给条件下,由于系统功率受限,所以可同时上星的话路数只有 346 路。由此亦可见,只要合理分配信道,计算总载噪比时不考虑邻道干扰是合理的。

(4) 每载波所需的 $[EIRP_{E1}]$

$$\left[\frac{C}{T}\right]_{U1} = \left[\frac{C}{T}\right]_{UM} - [n] + [a] = -128 - 25.4 + 4 = -149.4 (dBW/K)$$

$$[EIRP_{E1}] = \left[\frac{C}{T}\right]_{U1} + [L_U] - \left[\frac{G}{T}\right]_S$$

$$= -149.4 + 201.4 + 4.5 = 56.5 (dBW)$$

(5) 每载波所需的 $[EIRP_{S1}]$

$$\left[\frac{C}{T}\right]_{D1} = \left[\frac{C}{T}\right]_{DM} - [n] + [a] = -140.5 - 25.4 + 4 = -161.9 (dBW/K)$$

$$[EIRP_{S1}] = \left[\frac{C}{T}\right]_{D1} + [L_D] - \left[\frac{G}{T}\right]_E$$

$$= -161.9 + 197 - 23 = 12.1 (dBW)$$

3.4.3 时分多址联接方式

若干地球站共用一个卫星转发器,对卫星转发器的时间域进行分割,将不同的时隙分配给不同的地球站用以转发无线电信号,以实现各地球站之间的通信联络,这种多址联接方式称为时分多址联接。

1. TDMA 原理

在 TDMA 方式中,共用卫星转发器的各地球站在定时同步系统的控制下,占用转发器的不同时隙转发各自的无线电信号,同一地球站发送的射频信号在时间上是断续的,不同地球站所发射的射频信号通过转发器时在时间上严格依次排列、互不重叠且各站的射频信号之间有一定的保护间隔。由于在任何时刻转发器转发的仅是某一个地球站的信号,所以允许各站使用相同的载波频率,并均可利用转发器的整个带宽,系统频带资源可以得到有效利用;TDMA 系统处于单载波工作状态,不存在像 FDMA 系统中那样的交调问题,转发器的 HPA 几乎可以在饱和点附近工作,因此可有效利用卫星的功率资源。

图 3.41 是 TDMA 系统工作原理示意图。图中示出的 4 个地球站中,有一个为基准站,其余 A、B 和 C 三站为通信站。基准站周期地发送基准突发信号,为其他各站提供定时基准;各通信站发送的消息突发信号按序相继通过转发器;所有站发送的信号在转发器处形成一个由短突发构成的 TDMA 射频信号流。

在 TDMA 系统中,基准站可以由专门的地球站担任,但也常常由通信站兼任。为保证系统的可靠性,一般要设置备份基准站。

显而易见,TDMA 系统的信道分配即为分配转发器的可用时隙,而其信道定向则是通过基带上的 TDM 来实现的,即各通信站先在基带上将要发送给其他地球站的数字信号采用 TDM 方式复接成高速、连续数据流之后再去调制载波。

接收地球站必须在 TDMA 射频信号流的相应时隙上取出所要接收的地球站的射频信号,对其解调恢复基带群路信号,再从基带群路信号的相应时隙上取出给本站的基带信号。可见,对于 TDMA 系统这样一种全数字化系统,系统中的信号结构设计必须合理,同步机制设计要求比 FDMA 系统更为严苛。

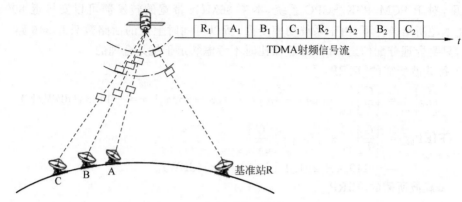

图 3.41　TDMA 卫星通信系统工作原理示意图

2. TDMA 帧结构和帧效率

一个 TDMA 帧由 TDMA 网络中所有地球站在一个轮次中发送的突发信号构成。由于各通信站必须能够在不影响 TDMA 网络正常工作的情况下加入或离开网络，必须能够跟踪卫星与地球站相向或相背运动所引起的帧时序的变化，必须能够正确提取出网络中其他站发送给本站的数据比特和其他信息，所以 TDMA 帧中的业务数据比特必须按一定规则排列，并且要有附加比特以保证上述目标的实现。典型 TDMA 帧结构如图 3.42 所示。

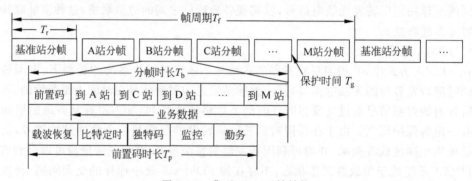

图 3.42　典型 TDMA 帧结构

TDMA 帧有固定的称为帧周期的时间长度，记作 T_f；各地球站发送的突发信号称为分帧，分帧周期记作 T_b，基准站发出的分帧被称为基准分帧，通信站发出的分帧被称为消息分帧；各分帧之间有保护时间，记作 T_g，保护时间的设置显然是为了避免由于同步不准确而使各分帧在时间上相互重叠。

每个 TDMA 帧中的第一个分帧即为基准分帧，它由载波和比特定时恢复码（Carrier and Bit-timing Recover，CBR）、帧同步码（又称独特码 UW）以及基准站站址识别码（Base Station Identity Code，BSIC）等构成。如果基准站不是由通信站兼任，则通常基准分帧中不包含通信信息。基准分帧中的 UW 是提供一帧开始的时间基准。

消息分帧由前置码和信息码两部分组成。信息码部分是有效载荷，传送本站给其他地球站的信息代码，给各站的数据采用 TDM 方式复接。前置码也称为报头，位于消息分帧的前部，用来保证消息的正确传输，它包括载波恢复、比特定时、独特码、监控和勤务等字段。其中，载波恢复和比特定时主要用于在接收端提取相干解调载波和定时同步（位同步）信息；

独特码提供本分帧的起始时间标志和本站站名标志,用以完成分帧同步;监控比特用来对信道特性进行测量并标明信道分配的规律和指令;勤务比特用于各站之间的通信联络。

在 TDMA 方式中,通常把业务数据比特占用的时间与帧周期之比值定义为系统的帧效率 η。如果 TDMA 帧结构如图 3.41 所示且各站分帧所占时间均等,则有

$$\eta = \frac{T_f - [T_r + m(T_g + T_p) + T_g]}{T_f} \tag{3.20}$$

其中,m 为通信地球站(消息分帧)数,T_r 为基准分帧时长,T_p 为各消息分帧报头的时长,T_g 为保护时间。不难想见,T_r、T_p、T_g、m 一定时,T_f 越大帧效率越高,但系统进入同步和保持同步的困难越大。

为了匹配于对话音信号 8kHz 的采样率,通常 T_f 取 125μs 或 125μs 的倍数。静止卫星通信系统中的帧长从 125μs 到 20ms 均有采用,而国际卫星通信系统广泛采用 2ms 的帧长。

3. TDMA 网络的同步

TDMA 网中的各地球站必须在精确控制的时间上发射射频突发,以便出自各个地球站的突发能以正确的次序到达卫星。这就提出两个问题:如何启动一个新地球站入网;地球站入网后如何保持正确的突发时序。与前者相关的同步过程称之为初始捕获,与后者相关的同步过程称之为分帧同步。分帧同步较初始捕获相对容易一些。

1) 分帧同步

地球站入 TDMA 网处于工作态之后,还必须监控 TDMA 帧并调节突发时序,以保证本站发射的突发总是位于 TDMA 帧的指定时隙中而不造成相互重叠,这一过程就称为分帧同步。通常,分帧同步以基准分帧和本站消息分帧中的独特码为时基信号,通过检测两个时基信号之间的时间差来调整本站的突发时序。

图 3.43 给出了一种闭环分帧同步方案的简化框图,其中假设本站为 B 站。该方案采用锁相环技术监控本站的发射以保持正确的突发时序,即:本站不断发送消息突发,同时也不断接收经卫星转发下来的基准分帧和本站消息分帧中的时基信号,然后两者在锁相环内进行比相;比相所产生的误差信号会校正压控振荡器(Voltage Controlled Oscillator,VCO)的振荡频率,进而控制定时脉冲产生器产生的突发时序以保持正确。TDMA 帧中的保护时隙定义了突发时序必须具备的精确度,例如,保护时隙为 2μs,则各站必须保持其突发不能偏离 1μs。

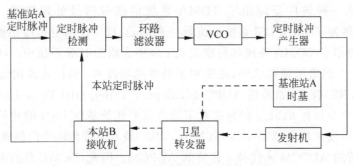

图 3.43 闭环分帧同步系统原理框图

2) 初始捕获

所谓初始捕获,是指地球站进入 TDMA 网的初始阶段使其射频分帧准确进入指定时

隙的过程。对初始捕获的要求是速度快、精度高、不干扰其他分帧、设备简单等。实现初始捕获的方法有多种。

一种称为轨道预测法的初始捕获方法要求地球站初射时发射仅含前置码的分帧，并使之处于 TDMA 帧中本站分帧的中央位置，再通过如分帧同步所采取的天、地之间的锁相机制，将突发时间逐步调整成可使前置码处于 TDMA 帧正确位置的时间，然后再开始发射包含业务数据的消息分帧，进入正常的通信阶段。上述调整过程称为"捕获"过程，调整好了的状态称为"锁定"状态。初射时要以基准站发射的独特码为基准，根据监控站提供的卫星轨道信息预测卫星的位置-时间关系，再根据本站的位置信息以及基准分帧与本站分帧的相对关系定出发射时间。这种方法当然也适用于临时失锁的重新捕获。

在没有精确时序控制的 TDMA 网中，希望加入网络的地球站可在任意时间上以低电平发射一个 CDMA 序列，通过接收卫星转发下来的信号并对其做相关处理和提取相关峰，相关峰出现的时间信息即为本站的时基信息，再根据本站和基准分帧提供的时基信息逐步调整发射 CDMA 序列的时间，这一过程直至认为找到了本站发射消息分帧的正确时间时为止。起初所发射的 CDMA 序列很大可能会与另一个地球站发射的消息突发碰撞，因而造成对相关峰提取的干扰，但只要参数设计合理，特别是 CDMA 序列有合适的序列长度，则编码增益可以克服这种干扰。

如果卫星转发的信号不能被发射地球站接收到，则必须采取协作同步的方法。这种情况通常发生在多波束卫星通信系统或卫星交换 TDMA 系统（参见 3.4.4 节）中，因为在这类系统中，卫星通过某个波束接收的信号会通过另一个不覆盖发射地球站的波束转发下去。协作同步需要有一个监控站，它能够监视 TDMA 帧时序并给需要调整突发时序的地球站发送调整指令。在 TDMA 国际卫星通信系统中，监控站会为各个地球站确定一个时延参数，该参数给出了其接收帧的开始时间与那个地球站的发射帧开始时间之间的时延，各地球站根据该参数及其突发在发射帧中的位置即可定出其正确的发射时间。对于一个要求加入 TDMA 网的新地球站，亦可如上所述采取协作同步技术实现同步，只是监控站必须决定试射时序并将相关信息发送给发射地球站。

不难想见，利用 GPS 可使 TDMA 系统的同步变得更为容易，但是这种同步方式受制于另一系统。

4. DSI

DSI 技术是一种被广泛应用于 TDMA 系统的基带信号处理技术，采用该技术的 TDMA 系统被称为 TDMA/DSI 系统。值得注意的是，DSI 技术也被应用到 DCME 中，而这种设备也常被用于 TDMA 系统和将在 3.6.1 节中介绍的 IDR 系统中。DCME 除了采用 DSI 技术获得 2.5 的倍增增益之外，还采用了另外两项技术：对话音采用低速率编码（Low Rate Encoding，LRE）技术，如采用 ADPCM（Adaptive Differential Pulse Code Modulation）技术，这项技术至少可将 64kb/s 的标准数字话音信号压缩成 32kb/s 的比特流从而获得倍增增益 2；采用可变比特率（Variable Bit Rate，VBR）技术克服传输中的超载情况，如信道超载时采用 3 比特的 ADPCM 来代替 4 比特的 ADPCM。因此，DCME 总的电路倍增增益至少可达 5。由于 DCME 价格较为便宜，一般称采用了 DCME 的 TDMA 系统为 LC（Low Cost）-TDMA 系统。

如 3.4.1 节中所述，在电话系统中，每个话路实际传送话音的平均时间百分率 A（话音激活率)大约只有 40%。DSI 利用这个特点,用空闲时的信道穿插传送其他话路的信息,从而提高信道利用率。理论和实践都表明,这可使通信容量增加一倍左右。设输入信道数为 N,采用 DSI 后传输信道数为 M,由于采用 DSI 技术,则 $M < N$,将比值 $G = N/M$ 定义为 DSI 增益。理论上,当话路数较多时,DSI 增益上限值趋于平均激活率 A 的倒数($1/A$)。一般在 $M > 38$ 时,DSI 增益 G 就可超过 2。

5. TDMA 终端设备的基本组成

图 3.44 为 TDMA 终端设备的基本组成框图,主要包括发射部分、接收部分和控制部分。TDMA 终端的主要功能是完成组帧发送和帧接收、实现网络同步以及实现对卫星信道的分配和控制。

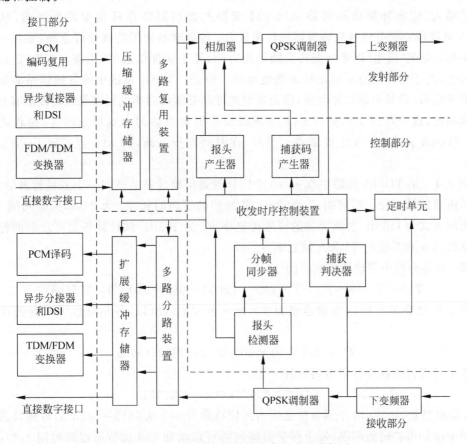

图 3.44　TDMA 地面终端设备基本组成框图

由于 TDMA 系统中的各个地球站都使用相同的载波频率以突发形式进行高速数据传输,其传输速率主要受限于转发器带宽和调制方式,所以,在发射地球站,TDMA 终端首先要将地面接口送来的要发给其他各站的数字信号存储到压缩缓冲器内,然后在定时系统的控制下由发射多址复用装置在分配给本站的时隙内高速依次读出,并在数据前加上前置码,由此构成分帧,再经 QPSK 调制器和发射机发射出去。TDMA 系统的信道是指转发器的可用时隙,信道(时隙)分配可以是预先固定分配的,也可以是按申请分配的。

接收地球站的同一条下变频链路能够接收到所有的突发。接收信号经解调恢复成数字基带信号后送分路装置,同时送前置脉冲检测器检测出其中的前置码,进而产生相应的控制时序,控制分路装置和扩展缓冲器选出各地球站发给本站的信号,最后通过接口设备送入地面传输网。

TDMA 终端中的压缩缓冲器和扩展缓冲器充当了速率变换器的角色,前者将地面接口送来的低速数字信号压缩成高速数字信号,后者则反之。

TDMA 系统是全数字化系统,虽然可直接与数字地面线路连接,但仍要注意解决同步问题。当输入是模拟的 FDM 多路信号时,地球站必须将其变换为 TDM 多路信号,才能实现模拟的地面线路与数字的 TDMA 卫星线路的连接。

6. TDMA 方式的特点

TDMA 卫星通信系统处于单载波工作状态,因而不存在三阶交调干扰问题,只需要比较小的输入、输出补偿值即可将 AM/PM 变换的影响限制在可接受的范围内,从而比 FDMA 系统能更充分地利用转发器的功率资源;各地球站使用的频带可重叠,系统的频带利用率高;分配"信道"即是分配转发器可用时隙,易于实现信道的"按需分配";射频突发长度可变,便于适应具有不同比特率的地球站。但是,TDMA 系统中的各地球站必须高速发射突发信号,信号占据较宽频带,因而发射地球站必须高功率发射以保证转发器有足够的接收载噪比,这一点对于诸如 VSAT 系统和提供卫星电话的小地球站而言,是较之采取 SCPC-FDMA 方式的一个主要缺点。另外,在时间同步方面,TDMA 方式比 FDMA 方式复杂。

例 3.4 某 TDMA 网络中有 $m=5$ 个同样的通信地球站共享同一个卫星转发器资源,基准站由通信站兼任。帧周期 T_f 为 2ms,各站的前置码时长 T_p 为 $20\mu s$,保护间隔 T_g 为 $5\mu s$,调制方式为 QPSK,射频突发的符号传输率 R_s 为 30dB。试计算各站可发射的标准数字电话数目 n 和系统的 TDMA 帧效率 η。

解:各站分帧中传输数据的时间 T_d 为

$$T_d = [T_f - m(T_g + T_p)]/m = [2000 - 5(5 + 20)]/5 = 375(\mu s)$$

由于各站突发分帧的传输速率为 $2 \times 30 = 60$Mb/s,所以,各站每秒钟发射的比特总数为

$$C_b = 375 \times 60 \times 10^6/2000 = 11.25(Mb)$$

各站可发射的标准数字电话数目 n 为

$$n = 11\,250\,000/64\,000 = 175.7813$$

n 只可能取整数。0.7813 个话音信道所占的比特数为 $64 \times 0.7813 = 50$kb/s,可将其占用的时间用于增加保护时间间隔,每个保护时间间隔可以增加 100 比特所占的时间 $1.67\mu s$,因而保护间隔由 $5\mu s$ 增加为 $6.67\mu s$。

增加保护间隔后,系统的 TDMA 帧效率 η 为

$$\eta = \frac{\{[2000 - 5 \times (6.67 + 20)]/5\} \times 5}{2000} \times 100\% = 93.33\%$$

例 3.5 一个利用静止轨道通信卫星的 QPSK-TDMA 系统工作频率为 6/4GHz;卫星转发器 $[G/T]_s = -17.6$dBW,输出补偿值为 1dB;$r = T_U/T_E = 0.4$;线路标准取误码率 $P_e = 10^{-4}$,门限余量 $[E] = 6$dB,标准地球站 $[G/T]_E = 40.7$dB,站星距为 $d = 40\,000$km,信息传输速率 $R_b = 60$Mb/s,试计算线路的主要通信参数。

解:(1) 归一化信噪比。由于采取 QPSK 调制,所以接收地球站所需的门限归一化信

噪比为

$$\left[\frac{E_b}{n_o}\right]_{th} = 8.4(dB)$$

考虑$[E]=6dB$，则实际所需的归一化信噪比为

$$\left[\frac{E_b}{n_o}\right] = [E] + 8.4 = 6 + 8.4 = 14.4(dB)$$

（2）接收系统最佳带宽B。通常发送和接收滤波器的滚降系数取值范围为$0.05\sim0.25$，则

$$B = \frac{(1.05\sim1.25)R_b}{\log_2 M} = \frac{(1.05\sim1.25)\times60\times10^6}{2}$$
$$= 31.5\sim37.5(MHz)$$

取$B=35MHz$。

（3）接收地球站所需的总载噪比$[C/T]_t$为

$$\left[\frac{C}{T}\right]_t = \left[\frac{E_b}{n_o}\right] + 10\lg k + 10\lg R_b$$
$$= 14.4 - 228.6 + 10\lg(60\times10^6) = -136.4(dBW/K)$$

（4）下行线路载噪比$[C/T]_D$为

$$\left[\frac{C}{T}\right]_D = \left[\frac{C}{T}\right]_t + 10\lg(r+1) \approx -136.4 + 1.5 = -134.9(dBW/K)$$

（5）上行线路载噪比$[C/T]_U$为由式(3.63)易推得

$$\left[\frac{C}{T}\right]_U = -10\lg\left(10^{-\frac{\left[\frac{C}{T}\right]_t}{10}} - 10^{-\frac{\left[\frac{C}{T}\right]_D}{10}}\right)$$
$$= -10\lg(10^{13.64} - 10^{13.49}) = -131.1(dBW/K)$$

（6）线路损耗。由例3.1可知，若不考虑其他损耗，上行和下行线路分别为$[L_U]=$200.04dB和$[L_D]=196.52dB$。

（7）卫星转发器等效全向辐射功率$[EIRP_S]$和饱和等效全向辐射功率$[EIRP_{SS}]$分别为

$$[EIRP_S] = \left[\frac{C}{T}\right]_D + [L_D] - \left[\frac{G}{T}\right]_E$$
$$= -134.9 + 196.52 - 40.7 = 20.9(dBW)$$
$$[EIRP_{SS}] = [EIRP_S] + 1 = 21.9(dBW)$$

（8）地球站等效全向辐射功率$[EIRP_E]$为

$$[EIRP_E] = \left[\frac{C}{T}\right]_U + [L_U] - \left[\frac{G}{T}\right]_S = -131.1 + 200.04 + 17.6 = 86.5(dBW)$$

3.4.4　码分多址联接方式

若干地球站共用一个卫星转发器，在码域上实现各地球站信号的正交分割，从而实现各地球站之间的通信联络，这种多址联接方式称为码分多址联接（CDMA）。有两种码分多址联接，一种称为直接序列扩频码分多址（CDMA/DS）联接，另一种称为跳频码分多址（CDMA/FH）联接。

1. CDMA/DS 基本原理

CDMA/DS 是目前应用最多的一种码分多址联接方式,其基本工作原理如图 3.45 所示。图中假定系统采取的调制方式为 BPSK。

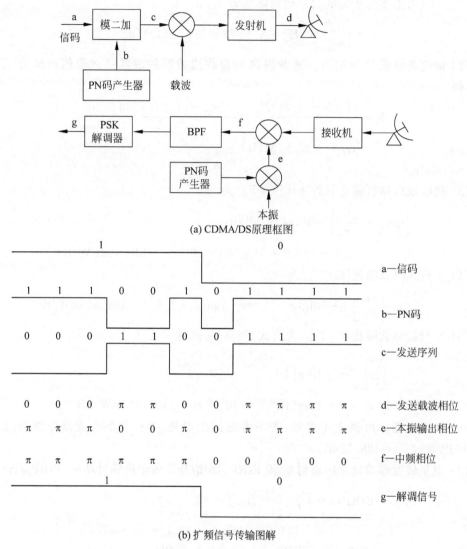

(a) CDMA/DS原理框图

(b) 扩频信号传输图解

图 3.45　CDMA/DS 系统

发送地球站先用待传输的二进制数字信号(信码)调制充当地址码的伪随机序列,然后再以 BPSK 方式去调制载波。其中,信码调制地址码是通过将二者直接模 2 加来实现的,且一般地址码的时间周期等于原信码的单位比特时间。通常称地址码的一个比特为一个码片(chip),由于码片速率远高于基带信号的比特率,信码直接调制地址码的处理结果会将原传输信码所需的频谱大大展宽,所以,这一处理过程被称为"直接序列扩展频谱",扩频所形成的二进制序列被称为已扩序列。可见,扩频系统实质上是将原相应的窄带 BPSK 信号的能量扩展到一个带宽宽得多的频带中进行传输的,所以,扩频信号功率谱密度低,常常几乎淹没在噪声中。

接收地球站先用与发送地球站码型相同、严格同步的 PN 码(称为本地 PN 码)和本振信号与接收信号进行混频和解扩,得到窄带的、仅受信码调制的中频信号,再经中放、滤波后由 BPSK 解调器恢复出原信码。对感兴趣的发送地球站信号的解扩过程实际上就是一个相关处理过程,由于接收到的已扩信号与发送地球站的地址码高度相关,所以,相关处理实质上是将宽带已扩信号的能量收集起来,以求尽可能地恢复原窄带 BPSK 信号。而由于其他干扰信号、包括本站不感兴趣的其他发送站的信号与本地 PN 码不相关或几乎不相关,则上述相关处理过程对于这些信号相当于是一个扩频过程,所形成的宽带干扰信号功率谱密度低,对本站要接收的信号的不良影响小。可以想见,与相应的不采取扩频技术的窄带系统相比较,扩频系统会有更高的抗干扰能力和抗信号截获能力。

在 CDMA/DS 卫星通信系统中,各地球站使用相同的载波频率,占用同样的射频带宽。信道分配即是分配可用的地址码,而信道定向方式有:单址码方式,每个站可配多个地址码,每个码对应一个通信方向;多址码方式,每个站只配一个地址码,信道定向靠基带中的TDM 按路序实现(n 个站的系统仅需 n 个地址码);混合方式,这种方式一般用于星形网络结构的 CDMA 卫星通信系统中,如图 3.46 所示,系统中各非中心站有各自的地址码,用来向中心站发扩频信号,采用的定向方式是单址定向方式,中心站以 Cw 地址码向小站发扩频信号,通过基带上的 TDM 实现信道定向,这种方式实际上是多址定向方式。

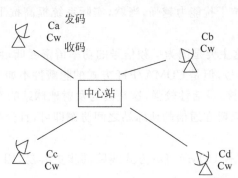

图 3.46　CDMA/DS 的混合定向方式示意图

2. CDMA/FH 基本原理

CDMA/FH 的基本原理与如图 3.47 所示。

发射地球站的中频调制一般采取小频偏 FSK 调制,PN 码产生器产生 PN 码用以控制频率合成器,使频率合成器的输出频率在一个宽范围内的规定频率上伪随机地跳动,然后再与信码调制过的中频信号混频,混频后的信号实质上是宽带多进制 FSK 信号。这种扩展频谱的方式称为跳频扩频,频率跳变的模式称为跳频图案。显然,跳频图案和跳频速率是由PN 码及其速率决定的,所以,这种 PN 码称为跳频码,地球站的地址码正是用跳频码来充当的。

接收地球站的本地 PN 码产生器提供一个和发端相同的 PN 码,驱动本地频率合成器产生同样规律的频率跳变信号与接收信号混频后获得固定中频的已调信号,再通过解调器还原出原始信号。

3. CDMA 方式的特点

由以上讨论可知,CDMA 卫星通信有如下特点:

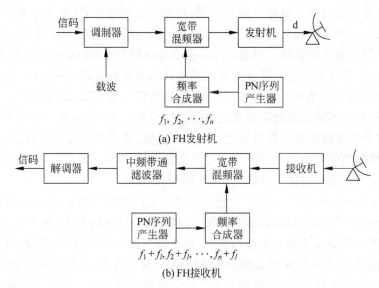

图 3.47 CDMA/FH 系统方框图

（1）抗干扰能力强，而且 CDMA/DS 方式下的扩频码长度越长、CDMA/FH 方式下的跳频数越大，扩频系统的抗干扰能力越强，当然，实际系统提高抗干扰能力还会受到诸如系统带宽等其他因素的限制。

（2）抗截获能力强，这主要是因为扩频信号的功率谱密度低，且如果不知道发射站的地址码就不可能恢复原始信号，但是 CDMA/FH 方式的隐蔽性不如 CDMA/DS 方式。

（3）易于实现多址联接、灵活性较强，这是因为发射地球站的发射频率和发射时间无须从系统角度进行协调，而只要在通信的地球站之间协调即可，且分配信道就是分配可用的地址码。

（4）CDMA/FH 方式较 CDMA/DS 方式线路同步更容易，因为前者的地址码长度短、速率低。

（5）CDMA/FH 卫星通信系统存在交调干扰，因为这种系统在任一个瞬间来看是一个 FDMA 系统，转发器处于多载波工作状态，因此，必须采取抗交调干扰的措施。

（6）CDMA 方式的频带利用率较 FDMA 和 TDMA 方式低。

CDMA 方式抗干扰和抗截获能力强的特点使其在军事上特别有应用价值。在商用方面，在卫星通信容量的有效应用不是系统追求的最重要因素的场合才会采用，例如：系统更加追求各站能方便地加入和离开网络；系统功率受限，不允许增加通信容量。

例 3.6 一个 CDMA/DS 卫星通信系统有若干个地球站共用一颗静止卫星的一个 54MHz 带宽的 Ka 频段转发器，采用多址码信道定向方式，各站地址码的长度为 $L=1023$，调制方式为 BPSK，扩频信号带宽为 45MHz，码片速率为 30Mc/s，收、发滤波器采用滚降系数为 $\alpha=0.5$ 的平方根升余弦（RRC）滤波器。如果要求相关器输出端的信噪比为 12dB，试确定该 CDMA 系统所能支持的地球站数目。

分析：设各码道发射比特率为 R_b，则扩频信号带宽为 $1.5LR_b$Hz；又设该扩频信号由噪声带宽为 $L \times R_b$ 的 RRC 滤波器接收、解扩后的滤波器为具有噪声带宽 R_b 的 RRC 滤波器、BPSK 解调器接收并解调载噪比为 $[C/N]_{ss}$ 的 BPSK 信号。如果 L 值较大，且在扩频处理时不改变原始 BPSK 信号的功率电平,则采用相关器恢复原始 BPSK 信号的解扩处理会附加一个处理增益值 $10\lg L$ 到 $[C/N]_{ss}$ 上,即解扩器输出信噪比 $[S/N]_{out}$ 为

$$[S/N]_{out} = [C/T]_{ss} + 10\lg L = [C/T]_{ss} + [L] \tag{3.21}$$

$[S/N]_{out}$ 必须高到足以以合理的误比特率恢复所传输的数字比特。

在 CDMA/DS 卫星通信系统中,假设地球站数目为 Q,则输入到各个接收机中的 CDMA 信号有 Q 个,其中不想要的信号有 $(Q-1)$ 个,它们被当作噪声对待。设各地球站接收信号的功率电平为 $[C]$dB,则对于所希望接收的信号,接收总载噪比为

$$[C/N]_{in} = [C/(N_t + (Q-1)\times C)](dB) \tag{3.22}$$

相关处理后信噪比为

$$[S/N]_{out} = [C/(N_t + (Q-1)\times C)] + [L](dB) \tag{3.23}$$

如果 Q 较大,则 $N_t + (Q-1)\times C \approx (Q-1)\times C$,于是

$$[S/N]_{out} = [1/(Q-1)] + [L] = [L/(Q-1)](dB) \tag{3.24}$$

又如果 $Q \gg 1$,则

$$[S/N]_{out} = [L/Q](dB) \tag{3.25}$$

解:由式(3.24)可得

$$[S/N]_{out} = 12 = 10\lg(L/(Q-1)) = 30.1 - 10\lg(Q-1)$$

可解得

$$Q \approx 65$$

各载波的数据比特率为 $30M/1023 \approx 29.33$kb/s,所以,转发器转发的总比特率为 65×29.33kb/s≈ 1.906Mb/s,即该 CDMA 系统可容纳 65 个地球站,各站的数据比特传输率为 29.33kb/s。显然,如果 54MHz 带宽的转发器采取 FDMA 或 TDMA 多址联接方式,通信容量会比采取 CDMA 方式大得多。

上述 CDMA 系统的通信容量可通过对其采取 FEC 技术得以改善。假如采取编码效率为 1/2 且纠错编码增益为 6dB 的纠错码,则 $[S/N]_{out} = 12 - 6 = 6$dB,这时系统所能支持的地球站数目大大增加,即 $Q \gg 1$,由式(3.25)可得

$$6 = 10\lg(L/Q) = 30.1 - 10\lg(Q)$$

$$Q = L/(10^{0.6}) \approx 256$$

即,此时每个码道的数据比特率为 $29.33/2 = 14.665$kb/s,转发器的总流量为 $14.665 \times 256 = 3.754$Mb/s。这仍然大大低于相应的 FDMA 和 TDMA 系统允许的总流量。

3.4.5 几种混合多址联接方式

1. MF-TDMA 方式

MF-TDMA 是一种频分和时分混合多址联接方式,又可称为多频(Multi-frequency)时分多址联接方式。在 MF-TDMA 系统中,若干个以窄带 TDMA 方式工作的地球站以 FDMA 方式共用一个转发器。单纯的 TDMA 系统传输时一般所用比特率是 $60 \sim 120$Mb/s,它需占用转发器的全部带宽,而 MF-TDMA 系统则采用 10Mb/s 以下的比特率,只占用部分转发器带宽。这种多址联接方式常要求功率放大器有输入、输出补偿,所以卫星转发器效率低于单纯的 TDMA,但是该方式具有改变业务样式灵活、适于传输数据和便于按需分配的优点,同时也是人们在考虑系统的经济性和频带利用率时可供选择的一种折中多址联接方案。

2. SDMA-SS-TDMA 方式

如果通信卫星采用多波束天线,各波束指向不同区域的地球站,这些地球站通过波束切换的方式实现相互之间的通信联络,这种多址联接方式就是空分多址(SDMA)联接方式。多波束卫星的使用大致有两种情况:第一,把单一业务区域分为几个小区域,并以多个点波束的高增益天线分别照射这些小区域,以此实现地球站天线的小型化;第二,用多个不同波束分别照射几个不同业务区域,以便在卫星功率足够的前提下实现频率再用,从而成倍地扩展卫星转发器的容量。

无论上述哪一种使用方式,一般一个波束覆盖区域内可能有多个地球站存在,这就意味着 SDMA 方式不可能单独使用,都得与其他多址方式结合使用。由于 TDMA 方式具有功率和频率利用充分、基本上无交调干扰、可使用性能良好的数字调制方式、通信容量比 FDMA 大等优点,所以,将 SDMA 与 TDMA 结合使用是提高系统容量的一个有效方法。采取这种混合多址联接方式的时候,多波束卫星上必须具备波束切换功能,才能实现不同波束覆盖下各地球站之间的互通,而各波束覆盖区域内地球站之间的通信采取 TDMA 方式,因而这种多址联接方式被称为 SDMA-SS-TDMA,其中"SS"是指"卫星交换(Satellite-Switching)"。随着通信业务量的不断增长、系统内地球站数目不断增大、通信联络多边化以及卫星频带资源日趋紧张,SDMA-SS-TDMA 方式的应用也越来越多。

为了实现不同波束覆盖区域内的地球站之间的通信,可在星上设置一个交换矩阵,此交换矩阵根据预先设计好的交换次序进行高速切换,根据各波束间的通信繁忙程度,选择合适的交换序列,可以使转发器利用率达到最大。如图 3.48 所示,A、B、C 3 个波束中的地球站在 SDMA-SS-TDMA 方式下除了能和本波束中的地球站通信外,还可以和其他两个波束中的地球站通信。图中绘出的 3 个波束的时隙连接图表明,各地球站在一帧时间内发两个分帧,来自 3 个地球站的上行线路帧在卫星上通过交换矩阵重新排列,把所有上行线路中发向同一波束覆盖区域中的地球站的信号编成一个新的下行线路帧,然后通过相应的点波束天线转发到各地球站。

在 SDMA-SS-TDMA 方式下,数据当然是分组组装在 TDMA 帧中突发发送的,卫星转发器也可以是处理转发器,它解调来自上行线路的信号以恢复比特流,从比特流中提取接收地球站的地址信息,并据此为数据分组选择正确的下行波束。

SDMA-SS-TDMA 与一般 TDMA 最大的不同点是要准确知道星上交换矩阵的切换时间,从而控制本站发射时间,以保证本站信号在准确的时间里通过交换矩阵,建立严格的同步。

3. SDMA-SS-FDMA 方式

对于采取 FDMA 方式的多波束卫星通信系统而言,每个波束内均采用 FDMA 方式,波束之间可以频率再用,分别位于不同波束覆盖区域内的地球站之间常常有相互通信联络的需求,实现这种互联可采取 SDMA-SS-FDMA 方式。

SDMA-SS-FDMA 可以在基带上进行,即转发器必须将接收信号解调为比特流,根据其中的接收地球站的地址信息将相应的数据分组切换到相应的下行波束中。SDMA-SS-FDMA 也可以在射频或中频上进行。在这种方式下,可以建立上行载波频率与需要去往的下行波束之间的特定对应关系,转发器根据这种关系来实现不同波束内 FDMA 载波之间的交换。星上交换是依靠一组滤波器和一个由微波二极管门组成的交换矩阵来实现的。对于

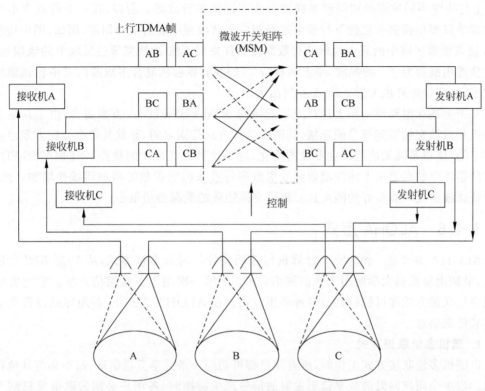

图 3.48　SS-TDMA 系统工作示意图

每个上行线路载波,星上都有一个滤波器与之对应,去往某个下行线路地球站的上行线路载波,都必须在星上被选路到覆盖该接收地球站的下行线路波束上。图 3.49 给出了一个有 3 个波束的 SDMA-SS-FDMA 卫星转发器,其中 $f_{1j}=f_{2j}=f_{3j}$,$j\in\{1,2,3\}$。如图所示,每个波束使用相同的一组载波频率,来自上行线路的每个波束的不同载波去往不同的下行波

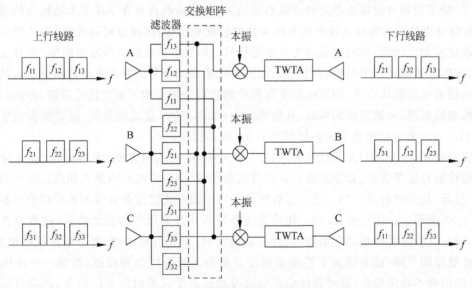

图 3.49　SDMA-SS-FDMA 卫星转发器框图

束；上行线路不同波束的相同频率载波去往不同的下行波束。所以，任一上行波束中的发射地球站只要根据要去往的下行波束选择相应的载波频率发射信号即可，例如，图中接收天线 B 波束覆盖区域中的某个地球站有数据要发往发射天线 A 波束覆盖区域中的地球站，则它应该选用载频为 f_{21} 的载波，星上标有"f_{21}"的滤波器会从混合多载波信号中将该载波信号取出，经交换矩阵由发射天线 A 发射出去。

对于上述在射频或中频上进行卫星交换的 SDMA-SS-FDMA 方案而言，由于其星上滤波器组和微波交换矩阵都是硬连接，其路由选择方式是固定的，导致其频率分配方案也必须是固定的，使得系统无法适应业务量的变化，这是这种方式最大的缺点。SDMA-SS-FDMA 方式的第二个缺点是星上滤波器数随波束数和每波束内频带数的增加而线性增加。此外，应保证滤波器之间有良好的隔离且二极管交换矩阵的泄漏必须很小。

3.4.6　ALOHA 方式

ALOHA 方式是一种为交互计算机传输而设计的时分多址方式，从 1968 年开始进行研究，最初由夏威夷大学应用于地面网络，1973 年第一次用于卫星通信系统。它主要分为随机多址联接方式和可控（预约）多址联接方式。在 ALOHA 方式下，各地球站以数据分组的形式传送信息。

1. 随机多址联接方式

以随机多址联接方式工作时，所有用户都可访问一条共享卫星信道，而不必与其他用户协商。当多个用户同时向共享信道发射的信号产生碰撞时，各用户必须采取重发机制予以重发。常用的随机多址访问方式有纯 ALOHA（P-ALOHA）、时隙 ALOHA（S-ALOHA）、捕获效应 ALOHA（C-ALOHA）和选择拒绝 ALOHA（SREJ-ALOHA）等。

1) P-ALOHA

P-ALOHA 是一种完全随机多址方式。在采用 P-ALOHA 的系统中，系统内的任何站只要有数据要发射随时可以将数据分组发射；所有接收站均能收到转发器转发下来的数据分组，但除了数据分组报头指定的接收地球站外，其他站都将舍弃不属于本站接收的数据分组；数据分组的目的地球站在收到发给本站的数据分组后，应向发射站发出"确认信号"，如果接收站检测出错误，则向发送端发出重发信号；如果由于发射信号发生碰撞（部分或完全重叠）或因信道噪声产生误码，使发送站收到要求重发的信号或者在发出数据分组后的一定时间内没有收到确认信号，则发送站重发相应的数据分组。为了避免连续碰撞，各站的重发要采取随机延迟、分散重发的策略，且如果几次（如两三次）重发均失败，就要放弃重发。P-ALOHA 方式发生碰撞或重发的情形如图 3.50(a)所示。

实践证明，P-ALOHA 系统具有系统结构简单、用户入网方便、无须协调、业务量较小时通信性能良好等优点，其主要缺点是信道的吞吐量（即单位时间内进入和送出信道的数据总量）较低，稳定性较差。归一化信道吞吐量相对于归一化信道业务量关系的理论分析结果如图 3.51 所示。由图可见，在归一化信道业务量从 0 开始增加的初始阶段，随着业务量的增加，归一化信道吞吐量随之增加，但到一定程度后，业务量再增加，由于碰撞机会增加，信道吞吐量反而下降，极端情况下甚至无法正常通信。当系统出现碰撞、重发……连锁反应时，系统出现不稳定现象，这时系统应发出放慢发送速度或暂时停发的指令，这样可以使交互式数据传输的响应时间加长，系统处于稳定状态。

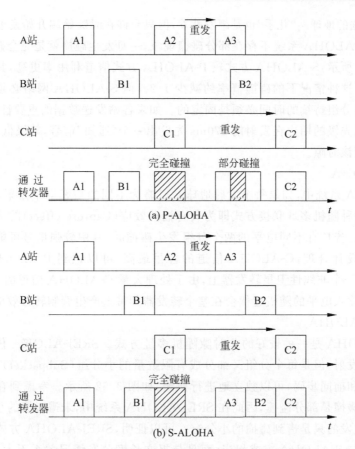

图 3.50 ALOHA 方式发生碰撞与重发情况示意图

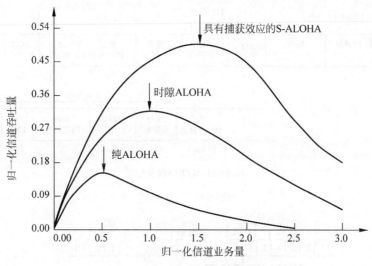

图 3.51 三种 ALOHA 方式吞吐量曲线

2）S-ALOHA

S-ALOHA 是一种时分随机多址方式。S-ALOHA 系统将信道分成许多时隙，每个时隙正好传送一个分组。时隙的定时由系统时钟决定，各地球站的控制单元必须与此时钟同步。要发送数据的地球站"几乎"也是想发就发,但只允许在时隙始端开始发射,如图 3.50(b)所示。因此,S-ALOHA 系统不存在部分碰撞现象,一旦发生碰撞就是完全碰撞。

如图 3.51 所示,S-ALOHA 方式较 P-ALOHA 方式信道利用率更高,其最大信道利用率可提高一倍,这种情况下的碰撞概率约减少 1/2。但 S-ALOHA 网络必须全网定时和同步,且每个数据分组持续的时间必须是固定的。如果各站发送数据的重要性不同,可以设立优先等级,高优先级的用户在发射前 270ms 先发出一个"通知"信号,等级低的用户收到"通知"则不去争用该时隙。

3) C-ALOHA

在 ALOHA 系统中,如果每个发射地球站以略为不同的功率电平发射,则系统容量可以得到改善,这种随机多址联接方式即为具有捕获效应(Capture effect)的 ALOHA。所谓捕获效应是指:若具有不同电平的两个分组发生碰撞时,其中较强信号可能会被接收机正确接收。如果设计合理,C-ALOHA 信道的容量最高,可以达到 P-ALOHA 信道容量的 3 倍。但是,在一个非线性卫星转发器上,由于处理大量 C-ALOHA 信道的 AM/PM 效应,可能因转发器输入电平的随机起伏会在整个转发器频带上产生调制转移效应。

4) SREJ-ALOHA

SREJ-ALOHA 是一种较好的非时隙随机多址方式。SREJ-ALOHA 仍以 P-ALOHA 方式进行分组发射,但是每个分组又细分成有限数量的小分组(Subpacket),每个小分组也有自己的报头和前同步码,可以独立地进行检测,如图 3.52 所示。考虑到在一个非同步的信道中大部分碰撞是部分碰撞,因此在 SREJ-ALOHA 系统中,未遭碰撞的小分组仍可被接收机恢复,需重发的只是遭到碰撞的小分组。可以证明,SREJ-ALOHA 方式的最大吞吐量(不计及开销)与 S-ALOHA 方式相当,而且与报文长度分布情况关系不大。但实际上,在每个小分组内需要同步码和报头,因此最大有效的吞吐量在 0.2~0.3 范围内。

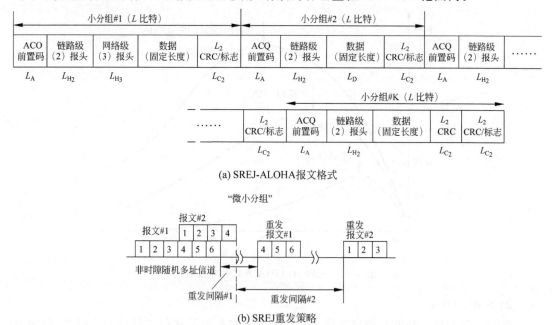

(a) SREJ-ALOHA报文格式

(b) SREJ重发策略

图 3.52　SREJ-ALOHA

综上,SREJ-ALOHA 具有 P-ALOHA 无须全网定时同步和适于可变长度报文这两个重要的优点,同时又克服了 P-ALOHA 吞吐量低的缺点,实际工作性能通常优于 S-ALOHA,但其实现要比 P-ALOHA 方式复杂。

2. 可控(预约)多址联接方式

可控多址联接方式也称为预约多址方式。在这种方式中,需要利用短的预约分组为长的数据报文分组在信道上预约一段时间,一旦预约成功,就可以无碰撞地实现数据报文的传输。目前,常用的两种可控多址方式为预约 ALOHA(R-ALOHA)和自适应 TDMA(AA-TDMA)。

1) R-ALOHA

R-ALOHA 是在 S-ALOHA 的基础上为解决系统内各地球站业务量不均匀问题而提出的改进型,其目的是为了解决长、短报文传输的兼容问题,以避免发长报文时像 S-ALOHA 那样按分组一一发送所造成的时延过长的弊病。

如图 3.53(a)所示,在 R-ALOHA 系统中,发送数据量较大的地球站首先要在竞争时隙中发送申请预约消息,表明所需使用的预约时隙长度。如果申请预约消息没有发生碰撞,则在一定时间之后,包括全网中的各地球站都会收到该消息,并根据当时的排队情况确定该报文应出现的预约时隙位置,这样其他站就不会再去使用此时隙。对于短报文,既可以直接利用竞争时隙发射,也可以像长报文一样通过预约申请利用预约时隙发射。

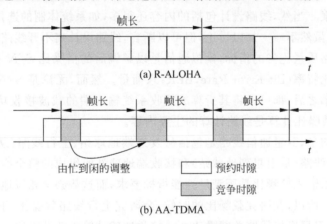

图 3.53 可控多址方式工作原理示意图

R-ALOHA 方式既解决了长报文的传输时延问题,又保留了 S-ALOHA 传输短报文信道利用率高的优点,但存在信道稳定性问题,且其实现难度大于 S-ALOHA 方式。

2) AA-TDMA

AA-TDMA 也称为 ATDMA,是另一种优于 R-ALOHA 的预约协议,它可以看成是 TDMA 方式的改进型,其基本原理与 R-ALOHA 方式相似,只是其预约时隙和竞争时隙之间的边界能根据业务量进行调整,如图 3.53(b)所示。当 AA-TDMA 系统中的业务量很小或都是短报文时,系统中所有站都以 S-ALOHA 方式工作,这时每帧中的时隙均为竞争时隙。当长报文业务增多时,则分出一部分时隙作为预约时隙,而另一部分时隙仍作为竞争时隙供各站按 S-ALOHA 方式共享使用,这时它实际上是一种竞争预约、按需分配的 TDMA 方式。当长报文业务量进一步加大时,只有一小部分时隙为竞争时隙,而大部分时隙则变成预约时隙,特别是在所有时隙均变为预约时隙时,系统就工作于一个预分配的 TDMA 方式。

可见,AA-TDMA 方式下工作的系统能够根据实际的业务量状况自动地调节一帧中竞争时隙和预约时隙的比例,这既很好地解决了长短报文的兼容问题,同时其适应性又比 R-ALOHA 方式更强,即在业务量轻时,其吞吐量与延时性能的关系与 S-ALOHA 方式相当;在中等业务量时,其吞吐量与延时性能的关系略优于竞争预约 TDMA/DA 方式;在重负荷情况下,则略优于固定帧的、按需分配时隙的 TDMA 方式。另外,AA-TDMA 方式使用灵活,信道利用率高,但也增加了设备的复杂程度。

3.5 卫星通信线路计算

一方面,对于现有的卫星通信线路,已知转发器及地球站的基本参数,考察该线路是否能确保一定的通信质量,如模拟卫星通信系统的输出信噪比或者数字卫星通信系统的传输速率和误比特率是否满足要求,需要进行线路计算。或简言之,对现有卫星通信线路进行通信质量核查需要线路计算。另一方面,对于给定的卫星转发器的基本参数,以及根据接收机输出信噪比或系统的传输速率和误码率所提出的对输入门限载噪比的要求,确定地球站应具备的性能指数和发射功率等,这些是与卫星通信线路设计相关的问题,也都需要通过线路计算才能得到答案。当然,线路设计包括的内容还很多,如系统体制的选择、设备的选型、成本的核算等,本书虽然不一一加以讨论,但可以断言,线路设计离不开线路计算。

对于通信线路质量优劣的指标,模拟通信是以解调后的信噪比 S/N 来衡量的,而数字通信通常是以误比特率(Bit Error Rate,BER)来衡量。然而,无论是 S/N 还是 BER,采用等效噪声温度技术之后,都可以将其折算成接收系统输入端的载波接收功率与噪声功率之比 C/N。综上,载噪比计算是线路计算的主要内容。

特别要注意的是,卫星通信线路是包括从发送端地球站、上行线路(从地球站到卫星)、卫星转发器、下行线路(从卫星到地球站)和接收端地球站所组成的整个线路,通信质量最终取决于接收地球站输入信噪比是否满足性能指标要求,而这势必会相应地要求上、下行线路具有所需的性能。所以,在研究载噪比的时候,会研究上行线路载噪比、下行线路载噪比等单程载噪比,以及卫星通信线路总载噪比——接收地球站输入总载噪比。

3.5.1 卫星通信线路载波功率计算

卫星通信线路载噪比计算需要计算载波接收功率。由地球站或卫星的发射分系统的 HPA 馈出的载波信号,通过馈线再由定向天线辐射到空中成为无线电波,无线电波在传输过程中会遭受自由空间传播损耗、大气吸收损耗和雨衰等,最后由相应的接收分系统的接收天线接收下来。所以,载波接收功率的计算,会涉及天线增益、馈线及空间传输损耗的计算。

1. 天线增益

卫星通信中的通信天线一般采用定向天线。设天线开口面积为 A、口径为 D、效率为 η、波长为 λ,则天线增益 G 为

$$G = \frac{4\pi A}{\lambda^2}\eta = \left(\frac{\pi D}{\lambda}\right)^2 \eta \tag{3.26}$$

2. 等效全向辐射功率

馈送给定向发射天线的功率为 P_T、天线增益为 G_T 的发射系统在远离发端的天线轴线某处的作用,与发射功率为 $P_T \times G_T$、天线增益为 1 的全向天线在相同点处的作用等效。鉴于此,通常将地球站或卫星转发器的发射天线在其波束中心轴向上辐射的功率称为等效全向辐射功率(EIRP),它等于 P_T 与 G_T 的乘积,即

$$EIRP = P_T \times G_T (W) \tag{3.27}$$

用分贝值计算则有

$$[EIRP] = [P_T] + [G_T] (dBW) \tag{3.28}$$

等效全向辐射功率是衡量地球站或卫星转发器发射能力的一个重要指标。

3. 自由空间传播损耗

自由空间是一种理想介质空间,电波在自由空间的传播不受阻挡,不发生反射、绕射、散射和吸收等现象,所以电波的总能量不会损耗,但电波在自由空间传播的过程中,能量将随传输距离的增加而扩散,由此引起的传播损耗称为自由空间传播损耗。

如图 3.54 所示,假想自由空间 A 点、B 点分别有全向发、收信天线。由于 2.4 节对电波在自由空间的传播损耗有详细介绍,此处不再重复介绍。

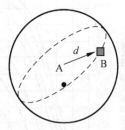

图 3.54 电波自由空间传播示意图

例 3.7 某地球站与卫星之间的距离是 40 000km,计算上行频率为 6GHz、下行频率为 4GHz 的上行、下行线路的自由空间传播损耗。

解:上行线路的自由空间传播损耗为

$$[L_p]_U \overset{\Delta}{=} [L_U] = 92.44 + 20\lg 40\,000 + 20\lg 6 = 200.04 (dB)$$

下行线路的自由空间损耗为

$$[L_p]_D \overset{\Delta}{=} [L_D] = 92.44 + 20\lg 40\,000 + 20\lg 4 = 196.52 (dB)$$

由该例可见,由于地球站和卫星之间距离遥远,无线电波的传播损耗是非常大的。

4. 其他传输损耗

在卫星通信中,电波在传播过程中受到的损耗除了自由空间传播损耗外,还有许多其他因素造成的损耗,例如:大气损耗、降雨衰减、电离层闪烁及法拉第效应等引起的损耗、天线指向误差损耗以及卫星移动通信容易遭受的多径衰落等,所以,在计算载波接收功率时,应根据系统的具体情况将必须考虑的损耗因素累积在内。此处仅简单介绍大气吸收损耗和电离层对电波传播的影响。

1) 大气吸收损耗

大气吸收对电波所造成的总衰减量与天线的仰角、工作频率等因素有关。表 3.10 给出了大气层单程总衰减与频率及仰角关系的一组典型数据。

另外,云和雾会造成一定的衰减,例如在 4GHz 时为 0.03dB 以下,在频率升高时还要增大;降雨还会造成相当大的衰减,根据图 3.55 和图 3.56,其衰减量可由式(3.29)计算得到

$$A_R(\theta) = \gamma_R \cdot L_R(\theta) \tag{3.29}$$

其中,$A_R(\theta)$ 为仰角 θ 时的总衰减量;γ_R 为降雨衰减系数,单位为 dB/km;$L_R(\theta)$ 为降雨地区的等效路径长度。

表 3.10 大气层气体单程总衰减

温度：20℃；相对湿度：42％；水汽密度：7.5g/m³

频率/GHz	总衰减/dB				
	90°	60°	45°	15°	6°
4	0.038	0.041	0.054	0.15	0.37
6	0.041	0.048	0.059	0.16	0.40
12	0.061	0.071	0.086	0.21	0.58
15	0.085	0.098	0.12	0.33	0.81
20	0.28	0.33	0.40	1.1	2.7

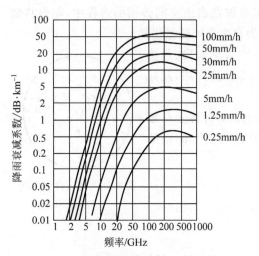

图 3.55 降雨衰减系数的频率特性图

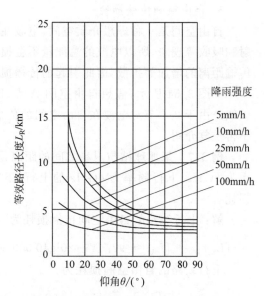

图 3.56 降雨地区的等效路径长度

2）电离层的影响

电波穿越电离层要产生一定的衰减，其衰减量与入射角有关；其次，折射引起的方向变化，也会造成一定的指向偏差衰减；另外，由于电离层中的移动电荷受电磁的影响（法拉第效应）时电波的极化发生偏转，也会造成一些极化损失。通常，在 4GHz 频段上，法拉第转角最大值约为 9°，6GHz 频段上约 4°，10GHz 以上可以忽略。线路计算时一般可取 0.23dB。当然，采用圆极化传输则不受此影响。

5. 载波接收功率

载波接收功率 C 与等效全向辐射功率 EIRP、接收天线增益 G_R 以及载波传输过程中遭受的各种损耗或衰减之间的关系如下

$$[C] = [EIRP] - [L_P] - [L_a] - [L_m] + [G_R] - [L_{FR}] \qquad (3.30)$$

其中，$[L_p]$ 为自由空间传播损耗；$[L_a]$ 为大气损耗；$[L_{FR}]$ 为接收馈线损耗；$[L_m]$ 为其他传输损耗。人们常将接收天线增益 $[G_R]$ 和接收馈线损耗 $[L_{FR}]$ 合在一起称为有效天线增益，仍记作 $[G_R]$，并且也常简称为天线增益。

例 3.8 已知 IS-Ⅳ号卫星作点波束 1872 路运用时，其下行工作频率为 4GHz，等效全

向辐射功率$[\mathrm{EIRP_S}]=34.2\mathrm{dBW}$，接收天线增益$[G_{RS}]=16.7\mathrm{dB}$；某地球站上行工作频率为$6\mathrm{GHz}$，等效全向辐射功率$[\mathrm{EIRP_E}]=98.6\mathrm{dBW}$，接收天线增益$[G_{RE}]=60\mathrm{dB}$，接收馈线损耗$L_{FRE}=0.05\mathrm{dB}$；站星距$d=40\,000\mathrm{km}$。试计算卫星接收机输入端的载波接收功率电平$[C_S]$和地球站接收机输入端的载波接收功率电平$[C_E]$。

解： 由例 3.7 已知该系统上、下行线路传输损耗分别为$[L_U]=200.04\mathrm{dB}$ 和$[L_D]=196.52\mathrm{dB}$。

又由式(3.30)(忽略L_a、L_m、L_{FRS})，求得卫星接收载波功率电平$[C_S]$为

$$[C_S]=[\mathrm{EIRP_E}]-[L_U]+[G_{RS}]=-84.74(\mathrm{dBW})$$

地球站接收机输入端的载波功率电平$[C_E]$(忽略L_a和L_i)为

$$[C_E]=[\mathrm{EIRP_S}]-[L_D]+[G_{RE}]-[L_{FRE}]=-102.37(\mathrm{dBW})$$

3.5.2 卫星通信线路噪声功率计算

在卫星通信系统中，承载着信息的载波经过远距离传输，到达接收系统时已经很微弱，载波接收功率常常在皮瓦级。虽然这好像不是问题，因为接收系统中有高增益放大器，但是有伴随通信信号的噪声存在，放大器放大有用信号的同时也放大噪声，而且放大器内部工作时还会产生噪声，使放大器输出载噪比总是会小于输入载噪比。况且，卫星通信系统是一种无线通信系统，除了系统工作时其内部产生的各类噪声和干扰之外，系统还会受到外部各种噪声和干扰的影响。所以，要特别重视卫星通信系统的噪声和干扰问题。众所周知，热噪声功率的计算公式为

$$N=kT_0B\,(\mathrm{W}) \tag{3.31}$$

其中，$k=1.38\times10^{-23}\mathrm{J/K}$，为玻尔兹曼常数；$T_0$ 为热噪声源所处的物理环境温度，单位为K(开尔文)；B 为等效噪声带宽，单位为 Hz。

人们引入了一个称为"等效噪声温度"的概念，使得虽然噪声源不一定是热噪声源，而引入的等效噪声仍然服从类似热噪声那样的规律，即若等效噪声温度为 T_e，则相应的噪声功率为 $N=kT_eB$。所以，在考虑卫星通信线路噪声功率计算时，本书重点介绍等效噪声温度的概念及其与噪声系数的关系，另外简单介绍噪声和干扰的来源以及卫星通信线路的噪声分配。

1. 等效噪声温度和噪声系数

1) 等效噪声温度

对于如图 3.57 所示的实际有源网络，若将其工作时内部产生的噪声功率折算到输入端，等效为输入端的热噪声源在绝对温度 T_e 下所产生的噪声功率 ΔN_i，而将该有源网络等效成一个理想无噪有源网络，则有

$$\Delta N_i=kT_eB \quad (\mathrm{W}) \tag{3.32}$$

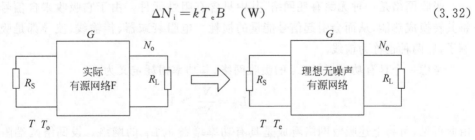

图 3.57 有源网络内部噪声等效示意图

其中，B 为该网络的等效噪声带宽；T_e 为该网络的输入等效噪声温度，单位为 K（开尔文）。若设该网络的功率增益为 G，并将其工作时内部产生的噪声功率折算为输出端的噪声功率 ΔN_o，则显然有

$$\Delta N_o = kT_eGB \quad （\text{W}） \tag{3.33}$$

即，该网络的输入等效噪声温度为 T_e，输出等效噪声温度为 $T_{eo} = T_eG$。

可见，等效噪声温度是衡量噪声大小的一个非常有用的参数。在等效噪声带宽一定的条件下，有噪网络的等效噪声温度高，相应的内部噪声功率大，反之亦然。

2）噪声系数

有噪网络内部噪声会使其输出信噪比小于其输入信噪比。噪声系数 F 正是反映该有噪网络使信噪比降级的程度，定义为

$$F = \frac{(S/N)_i}{(S/N)_o} = \frac{S_i/N_i}{S_o/N_o} \tag{3.34}$$

其中，$(S/N)_i$ 和 $(S/N)_o$ 分别为该网络的输入和输出信噪比；S_i、N_i 分别为其输入信号功率和输入噪声功率；S_o、N_o 分别为其输出信号功率和输出噪声功率。由于网络在绝对零度以上工作时，内部均会产生热噪声，所以一般总是有 $F > 1$。

若设上述网络的功率增益为 G，则显然有

$$F = \frac{S_i/N_i}{GS_i/(GN_i + \Delta N_o)} = \frac{N_i + \Delta N_o/G}{N_i} = 1 + \frac{\Delta N_i}{N_i} \tag{3.35}$$

可见，噪声系数 F 反映了网络内部噪声与输入源噪声之间的关系。由式（3.35）亦可见，F 的大小不仅与内部噪声功率有关，而且与输入噪声功率有关。

为了较正确且方便地应用噪声系数对网络或设备的噪声性能作出公正的比较，IEEE 建议用 $N_i = kT_0B$ 作为参考值，$T_0 = 290\text{K}$，因为它是地面大多数噪声源的合理近似值，则噪声系数为 F 的网络或设备工作时内部所产生的噪声功率折算到其入段为

$$\Delta N_i = (F-1)N_i = (F-1)kT_0B = kT_eB \tag{3.36}$$

进而，对于该网络或设备有

$$T_e = (F-1)T_0 \tag{3.37}$$

$$F = 1 + \frac{T_e}{T_0} \tag{3.38}$$

当然，如果输入噪声源的环境温度与 290K 差别很大，则不能用上述关系式，但仍可以用等效噪声温度的概念。

3）吸收网络的等效噪声温度和噪声系数

吸收网络是一种无源有耗网络，其中只含有阻性元件。由于它吸收来自信号的能量并将其转换成热能，从而会引起信号能量的损耗。电阻衰减器、传输线、波导都是吸收网络的例子，后两种也称为馈线。

考虑一个具有功率损耗 L_F 的吸收网络，其功率损耗定义为

$$L_F = \frac{N_i}{N_o} > 1 \tag{3.39}$$

由此可见，可将上述吸收网络看成是具有功率增益 $1/L_F$ 的网络。设网络两端阻抗是匹配的，如图 3.58 所示，由于电阻的自由热运动，必定导致网络及两端电阻的热平衡，从而使输

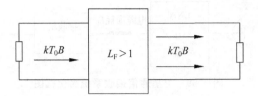

图 3.58 有源网络内部噪声等效示意图

出噪声功率亦为 kT_0B。而输出噪声功率应由两部分组成：输入源噪声的贡献和网络本身产生的热噪声的贡献，即

$$\frac{kT_0B}{L_F} + \Delta N_o = kT_0B \tag{3.40}$$

进一步设吸收网络输入和输出等效噪声温度分别为 T_F 和 T_{Fo}，噪声系数为 F_F，则有

$$\Delta N_o = kT_{Fo}B = k(1 - 1/L_F)T_0B \tag{3.41}$$

$$T_{Fo} = (1 - 1/L_F)T_0 \tag{3.42}$$

$$T_F = (L_F - 1)T_0 \tag{3.43}$$

$$F_F = L_F \tag{3.44}$$

4）级联网络的等效噪声温度和噪声系数

设有 n 个网络级联，其功率放大倍数分别依次为 $G_1 \sim G_n$，噪声系数依次为 $F_1 \sim F_n$，等效噪声温度依次为 $T_{e1} \sim T_{en}$，则易推得该级联网络的等效噪声温度和噪声系数分别为

$$T_e = T_{e1} + \frac{T_{e2}}{G_1} + \frac{T_{e3}}{G_1 G_2} + \cdots + \frac{T_{en}}{G_1 G_2 \cdots G_{n-1}} \tag{3.45}$$

$$F = F_1 + \frac{F_2 - 1}{G_1} + \frac{F_3 - 1}{G_1 G_2} + \cdots + \frac{F_n - 1}{G_1 G_2 \cdots G_{n-1}} \tag{3.46}$$

由上述关系式可见，级联放大器第一级的低噪、高增益是非常重要的。

5）天线的等效噪声温度

天线噪声指天线接收到的外界噪声和其本身产生的噪声之和，通常用等效到天线输出端的等效噪声温度 T_a 来度量，天线的输出馈入接收机，则进入接收机的噪声功率为 kT_aB，其中，B 为接收机的等效噪声带宽。

6）系统等效噪声温度

卫星通信接收系统简化框图如图 3.59 所示，则将参考点选在天线输出端时所计算出的等效噪声温度称为该系统的等效噪声温度。常将系统等效噪声温度记作 T_{sys}

$$T_{sys} = T_a + T_{e1} + \frac{(L_F - 1)T_0}{G_1} + \frac{L_F(F - 1)T_0}{G_1} \tag{3.47}$$

采用等效噪声温度的概念之后，接收系统中各部件均等效为理想无噪的，各部件对输入的信号和噪声有同样的放大或衰减作用，因此，载噪比处处相等。

例 3.9 设如图 3.59 所示的接收系统有如下参数：天线等效噪声温度 $T_a = 35\text{K}$；LNA 的功率增益为 $[G_1] = 50\text{dB}$、等效噪声温度为 $T_{e1} = 150\text{K}$；馈线损耗为 $[L_F] = 5\text{dB}$，接收机噪声系数为 $[F] = 12\text{dB}$。

（1）试计算其系统等效噪声温度；

（2）将 LNA 与电缆的位置互换，重新计算系统等效噪声温度。

图 3.59 卫星通信接收系统简化框图

解：(1)

$$G_1 = 10^5, \quad L_F = 10^{0.5} = 3.16, \quad F = 10^{1.2}$$

$$T_{sys} = T_a + T_{e1} + \frac{(L_F - 1)T_0}{G_1} + \frac{L_F(F-1)T_0}{G_1} \approx 185(K)$$

(2) 将 LNA 与电缆互换位置之后的系统等效噪声温度记作 T'_{sys}，则

$$T'_{sys} = T_a + (L_F - 1)T_0 + L_F T_{e1} + \frac{L_F(F-1)T_0}{G_1} = 1135.5(K)$$

可见，与前一种连接方式相比，后一种方式下接收系统的噪声性能差很多，接收系统的第一级放大器的低噪、高增益是非常重要的，这正是第一级放大器都采用 LNA 的原因，且 LNA 应该紧贴天线放置。在此前提下，系统等效噪声温度几乎等于天线与 LNA 二者的等效噪声温度之和。当然，制作 LNA 时，低噪、高增益两方面的指标是矛盾的，往往低噪得到更多的关注。

2. 噪声和干扰的来源

接收系统在接收卫星转发来的有用信号的同时，还会接收到大量的外部噪声，或许还会收到某些干扰信号，而接收系统工作时内部也会产生一些噪声和干扰。地球站接收系统内、外部噪声和干扰的来源如图 3.60 所示。将图中除地球站接收机内部噪声之外的其他噪声和干扰分成 3 类(天线噪声、交调干扰和其他干扰)加以讨论。

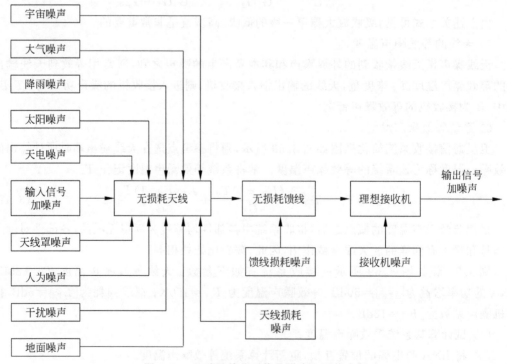

图 3.60 地球站接收系统的噪声和干扰来源

1）天线噪声

天线噪声是指由天线馈入接收机的噪声,分为两部分:天线工作时内部产生的热噪声和所接收到的外部噪声。如图 3.60 所示,天线接收到的外部噪声主要是天线从其周围辐射源的辐射中接收到的,如宇宙噪声、大气噪声、降雨噪声、太阳噪声、天电噪声和地面噪声等。若天线盖有罩子则还有天线罩的介质损耗引起的噪声。

宇宙噪声指的是外空间星体的热气体及分布在星际空间的物质辐射所形成的噪声。在 1GHz 以下时,它是天线噪声的主要部分。

太阳噪声是指太阳系中的太阳、各行星及月亮辐射的电磁干扰被天线接收而形成的噪声,其中太阳是最大热辐射源。如果天线对准太阳,则会有大量的噪声进入接收机而致使通信中断,但是,只要天线不对准太阳,静寂期的太阳噪声对天线噪声的贡献不大。只要高增益天线不直接指向其他行星和月亮,则对其天线噪声没有显著影响。

电离层、对流层对穿过它们的电波在吸收其能量的同时也产生电磁辐射而形成噪声,其中主要是水蒸气及氧分子构成的大气噪声。大气噪声是频率的函数,在 10GHz 以上时显著增加;大气噪声又是仰角的函数,仰角越低,穿过大气层的途径越长,大气噪声对天线噪声温度贡献越大。

降雨及云、雾在引起电波损耗的同时也产生所谓降雨噪声,它们对天线噪声温度的贡献与雨量、频率、天线仰角有关。即使对于受降雨影响较小的 C 频段,在系统设计时也要考虑降雨对系统的影响,在 Ku、Ka 等更高频段,降雨对卫星通信的影响更大。通常,降雨对上行线路的影响通过由地球站增加发射功率予以应对,这称为上行功率控制;而降雨对下行线路的影响通过留降雨余量的方式予以应对。例如,国际卫星通信组织在设计 4GHz 系统时,考虑到暴雨噪声的影响,对 A 类站要求留 6dB 的降雨余量。

地球对微波的吸收能力较强,同时它又是个热辐射源。由于对地通信的卫星天线始终要对准地球,所以地球热噪声是这类卫星天线噪声温度的主要贡献者,平均噪声温度约为 254K。地球站天线的旁瓣和后瓣会接收到直接由地球产生的热辐射,还可能接收到经地面反射的其他辐射。压缩天线的旁瓣及后瓣是天线设计中需考虑的重要问题,它不但对降低地面噪声,而且对降低太阳噪声及后面要谈到的各种干扰的影响也有重要意义。一般要求天线设计时,在其最低工作仰角情况下,地面噪声对天线噪声温度的贡献小于 20K。

2）交调干扰

卫星转发器和地球站的发射机末级都要采用 HPA 对信号进行大功率放大。HPA 的输入、输出信号振幅特性曲线例如图 3.61 所示。当 HPA 的输入信号功率较小时,随着输入信号功率的增加,输出信号功率基本上呈线性增大;当输入信号功率较大时,输出信号振幅不随输入信号的振幅线性变化,而呈现饱和输出特性,过饱和点之后,若再加大输入信号功率,输出信号功率反而减小;HPA 的输入、输出信号振幅特性曲线还存在"压缩"现象,即:在相同输入功率下,多载波输入较单载波输入时的输出功率低,且随着输入功率的增加,降低的程度加大。存在这种现象的主要原因是由于存在交调干扰。实际上,输入信号振幅的变化也会使输出信号产生附加的相位失真。人们常将上述振幅非线性称为调幅/调幅变换特性,而将相位非线性称为调幅/调相变换特性。

当放大器同时放大多个不同频率的信号时,由于其 AM/AM 和 AM/PM 变换特性,会使输出信号中出现各种新的组合频率成分。当这些组合频率成分落入工作频带内时,就会

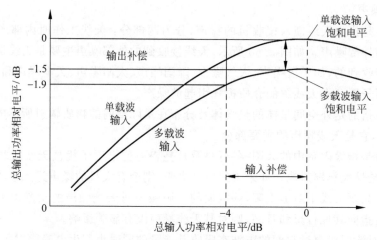

图 3.61　HPA 输入、输出特性曲线例

造成干扰,这种干扰被称为交调干扰。

通常不会让地球站的 HPA 工作于饱和区,而通信卫星的功率资源非常宝贵,为了使得转发器的输出功率尽可能大,转发器 HPA 的工作点就应该选择得接近饱和点,而如果此时卫星转发器是工作于多载波通信体制(如 FDMA)下,则就可能产生交调干扰。可依据 HPA 的输入、输出电压的关系式分析交调产物,譬如,当卫星转发器常用的行波管放大器 (TWTA)的工作点位于饱和点附近时,其输出信号电压振幅 $u_o(u_i)$ 和相位 $\theta(u_i)$ 随输入电压 u_i 的变换关系分别为

$$u_o(u_i) = a_1 u_i + a_3 u_i^3 + a_1 u_i^5 + \cdots \tag{3.48}$$
$$\theta(u_i) = b_1 [1 - \exp(-b_2 u_i^2)] + b_3 u_i^3 + \cdots \tag{3.49}$$

其中,a_i 为与具体放大器有关的交替取正、负值的常数,b_i 亦为常数。

分析结果表明,因 TWTA 输入-输出特性非线性引起的交调产物中,形如 $(2f_1 - f_2)$ 和 $(f_1 + f_2 - f_3)$ 形式的三阶交调产物容易落入通信频带内形成严重的交调干扰,导致波形失真或误码;载波数的增加容易导致更多样化的交调产物落入通信频带内造成干扰,但交调产物的幅度会随载波数的增加而减小,当载波数较大时,五阶交调干扰可忽略不计;AM/PM 变换引起的总交调干扰的大小,可通过在幅度非线性产生的交调干扰基础上乘上一个大于 1 的系数予以计算,该系数只与具体行波管放大器的工作点有关。

工作于多载波条件下的卫星通信系统必然要采取一定措施减小交调干扰,3.4.2 节中将介绍若干种可用于 FDMA 卫星通信系统的减小交调干扰的措施,合理选择转发器 HPA 的工作点是减小交调干扰的措施之一。

合理选择转发器 HPA 的工作点以减小交调干扰的技术也称为输入、输出补偿技术。所谓输入补偿,是为了减小交调干扰而控制转发器 HPA 的工作点由饱和点(单载波时 HPA 输出功率的最大值点)向线性区域回退的一种技术,输入补偿值 $[BO_i]$ 即为输入功率回退的分贝值。如图 3.61 所示,有输入补偿则就有相应的输出补偿,输出补偿值是单载波条件下转发器的饱和输出功率电平与对其采取了输入补偿技术之后输出功率电平之差值,常记作 $[BO_o]$。

无论是模拟卫星通信还是数字卫星通信,通信质量总是取决于接收地球站的接收载噪比。交调干扰的增加会降低该载噪比、恶化通信质量,而采取输入补偿技术减小交调干扰的同时,又会降低卫星转发器的输出信号功率,因而会降低接收地球站的接收信号功率。

3）其他干扰

其他干扰主要有使用相同频段的卫星通信系统与地面微波中继系统之间和卫星通信系统之间可能发生的相互干扰、采取正交极化实现频率再用时可能存在的正交极化干扰,以及采用波束隔离方法进行频率再用时可能存在的波束相互间的所谓共信道干扰等,不一一展开叙述。

3. 卫星通信线路的噪声分配

在卫星通信中,为保证一定条件下的通信质量,必定要求接收地球站的输入载噪比满足一定的要求,而由于站、星间的远距离传输,接收载波信号已非常微弱,因而在系统设计中,尽可能地降低站、星设备以及上、下行各通信段的噪声量是非常重要的,而且必定要对噪声总量进行限制和予以合理分配。

表 3.11 列出了国际卫星 IS-Ⅱ、IS-Ⅲ 和 IS-Ⅳ 号通信系统中噪声分配的情况。其中,地球站设备内部噪声主要包括发射机内产生的热噪声、大功率放大器所产生的交调噪声、调制和解调设备非线性所引起的干扰串话噪声、地球站中频放大器等调频波传输线路上的相位畸变所引起的干扰串话噪声、中频电缆或馈线系统中因失配造成的波形畸变所引起的干扰串话噪声等;上行线路的噪声由卫星转发器的噪声温度决定;卫星转发器内产生的交调噪声是由多载波信号经过行波管功率放大器的非线性所引起的,它取决于设置的载波数目、载波排列情况、卫星功率放大器的工作点等因素;分配给下行线路的噪声较多,接收机所产生的热噪声包括在下行线路热噪声里;对来自其他陆地微波通信系统的干扰噪声也分配了一定的允许量。

表 3.11 IS-Ⅱ、IS-Ⅲ、IS-Ⅳ 系统噪声(pW)分配情况

项　　目	IS-Ⅱ	IS-Ⅲ	IS-Ⅳ
上行线路热噪声	1500	1410	1130
卫星转发器内交调噪声	1600	2340	2160
下行线路热噪声	6400	4250	4210
地球站设备内部噪声	500	1000	1500
来自其他系统的噪声	—	1000	1000
总计	10 000	10 000	10 000

在卫星通信线路的噪声分配中,对下行线路噪声的分配是卫星通信线路设计中最重要的因素,通常分配给下行线路的噪声允许量较高。下行线路的噪声允许量在很大程度上决定了地球站接收天线和低噪声放大器的设计。这是因为上行线路可以利用地球站的大功率发射机和高增益的,且与其他业务干扰可能性小的窄波束天线,而下行线路则一方面可能受限于卫星的发射能力和远距离信号传输,另一方面也可能为了避免卫星信号对地面其他系统的干扰因而辐射功率受限,因此,基本上可以说,地球站是围绕下行线路来设计的。

3.5.3　卫星通信线路载噪比计算

3.5.1 和 3.5.2 节分别研究了卫星通信线路的载波功率和噪声功率的计算方法,载噪比即为载波功率与噪声功率之比,则由载波接收功率计算式(3.50)和接收系统噪声功率计算公式 $N=kT_{sys}B$ 即可得所关心的卫星线路的载噪比

$$\left[\frac{C}{N}\right]=[\text{EIRP}]-[L_p]-[L_a]-[L_m]+[G_R]-[L_{FR}]-[kT_{sys}B] \qquad (3.50)$$

需要注意的是:(单向)卫星通信线路是由地球站到卫星(上行)、再由卫星到地球站(下行)这样两个通信段构成的(如图 3.62 所示),卫星通信线路各单程载噪比、甚至包括其总载噪比计算都是载噪比计算,其计算方法必然有如式(3.50)所示的共性,但毕竟因线路不同会有各自的特殊性;对于不同系统而言,由于所采取的通信体制可能不同,所以在计算载噪比时亦有各种情况下需特殊考虑的问题。换言之,在研究各类载噪比计算时应该在注意其共性的同时注重其特殊性,这样可以获得事半功倍的效果。

本节先介绍卫星转发器的饱和通量密度及其对发射地球站的 EIRP_E 约束作用,然后再分别介绍卫星通信线路的各类单程载噪比和总载噪比计算方法。在此之前要说明的是:卫星通信线路的载噪比参数 C/N 是接收带宽的函数,鉴于这种表示方法对不同带宽的系统不便于比较,所以,实际中也常采用载波与噪声功率谱密度 n_0 之比 C/n_0 和载波与等效噪声温度之比 C/T,其中,n_0 为单边噪声功率谱密度,T 为接收机的系统等效噪声温度,且有

$$\frac{C}{n_0}=\frac{C}{kT}(\text{dBHz}) \qquad (3.51)$$

$$\frac{C}{T}=\frac{C}{n_0}k=\frac{C}{N}kB(\text{dBW/K}) \qquad (3.52)$$

$$\left[\frac{C}{N}\right]=\left[\frac{C}{n_0}\right]-10\lg B=\left[\frac{C}{T}\right]-[k]-[B](\text{dB}) \qquad (3.53)$$

为方便起见,常常将 C/T、C/n_0 和 C/N 都称为载噪比。

1. 卫星转发器饱和通量密度

对地球站的发射功率进行限制以选择合适的卫星转发器 HPA 工作点的卫星转发器参数是卫星转发器饱和通量密度,其定义是:当转发器达到饱和输出时,转发器接收天线所要求的功率流密度,记作 W_S。

卫星转发器达到饱和输出时的等效全向辐射功率称为转发器饱和等效全向辐射功率,记作 EIRP_{SS};与之相应的地球站的等效全向辐射功率称为地球站饱和等效全向辐射功率,记作 EIRP_{ES}。假设星、站之间的电波是在自由空间环境中传播,则如图 3.63 所示,EIRP_{ES} 与 W_S 的关系为

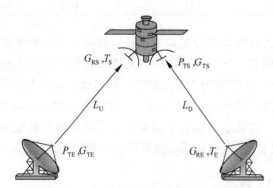

图 3.62 单向卫星通信线路示意图

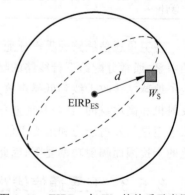

图 3.63 EIRP_{ES} 与 W_S 的关系示意图

$$W_{\mathrm{S}} = \frac{\mathrm{EIRP_{ES}}}{4\pi d^2} = \frac{\mathrm{EIRP_{ES}}}{\left(\dfrac{4\pi d}{\lambda}\right)^2} \cdot \frac{4\pi}{\lambda^2} = \frac{\mathrm{EIRP_{ES}}}{L_{\mathrm{U}}} \cdot \frac{4\pi}{\lambda^2} \ (\mathrm{W/m^2}) \tag{3.54}$$

若采用分贝值计算,则有

$$[W_{\mathrm{S}}] = [\mathrm{EIRP_{ES}}] - [L_{\mathrm{U}}] + \left[\frac{4\pi}{\lambda^2}\right] \ (\mathrm{dBW/m^2}) \tag{3.55}$$

W_{S} 是卫星转发器参数,它对发射地球站的饱和等效全向辐射功率 $\mathrm{EIRP_{ES}}$ 的约束作用为

$$[\mathrm{EIRP_{ES}}] = [W_{\mathrm{S}}] + [L_{\mathrm{U}}] - \left[\frac{4\pi}{\lambda^2}\right] \ (\mathrm{dBW}) \tag{3.56}$$

当然,由于电波传播环境并非自由空间,实际计算时还需要计及诸如大气、天线指向等其他损耗。

2. 上行线路载噪比与卫星接收机品质因数

计算上行线路载噪比时,参考点一般设在卫星转发器接收天线出端。

在卫星转发器单载波工作条件下,若无其他考虑,转发器 HPA 的工作点应设在饱和点,地球站应辐射出饱和等效全向辐射功率 $\mathrm{EIRP_{ES}}$,由式(3.50)可求得卫星转发器接收机输入端的载波与等效噪声温度比,或简称为上行线路载噪比为

$$\left[\frac{C}{T}\right]_{\mathrm{U}} = [\mathrm{EIRP_{ES}}] - [L_{\mathrm{U}}] - [L_{a\mathrm{U}}] - [L_{m\mathrm{U}}] + [G_{\mathrm{RS}}] - [L_{\mathrm{FRS}}] - [T_{\mathrm{S}}] \ (\mathrm{dBW/K}) \tag{3.57}$$

其中,下标 U 表示相应参数是上行线路参数,T_{S} 为卫星转发器接收系统的系统等效噪声温度。如果将上行线路的大气损耗 $L_{a\mathrm{U}}$ 和其他路径损耗 $L_{m\mathrm{U}}$ 计入 L_{U} 之内,且设 G_{RS} 为有效天线增益,则式(3.57)可写成

$$\left[\frac{C}{T}\right]_{\mathrm{U}} = [\mathrm{EIRP_{ES}}] - [L_{\mathrm{U}}] + \left[\frac{G_{\mathrm{RS}}}{T_{\mathrm{S}}}\right] \ (\mathrm{dBW/K}) \tag{3.58}$$

由式(3.55)知,可直接由 W_{S} 计算 $[C/T]_{\mathrm{U}}$

$$\left[\frac{C}{T}\right]_{\mathrm{U}} = [W_{\mathrm{S}}] + \left[\frac{G_{\mathrm{RS}}}{T_{\mathrm{S}}}\right] - \left[\frac{4\pi}{\lambda^2}\right] \ (\mathrm{dBW/K}) \tag{3.59}$$

由式(3.58)和式(3.59)可见,$G_{\mathrm{RS}}/T_{\mathrm{S}}$ 的大小直接关系到卫星转发器接收性能的好坏,故称其为卫星接收机品质因数。$G_{\mathrm{RS}}/T_{\mathrm{S}}$ 越大,卫星转发器接收性能越好。常将 $[G_{\mathrm{RS}}/T_{\mathrm{S}}]$ 记作 $[G/T]_{\mathrm{S}}$。

如 3.5.2 节中所述,在卫星转发器多载波工作条件下,为了减小交调干扰常采取输入补偿技术。若设地球站等效全向辐射总功率为 $\mathrm{EIRP_{EM}}$,第 i 条载波的等效全向辐射功率为 EIRP_{Ei}、系统共有 n 条载波、输入补偿值为 $[BO_{\mathrm{I}}]\mathrm{dB}$,则有

$$\mathrm{EIRP_{EM}} = \sum_{i=1}^{n} \mathrm{EIRP}_{Ei} \ (\mathrm{W}) \tag{3.60}$$

$$[\mathrm{EIRP_{EM}}] = [\mathrm{EIRP_{ES}}] - [BO_{\mathrm{I}}] \ (\mathrm{dBW}) \tag{3.61}$$

$$= [W_{\mathrm{S}}] + [L_{\mathrm{U}}] - \left[\frac{4\pi}{\lambda^2}\right] - [BO_{\mathrm{I}}] \ (\mathrm{dBW}) \tag{3.62}$$

进而可得上行线路总载噪比 $[C/T]_{\mathrm{UM}}$ 为

$$\left[\frac{C}{T}\right]_{\mathrm{UM}} = [\mathrm{EIRP_{EM}}] - [L_{\mathrm{U}}] + \left[\frac{G}{T}\right]_{\mathrm{S}} \quad (\mathrm{dBW/K}) \tag{3.63}$$

$$= [\mathrm{EIRP_{ES}}] - [BO_{\mathrm{I}}] - [L_{\mathrm{U}}] + \left[\frac{G}{T}\right]_{\mathrm{S}} \quad (\mathrm{dBW/K}) \tag{3.64}$$

$$= [W_{\mathrm{S}}] - [BO_{\mathrm{I}}] + \left[\frac{G}{T}\right]_{\mathrm{S}} - \left[\frac{4\pi}{\lambda^2}\right] \quad (\mathrm{dBW/K}) \tag{3.65}$$

可见，$[C/T]_{\mathrm{UM}}$ 是 $[W_{\mathrm{S}}]$、$[BO_{\mathrm{I}}]$ 和 $[G/T]_{\mathrm{S}}$ 的函数。如果保持 $[W_{\mathrm{S}}]$ 和 $[G/T]_{\mathrm{S}}$ 不变，在一定程度上增加 $[BO_{\mathrm{I}}]$，可提高系统抑制交调干扰的能力，却会使 $[C/T]_{\mathrm{UM}}$ 有所降低。因此，在卫星转发器上一般都装有可由地面控制的衰减器，以便调节它的输入，使 $[C/T]_{\mathrm{UM}}$ 与地球站的 $[\mathrm{EIRP}]_{\mathrm{E}}$ 得到合理的数值，譬如，IS-Ⅳ 和 IS-Ⅴ 就采取了这样的措施。

由于接收机总是针对每一条载波进行解调进而恢复基带信号的，所以有必要计算每一条载波对应的上行线路载噪比。由式(3.60)可知，如果对应第 i 条载波的等效全向辐射功率 EIRP_{Ei} 在地球站等效全向辐射总功率 EIRP_{EM} 中所占的份额为 α，则易推得

$$[\mathrm{EIRP}_{Ei}] = [\mathrm{EIRP}_{EM}] + [\alpha] \quad (\mathrm{dBW}) \tag{3.66}$$

第 i 条载波对应的上行线路载噪比 $[C/T]_{\mathrm{U}i}$ 为

$$\left[\frac{C}{T}\right]_{\mathrm{U}i} = \left[\frac{C}{T}\right]_{\mathrm{UM}} + [\alpha] \quad (\mathrm{dBW/K}) \tag{3.67}$$

3. 下行线路载噪比与地球站品质因数

计算下行线路载噪比时，参考点一般设在地球站接收天线输出端。

在卫星转发器单载波工作、且以 $\mathrm{EIRP_{SS}}$ 发射信号的条件下，与式(3.58)相对应，可求得地球站接收天线输出端的载波与等效噪声温度比，或简称为下行线路载噪比为

$$\left[\frac{C}{T}\right]_{\mathrm{D}} = [\mathrm{EIRP_{SS}}] - [L_{\mathrm{D}}] + \left[\frac{G_{\mathrm{RE}}}{T_{\mathrm{E}}}\right] \quad (\mathrm{dBW/K}) \tag{3.68}$$

其中，L_{D} 包括了下行线路空间路径上所有的传输损耗；G_{RE} 为地球站接收天线有效增益；T_{E} 为接收地球站的系统等效噪声温度；$[G_{\mathrm{RE}}/T_{\mathrm{E}}]$ 为接收地球站的品质因数，反映了接收地球站的接收性能，常简记作 $[G/T]_{\mathrm{E}}$。

在卫星转发器多载波工作条件下，设输入补偿值为 $[BO_{\mathrm{I}}]$、输出补偿值为 $[BO_{\mathrm{O}}]$，则同理可求得下行线路总载噪比 $[C/T]_{\mathrm{DM}}$ 为

$$\left[\frac{C}{T}\right]_{\mathrm{DM}} = [\mathrm{EIRP_{SS}}] - [BO_{\mathrm{O}}] - [L_{\mathrm{D}}] + \left[\frac{G}{T}\right]_{\mathrm{E}} \quad (\mathrm{dBW/K}) \tag{3.69}$$

如果对应第 i 条载波的等效全向辐射功率 EIRP_{Ei} 在地球站等效全向辐射总功率 EIRP_{EM} 中所占的份额为 α，则第 i 条载波对应的下行线路载噪比 $[C/T]_{\mathrm{D}i}$ 为

$$\left[\frac{C}{T}\right]_{\mathrm{D}i} = \left[\frac{C}{T}\right]_{\mathrm{DM}} + [\alpha] \quad (\mathrm{dBW/K}) \tag{3.70}$$

4. 载波交调噪声比

卫星转发器工作于多载波条件下通常存在交调干扰问题。亦可采取等效噪声温度技术来处理交调干扰，即将交调噪声等效到转发器接收天线输出端，相应的等效噪声温度记作 T_{IS}，并将卫星转发器载波接收功率与交调等效噪声温度之比 $[C_{\mathrm{RS}}/T_{\mathrm{IS}}]$ 简称为载波交调噪声比，简记作 $[C/T]_{\mathrm{IM}}$，最终将 $[C/T]_{\mathrm{IM}}$ 计入卫星通信线路总载噪比中。

交调干扰的大小与卫星转发器 HPA 的幅度特性、工作点、载波数量、载波功率大小以

及载波排列情况等许多因素有关,通常通过实验测量或计算机模拟得到。

卫星通信系统的功率资源是非常宝贵的,从尽可能充分利用系统的功率资源角度考虑,卫星转发器 HPA 的工作点应该尽量靠近饱和点,在此前提下,通常卫星转发器 HPA 的工作点越远离饱和点(即 $[BO_I]$ 越大)$[C/T]_{IM}$ 越大,反之越小。但是,如图 3.64 所示,$[C/T]_{UM}$ 和 $[C/T]_{DM}$ 相对 $[BO_I]$ 的变化却与之相反。因此,为了使卫星线路得到最佳的传输特性,必须适当选择补偿值。显然,如何选择最佳工作点在卫星通信系统设计中是个极其重要的问题。

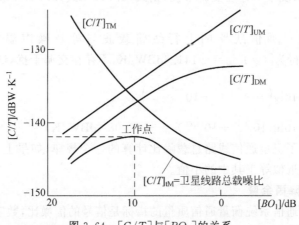

图 3.64 $[C/T]$ 与 $[BO_I]$ 的关系

5. 卫星通信线路的总载噪比

前面研究的上行和下行线路载噪比都是单程线路的载噪比。所谓单程是指地球站到卫星或卫星到地球站。实际上,卫星通信大多是双程的,即由地球站→卫星→地球站。因此,接收地球站收到的总载噪比 $[C/N]_{tM}$ 与下行线路的 $[C/N]_{DM}$ 是有区别的。

对于多载波工作的卫星通信系统,整个卫星通信线路噪声由上行线路噪声、下行线路噪声和交调噪声三部分组成。虽然这三部分噪声到达接收地球站接收机输入端时,已混合在一起,但因各部分噪声之间彼此独立,所以计算噪声功率时,应该将三部分相加。设从卫星转发器接收机天线输出端到接收地球站接收天线输出端的功率增益为 G,卫星转发器接收系统等效噪声温度 T_S 和交调等效噪声温度 T_{IS} 折算到接收地球站接收天线输出端时分别成为 $T_U = T_S G$ 和 $T_I = T_{IS} G$,则此参考点处总的等效噪声温度 T_t 为

$$T_t = T_U + T_I + T_E = (r+1)T_E(K) \tag{3.71}$$

其中,r 定义为

$$r = \frac{T_U + T_I}{T_E} = \frac{\left(\dfrac{C}{T}\right)_{UM}^{-1} + \left(\dfrac{C}{T}\right)_{IM}^{-1}}{\left(\dfrac{C}{T}\right)_{DM}^{-1}} \tag{3.72}$$

设输入补偿值为 $[BO_I]$、输出补偿值为 $[BO_O]$,则可以写出整个卫星线路的总载噪比

$$\left[\frac{C}{T}\right]_{tM} = [\text{EIRP}_{SS}] - [BO_O] - [L_D] + [G_{RE}] - [T_t] \tag{3.73}$$

$$= [\text{EIRP}_{SS}] - [BO_O] - [L_D] + \left[\frac{G}{T}\right]_E - 10\lg(r+1)$$

$$= \left[\frac{C}{T}\right]_{DM} - [r+1]\text{dBW} \cdot \text{K}^{-1} \tag{3.74}$$

且易推得

$$\left(\frac{C}{T}\right)_{tM}^{-1} = \left(\frac{C}{T}\right)_{UM}^{-1} + \left(\frac{C}{T}\right)_{IM}^{-1} + \left(\frac{C}{T}\right)_{DM}^{-1} (\mathrm{dBW/K}) \tag{3.75}$$

或

$$\left[\frac{C}{T}\right]_{tM} = -10\lg\left(10^{\frac{-\left[\frac{C}{T}\right]_{UM}}{10}} + 10^{\frac{-\left[\frac{C}{T}\right]_{IM}}{10}} + 10^{\frac{-\left[\frac{C}{T}\right]_{DM}}{10}}\right) \tag{3.76}$$

如果卫星通信系统中不存在交调干扰,则式(3.71)~式(3.76)中就不包含交调干扰相关项。

例 3.10 一卫星通信线路的上行线路载波与等效噪声温度比为 $[C/T]_U = -128.6\mathrm{dBW/K}$、下行为 $[C/T]_D = -141.6\mathrm{dBW/K}$,不存在交调干扰,试求线路总载噪比。

解: $\left[\frac{C}{T}\right]_t = -10\lg\left(10^{\frac{-\left[\frac{C}{T}\right]_U}{10}} + 10^{\frac{-\left[\frac{C}{T}\right]_D}{10}}\right)$

$$= -10\lg(10^{12.86} + 10^{14.60}) = -146.08 \ (\mathrm{dBW/K})$$

注意,该例呈现了卫星通信线路总载噪比计算的一个规律,如果上、下行载噪比值差别比较大,总载噪比值近似等于其中的小值。

6. 门限余量和降雨余量

众所周知,模拟通信系统衡量通信质量的指标是信号的信噪比,数字通信系统则采用误码率。当调制方式确定之后,对两类系统都可从理论上得到满足通信质量要求所需的最低接收载噪比——门限载噪比。以数字通信系统为例,假定已知在某种调制方式及误码率要求条件下的单位比特能量与噪声密度之比 $[E_b/n_0]$ 的门限值,记作 $[E_b/n_0]_{th}$,则可推得门限载噪比 $[C/T]_{th}$ 如下

$$\left[\frac{C}{T}\right]_{th} = \left[\frac{E_b}{n_0}\right]_{th} + [k] + [R_b] \tag{3.77}$$

考虑到系统会受到气象条件、天线指向误差以及转发器和地球站设备的某些不稳定因素的影响,在设计卫星通信线路时,不能只将 $[C/T]_{th}$ 作为最终的接收载噪比需求指标、按它来选择传输线路参数,而必须留有一定的余量,应该适当选择传输线路参数,以使得线路总载噪比 $[C/T]_t$ 适当地大于 $[C/T]_{th}$。$[C/T]_t$ 与 $[C/T]_{th}$ 之差即为门限余量 $[E]$

$$[E] = \left[\frac{C}{T}\right]_t - \left[\frac{C}{T}\right]_{th} \tag{3.78}$$

在气象条件变化中,特别要注意的是雨雪引起的线路质量的下降,在线路设计时必须为此留有一定的余量,以保证降雨时仍能满足对线路质量的要求,这种余量称为"降雨余量"。如 3.5.2 节中所述,通常,降雨对上行线路的影响通过上行功率控制予以应对,考虑降雨余量时一般只针对下行线路。

已知不降雨时卫星通信线路总载噪比如式(3.74)所示,假设所需考虑的最大降雨量的影响使下行线路噪声增加到原有噪声的 m 倍,地球站接收系统 $[C/T]$ 值正好降到门限值 $[C/T]_{th}$,则

$$T_t = T_U + T_I + mT_E = (r+m)T_E \tag{3.79}$$

$$\left[\frac{C}{T}\right]_{th} = \left[\frac{C}{(r+m)T_E}\right] \tag{3.80}$$

即

$$\left[\frac{C}{T}\right]_{\text{th}} = \left[\frac{C}{T}\right]_{\text{D}} - [r+m] = \left[\frac{C}{T}\right]_{\text{D}} - [r+1] - \left[\frac{r+m}{r+1}\right] \tag{3.81}$$

$$[E] = \left[\frac{C}{T}\right]_{\text{t}} - \left[\frac{C}{T}\right]_{\text{th}} = \left[\frac{r+m}{r+1}\right] \tag{3.82}$$

式(3.82)中的$[E]$是仅考虑降雨影响时的门限余量,如果为雨衰预留了这么大的余量,则当降雨雨量不超过所考虑的最大降雨雨量时,线路总载噪比不会降到$[C/T]_{\text{th}}$以下,因而通信质量得以保证。

人们将$M=[m]=10\lg m$定义为降雨余量。在C频段的卫星通信系统中,一般取$M=4\sim6\text{dB}$。

例3.11 直播卫星电视(Direct Broadcast Satellite-TV,DBS-TV)的广播线路是单向线路,涉及的卫星转发器为透明转发器,已知的设计参数列于表3.12中,其中已经留有的余量为雨衰所留,电视接收机的门限总载噪比为9.5dB,试确定发射地球站的发射功率电平$[P_{\text{TE}}]$、接收地球站的接收天线增益和天线口径以及降雨余量。

表3.12 例3.11中所要求的设计参数

卫星参数	静止轨道卫星,28个K_{U}频段转发器	
	射频总输出功率	2.24kW
	天线增益(发G_{TS},收G_{RS})	31dB
	接收系统等效噪声温度T_{S}	500K
	转发器饱和输出功率P_{TSS}	80W
	转发器带宽	54MHz
	转发器所需载噪比$[C/N]_{\text{U}}$	30dB
	转发器输出补偿$[BO_{\text{o}}]$	1dB
信号	压缩数字视频信号符号率	43.2Msps
	接收机所允许的最小载噪比$[C/N]_{\text{th}}$	9.5dB
发射地球站参数	天线口径	5m
	天线效率	68%
	上行工作频率	14.15GHz
	上行自由空间传输损耗L_{U}	207.2dB
	上行天线指向误差损耗L_{cU}	2dB
	上行晴朗天气大气损耗L_{aU}	0.7dB
	上行晴朗天气其他损耗L_{mU}	0.3dB
	上行降雨损耗L_{rU},一年中的0.01%	6.0dB
接收地球站参数	下行工作频率	11.45MHz
	接收机中频噪声带宽	43.2MHz
	天线等效噪声温度	30K
	天线效率	65%
	LNA等效噪声温度	110K
	下行自由空间传输损耗L_{D}	205.4dB
	下行天线指向误差损耗L_{cD}	3dB
	下行晴朗天气大气损耗L_{aD}	0.5dB
	下行其他损耗L_{mD}	0.2dB
	晴朗天气所需总载噪比$[C/N]_{\text{t}}$	17dB

例 3.11 将展示上述有关卫星通信线路计算的概念可如何应用于卫星通信系统设计。

下面分别计算各单程噪声功率电平、载波接收功率电平和载噪比,然后计算总载噪比,进而确定所求参数。注意,这是一个单载波系统。

1) 上行线路设计

由于转发器所需的输入载噪比,也即上行线路载噪比为$[C/N]_U=30dB$,所以,应该先求出晴朗气候条件下为获得$[C/N]_U$所需的地球站发射功率。为此,必须先计算出对于43.2MHz 噪声带宽下转发器的噪声功率,然后加 30dB 即可得到转发器输入功率电平。

上行线路噪声功率 $N=kT_SB$,$[N]$ 等于 k、T_S 和 B 各参数的分贝值之和。上行线路噪声功率预算表见表 3.13。

表 3.13　例 3.11 中 DBS 系统的上行线路噪声功率预算表

参 数 名 称	参数分贝值	参 数 名 称	参数分贝值
k	$-228.6dBW \cdot K^{-1} \cdot Hz^{-1}$	$B(43.2MHz)$	76.4dBHz
T_S	$10lg500=27.0dBK$	N(上行线路噪声功率)	$-125.2dBW$

转发器输入功率 C_{RS} 必须高于噪声功率 30dB:

$$[C_{RS}]=-125.2+30=-95.2(dBW)$$

地球站发射天线增益$[G_{TE}]$为

$$[G_{TE}]=10lg\left(0.68\times\left(\frac{\pi D}{\lambda}\right)^2\right)=55.7(dB)$$

将计算上行线路载波接收功率的相关已知参数列于表 3.14 中,其中损耗值均以其负值填入,表中的已知参数之和为$-123.5dBW$。

表 3.14　例 3.11 中 DBS 系统的上行线路载波接收功率预算表

参 数 名 称	参数分贝值	参 数 名 称	参数分贝值
P_{TE}	?dBW	L_{aU}	$-0.7dB$
G_{TE}	55.7dB	L_{mU}	$-0.3dB$
L_U	$-207.2dB$	G_{RS}	31.0dB
L_{cU}	$-2dB$	C_{RS}	$[P_{TE}]-123.5=-95.2dBW$

地球站发射(发射天线输入)功率电平$[P_{TE}]$和发射功率 P_{TE} 分别为

$$[P_{TE}]=[C_{RS}]+123.5=-95.2+123.5=28.3(dBW)$$

$$P_{TE}=676W$$

这一发射功率相对比较高,所以可能需要增加发射天线直径而减小发射功率。

2) 下行线路设计

首先计算$[C/N]_D$,它能满足当$[C/N]_U=30dB$ 时提供 17dB 的$(C/N)_t$。由式(3.75)可得

$$\left(\frac{C}{N}\right)_D^{-1}=\left(\frac{C}{N}\right)_t^{-1}-\left(\frac{C}{N}\right)_U^{-1}=(1/10^{1.7})-(1/10^{3.0})=0.019$$

$$\left[\frac{C}{N}\right]_D=10lg(1/0.019)=17.2(dB)$$

下面列制下行线路的噪声功率和载波接收功率预算表(表 3.15 和表 3.16),以进一步求解接收地球站的接收天线增益和天线口径。

表 3.15 例 3.11 中 DBS 系统的下行线路噪声功率预算表

参 数 名 称	参 数 分 贝 值	参 数 名 称	参 数 分 贝 值
k	$-228.6\mathrm{dBW \cdot K^{-1}\text{-}Hz^{-1}}$	$B(43.2\mathrm{MHz})$	$76.4\mathrm{dBHz}$
$T_\mathrm{E}(30\mathrm{K}+110\mathrm{K})$	$10\lg140=21.5\mathrm{dBW}$	N(下行线路噪声功率)	$-130.7\mathrm{dBW}$

表 3.16 例 3.11 中 DBS 系统的下行线路载波接收功率预算表

参 数 名 称	参 数 分 贝 值	参 数 名 称	参 数 分 贝 值
$[P_\mathrm{TSS}]$	$10\lg80=19\mathrm{dBW}$	$[L_\mathrm{aD}]$	$-0.5\mathrm{dB}$
$[BO_\mathrm{O}]$	$-1\mathrm{dB}$	$[L_\mathrm{mD}]$	$-0.2\mathrm{dB}$
$[G_\mathrm{TS}]$	$31\mathrm{dB}$	$[G_\mathrm{RE}]$	$?\mathrm{dB}$
$[L_\mathrm{D}]$	$-205.4\mathrm{dB}$	$[C_\mathrm{RE}]$	$[G_\mathrm{RE}]-160.1=-113.5\mathrm{dBW}$
$[L_\mathrm{cD}]$	$-3\mathrm{dB}$		

由$[C/N]_\mathrm{D}=17.2\mathrm{dB}$知,地球站接收载波功率$C_\mathrm{RE}$必须高于其噪声功率$17.2\mathrm{dB}$,所以,

$$[C_\mathrm{RE}]=-130.7+17.2=-113.5(\mathrm{dBW})$$

转发器饱和输出功率为$80\mathrm{W}$,合$19\mathrm{dBW}$。虽然转发器处于单载波工作状态,但仍采取了输入、输出补偿,旨在减小由于其 HPA 的 AM/PM 转换特性引起的码间干扰。表 3.15 为下行线路载波接收功率预算表,其中的已知值相加等于$-160.1\mathrm{dB}$,该值加上天线增益$[G_\mathrm{RE}]$便等于$[C_\mathrm{RE}]$,则可得:

$$[G_\mathrm{RE}]=-113.5+160.1=46.6(\mathrm{dB})$$

$$G_\mathrm{RE}=\left(\frac{\pi D}{\lambda}\right)^2\eta=10^{4.66}$$

可推得天线口径为 $D=2.21\mathrm{m}$。

3) 降雨余量

$$r=\frac{\left(\dfrac{C}{N}\right)_\mathrm{U}^{-1}}{\left(\dfrac{C}{N}\right)_\mathrm{D}^{-1}}=\frac{10^{1.72}}{10^3}=0.0525$$

$$\left[\frac{C}{T}\right]_\mathrm{th}=\left[\frac{C}{T}\right]_\mathrm{D}-[r+m]=17.2-10\lg(0.0525+m)=9.5$$

$$m=5.83$$

所以,降雨余量 M 为

$$M=10\lg5.83=7.7(\mathrm{dB})$$

7. 卫星通信系统线路设计基本步骤

由以上讨论并再加深入一些的思考,可将通信系统线路设计的基本步骤归纳如下。

(1) 确定系统工作频段。

(2) 确定卫星通信参数,估计所有未知参数。

(3) 建立上行线路载噪比预算表。

（4）建立下行线路载噪比预算表。

（5）由各单程载噪比(其中也可能包括载波交调噪声比等)建立总载噪比计算式。

（6）计算基带信道中的信噪比 S/N 或误码率 BER,找出线路余量。

（7）估算设计结果并与系统要求进行比较,视需要改变设计参数以便获得可接收的 $[C/N]_t$ 或 $[S/N]$、BER 等性能指标,这一过程可能要反复好几次。

（8）确定线路工作的传播条件。

（9）校验所有参数的合理性以及在期望的预算下的可实现性,如有不合适之处,要改变某些参数再重新设计系统。

3.5.4 卫星通信线路系统权衡

下面以一个例子来说明卫星线路参数权衡的基本含义。假设一传输话音信号的 SCPC 系统,其结构如图 3.65 所示。该系统的主要参数如表 3.17 所示。

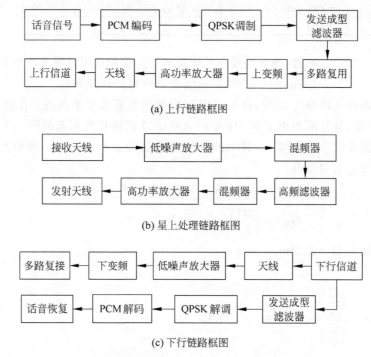

(a) 上行链路框图

(b) 星上处理链路框图

(c) 下行链路框图

图 3.65　传输话音信号的 SCPC 系统结构

表 3.17　SCPC 话音和数据参数表

射频发送	发射天线直径	5m
	天线效率 η	0.8
	发射天线 EIRP	95.61dB
	天线增益	(1)
上行损耗	传输距离	36 000km
	上行频率	6GHz
	上行损耗	(3)

续表

	收发天线直径	0.5m
	增益系数 η	0.8
星上转发	噪声温度	300K
	功放输出增益	79.4dB
	转发 ERIP	40W
	接收天线直径	0.6m
	天线效率 η	0.8
	天线增益	(2)
	接收延迟	28
	下行频率	4GHz
射频接收	下行损耗	(4)
	相位噪声	60dBc/Hz
	噪声温度	100K
	频率偏移	0Hz
	频率补偿	1Hz
	接收天线输出信号功率电平	(5)

首先需要根据已知参数计算表中缺少的(1)(2)(3)(4)(5)的各项内容。

(1) 发射天线增益 G_u

$$[G_u] = \left[\left(\frac{\pi D}{\lambda} \right)^2 \eta \right] = \left[\left(\frac{\pi D}{c_{光速} / f_{上行}} \right)^2 \eta \right]$$

$$= 10 \lg \left[\left(\frac{5\pi}{3 \times 10^8 / 6 \times 10^9} \right)^2 \times 0.8 \right] = 48.97 \text{dB}$$

(2) 射频接收天线增益 G_d

$$[G_d] = \left[\left(\frac{\pi D}{\lambda} \right)^2 \eta \right] = \left[\left(\frac{\pi D}{c_{光速} / f_{下行}} \right)^2 \eta \right]$$

$$= 10 \lg \left[\left(\frac{0.6\pi}{3 \times 10^8 / 4 \times 10^9} \right)^2 \times 0.8 \right] = 27.0357 \text{dB}$$

(3) 上行传播损耗 L_u

$$[L_u] = 92.5 + 20 \lg 36\,000 (\text{km}) + 20 \lg 6 (\text{GHz}) = 199.19 \text{dB}$$

(4) 下行传播损耗 L_d

$$[L_d] = 92.5 + 20 \lg 36\,000 (\text{km}) + 20 \lg 4 (\text{GHz}) = 195.67 \text{dB}$$

由参数表 3.12 可知

$$[\text{EIRP}]_S = 10 \lg(40) = 16.02 \text{dB}$$

$$\left[\frac{G}{L} \right]_{RE} = [G]_d = 27.0357 \text{dB}$$

$$[L]_d = 195.67 \text{dB}$$

$$T_{RE} = 100 \text{K}$$

$$B = 38.00 \text{kHz}$$

$$k = -228.6 \text{dBJ/K}$$

（5）接收天线输出信号功率电平$[C_R]$

$$[C]_{RE} = [EIRP]_S - [L]_D + [G/L]_{RE}$$
$$= 16.02\text{dBW} - 195.67\text{dB} + 27.0357\text{dB} = -152.61\text{dBW}$$

完善了系统参数表后，下面来对系统的业务需求进行分析。系统要求传输数字话音和数据业务，这两种业务对系统的总载噪比提出了不同的要求，为进行分析，需先计算此卫星线路的总载噪比。此系统的上行链路载噪比

$$\left[\frac{C}{T}\right]_{U1} = [EIRP]_{E1} - [L]_u + \left[\frac{G}{T}\right]_S$$
$$= 95.61 - 3 - 199.19 + 27.0357 - 24.77 = -101.76\text{dBW/K}$$

此系统的下行链路载噪比

$$\left[\frac{C}{T}\right]_{D1} = [C_{RE}]_1 - [T_{RE}] = -152.61 - 20 = -172.61\text{dBW/K}$$

单个载波功率与线路总等效噪声温度

$$\left(\frac{C}{T}\right)_{T_1}^{-1} = \left(\frac{C}{T}\right)_{U_1}^{-1} + \left(\frac{C}{T}\right)_{D_1}^{-1}$$

即

$$\left(\frac{C}{T}\right)_{T_1} = -172.61\text{dB}$$

由计算结果可以看出，现行参数配置的 SCPC 系统是下行受限系统。下面分别讨论使用该系统传输话音和数据业务时的门限余量。

1）话音业务

对于话音业务，误比特率只需达到 10^{-4} 这个数量级，其归一化信噪比门限值

$$\left[\frac{E_b}{N_o}\right]_{th} = 8.4\text{dB}$$

因

$$\left[\frac{C}{T}\right]_{th} = \left[\frac{C}{N}\right]_{th} + [kB] = \left[\frac{E_b}{N_o} \times \frac{R_b}{B}\right]_{th} + [kB] = \left[\frac{E_b}{N_o}\right]_{th} + [k] + [R_b]$$

所以

$$\left[\frac{C}{T}\right]_{th} = 8.4 - 228.6 + 10\lg(64\,000) = -172.14\text{dBW/K}$$

传输话音业务的门限余量

$$[E] = \left[\frac{C}{T}\right]_{T1} - \left[\frac{C}{T}\right]_{th} = -172.61 + 172.14 = -0.47\text{dBW/K}$$

该系统传输话音业务，门限余量处于 2～3dB 的允许范围内，因此对传输话音业务的数字系统，该系统的各指标值符合工程设计要求。

2）数据业务

对于传输数据业务，误比特率至少要达到 10^{-6} 这个数量级，其归一化信噪比门限值

$$\left[\frac{E_b}{N_o}\right]_{th} = 10.6\text{dB}$$

同话音业务计算可得到

$$\left[\frac{C}{T}\right]_{th} = 10.6 - 228.6 + 10\lg(64\,000) = -169.94\text{dBW/K}$$

$$[E] = \left[\frac{C}{T}\right]_{T1} - \left[\frac{C}{T}\right]_{th} = -172.61 + 169.94 = -2.67\text{dBW/K}$$

可以看到,该系统并不能满足可靠传输数据的要求。那么如何对系统进行调整呢? 此时可以考虑多种措施,举例来说

(1) 增加信道编码。为了使系统能够可靠传输数据业务,可以采用加入信道编码。由问题二中得知传输数据业务时所预留的门限余量较小,因此该系统属于功率受限系统。而当采用加入 1/2 卷积码后,可知系统可以获得 3.33dB 的编码增益,对于该系统,此编码增益已经够用了。

(2) 增加接收天线大小。使用增加信道编码的方式,在提高系统可靠性的同时,实际上降低了信息速率。如果希望保证信息速率不变,则必须对系统的硬件进行升级。因前面已经发现,此系统是下行受限系统,因此增加接收天线的大小是一种直接有效的调整方式。读者可根据上述公式,自行计算能满足业务需要的最小接收天线的大小。

3.6 数字卫星通信系统范例

根据使用目的和要求的不同,可以组成各种卫星通信系统,典型系统有 IDR 系统、IBS系统、VSAT 系统和 DBS 系统等。

3.6.1 IDR 系统

INTELSAT 传输数字业务的系统中,最早有 SCPC 系统,后来又发展了 TDMA 系统。SCPC 系统的速率较低,仅为 64kb/s,满足不了多种业务的需要,而且当话路较多时,SCPC的设备价格就显得太高。TDMA 的速率为 120Mb/s,它需要全网定时和同步提取,技术复杂,设备昂贵。为了满足介于这两种速率之间的各种业务的需求,INTELSAT 于 1978 年提出了一种综合性的数字卫星通信系统: IDR 系统。IDR 系统是一种 TDM/QPSK/FDMA系统,其信息码率范围为 64kb/s~44.736Mb/s,中数据速率的名称即由此而来。

与 TDMA 相比,IDR 不需要全网同步,系统较为简单,设备也较便宜,并能满足各种公众业务(包括数字话音、数据、电视会议、数字电视和 ISDN 等各种数字业务)以及计算机通信和其他新业务的需求,因此,IDR 卫星通信获得了迅速的发展。

1. IDR 系统的通信体制

如前所述,IDR 系统是一种 TDM/QPSK/FDMA 数字卫星通信系统。其基带复用方式为 TDM;扰码采用 20 级移位寄存器构成的自同步型扰码器;信道编码除 1024kb/s 业务采用 1/2 卷积码以外,其余业务一般均采用由 1/2 码率的卷积码删除而得的 3/4 码率删除卷积码;中频调制统一采用 QPSK 调制;多址联接方式为 FDMA,信道定向方式为单址载波方式或多址载波方式。

2. IDR 系统地球站设备信道单元

IDR 系统地球站设备信道单元简图如图 3.66 所示。其中,DCME 是一种广泛应用于IDR 系统和 TDMA 系统中的 DCME,如 3.5.2 节中所述,这种设备采取 LRE 和 DSI 技术,

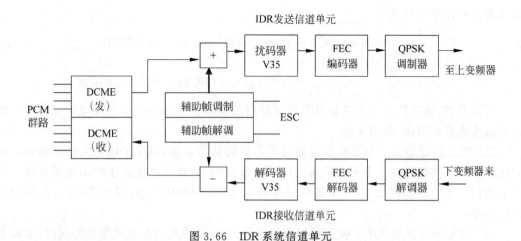

图 3.66　IDR 系统信道单元

通常至少可以得到 5 及 5 以上的电路倍增增益,因而可实现用户扩容、提高信道利用率;加扰在 FEC 编码前进行,扰码符合 CCITT v.35 建议;ESC 为公务和告警通道,用于传输复帧同步、工程勤务信息和提供维修报警。

3. IDR 建议的载波规格

对于 IDR 而言,虽然 64kb/s～44.736Mb/s 之间的任何信息速率都可以传输,但是,INTELSAT 根据 CCITT 分级标准和 ISDN 的比特率确定推荐了一组载波。建议的信息速率为 64、193、384、1544、2048、6312、8448kb/s 和 32.064、34.368、44.736Mb/s。1Mb/s 以上速率相当于 CCITT 推荐的基群、二次群、三次群的数字分级,其他速率也是 CCITT 为用于 ISDN 而规定的速率。

对 IDR 载波分配带宽的方法如下:占用卫星的带宽(以 Hz 为单位)约等于传输比特率的 0.6 倍,其分配带宽约为传输比特率的 0.7 倍,同时还须满足:当信息速率等于或低于 10Mb/s 时,分配带宽为 22.5kHz 的奇数倍;当信息速率高于 10Mb/s 时,分配带宽为 125kHz 的倍数。其中,传输比特率等于数据速率除以信道编码效率,数据速率等于信息速率与报头速率之和。表 3.15 给出了 INTELSAT 建议的 IDR 载波的相关参数。

4. IDR 帧结构

IDR 系统对输入的数字或数据信号进行 TDM 处理,之后还要进行帧的变换,加入辅助帧(或称为报头)、构成 IDR 帧,而且每 8 帧构成一个复帧。辅助帧中包含复帧同步比特和告警比特,参见表 3.18 还可知,加辅助帧的对象主要是信息速率为 1.544～44.736Mb/s 的数据信号,辅助帧速率为 96kb/s。例如,1.544Mb/s 和 2.048Mb/s 的 IDR 帧结构如图 3.67 所示,帧长为 125μs。

表 3.18　INTELSAT 建议的 IDR 载波的相关参数(FEC 为 3/4 卷积码,C/N 均为 9.7dB)

信息速率 /b·s⁻¹	信道数目	报头速率 /kb·s⁻¹	数据速率 /kb·s⁻¹	传输速率 /kb·s⁻¹	占用带宽 /Hz	分配带宽 /kHz	C/T /dBW·K⁻¹	C/N_0 /dBHz
64k	1	0	64	85.33	51.2	67.5	−171.8	56.8
192k	3	0	192	256.00	153.6	202.5	−167.1	61.5
384k	6	0	384	512.00	307.2	382.5	−164.1	64.5
1.544M	24	96	1640	2187	1310	1552.5	−157.8	70.8

续表

信息速率 /Mb·s⁻¹	信道数目	报头速率 /kb·s⁻¹	数据速率 /kb·s⁻¹	传输速率 /kb·s⁻¹	占用带宽 /Hz	分配带宽 /kHz	C/T /dBW·K⁻¹	C/N_0 /dBHz
2.048	30	96	2144	2859	1720	2002.5	−156.6	72.0
6.312	96	96	6408	8544	5130	6007.5	−151.8	76.8
8.448	120	96	8544	11 392	6840	7987.5	−150.6	78.0
32.064	480	96	32 160	42 880	25 730	29 125.0	−144.8	83.8
34.368	480	96	34 464	45 952	27 570	32 250.0	−144.1	84.1
44.736	672	96	44 832	59 776	35 870	41 875.0	−138.4	84.8

IDR 插入辅助帧并不改变原有信息码的帧格式,因而适用于传输各类数字信息。

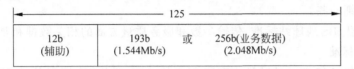

图 3.67　IDR 系统信道单元

5. IDR 系统的误比特性能要求

INTELSAT 要求 IDR 系统保证在晴天条件下额定误比特率 BER 为 1×10^{-7},在恶劣气候条件下,每年至少要有 99.96% 的时间保证 BER≤1×10^{-3}。

6. IDR 地球站标准

IDR 系统的普通地球站有 C 频段的 A、B 型和 Ku 频段的 C 型,作为普通地球站的补充,还引入了 C 频段的 F 标准站和 Ku 频段的 E 标准站。表 3.19 列出了这些标准站的天线尺寸和 G/T 值。

表 3.19　IDR 标准地球站天线尺寸和 G/T 值

地球站标准		天线尺寸/m	G/T/dB·K⁻¹
C 频段	A	15	35.0
	B	11	31.7
	F2	8	27.0
	F3	9	29.0
Kᵤ 频段	C	13	37.0
	E2	5.5	29.0
	E3	8	34.0

7. IDR 的特点

IDR 方式有以下优点：IDR 系统为数字化系统,易于与地面数字传输网或数字电话交换机接口；IDR 信号便于再生和进行数字处理,抗干扰性能好,传输质量高；便于与计算机通信结合,提供各种服务预定、银行数据传输等新业务,服务面广；IDR 系统结构和设备均比 TDMA 简单,投资省,见效快,尤其在开通电路数不是十分多的情况下,采用 IDR 方式更为经济；空间段租费省。但是 IDR 方式也存在一些缺点：INTELSAT 建议的信息速率等级间距太大；当一个方向上的电路数较少时,DCME 倍增增益不能取得太高。

3.6.2 IBS 系统

IBS 是 INTELSAT 为了适应信息时代的需要、充分利用卫星资源、扩大服务对象、加强商务业务的发展而提出的新业务之一,也是 INTELSAT 提供的最成功的业务之一。

由于 IBS 通信方式灵活多样、价格低廉、设备安装方便,因而得到较广泛的应用,其应用主要包括数字电话、会议电话、电视会议、高速传真、批量数据传输、电子转账、远地报刊印刷、主计算机之间的互连、专用线路电话网与各 PABX(Private Automatic Brach eXchange)之间的互连等。

IBS 的通信体制与 IDR 大致相同,亦采取 TDM/QPSK/FDMA 体制,信道编码采用 1/2 和 3/4 码率的 FEC,还采用了扩频技术,数据速率范围为 64kb/s～8.448Mb/s,各挡数据速率比 IDR 分得更细一些。

下面仅介绍 IBS 地球站标准、传输参数和服务质量方面的相关数据和要求。

1. 地球站标准

与 IDR 类似,IBS 普通地球站亦有 C 频段的 A、B 型和 Ku 频段的 C 型,作为普通地球站的补充,还引入了 C 频段的 F 标准站和 Ku 频段的 E 标准站,这些标准站的天线尺寸和 G/T 值列于表 3.20 中。IBS 系统允许利用非标准地球站使用 IBS 卫星转发器容量,但必须先得到主管部门的批准。

国家级信关站应采用大型地球站(如 C 频段的 16～18m 站;Ku 频段的 11～13m 站),并应有一个网控中心。城市信关站或地区卫星通信港(Teleport)一般采用中型地球站(如 C 频段的 9～11m 站,Ku 频段的 5.5～9m 站)。小型站(如 C 频段的 5～7m 站,Ku 频段的 3.5～5.5m 站)可用作专用网或小用户群的信关站。

表 3.20　IBS 地球站技术特性

地球站标准		天线尺寸/m	G/T 值/dB·K^{-1}
C 频段	A	18.0	35.0
	B	12	31.7
	F1	4.5	22.7
	F2	8.0	27.0
	F3	10.0	29.0
K$_U$ 频段	C	13.0	37.0
	E1	3.5	25.0
	E2	5.5	29.0
	E3	8.0	34.0

2. IBS 建议的载波规格

从 IBS 系统的网络协议和体系结构来划分,有封闭型和开放型两类网络。封闭型网络是对特定的一组参数要求一致的用户或用户群定义的网络,其目的是给用户选择其所需数字系统的自由,以便满足其特殊要求。开放型网络是为支持一组普遍认同的技术参数而设计的,以便于与其他网络接口,并为此对公共终端性能作出了一系列规定。

开放网支持的信息速率为 64kb/s、128kb/s、256kb/s、384kb/s、512kb/s、768kb/s、1544kb/s、920kb/s、2048kb/s;封闭网支持的信息速率为 64～8448kb/s。两种网络都可采

用 1/2 FEC 编码,但封闭网还可采用 3/4 FEC 编码(封闭网的报头为 10%,开放网的报头为 6.7%)。表 3.21 列出了一些数据速率下的 IBS 载波的相关参数,其中基带成形滤波器滚降系数取为 0.2。

表 3.21　IBS 载波的相关参数(FEC 为 1/2 卷积码,误码率性能要求为 10^{-8},C/N 均为 6.8dB)

信息速率/ kb·s⁻¹	封闭网(报头 10%)				开放网(报头 6.7%)			
	传输速率 /kb·s⁻¹	分配带宽 /kb·s⁻¹	C/T/ dBW·K⁻¹	C/n_0/ dBHz	传输速率 /kb·s⁻¹	分配带宽 /kb·s⁻¹	C/T/ dBW·K⁻¹	C/n_0/ dBHz
64	141	112.5	−172.4	56.2	137	112.5	−171.85	56.1
384	846	607.5	−164.7	63.9	819	607.5	−164.8	63.8
1544	3400	2408	−158.7	69.9	3277	2318	−158.7	69.9
2048	4500	3173	−157.4	71.2	4369	3082	−157.5	71.2
8448	18 600	13 028	−151.3	77.3				

3. IBS 业务类型和业务质量

IBS 业务在用户要求的比特率基础上,可以是全时租用业务(每天 24 小时,每周 7 天提供业务,最短租用期限为 3 个月)、部分时间租用(每周 7 天,每天在相同的时段租用转发器)业务、短期全时租用(每周 7 天,租期 1~3 个月)业务和临时租用(按需预约提供业务,0.5 小时起算,之后以 15 分钟为增量计费)业务。所提供业务的质量有两个等级:基本 IBS 业务和超级 IBS(Super IBS)业务。

1) 基本 IBS 业务

C 频段可提供符合 ISDN 标准的服务质量,系统余量 3dB,晴天条件下 BER≤10^{-8},C/N 为 6.8dB;恶劣天气条件下,每年 99.96% 的时间保证 BER≤10^{-3},C/N 为 3.8dB。对于 Ku 频段,系统余量 2.5dB,晴天条件下 BER≤10^{-8},C/N 为 8.2dB;恶劣天气条件下,每年 99% 的时间可保证 BER≤10^{-6}。

2) 超级 IBS 业务

系统余量 7dB。C 频段与基本 IBS 业务相同。Ku 频段提供符合 ISDN 标准的服务质量,晴天条件下 BER≤10^{-8},C/N 为 10.8dB;恶劣天气条件下,每年 99.96% 的时间保证 BER≤10^{-3},C/N 为 3.8dB。

3.6.3　VSAT 系统

VSAT 系统因其大部分地球站天线口径小而得名,通常天线口径为 0.3~2.4m。VSAT 地球站亦有卫星小数据站和个人地球站之称,这是因为不少 VSAT 系统以传输数据为主,并且各用户能够直接利用卫星进行通信,通信终端可直接延伸到办公室和私人家庭、甚至可面向个人。

VSAT 系统是 20 世纪 80 年代中期利用现代技术开发的一种新的卫星通信系统,利用这种系统进行通信具有灵活性强、可靠性高、成本低、使用方便以及小站可直接装在用户端等特点。借助 VSAT,用户数据终端可直接利用卫星信道与远端计算机进行联网,完成数据传递、文件交换或远程处理,从而摆脱了本地区的地面中继线问题。在地面网络不发达、通信线路质量不好或难以传输高速数据的边远地区,使用 VSAT 作为数据传输手段是一种很好的选择。目前,VSAT 广泛应用于银行、饭店、新闻、保险、运输和旅游等部门。

VSAT 的迅速发展还得益于 20 世纪 80 年代计算机的大量普及和计算机联网需求的大量增加。由于相当多的计算机通信业务是在一个主计算机与许多远端计算机之间进行的,而 VSAT 系统能非常经济、方便地解决地面通信网很难处理的这种点对多点寻址;加上当时的 VSAT 已综合了许多新的技术(如分组传输与交换技术、高效的多址接续技术、微处理器技术、协议的标准化、地球站射频技术、天线的小型化及高功率的卫星等),使得 VSAT 基本具备了前述的主要优点,得以迅速发展,成为卫星通信中发展最快的一个领域。

1. VSAT 系统的网络拓扑结构

VSAT 通信系统的结构有星状、网状及两者的混合形式。

在星状网中,外围各远端小站只与中心站直接发生联系,小站互相之间不能通过卫星直接互通,如有必要,各小站可以经中心站转接方能建立联系,其网络拓扑如图 3.68(a)所示。星状 VSAT 系统是目前应用最广泛的 VSAT 网络形式,其小站的设备规模小、价格便宜,所以特别适用于全国性或全球性的分支机构很多、并有大量数据信息需要传送和集中处理的行业和企、事业,如新闻、银行、民航、交通、联营旅馆和商店、供应商的销售网、股票行情、气象、地震预报以及政府计划、统计等部门,用以建立专用的数据通信网来改善自动化管理,或发布、收集行情等信息。但星状网的小站之间需要以双跳形式进行通信,这对于话音双向通信不利。

为了避免双跳延时,以话音通信为主的 VSAT 系统需要采用网状拓扑结构。如图 3.68(b)

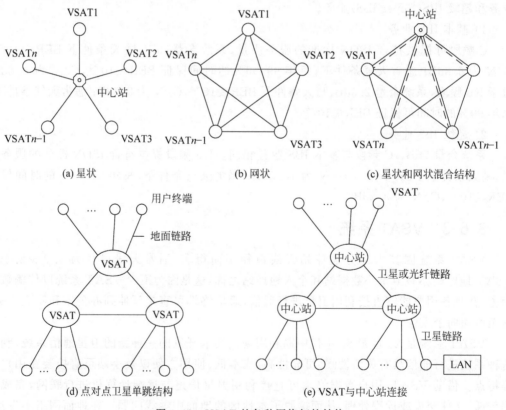

图 3.68　VSAT 的各种网络拓扑结构

所示,网状 VSAT 各站彼此可经卫星直接沟通。网状 VSAT 的数据率可增大到传输数字视频信号所需要的 1.544Mb/s,但由于不像星状 VSAT 那样有较大型中心地球站对所有小站予以补偿,所以必须要有区域波束和点波束的较高功率卫星。

星状和网状混合结构网的网络拓扑结构如图 3.68(c)所示。这类网络在传输实时性要求高的业务(如话音)时采取网状结构,而在传输实时性要求不高的业务(如数据)时采取星状结构;当进行点对点通信时采取网状结构,当进行点对多点通信时采取星状结构。需要指出的是,话音 VSAT 系统常采取混合网络拓扑结构,传输话音时采取网状网结构(虚线所示),传输控制信息时采取星状网结构(实线所示),所谓控制信息是指与网络监控、管理和维护等相关的信息。

VSAT 通信网是用大量模块化网络部件实现的,使用灵活,易于扩展,能适应各种用户需要,能将传输和交换功能结合在一起。因此,它能为各种网络业务提供预分配或按需分配的窄带和宽带链路,并能在任意网络结构中应用。图 3.68(d)是一种点对点的卫星单跳结构,其中,VSAT 作为低速率数据终端或话音业务的网关(Gateway),这些用户可以是个人计算机或某商业系统的各个机构。VSAT 可作为远端终端,用来向一组末端用户终端或局域网(LAN)收集或分配数据,在这种应用中,一组 VSAT 与一个特定的中心站(一般是大、中型站)连接,所采取的网络拓扑结构如图 3.68(e)所示。

2. VSAT 系统的组成

VSAT 系统一般由 VSAT 小站、主站和卫星转发器组成,如图 3.69 所示。如上所述,数据 VSAT 系统通常采用星状网络拓扑结构;话音 VSAT 系统通常采用混合网络拓扑结构,其中话音传输采取网状结构,控制信息传输采取星状结构。

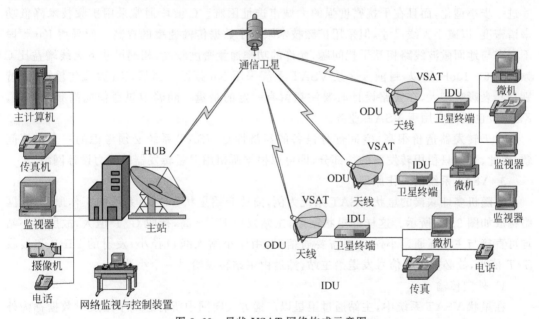

图 3.69 星状 VSAT 网络构成示意图

1) 主站

主站又称为中心站、中央站或枢纽站(HUB),是 VSAT 系统的心脏。它与普通地球站一样使用较大型的天线,其天线直径一般为 3.5～8m(Ku 波段)或 7～13m(C 波段)。主站是数据 VSAT 系统的业务中心和控制中心,通常与主计算机放在一起或通过其他(地面或卫星)线路与主计算机连接;在话音 VSAT 系统中,控制中心可以与业务中心在同一个站,也可以不在同一个站,通常把控制中心所在的站称为主站或中心站。由于主站涉及整个 VSAT 系统的运行,其故障会影响全网的正常工作,故其重要设备皆有备份。为了便于重新组合,主站一般采用模块化结构,设备之间采用高速局域网的方式互连。

2) VSAT 小站

VSAT 小站由小口径天线、室外单元(Out Door Unit,ODU)和室内单元(In Door Unit,IDU)组成。VSAT 天线有正馈和偏馈两种形式,正馈天线尺寸较大,而偏馈天线尺寸小、性能好(效率高、旁瓣小),且结构上不易积冰雪,因此常被使用。在相同条件(例如频段及转发器条件相同)下,话音 VSAT 系统的小站为了实现小站之间的直接通信,其天线会明显大于只与主站通信的 VSAT 小站。室外单元主要包括 GaAsFET 固态功放、低噪声场效应管放大器、上/下变频器和相应的监测电路等。整个室外单元可以装在一个小金属盒子内,直接挂在天线反射器背面。室内单元主要包括调制解调器、编译码器和数据接口设备等。室内外两单元之间以同轴电缆连接,传送中频信号和供电电源。整套设备结构紧凑、造价低廉、全固态化、安装方便、环境要求低,可直接与其数据终端(微计算机、数据通信设备、传真机、电传机等)相连,不需要地面中继线路。

3) 卫星转发器

VSAT 系统采用的转发器一般为 C 频段或 Ku 频段的同步卫星透明转发器。C 频段电波传播条件好、降雨影响小、可靠性高、小站设备简单、可利用地面微波成熟技术、开发容易、系统费用低,但由于存在与地面微波线路干扰问题,功率通量密度不能太大,限制了天线尺寸进一步小型化,而且在干扰密度强的大城市选址困难。C 波段通常采用扩频技术降低功率谱密度,以减小天线尺寸,但采用扩频技术限制了数据传输速率的提高。而采用 Ku 频段不存在与地面微波线路相互干扰问题,允许的功率通量密度较高,相同尺寸下天线增益比 C 频段高 6~10dB,所以,目前大多数 VSAT 系统采用 Ku 频段。当然,Ku 频段传输损耗、特别是雨衰影响较大,在线路设计时要注意留有一定的余量。随着卫星通信向高频段发展,Ka 频段也逐渐应用于 VSAT 业务。

由于转发器造价很高,空间部分设备的经济性是 VSAT 系统必须考虑的一个重要问题,因此,可以只租用转发器的一部分,即可以根据所租用卫星转发器的能力设计网络。

3. VSAT 系统的工作原理

以随机多址联接的星状 VSAT 系统为例,简要介绍星状 VSAT 系统的工作原理,其网络构成如图 3.69 所示。这样的星状网络,主站发射 EIRP 高,接收 G/T 值大,故所有小站均可直接与主站互通。小站之间需要通信时,由于小站天线口径小,发射的 EIRP 和接收 G/T 值小,故必须先将信号发送给主站,然后由主站转发给另一个小站。

1) 外向传输

在星状 VSAT 系统中,主站通过卫星以广播方式向网中所有远端小站发射数据称为外向(Outbound)传输。外向传输的射频信号是连续发射的,主站对各小站的信道定向是通过基带的 TDM 或统计 TDM 的方式来实现的。为了保证各 VSAT 站的同步,每个 TDM 帧(约 1s)开头发送 1 个同步码,同步码特性应能保证各 VSAT 小站在未纠错误比特率为 1×10^{-3} 时仍能保证可靠同步,该同步码还应向网中所有终端提供 TDM 帧的起始信息(SOF)。

TDM 帧结构如图 3.70 所示。在 TDM 帧中,每个报文分组包含一个地址字段,表明需要对通的小站地址。所有小站接收 TDM 帧,从中选出该站所要接收的数据。利用适当的寻址方案,一个报文可以送给一个特定的小站,也可发给一群指定的小站或所有小站。当主站没有数据分组要发送时,它可以发送同步码组。

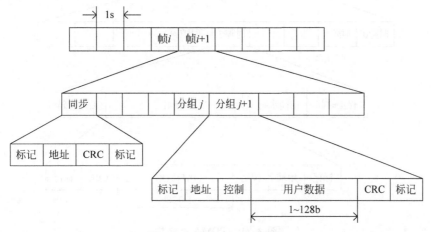

图 3.70 外向 TDM 帧结构

2) 内向传输

各远端小站通过卫星向主站传输数据叫作内向(Inbound)传输。在随机多址联接的星状 VSAT 网中,各个用户终端可以随机地产生信息,因此内向传输采用随机方式发射突发性信号。一个内向信道可以容纳许多小站,所能容纳的最大站数主要取决于小站的数据率,这些小站采用某种信道共享协议共享该 RA/TDMA 信道。小站一般不能用自发自收的方式监视本站发射信号的传输情况,所以主站成功收到小站信号后,需要通过 TDM 信道回传一个 ACK 信号,宣布已成功收到数据分组;如果由于误码或分组碰撞造成传输失败,小站收不到 ACK 信号,则失败的分组需要重传。

假定采用的争用协议是 S-ALOHA,则 TDMA 帧结构如图 3.71 所示。各小站的数据分组只能在一个时隙的起始时刻开始传输,并在该时隙结束之前完成传输。时隙的大小和时隙的数量取决于应用情况,时隙周期可用软件来选择。在网中,所有共享 RA/TDMA 信道的小站都必须与帧起始(SOF)时刻以及时隙起始时刻保持同步,这种统一的定时由主站 TDM 信道上广播的 SOF 信息提供。

TDMA 突发信号由前同步码开始,前同步码由比特定时、载波恢复信息、前向纠错(FEC)、译码器同步和其他开销(当需要时)组成。接下去是起始标记、地址字段、控制字段、数据字段、CRC 和终止标记。如果需要,后同步码可包括维特比译码器删除移位比特(Viterbi decoder flushing outbit)。小站可以在控制字段发送申请信息。

综上可知,VSAT 网与一般卫星网不同,它是一个典型的不对称网络,即线路两端设备不同;执行的功能不同;内向和外向业务量不对称;内向和外向信号强度不对称,主站发射功率大得多,以便适应 VSAT 小天线的要求,VSAT 发射功率小,主要利用主站高的接收性能来接收 VSAT 的低电平信号。因此,在设计系统时必须考虑到 VSAT 网的上述特点。

4. VSAT 系统的主要通信体制和特点

20 世纪 80 年代以来,国外许多公司相继推出了许多系列化 VSAT 产品,并竞相采用先

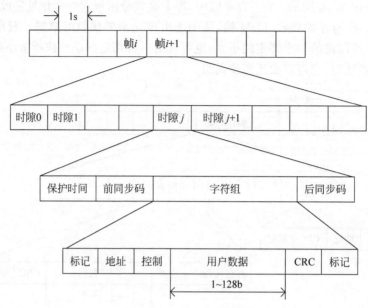

图 3.71 TDMA 帧结构

进技术体制,以便提高 VSAT 的功能和降低成本。VSAT 系统的主要通信体制和特点列在表 3.22 中。

表 3.22   VSAT 的主要通信体制和特点

类　　型		VSAT	VSAT(扩频)	USAT	TSAT	TVSAT
天线直径/m		1.2~1.8	0.6~1.2	0.3~0.5	1.2~3.5	1.8~2.4
频段		Ku	C	Ku	Ku/C	Ku/C
外向信息率/kb·s⁻¹		56~512	9.6~32	56	56~1544	—
内向信息率/kb·s⁻¹		16~128	1.2~9.6	2.4	56~1544	—
多址方式	内向	ALOHA	CDMA	CDMA	TDMA/FDMA	—
		S-ALOHA				
		R-ALOHA				
		TDMA/DA				
		TDMA/RA				
	外向	TDM	CDMA	CDMA	TDMA/FDMA	PA
调制		BPSK/QPSK	DS	FH/DS	QPSK	FM
连接方式		无主站/有主站	有主站	有主站	无主站	无主站
通信协议		SDLC	SDLC	专用		
		X.25	X.25			
		ASYNC				
		BSC				
网络工作		共用/专用	共用/专用	共用/专用	专用	共用/专用

5. VSAT 业务类型及应用

VSAT 产品拥有广泛的业务能力,除了个别宽带业务外,VSAT 卫星通信系统几乎可支持所有现有的业务,包括话音、数据、传真、LAN 互连、会议电话、可视电话、低速图像、可视电视会议、采用 FR(Frame Relay)接口的动态图像和电视、数字音乐等。因此选用适当的技术,就可以解决大部分工业、农业、商业、能源、交通及国民经济各个行业的通信,以及其他各种信息传递业务。表 3.23 列出了现有 VSAT 系统业务和某些典型的应用。

表 3.23 VSAT 的主要业务及典型应用

业 务 类 型		应 用
(1) 广播和分配业务		
	数据	数据库、气象资料、新闻、股票、债券、商品信息价格表、库存、零售额、遥控、远地印刷品传递等
	图像	传真(FAX)
	音频	新闻、音乐节目、音乐演出、广告、空中交通管制等
视频	① 电视单收	文娱节目接收
	② 商业电视	教育、培训、资料检索等
(2) 收集和监控业务		
	数据	输油管线、气象资料、新闻、监测等
	图像	图表资料、凝固图像
	视频	高度压缩的监视图像
(3) 交互型业务(星状拓扑)		
	数据	信用卡验证、银行转账、零售商店、数据库业务、CAD/CAM、票证、预订、图书馆等
(4) 交互业务(点对点)		
	数据	CPU-CPU、DTE-CPU、LAN 互连、电子邮件、用户电报等
	话音	稀路由话音、应急话音通信
	视频	远程电视会议(图像压缩)

3.6.4 直播卫星电视系统

广义上的直播卫星电视系统包括 DTH 和 DBS。

1. DTH

根据国际电信联盟的定义,DTH 属固定卫星广播业务,可为地面电视运营商、广播电视台或站提供节目源,又可为大众直接提供电视节目。DTH 利用同步通信卫星,建立直播平台实现将电视节目直接播送到家庭的功能。DTH 的电视节目一般有两种接收方式:一种是免费的、不加密的,称为 FTA(Free To All)接收方式;一种是有条件接收、加密收费的方式,称为 CA(Conditional Access)接收方式。

2. DBS

根据国际电信联盟的定义,DBS 是指利用直播卫星将广播电视节目直接传送到家庭的一种传输系统。DBS 采用静止同步直播卫星,以大功率辐射地面某一区域或国家,将广播电视节目直接传送到家庭。直播卫星电视是付费电视,均采用有条件接收方式。

DTH 和 DBS 都能实现直播到户的功能,但它们在定义、概念上是不同的,DTH 采用通信卫星,DBS 采用直播卫星,它们在广播业务和管理规则上也不同。

目前,DTH 的空间段运营平台大多利用高功率通信卫星的同步卫星业务(Fixed Satellite Service,FSS)转发器。新一代通信卫星在功率、容量、寿命、EIRP 等方面不比直播卫星逊色,由通信卫星 FSS 转发器提供的 DTH 电视服务的接收效果、使用便利性与直播卫星 DBS 系统不相上下。

DBS 有着其他覆盖方式无可比拟的优势,具有投资少、见效快、覆盖范围广、接收成本低、易于开展图像和数据信息综合业务等优点。DBS 常用 Ku 频段,圆极化方式。经过多年的发展,大功率、大容量的 Ku 频段直播卫星技术业已成熟,仅需 0.5m 左右的小天线便可直接接收来自卫星的电视广播。DBS 很适合在 Ka 频段传输高清电视信号。

时至今日,卫星直播指的是可以使家庭利用小型接收天线直接接收卫星电视节目的任何卫星电视系统,而不论卫星转发器的功率和采用的波段如何。

模拟卫星电视与以往常用的电缆电视、微波电视等相比具有较多的优点。但是,由于卫星上转发器数目有限,对发射功率限制严,一颗卫星传送模拟电视节目的数量是有限的,如 C 频段卫星电视下行频率的带宽为 500MHz,模拟卫星广播电视每个频道要占用 27MHz 的带宽,即使采用正交极化的频率再用技术,也只能传送 24 套电视节目。而数字电视信号具有可再生和多重中继、信噪比高、可加密、一致性好等优点,加之 MPEG 数据压缩编码技术的成熟及广泛应用,使得一个模拟卫星转发器在所占的带宽(27MHz)内可传送 4～8 套相当好的电视节目,每颗卫星所传送的电视节目可达到 150 套。数字直播卫星电视具有模拟方式不可比拟的优势,直播卫星电视已经进入了崭新的数字化时代。

3. 数字直播卫星电视的特点

数字直播卫星电视有诸多优点:覆盖面广、接收质量高、节省信道和存储空间、抗干扰能力强、可增加图文及视频点播等新业务、建设周期短。此外,由于数字卫星电视系统采用大规模集成电路技术,可使设备降低功耗、减小体积、减轻重量、提高可靠性,并可使测试维修简便、成本降低。

数字卫星电视的技术优势赋予其广阔的发展前景,它与数字有线电视将随着通信技术的发展在竞争中互为补充、长期共存,而对于诸如边远地区这类有线电视网难以覆盖的地区,卫星数字电视直播肯定是一种更好的解决办法。

4. 卫星广播电视频段与频率的划分

卫星广播频段的选择,除了需对传播损耗、传播中引入的外部噪声、可能提供的有效带宽、与其他系统之间的干扰、电子器件和通信设备的发展水平等因素进行综合考虑之外,还需要对不同国家的卫星工作频率给予分配和控制,以免造成相互间的干扰。

1971 年,ITU 在日内瓦举行关于空间通信的世界无线电行政会议(WARC-ST),首次分配了卫星广播业务使用频段。1977 年世界无线电行政会议进一步明确了卫星广播频道的分配、确定了卫星广播的下行频段,又经 1997 年和 2000 年两届大会的补充及重新规划,进一步确定了卫星广播下行线路使用的频段,如表 3.24 所列。

表 3.24　卫星广播下行线路使用的频段

波段/GHz	Ku(12)		Ka(23)	Q(42)	E(85)
频段/GHz	11.7～12.2	11.7～12.5	22.5～23	41～43	84～86
带宽/MHz	500	800	500	2000	2000
使用区域	二、三区	一区	三区	全世界	全世界

可见,DBS 的工作频率是 Ku、Ka 频段甚至更高,这从天线结构上保证了卫星转发器天线具有窄波束和高增益。Q 和 E 波段的卫星电视直播正处于实验阶段。随着波长的减小,卫星接收天线和装置更趋小型化,安装更方便。

1) 我国 DBS 轨道位置和频道

我国属于第三区,分配到 3 个轨位、35 个波束和 55 个频道。随着技术的进步和各国对 DBS 轨位和频率资源需求的迅速增长,1997 年世界无线电大会(WRC-97)通过广播卫星修改规划,并进行重新规划。在 WRC-97 上,我国除继续保留 3 个 DBS 轨位(62°E、80°E 和 92°E)外,又为香港争取到 122°E 的轨位。表 3.25 是我国除香港之外所分配到的卫星轨道位置和频道。

表 3.25 WARC-97 我国的卫星轨道位置和频道

	1	2	3	4	5	6	7	8	9	10	11	12	13	14	15	16	17	18	19	20	21	22	23	24
62°E	√	√	√	√	√	√	√	√	√	√	√	√		√		√		√		√		√		√
80°E	√			√					√			√		√			√	√		√	√	√	√	√
92°E	√	√		√		√		√		√		√												

2) 频道划分

一般规定相邻频道间留有 18~20MHz 的间隔,每个频道的频带为 27MHz。此外,为了保护相邻频段的卫星通信业务不受干扰,还必须留有一定的保护带。

图 3.72 是卫星直播的 12GHz 频段第一区、第三区的电视广播频道的示意图。现以我国所在的第三区为例说明 ITU 对 K_U 频段规定的频道划分方法。如图所示,第三区频段带宽为 500MHz,频率范围为 11.7~12.2GHz,被划分为 24 个小频带,即 24 个频道;下保护带取为 13.98MHz,上保护带取为 17.88MHz。24 个频道的实际间距为

$$\Delta f = (500 - 13.98 - 17.88 - 2 \times 13.5) \div (24 - 1) = 19.18\text{MHz} \tag{3.83}$$

因而 12GHz 频段第三区的第 n 频道载频为

$$f_n = f_1 + (n-1)\Delta f = 11\,727.48 + (n-1) \times 19.18(\text{MHz}) \tag{3.84}$$

其中,$f_1 = 11\,727.48\text{MHz}$。

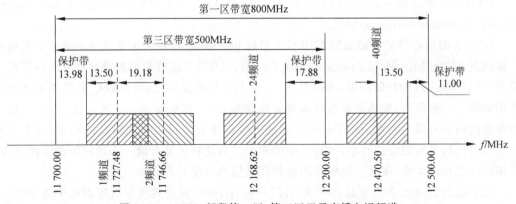

图 3.72 12GHz 频段第一区、第三区卫星广播电视频道

如式(3.83)所示,ITU 规定的频道间隔小于频带宽度,因而相邻频道带宽有 7.82MHz 重叠。为避免邻道干扰,ITU 建议采用频率分隔和极化分离相结合的方法,即下行线路 1、

3、5、…、21、22 和 24 共 13 个频道采用左旋圆极化波,2、4、6 等频道采用右旋极化波,这样,达到了增加频道数,提高频带利用率的目的。

5. 数字卫星电视传输标准

数字电视的标准化是非常重要的。数字电视标准是集信息标准、广播电视技术标准、通信传输标准、计算机标准于一体的多层次的标准,不仅要规定设备的外在接口,还要对数字信号处理的整个过程和细节甚至是每个比特都作出详细的规定。如果标准不统一,设备和网络都将无法联通,数字信号将无法畅通。

目前,主要有美国、欧洲和日本三种不同的数字电视标准,分别是美国标准 ATSC (Advanced Television System Committee),欧洲标准 DVB(Digital Video Broadcasting)和日本标准 ISDB(Integrated Services Digital Broadcasting)。三种标准的技术比较列于表 3.26 中。其中,欧洲标准 DVB 包括数字电视地面广播标准 DVB-T、数字电视卫星广播标准 DVB-S、数字电视有线广播标准 DVB-C。DVB-S 已成为世界大多数国家数字卫星电视的标准,也是我国的卫星电视标准。DVB-S2 是 DVB-S 的高级形式,是卫星高清晰电视和宽带多媒体的标准。另外,我国也自行研发了先进卫星广播系统 ABS-S(Advanced Satellite Broadcasting System),提出了相应的直播卫星技术规范。ABS-S 与 DVB-S2 技术相当,部分性能指标更优。

表 3.26　三种数字电视标准的技术比较

项目	美国标准 ATSC			欧洲标准 DVB			日本标准 ISDB		
	地面	卫星	有线	地面	卫星	有线	地面	卫星	有线
调制方式	8VSB/16VSB	QPSK	QAM	2K/8K COFDM	QPSK	QAM	分段 COFDM	QPSK	QAM
视频编码	MPEG-2			MPEG-2			MPEG-2		
音频编码	AC-3			MPEG-1			MPEG-1		
复用	MPEG-2			MPEG-2			MPEG-2		

1) DVB-S 标准

DVB-S 标准是数字卫星电视系统标准,1994 年 12 月由 ESTI(European Telecommunications Standards Institute)制定。

DVB-S 的核心技术是通用的 MPEG-2 视频和音频标准,目前主要应用于数字卫星电视广播的是 MP@ ML(Main Profile@Main Level)。DVB-S 接收机可提供直到 625 行演播室质量(ITU-Bee,BT601)的图像,可以是 4∶3 或 16∶9 的宽高比,还可以根据业务要求确定所用码率。一般而言,所选码率越高图像质量越好,但占用频带越宽。实际上,码率的选用与图像的内容有很大关系。对于运动较多的图像如体育节目可采用较高的码率,对于卡通片等节目可以采用较低的码率。因此,在把多个节目比特流复合成一个比特流的情况下,都采用统计复用的方法,能在不同码率的节目间灵活地分配总数码率。

为了满足 DVB-S 各类素材的要求,(ITU-Bee,BT601)演播室质量所需数码率为 9Mb/s;PAL/SECAM 播出质量所需数码率为 5Mb/s。由于用 MPEG-2 传输比特流是一种数据包结构,所以可以很方便地加入适当信息,把图像、声音和数据等各种不同业务合在一起,并对服务信息的格式作详细的规定,所形成的标准就是服务信息标准 ETS300468。

DVB-S 系统采用低数据率的 MPEG-1 层 Ⅱ 音频标准作为其通用的音频压缩编码标准，以获得接近于 CD 质量的声音。

DVB-S 系统发送端的功能框图如图 3.73 所示。一套电视节目的声音和视频编码数据流以及相应的辅助数据经节目复用器混合成一个数码流，然后传输复用器再将几套节目信号的数据流复接在一起送入卫星信道适配器进行纠错编码和调制。接收端则有一系列的逆处理。

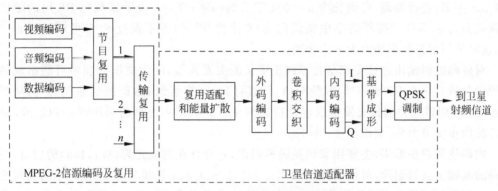

图 3.73　DVB-S 系统发送端功能框图

DVB-S 标准提供了一整套适用于卫星传输的数字电视系统规范，视频和音频压缩编码采用 ISO/IEC MPEG-2 标准，而后的纠错编码、调制处理流程如图 3.74(a)所示，解调和纠错译码处理流程见图 3.74(b)。

由图 3.74 可见，发送端对 MPEG-2 数据流的处理包括：传送复用适配和用于能量扩散

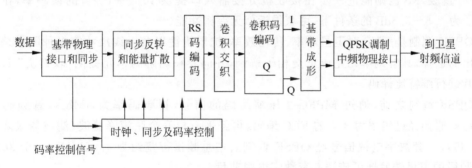

(a) DVB-S 信道编码、调制处理流程

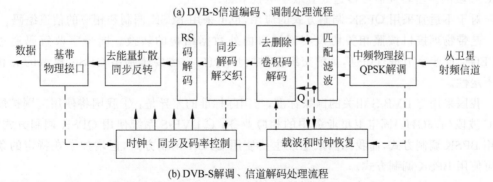

(b) DVB-S 解调、信道解码处理流程

图 3.74　DVB-S 编、解码和调制、解调处理流程

的随机化处理；外码编码(即 RS 编码)；卷积交织；内码编码(即删除卷积编码)；调制前的基带成形处理；QPSK 调制；接收端则有相应的一系列逆处理。DVB-S 所建议的 QPSK 调制和前向纠错编码方案，旨在保证系统可靠性的同时不过多牺牲频带效率，以使用户可采用较小的抛物面天线接收到较高质量的电视图像。

标准建议的纠错码外码采用 $(204,188,T=8)$ 截短 RS 码，其原码为 $(255,230,T=8)$ RS 码，这是一种多进制 BCH 码，每个码元含 8 比特。该码编码器对加扰后的每个数据包 (共 188 字节)进行编码，得到长为 $n=204$ 字节的码字；$T=8$ 表示该截短 RS 码的随机纠错误能力为 8，即任一接收码字中错误码元(8 比特/码元)数不超过 8，都可以被纠正。可见，该码的纠突发错误能力为 8 个字节。

对外码编码输出进行交织是为了纠正更长的突发错误，因为交织处理将可能出现的长串误码分散到多个 RS 编码帧中，使分散后的误码长度能落到 RS 码的纠错能力内，从而使超出 RS 码纠错能力的长突发错误也能得以纠正。交织帧由交叠的误码保护包组成，并以反转的同步字节为界，交织深度 $I=12$。

内码使用卷积编码，主要用来纠正随机错误，它允许在生成元为 $(171,133)$ 的 $(2,1,6)$ 卷积码的基础上进行删除，可供选择的码率有 1/2、2/3、3/4、5/6 和 7/8。1/2 码率的卷积编码输出经删除处理后分成同相分量 I 和正交分量 Q 两路信号，经平方根升余弦滚降滤波后送到 QPSK 调制器进行调制。内码译码单元通常采取"软判决"维特比译码，该单元还可能利用"软判决"信息试用各种编码比率和删除配置，直至获得同步锁定，并要去除解调相位 $\pi/2$ 的不定性。

采用 RS 码、交织和卷积码级联方式，卷积码可将误比特率为 10^{-2} 的输入比特流纠正到 10^{-4} 量级，RS 码则能进一步在接收机分接器入口提供 $10^{-4} \sim 10^{-11}$ 的误码率，在输入 E_b/n_o 为 $4.5 \sim 5.5$dB 的条件下，可获得近似无差错性能。

QPSK 调制是 DVB 对卫星功率、传输效率、抗干扰性以及天线尺寸等多种因素综合考虑作出的选择，其解调单元完成正交相干解调，并向卷积码解码单元提供"软判决" I、Q 信号供其进行维特比译码。

QPSK 调制之前，通过 MPEG-2 压缩编码的信号，视频码率为 5Mb/s，音频码率为 128kb/s，假如经过码率为 3/4 的 FEC 编码，再经平方根升余弦滚降滤波(滤波器滚降系数 $\alpha=0.35$)，一套数字电视信号经 QPSK 调制后占总频谱带宽约为 4.62MHz，一个 36MHz 的 C 频段的卫星转发器可传送 5 套数字电视节目。

对于不适宜采用 QPSK 调制方式的应用，也可采用 BPSK 调制和相应的信道编码。

基带物理接口按照相关协议实现接口内外数据结构的转换。同步字节解码通过对 MPEG-2 同步字节进行识别，为解交织提供同步信息，它也要辨别出 QPSK 解调的 π 相位的不定性。

我国采用与 DVB-S 相关的国家标准，与国际标准的差异是：①我国将使用范围扩展到了 C 波段(4/6GHz)固定卫星业务中的相应业务；②DVB-S 系统使用 QPSK 调制方式，不使用 BPSK 调制方式，而我国国家标准主要使用 QPSK 调制方式，但增加了在特定的条件下可使用 BPSK 调制方式。

MPEG-2 被 DVB 采纳用于信源编码，其视、音频处理流程如图 3.75 所示。视频数据和伴音音频数据经编码后所得的数据流称之为 ES 流；ES 流经过 PES 打包器之后被转换成

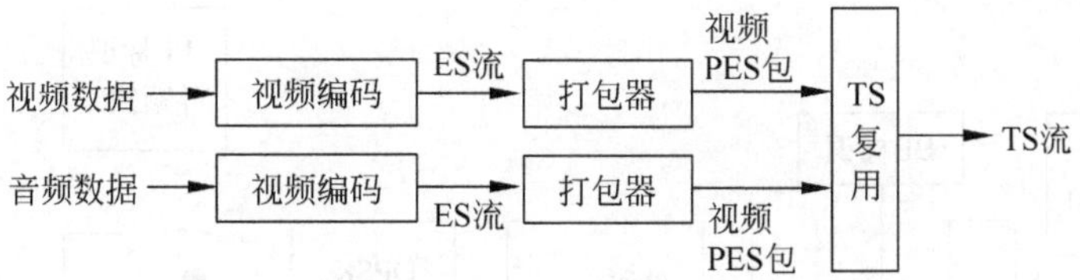

图 3.75 MPEG-2 视、音频数据信号处理流程

PES 包,PES 包由包头和有效载荷(payload)组成,包头中含有时间标签用于视频和音频同步;再由视、音频 PES 包复接成 TS 流(传输流)。

MPEG-2 的视频压缩编码以离散余弦变换(Discrete Cosine Transform,DCT)技术为基础,还采用考虑了人类视觉特性的量化、帧间运动补偿和预测,以及可变长无失真的霍夫曼编码等技术;MPEG-2 的音频压缩编码采用 MPEG-1 的层Ⅱ算法,主要基于 32 子带编码。

MPEG-2 同时兼顾了高图像质量和高压缩比,图像质量范围从码率为 2MB/s 的 VHS(Video Home System,日本 JVC 公司开发的一种家用录像机录制和播放标准)图像质量直到码率为 18MB/s 的高清晰度电视(High-Definition TV,HDTV)图像质量。一般的 MPEG-2 编码器都可由用户选择,把一个频道的电视信号压缩成 2MB/s、3MB/s、4MB/s、5MB/s、6MB/s 和 8MB/s 等速率的数字信号。实际观测表明,压缩为 6MB/s 和 8MB/s 的图像与没有压缩的图像基本没有区别,但在压缩为 4MB/s 的快速体育运动图像上,则能看到图像的缺陷,因此,体育节目一般采用 5MB/s 以上的码率,标准清晰度电视(standard-Definition TV,SDTV)采用 4MB/s 的码率,而普通电视的影视节目则多采用 2~3MB/s 的码率。

2) DVB-S2 标准

DVB-S2 标准是欧洲高清卫星电视系统标准,2004 年公布其草案,2005 年被欧洲批准为 DVB 新标准。DVB-S2 是 DVB-S 的升级方案,它利用信道编码和调制方面的重要进展,比 DVB-S 标准提供了高出 30% 的能力,为普及高清晰度电视(HDTV)奠定了基础,用户使用 35~40cm 的接收天线即可高质量地接收广播电视、数字电影、高清晰度电视、高速数据广播等数字宽带多媒体业务。DVB-S2 所拥有的先进技术和强大功能,使之成为一个全球性的标准,并且,由于其几乎使卫星转发器的利用率接近极限,所以 DVB 认为今后将不再开发 DVB-S3 物理层标准规范。

如图 3.76 所示,DVB-S2 对 DVB-S 所做的改进主要在信道编码和调制方面,包括:前向纠错编码以 BCH 码为外码、低密度奇偶校验(Low Density Parity Check,LDPC)码为内码,调制以多种高阶调制方式取代 DVB-S 的 QPSK,采取可变编码调制(Variable Coding and Modulation,VCM)和自适应编码调制(Adaptive Coding Modulation,ACM)。另外,DVB-S 的成形滤波器滚降系数 α 固定为 0.35,而 DVB-S2 建议 α 为 0.35、0.25 和 0.20 可选,α 越小,频带利用率越高。

(1) DVB-S2 纠错编码技术。DVB-S2 以 BCH 为外码、以 LDPC 为内码的前向纠错编码方案,其核心技术是 LDPC 编码,该方案比 DVB-S 的 RS 码、卷积码串行级联方案有更好的性能,更加接近信道容量的理论限。DVB-S2 支持 1/4、1/3、2/5、1/2、3/5、2/3、3/4、4/5、5/6、8/9、9/10 等多种 LDPC 码型。LDPC 码是一种有稀疏校验矩阵(校验矩阵中"1"的个数较少)的线性分组码,具有能够逼近香农极限的优良特性,并且由于采用稀疏校验矩阵,译码复杂度只与码长呈线性关系,编、解码复杂度适中,在长码长应用情况下性能更佳且仍然

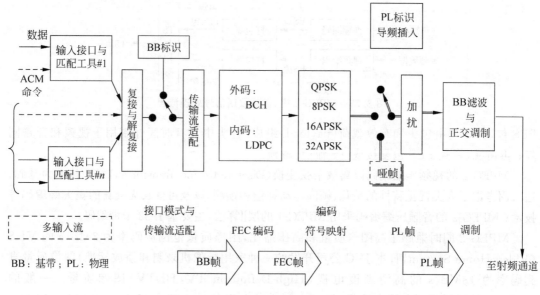

图 3.76　DVB-S2 的信道编码和调制框图

可以有效译码。与 Turbo 码相比，LDPC 码应用于数字卫星电视性能更好且简单易行，也更加接近信道容量的理论限。据计算，在 QPSK 的情况下，DVB-S2 比 DVB-S 有大约 3dB 的改进。据美国休斯公司提供的资料表明，LDPC 与 8PSK 的编码组合距离香农极限仅 0.6～0.8dB，远优于现有 RS 与卷积码编码组合的 4dB，也比其余基于 Turbo 码的候选方案强 0.3dB。可见，对于直播卫星系统来说，DVB-S2 是一个很好的选择。

（2）DVB-S2 调制技术。DVB-S 采用 QPSK 调制，DVB-S2 将调制方式扩展为 QPSK、8PSK、16APSK 和 32APSK 等多种形式。对于广播业务来说，QPSK 和 8PSK 均为标准配置，而 16APSK、32APSK 是可选配置；对于交互式业务、数字新闻采集及其他专业服务，四种调制方式则均为标准配置。DVB-S2 调制方式的拓展，提高了对接收机和整个卫星系统的要求。例如，若采用 16APSK 或 32APSK 调制，DVB-S2 接收机必须采用更加先进有效的技术来处理帧同步等问题；非恒幅的调制要求卫星转发器高功放的线性性更好；高进制调制在提高频带利用率的同时也提高了系统的门限载噪比，从而对直播卫星系统本身的要求也提高了，在卫星转发器、覆盖波束设计等方面，也要采用更先进的技术，应使接收时有更好的信号或覆盖场强，才能实现更大的传输容量或传输总量。

（3）VCM 和 ACM。VCM 和 ACM 是 DVB-S2 的又一大改进。VCM 技术允许对不同的业务类型（如 HDTV、音频、多媒体等）选择不同的调制方式和不同的错误保护级别分级传输，因而传输效率得以大大提高。VCM 结合使用回传信道，还可以实现 ACM，即可以针对每一个用户的路径条件自适应地选择相应的调制方式和编码参数，以提供更精准的信道保护和动态连接适应性。ACM 的突出优点是可以有效利用降雨余量带来的 4～8dB 的能量浪费，因为降雨余量通常是以覆盖区域内产生的最大雨衰为标准计算而得的，显然，留这么大的降雨余量对于绝大部分地区而言都是没有必要的，即便是雨衰最严重的地区，天气较好时也承受着不必要的能量浪费。在 IP unicasting 业务中，采用 ACM 可随时根据接收地点的情况对余量进行更为精细的计算，进而动态调整传输参数，因此可以使卫星的平均吞吐

量增加两倍到三倍,从而降低服务成本。

DVB-S2 除了在上述几方面进行了改进使数字电视系统性能得以提高之外,还有多业务、多信源格式、后向兼容性好等优点。

多业务:DVB-S2 服务范围不局限于广电领域,而是面向更广阔的业务领域,如广播业务(Broadcast service,BS)、数字卫星新闻采集(Digital Satellite News Gathering,DSNG)、数据分配/中继以及 Internet 接入等交互式业务。

多信源格式:DVB-S2 对信源输出数据流的格式要求不像 DVB-S 那么严格,支持包括 MPEG-2、MPEG-4、MPEG-4AVC(H264)、WM9 在内的多种信源编码格式及 IP、ATM 在内的多种输入流格式;

后向兼容性好:在广播业务方面,DVB-S2 提供 DTH 服务,考虑到了地面共用天线系统和有线电视系统的需求;设置了"不支持后向兼容"和"支持后向兼容"两种模式,后一种模式将满足今后一定时期内与 DVB-S 的兼容使用需求。

3) ABS-S 标准

中国先进卫星广播系统(ABS-S)是中国自行研发、具备自主知识产权的先进卫星广播系统。ABS-S 由国家广电总局广播科学研究院研制,与 DVB-S2 技术相当,部分性能指标更优,播出安全,而且比 DVB-S2 系统简单。中星 9 号卫星率先采用了 ABS-S 标准。

(1) ABS-S 的原理。ABS-S 是中国卫星直播的传输标准。ABS-S 定义了编码调制方式、帧结构及物理层信令。ABS-S 系统的基带格式化模块将输入流格式化为前向纠错数据块,然后将每一前向纠错数据块送入 LDPC 编码器编码为相应的码字,编码比特流经符号映射后,插入同步字和其他必要的头信息,经过根升余弦(RRC)滤波器脉冲成形,最后上变频至 Ku 频段发射频率。在接收信号载噪比高于门限电平时,可以保证所要求的重构信号质量,PER 不高于 10^{-7}。

(2) ABS-S 的前向纠错。与 DVB-S2 相比较,ABS-S 的前向纠错是该标准最具特色的技术点。DVB-S2 和 ABS-S 两个标准都选用了 LDPC 码。ABS-S 系统采用了一类高度结构化的 LDPC 码,编、解码复杂度低,可以在 15 360 的相同码长条件下,便捷地实现不同码率的 LDPC 码设计,如表 3.27 所示。该码的错误平层(error floor)较低,在系统中单独用作前向纠错码即能够实现不超过 10^{-7} 的误帧率。而 DVB-S2 的 LDPC 码分长码与短码,长度分别是 64 800 和 16 200,该码不能提供不超过 10^{-7} 的 FER 的要求,必须通过级联 BCH 外码才能降低错误平层从而满足误帧率要求。显然,ABS-S 的前向纠错方案更具先进性。

表 3.27　ABS-S 建议的 LDPC 码参数

编码率	信息位 K_{ldpc_bis}/b	信息位 K_{ldpc_bytes}/B	码长 N_{ldpc_bytes}/B
1/4	3840	480	1920
2/5	6144	768	1920
1/2	7680	960	1920
3/5	9216	1152	1920
2/3	10 240	1280	1920
4/5	12 288	1536	1920
5/6	12 800	1600	1920
13/15	13 312	1664	1920
9/10	13 824	1728	1920

（3）ABS-S 的创新及优势主要表现在其信道编码方案和传输帧结构设计方面。ABS-S 的先进的信道编码方案使得编码和系统的结构更为简单、信道利用率更高、系统性能和复杂度之间取得了更好的折中。ABS-S 的传输帧结构更为合理高效,帧长较短,帧结构得以优化和简化,这使得系统成本降低、同步搜索性能更好、业务配置更为灵活以及更能适应不同的系统相位噪声性能。此外,ABS-S 还有如下优点：固定码率调制（CCM）、VCM 及 ACM 模式可无缝结合使用；提供多种不同的编码调制方案,结合多种滚降系数选择,可最好地适应不同业务和应用需求、充分发挥系统效率；提供高阶调制作为广播方式下的备选调制方式,同时支持专业应用,适应卫星技术和卫星接收机技术的发展；已有解调芯片可支持 8PSK/45MS/s 的工作模式,充分适应我国直播卫星转发器配置；采用专业技术体制,不兼容国外任何一种卫星信号传输技术体制,安全性高。

（4）ABS-S 的应用。ABS-S 系统应用范围列于表 3.28 中。

表 3.28　ABS-S 系统应用范围

系统配置		广播业务[①]	交互式业务[②]	DSNG[③]	专业级业务[④]
QPSK	1/4,2/5	O	N	N	N
	1/2,3/5,2/3, 3/4,4/5,5/6, 13/15,9/10	N	N	N	N
8PSK	3/5,2/3,3/4, 5/6,13/15, 9/10	N	N	N	N
16APSK	2/3,3/4,4/5, 5/6,13/15, 9/10	O	N	N	N
32APSK	3/4,4/5, 5/6,13/15, 9/10	O	N	N	N
TS-CCM		N	N	N	N
GS-CCM		O	O	N	N
TS-VCM		N	N	N	N
GS-VCM		O	O	N	N
GS-ACM		NA	O	O	N
滚降系数： 0.2,0.25,0.35		N	N	N	N

N=标准,O=可选,NA=不能实施的

① 广播业务：可支持直播电视,包括高清晰电视直播；

② 交互式业务：通过卫星回传信道满足用户诸如天气预报、节目、购物、游戏等特殊需求；

③ 数字卫星新闻采集（DSNG）业务；

④ 专业级业务：可提供双向 Internet 服务。

3.7　卫星移动通信系统

卫星移动通信是指利用静止轨道卫星或中、低轨道卫星的转接实现移动用户之间或移动用户与固定用户之间相互通信的一种通信方式。

3.7.1　卫星移动通信系统概述

卫星移动通信系统是在海事卫星通信的基础上,将地面蜂窝移动通信的有关技术与 VSAT、卫星多波束覆盖和星上处理等技术综合运用而形成的新型通信网络系统。它充分展现出卫星通信的优势和特点,其通信覆盖可包括海洋和陆地(含极地)、任何地形以及地面基础设施不宜涉足的地方,用户可以在卫星波束覆盖范围内自由移动,通过卫星转接信号来保持与其他"唯卫星用户(处于地面移动通信网之外、仅由卫星通信系统提供移动通信业务的用户)"或地面通信系统用户的通信。卫星移动通信无疑兼具移动通信和卫星通信的优点,应用范围相当广泛:既可提供各类话音和数据传输业务,又可传输静止和活动图像;既适用于民用通信,也适用于军用通信;既可用于国内通信,又可用于国际通信;既可独立构成卫星移动通信系统,也可将卫星通信子网与地面蜂窝通信网、地面公用网等联接组成更大规模的通信网络。无疑,卫星移动通信是通信领域的一个重要发展方向。

1. 卫星移动通信系统的组成

卫星移动通信系统通常由空间段和地面段两部分组成,空间段指卫星星座,地面段包括卫星测控中心、网络操作中心、关口站(或称信关站)和卫星移动终端。其中,关口站的主要作用一方面是提供卫星移动通信系统与地面固定专用或公用网、地面移动通信网的接口以实现互联,另一方面是控制卫星移动终端接入卫星移动通信系统,并保障移动终端在通信的过程中通信信号不中断;网络操作中心的作用是管理卫星移动通信系统的通信业务,如路由选择表的更新、计费、各链路和节点工作状态的监视等,在有些卫星移动通信系统中,网络操作中心和卫星测控中心是合二为一的;不同的卫星移动通信系统中的卫星数量从数颗到数百颗不等,分别按一定规则分布构成系统的卫星星座。

2. 卫星移动通信系统的分类

卫星移动通信系统按用途分可分为:海事移动卫星系统(MMSS)、航空移动卫星系统(AMSS)和陆地移动卫星系统(LMSS)。MMSS 主要用于改善海上救援工作,提高船舶的使用效率和管理水平,增强海上通信业务和无线定位能力;AMSS 主要用于飞机和地面之间的通信,为机组人员和乘客提供话音和数据通信;LMSS 则主要为使用卫星移动终端的用户提供通信服务。

卫星移动通信系统按卫星轨道(椭圆轨道、圆轨道)和高度(高、中、低)大致可以分为:大椭圆轨道(HEO)、同步静止轨道(GEO)、中轨道(MEO)和低轨道(LEO)等四种通信系统。表 3.29[7]列出了不同轨道高度的卫星移动通信系统参数。表 3.30 比较了 GEO、HEO、MEO 和 LEO 卫星通信系统的优缺点。

表 3.29　不同轨道高度的卫星移动系统参数

类型	LEO	HEO	MEO	GEO
倾角/(°)	85～95(近极轨道) 45～60(倾斜轨道)	63.4	45～60	0
高度/km	500～2000 或 3000 (多数在 1500 以下)	低：500～20 000 高：25 000～40 000	约 2000 或 3000～20 000	约 35 786
周期/h	1.4～2.5	4～24	6～12	24
星座卫星数/颗	24～数百	4～8	8～16	3～4
覆盖区域	全球	高仰角覆盖北部 高纬度国家		全球 (不包括两极)
单颗卫星 覆盖地面/%	2.5～5		23～27	34
传输延迟/ms	5～35	150～250	50～100	270
过顶通信时间/h	1/6	4～8	1～2	24
传输损耗	比 GEO 低数十分贝		比 GEO 低 11dB	
典型系统	Ir/dium、Globalsta、 Orbeomm、Teledesic	Molniya、Loopus、 Archimedes	Odyssey、ICO	Inmarsat、MSAT、 Mobilesat

表 3.30　LEO、MEO、HEO 和 GEO 卫星通信系统的优缺点

	LEO/MEO	HEO	GEO
优点	① 可覆盖全球 ② 传输延迟小 ③ 频率资源可多次再用 ④ 卫星和地面终端简单 ⑤ 所要求的 EIRP 小 ⑥ 抗毁性能好 ⑦ 适合个人移动通信 ⑧ 较易研制、研制费用低	① 可覆盖高纬度地区 ② 地球站可工作在高仰角上，大气影响较小 ③ 可用简单的高增益非跟踪天线 ④ 发射成本较低 ⑤ 在业务时间内不会发生掩蔽现象	① 开发早，技术成熟 ② 多普勒频移小 ③ 可发展星上多点波束技术以简化地面设备 ④ 适用于低纬度地区
缺点	① 连续通信业务需多颗卫星 ② 网络设计复杂 ③ 要采用星上处理及星间/星际通信等先进技术 ④ 多普勒频移较大，需采取频率补偿措施 ⑤ 星间/星际切换时需采取电路中断保护措施	① 连续通信业务需 2～3 颗卫星 ② 星间/星际切换时需采取电路中断保护措施 ③ 需采取多普勒频移补偿措施 ④ 卫星天线必须有波束定位控制系统 ⑤ 保持轨道不变需要相当多的能量 ⑥ 当近地点高度较低时，需要防辐射措施，因为卫星经过范·艾伦带 ⑦ 全球覆盖需要星间/星际链路 ⑧ 地面设备体积较大、成本高	① 高纬度地区通信效果差 ② 地面设备体积大、成本高、机动性差 ③ 需采取星上处理技术，需采用大功率发射管及大口径天线

3. 卫星移动通信系统的主要特点

卫星移动通信系统覆盖区域的大小与卫星的高度及卫星的数量有关。由于 GEO 卫星覆盖面积广，原则上只需要三颗卫星适当配置，就可建成除地球两极附近地区以外的全球不间断通信。若利用中、低轨道卫星星座则可构成全球覆盖的移动卫星系统。

GEO卫星移动通信系统单颗卫星的通信覆盖面积大,但传输时延大、需要较大尺寸的天线,且GEO资源紧张。采用GEO轨道的好处是只用一颗卫星即可实现廉价的区域性移动卫星通信,但GEO卫星移动通信系统较大的传输时延对电话通信尤其不利,也会限制数据通信反应速度;远距离传输带来的损耗使得手持式卫星终端不易实现。这两个缺点可通过采用星上交换和多点波束天线技术得到克服。

卫星移动通信保持了卫星通信固有的一些优点,与地面蜂窝系统相比,具有覆盖范围大、路由选择比较简单、通信费用与通信距离无关的优点,因此可利用卫星通信的多址传播方式提供大跨度、远距离和大覆盖面的漫游移动通信业务。另外,卫星移动通信可以提供多种服务,例如移动电话、调度通信、数据通信以及无线定位等。

4. 卫星移动通信系统关键技术

卫星移动通信系统非常庞大、技术非常复杂,尤其对于拥有众多小卫星的中、低轨移动通信系统而言是如此。卫星移动通信主要关键技术有:

(1) 卫星轨道选定和发射控制技术;

(2) 卫星大型多波束天线及控制、转发技术;

(3) 星上交换和处理技术;

(4) 大型卫星平台技术;

(5) 星上大功率输出技术;

(6) 星间通信技术(有些系统不采用星间通信链路以降低系统复杂性);

(7) 信道切换技术(硬切换、软切换);

(8) 系统内外频率兼容和干扰控制技术;

(9) 防窃听加密技术;

(10) 高效纠错编译码和调制解调技术;

(11) 多址技术(多数系统采用 TDMA 或 CDMA 方式,后者可软切换);

(12) 小型高效移动终端天线技术,包括手机天线和机载天线;

(13) 网管和网控技术(信令路由、业务路由信道分配等);

(14) 网络接续技术(卫星网与地面网接续)。

5. 卫星移动通信发展趋势

卫星移动通信对人类社会、经济和军事发展具有十分重要的意义,许多国家正纷纷投入巨资开展卫星移动通信系统的研究开发和经营。目前主要发展趋势是:

(1) 继续发展静止(同步)轨道移动卫星通信,同时重点发展低轨卫星移动通信系统;

(2) 发展能实现海、陆、空综合通信业务的综合移动卫星通信系统;

(3) 发展兼具通信、导航、定位、遇险告警和协调救援等多种功能的卫星移动系统;

(4) 将卫星移动系统与地面有线通信网、蜂窝电话网等联接成为个人通信网;

(5) 制定国际标准和建议,以利于不同网络以及与不同地面接口的互联互通问题;

(6) 开展国际合作开发和合作经营;

(7) 在卫星及技术方面,采用低轨道小型卫星,发展高增益多波束天线和多波束扫描技术、星上处理技术,开发更大功率固态放大器和更高效的太阳能电池、开展星间/星际通信技术研究等;

(8) 在移动终端及其技术方面,重点开展与地面移动通信终端兼容与与地面网络接口

技术研究,开展终端小型化和降低成本技术研究;

(9) 在频率资源利用方面,进一步开展卫星移动通信新频段和频谱有效利用技术研究。

6. 卫星移动通信系统频率规划

卫星移动通信业务频率分配是先后通过 WARC-87、92(1987 年和 1992 年的世界)和 WRC-95、97、2000 会议分配的。

WARC-87 为卫星移动通信业务分配的频谱为 L 频段,用于用户业务链路(service link),即移动用户与卫星之间的链路。

WARC-92 分配了 NGEO 卫星移动通信业务和卫星无线定位业务(Radio Determination Satellite Service,RDSS)的使用频段,包括 VHF、UHF、L 和 S 波段。

WRC-2000 在卫星移动通信方面的频率规划包括:

(1) 关于 IMT-2000 卫星部分的问题,由各国主管部门自愿考虑使用上述频段,其中包括 1610～1626.5MHz、2483.5～2500MHz 频段;

(2) 关于在 1～3GHz 频段,会议决定开展包括可能用于 MSS(卫星移动业务)的 1518～1525MHz、1683～1690MHz 频段与现有业务的共用研究,为 MSS 频率的划分作准备。

3.7.2 GEO 卫星移动通信系统——INMARSAT 系统

卫星移动通信最早是由 GEO 卫星提供的。在 GEO 卫星移动通信系统中,能够提供全球覆盖的有国际海事卫星(INMARSAT)系统,提供区域覆盖的有瑟拉亚卫星(THURAYA)系统、亚洲蜂窝卫星(AceS)系统、北美移动卫星(MSAT)系统,提供国内覆盖的有澳大利亚的 MobileSat 系统和日本卫星 N-STAR 等。

INMARSAT 系统是由国际海事卫星组织管理的全球第一个 GEO 商用卫星移动通信系统。它是在美国通信卫星公司(COMSAT)利用 MariSat 卫星进行卫星通信的一个军用卫星通信系统基础上逐渐发展起来的,真正形成以国际海事卫星组织(INMARSAT)管理、开始提供全球海事卫星通信服务的 INMARSAT 系统的时间是 1982 年,1985 年开始航空通信被纳入其业务之内,1989 年其业务又从海、空扩展到了陆地,并于 1990 年开始提供海上、陆地、航空全球性的卫星移动通信服务。我国交通部的交通通信中心代表国家参加了 INMARSAT 组织。

下面简单介绍提供海事卫星移动通信业务的 INMARSAT 系统。

1. 系统组成

提供海事移动卫星业务的 INMARSAT 系统主要由船站、岸站、网络协调站、卫星和网络控制中心等部分组成,如图 3.77 所示。其中,卫星与船站之间的链路采用 L 频段工作;卫星与岸站之间采用 C 或 L 双频段工作。

1) 空间段

INMARSAT 系统空间段由 4 颗 GEO 工作卫星和在轨道上等待随时启用的若干颗 GEO 备用卫星组成。4 颗卫星分别覆盖太平洋区(定位于东经 178°)、印度洋区(定位于东经 65°)、大西洋东区(定位于西经 16°)和大西洋西区(定位于西经 54°)。提供海事移动卫星业务的 INMARSAT 系统第三代卫星拥有 48dBW 的全向辐射功率,比第二代卫星高出 8 倍,同时第三代卫星有一个全球波束转发器和 5 个点波束转发器。由于点波束和双极化技术的引入,使得在第三代卫星上可以动态地进行功率和频带分配,从而大大提高了卫星信道

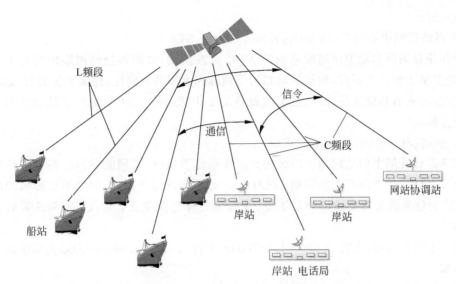

图 3.77 提供海事卫星业务的 INMARSAT 系统组成

资源的利用率。为了降低终端尺寸及发射电平,该系统通过卫星的点波束系统进行通信。除南北纬75°以上的极地区域以外,4颗卫星几乎可以覆盖全球所有区域。

目前广泛使用了 INMARSAT 第四代卫星,由 3 颗完全相同的 GEO 卫星组成,其容量和功率分别是第三代卫星的 16 倍和 60 倍,支持宽带全球区域网(Broadband Global Area Network,BGAN)无线宽带接入业务等,可满足日益增长的数据和视频通信的需求,尤其是宽带多媒体业务需求。

2) 岸站(Coast Earth Station,CES)

CES 是指设在海岸附近的地球站;归各国主管部门所有,并归其经营。CES 既是卫星系统与地面系统的接口,又是一个控制和接续中心。其主要功能如下:

(1) 对从船舶或陆地来的呼叫进行分配并建立信道;

(2) 信道状态(空闲、正在受理申请、占线等)的监视和排队的管理;

(3) 船舶识别码的编排和核对;

(4) 登记呼叫,产生计费信息;

(5) 遇难信息监收;

(6) 卫星转发器频率偏差补偿;

(7) 通过卫星的自环测试;

(8) 在多岸站运行时的网络控制;

(9) 对船舶终端进行基本测试。

每一海域至少有一个岸站具备上述功能。典型 CES 的抛物面天线直径为 11~14m,收发机采用双频段工作方式,C 频段用于话音,L 频段用于用户电报、数据和分配信道。

3) 网络协调站(Network,Coordinating Station,NCS)

NCS 是整个系统的一个重要组成部分。在每个洋区至少有一个地球站兼作网络协调站,由它来完成该洋区内卫星通信网络必要的信道控制和分配工作。大西洋区的 NCS 设在美国的 Southbury,太平洋区的 NCS 设在日本的 Ibaraki,印度洋区的 NCS 设在日本的

Namaguchi。

4) 网络控制中心(Network Operation Center,NOC)

设在伦敦国际移动卫星组织总部的 NOC 负责监测、协调和控制网络内所有卫星的运行,检查卫星工作是否正常,包括卫星相对于地球和太阳的方向性,控制卫星姿态、燃料的消耗情况、各种表面和设备的温度、卫星内设备的工作状态等。NOC 也对各地面站的运行情况进行监控。

5) 船站(Ship Earth Station,SES)

SES 是设在船上的地球站。SES 的天线在跟踪卫星时,必须能够排除船身移位以及船身的侧滚、纵滚、偏航所产生的影响;同时 SES 必须设计得小而轻,使之不致影响船的稳定性;SES 的收发机带宽要设计得足够宽,能提供各种通信业务。为此,对 SES 采取了以下技术措施:

(1) 选用 L 频段(上行 1.636~1.643GHz,下行 1.535~1.542GHz)以克服镜面反射分量的形成;

(2) 采用 SCPC/FDMA 制式以及话路激活技术,以充分利用转发器带宽;

(3) 卫星采用偶极子碗状阵列式天线,使全球波束的边缘地区亦有较强的场强;

(4) 采用改进的 HPA 以弥补因天线尺寸较小造成的天线增益不高的情况;

(5) L 频段的各种波导分路和滤波设备,广泛采用声表面波器件;

(6) 采用四轴陀螺稳定系统来确保天线跟踪卫星。

2. 基本工作过程

在 INMARSAT 系统中,基本信道类型可分为 4 类:电话、电报、呼叫申请(船→岸)和呼叫分配(岸→船)。对电话传输,在船→岸和岸→船方向均采用 SCPC-FM 方式;对电报传输,在船→岸方向采用 2PSK-FDMA 方式,在岸→船方向采用 TDM-2PSK-TDMA 方式;在申请信道,采用 2PSK 随机接入方式;分配信道与电报信道采用同一 TDM-2PSK 载波。

INMARSAT 系统规定在船站与卫星之间采用 L 频段,岸与卫星之间采用双重频段,即数字信道采用 L 频段,调频信道采用 C 频段。因此,对 C 频段来说,船站至卫星的 L 频段信号必须在卫星上变频为 C 频段信号再转发至岸站,反之亦然。

系统内信道的分配和连接受岸站和网路协调站的控制。如果某船站发出呼叫,它先利用随机接入 TDMA 信号在 L 频段申请信道上发出一呼叫申请信号,该信号被送至相关岸站和网络协调站,经后者的协调,最后通过公共分配信道传令,由岸站分配信道频率,建立电路。如果呼叫由地面某地发出,则该呼叫经岸站被送至网络协调站,岸站选出两个信道频率,要求网络协调站进行分配。最后网络协调站不仅要进行分配,而且还要把分配结果通过公共分配信道告诉岸站和船站,以建立电路。如果某船站通过 L 频段申请信道发出用户电报申请的话,该申请信号也先由岸站接收,并分配一个信道,但须经网络协调站同意,方可建立电路。如果从某地拍发用户电报,则先由岸站分配信道,然后经网络协调站同意,并由它通知等待连接的船站,建立岸到船 TDM 电报电路。

由于信道分配受岸站和网络协调站控制,船站 EIRP 和 G/T 值均较低,因此,在上述 INMARSAT 系统中,船站与船站之间是不能直接通信的,只能通过岸站转接,经船→岸、岸→船双跳连接进行通信。而在第三代系统才可实现船站之间直接通信。

网路协调站为了完成其功能,必须存储有关整个海域电话信道使用状况的信息,以保证它不仅知道信道活动程度,还知道每一呼叫的始发点和终接点。因此,这些信息不但可使它控制整个海域,还包含了话务分析数据,可供将来作规划时使用。在紧急情况下,网路协调站还可强行插入正在进行的通话来发送呼救信号。

3.7.3 LEO卫星移动通信系统——铱系统

随着人们对移动通信的要求越来越高,基于GEO的全球卫星移动通信系统日益暴露出以下缺点:终端笨重,不能提供基于手持机的个人移动通信业务;价格昂贵,用户话音终端售价和使用费用均高;容量不足;频谱利用率低;通信时延大,回声抑制费用高。因此,LEO和MEO卫星移动通信系统应运而生。

LEO卫星移动通信系统中的卫星距地面的高度一般在$500\sim1500km$,绕地球一周的时间大约是$100min$,卫星质量一般不超过$500kg$。LEO系统又可分为卫星质量大于$200kg$的大LEO系统和相对而言的小LEO系统。小LEO系统一般使用$100\sim500MHz$频段,易于实现,但该频段已经非常拥挤,所以,对小LEO的关注较少。LEO卫星移动通信系统肯定是多星系统,其卫星的数目依轨道高度以及应用目的而定,一个系统的星座可由十几颗、几十颗,甚至几百颗卫星组成。LEO系统卫星体积小、质量轻、造价低、制造周期短、发射机动迅速并可一箭多星;星群采用互为备份的工作方式,可确保系统高质量和高可靠工作;地面终端设备简单,造价低廉,便于携带;传输延迟短,路径损耗小,利于电话传输;多个卫星组成的星座可以实现真正的全球覆盖,频率复用更有效。最有代表性的LEO系统主要有铱(Iridium)系统、全球星(Globalstar)系统、白羊(Arics)系统、低轨卫星(Leo-Set)系统、柯斯卡(Coscon)系统、卫星通信网络(Teledesic)系统等。

"铱(Iridium)"是一个全球LEO卫星蜂窝系统。铱系统使用小型($2.3m\times1.2m$)智能化卫星,卫星轨道高度低(约为同步卫星高度的$1/47$),其最初由77颗小型卫星组成星状星座,在$780km$的地球上空围绕7个极地轨道运行,单颗卫星有37个点波束。由于77颗卫星围绕地球飞行,其形状类似铱原子的77个电子绕原子核运动,故该系统取名为铱系统。该系统后来将星座改为66颗卫星围绕6个极地圆轨道运行,但仍用原名称。每个轨道平面分布11颗在轨运行卫星及1颗备用卫星,轨道倾角为$86.4°$,单颗卫星的点波束数达到48个。

虽然"铱"公司曾由于投资大、市场定位不当、长的开发周期和地面蜂窝出乎意料的高速发展对市场的冲击,以及集资策略不妥和经营不善等原因于2000年宣告破产,但铱系统技术上的先进性是毋庸置疑的,它采用了先进的星上处理和星上交换技术,并且采用了星际链路(星际链路是铱系统有别于其他移动卫星通信系统的一大特点),这使得铱星电话与地面蜂窝电话相比在特殊环境和特殊情况下更具优势;铱系统的另一个先进之处是其覆盖面广,能为全球任何一个地方提供无缝隙移动通信,它成功地向人们展示了全球低轨卫星蜂窝系统是实际可行的,从而向全球个人通信迈进了一大步。

铱系统市场主要定位于商务旅行者、海事用户、航空用户、紧急援助、边远地区。铱系统设计的漫游方案除了解决卫星网与地面蜂窝网的漫游外,还解决地面蜂窝网间的跨协议漫游,这是铱系统有别于其他移动卫星通信系统的又一特点。铱系统除了提供话音业务外,还提供传真、数据、定位、寻呼等业务。2001年,铱系统在接受新注资后起死回生,目前,美国国防部是其最大的用户。

1) 系统组成

铱系统主要由卫星星座、地面控制设施、关口站(提供与陆地公共电话网接口的地球站)、用户终端等部分组成,如图 3.78 所示。

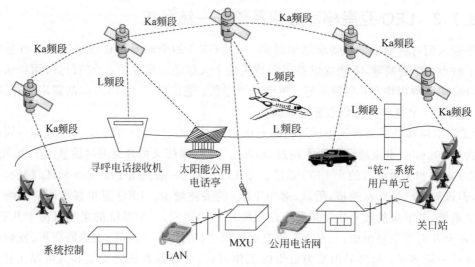

图 3.78 铱系统组成

(1) 空间段。铱系统空间段是由包括 66 颗低轨道智能小型卫星组成的星座,这 66 颗卫星间交叉链路作为联网手段联网组成可交换的数字通信系统。每颗卫星质量为 689kg,其寿命为 5～8 年,采用三轴稳定结构,可提供 48 个点波束,48 个点波束对地面形成 48 个蜂窝小区。其覆盖结构如图 3.79 所示,其中每个小区的直径约 600km。

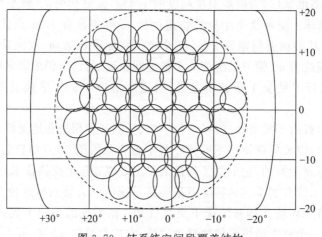

图 3.79 铱系统空间段覆盖结构

(2) 通信链路。铱系统有 3 种不同的链路:用户链路(也称业务链路,即卫星与用户终端的链路)使用 L 频段,频率为 1621.35～1626.5MHz;馈送链路(即卫星与关口站之间的链路)使用 Ka 频段,上行为 29.1～29.3GHz,下行为 19.3～19.6GHz;Ka 频段关口站可支持每颗卫星与多个关口站同时通信;星间链路也使用 Ka 频段,频率为 23.18～23.38GHz。

(3) 地面段。铱系统的地面段包括关口站、用户终端以及遥测、跟踪和控制站。

由于铱系统采用了星间链路,因此在全球设置的关口站只有十余个。关口站用于完成呼叫连接(包括移动管理和信道分配),并与 PSTN 接口。每个关口站有 3 副天线和射频前端,第一副天线用于跟踪过顶卫星并进行通信,另一副天线与下一卫星保持联系,第三副天线备用。

用户终端有手持机、车载台和半固定终端。手持机的平均发射功率为 350mW,天线增益为 1~3dB。

2) 基本工作原理

铱系统采用 FDMA/TDMA 混合多址结构,系统将 10.5MHz 的 L 频段按照 FDMA 方式分成 240 条信道,每个信道再利用 TDMA 方式支持 4 个用户连接。

铱系统蜂窝的频率分配采用 12 小区复用方式,因此每个小区的可用频率数为 20 个。铱系统的星间路由寻址功能,相当于将地面蜂窝系统的基站搬到天上。如果是铱系统内用户之间的通信,则可以完全通过铱系统而不与地面公共网有任何联系;如果是铱系统用户与地面网用户之间的通信,则要通过系统内的关口站进行通信。

铱系统允许用户在全球漫游,因此每个用户都有其归属的关口站。该关口站除处理呼叫建立、呼叫定位和计费外,还必须维护用户资料,如用户当前位置等。当用户漫游时,用户开机后先发送"Ready to Receive"信号,如果用户与关口站不在同一个小区中,信号通过卫星发给最近的关口站;如果该关口站与用户的归属关口站不同,则该关口站通过卫星星间链路与用户的归属位置寄存器(Home Locationg Register,HLR)联系要求用户信息,当证明用户是合法用户时,该关口站将用户的位置等信息写入其访问位置寄存器(Visitor Location Register,VLR)中,同时 HLR 更新该用户的位置信息,并且该关口站开始为用户建立呼叫。当非铱星用户呼叫铱星用户时,呼叫先被路由选择到铱星用户的归属关口站,归属关口站检查铱星用户资料,并通过星间链路呼叫铱星用户,当铱星用户摘机,完成呼叫建立。

3.7.4 MEO 卫星移动通信系统——ICO 系统

LEO 卫星移动通信系统易于实现手机通信。但由于卫星数目多、寿命短、运行期间要及时补充发射替代或备用卫星,使得系统投资较高。因此,有些公司开发了 MEO 卫星移动通信系统。与 GEO 系统相比,MEO 卫星系统可为用户提供体积、质量、功率较小的移动终端设备,而与 LEO 相比,MEO 卫星系统可用较少数目的中轨道卫星构成全球覆盖的移动通信系统,用户与系统中一颗卫星保持通信的时间约为 100min。典型的中轨道卫星移动通信系统有 ICO(Intermediate Circular Orbit)系统、Odyssey、MAGSS-14 等。国际海事卫星组织的 Inmarsat-P 采取 4 颗同步轨道卫星和 12 颗高度为 10 000km 的中轨道卫星相结合的方案;TRW 空间技术集团公司的 Odyssey 系统是由分布在高度为 10 000km 的 3 个倾角为 55°轨道上的 12 颗卫星组成;欧洲宇航局的 MAGSS-14 系统是由分布在高度为 10 354km 的 7 个倾角为 56°轨道上的 14 颗卫星组成。

ICO 系统是由 INMARSAT 提出的中等高度圆轨道卫星通信系统,由 ICO 全球通信有限公司管理。由于铱系统的影响,ICO 全球通信公司在 2000 年也申请破产保护,后由新 ICO 全球通信公司接收新注资,并与 Teledesic 合并成为一个 ICO-Teledesic 全球有限公司继续 ICO 项目。

新 ICO 计划提供的业务包括话音、数据、Internet 连接、采用 GSM 标准的传真等。预计用户主要包括航海和运输业、政府和国际机构、边远地区的特殊通信和商业通信、石油和天然气钻探、大型施工现场、公共事业、采矿、建筑、农林等部门及其他一些组织和个人。

ICO 系统以处在中轨道上的卫星星座为基础，通过手持终端向移动用户提供全球个人移动通信业务。ICO 系统的用户可以通过卫星接入节点（Satellite Access Node，SAN）的中继与地面公用通信网用户进行通信。ICO 系统不采用星上交换和星际链路，所有交换都由 SAN 负责。由于 ICO 系统的一个主要特征是作为地面公共移动网（Public Land Mobile Network，PLMN）的补充，并与其综合在一起。对于需要在地面 PLMN 不能覆盖区域内提供通信业务的 PLMN 用户来说，ICO 系统提供了一种补充的全球漫游业务；ICO 系统基于 GSM 标准，向移动用户提供全球漫游功能。HLR 与 VLR 协调，验证有关的用户信息和状态，并确定用户的位置。任何终端只要一开机，就通过卫星和 SAN 向该用户的 HLR 发送一个人信号，以验证用户的状态及是否允许它使用此系统，系统会将允许信号送给该用户漫游到的 SAN，并登记在其 VLR 中。ICO 系统组成如图 3.80 所示。

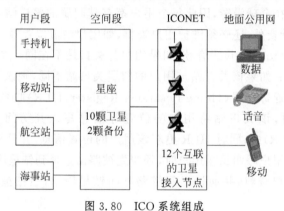

图 3.80　ICO 系统组成

1）空间段

ICO 卫星星座由分布在两个相互垂直的中轨道面上的 12 颗卫星（各轨道有 5 颗主用卫星和 1 颗备份卫星）组成。系统采用倾斜圆轨道，轨道高度为 10 390km，两轨道倾角分别为 45°和 135°，每颗 ICO 卫星可覆盖地球表面 30%。如果允许通信的最低仰角为 10°，则 ICO 卫星星座能连续覆盖全球。在通常条件下，移动用户能看到两颗 ICO 卫星，有时会是 3 颗甚至 4 颗，平均通信仰角为 40°～50°。

ICO 卫星发射质量约 2600kg，设计寿命约 12 年。每颗卫星可提供 4500 条信道。ICO 卫星采用了独立的用户链路收发天线。两副天线安装在 ICO 卫星星体上，其口径超过 2m，并采用了数字波束成形技术。每副用户链路天线由 127 个辐射单元组成，用于产生 163 个收或发点波束。每个 ICO 点波束将为用户链路提供最小 8dB、平均超过 10dB 的链路余量。

每颗卫星通过馈电链路（卫星与 SAN 之间的链路）同时与 2～4 个 SAN 进行通信。

ICO 系统的卫星星座由卫星控制中心（SCC）管理，SCC 通过跟踪卫星的运动来调整其轨道，达到维持星座结构的目的。它通过收集供电、温度、稳定性和其他有关卫星操作特性的数据来监视卫星的工作状态。当星座中某颗卫星发生偏移时，由 SCC 来调度卫星以维持星座结构。SCC 也参与卫星的发射和展开工作。

　　SCC 还控制馈电天线和用户天线之间的转发器链接,即在馈电链路波束内进行频率重配置,并在高低业务量的点波束之间进行信道的优化组合。

　　2）通信链路

　　ICO 系统的多址方式为 TDMA/FDMA/FDD。每颗 ICO 卫星上大约有 700 条 TDMA 载波,每条载波的速率为 36kb/s,每条载波中包含 6 条信道,每条信道的信息速率为 4.0kb/s,编码后为 6kb/s。每颗 ICO 卫星总共可有 4500 条独立信道。

　　ICO 系统的馈电链路上行频率为 5GHz,下行频率为 7GHz；用户链路上行频率为 2170～2200MHz,下行频率为 1985～2015MHz。用户链路采用圆极化,最小链路余量为 8dB,平均超过 10dB。

　　3）地面段

　　地面段主要由用户段、ICONET 和其他地面网组成。

　　ICO 全球通信公司计划在全球建立 12 个卫星接入点 SAN 和一个网络管理中心(Network Management Center,NMC),相互之间通过地面线路互联,组成一个地面通信网,称为 ICONET。ICONET 由 NMC 负责管理,网络管理中心设在英国。12 个 SAN 既是 ICO 系统的通信枢纽站,也是 ICO 系统与地面通信网络中心的主接口,它们与地面电信网相连,能保证在 ICO 终端和地面(固定和移动)用户之间相互通信。一个 SAN 主要由三个部分组成:

　　(1) 五座天线及与多颗卫星进行通信所必需的相关设备;

　　(2) 实现 ICO 网络内部和 ICO 与地面网(尤其是 PSTN)之间进行业务交换的交换机;

　　(3) 支持移动性管理的数据库,它保存有当前注册到该 SAN 的所有用户终端的详细资料。

　　每个 SAN 会跟踪其视野内的卫星,把通信业务直接传递给选择的卫星,以确保具有两条可靠的链路,并且在需要时能切换到新到达的卫星,以保证通信不至中断。另外,在其中 6 个 SAN 站上还配备了 TT&C。

　　用户段包括手持机、移动站、航空站、海事站、半固定站和固定站等各种用户终端设备。手持机的尺寸为 180～225cm³,质量为 180～250g,通话时间为 4～6h,待机时间为 80h。手持机使用的平均发射功率不超过 0.25W,这要小于地面蜂窝系统中平均发射功率为 0.25～0.6W 的水平。手持机采用四芯螺旋天线,它具有半球形的方向图,即覆盖仰角大于 10° 的所有区域。

　　ICO 系统中采用双模手持机,其话音编码选用完全的和压缩的 DVSI(Digital Voice System Inc)。手持机还具有外部数据口和内部缓冲存储器,以支持数据通信、发报文、传真和使用 SIM 卡等其他功能选择。

参考文献

[1]　斯国新.卫星通信系统[M].北京:宇航出版社,1993.

[2]　Pratt T,Bostian C,Allnutt J.卫星通信[M].甘良才,译.2 版.北京:电子工业出版社,2005.

[3]　丹尼斯·罗迪.卫星通信[M].张更新,等译.3 版.北京:人民邮电出版社,2002.

[4]　储钟圻.数字卫星通信[M].北京:机械工业出版社,2006.

［5］ 王丽娜,王兵.卫星通信系统［M］.2 版.北京：国防工业出版社,2014.

［6］ 王秉钧,王少勇,田少宝.现代卫星通信系统［M］.北京：电子工业出版社,2004.

［7］ 夏克文.卫星通信［M］.西安：西安电子科技大学出版社,2019.

［8］ 牛忠霞,冉崇森,刘洛琨,等.现代通信系统［M］.北京：国防工业出版社,2003.

［9］ 吴诗其,朱立东.通信系统概论［M］.北京：清华大学出版社,2005.

［10］ DAVIES R, et al. Application of Multi-Frequency TDMA for Satellite Communications［C］. Proceeding of AIAA 11th Communication Satellite System Conference,1986：152-158.

［11］ SIMON M K, et al. Spread Spectrum Communicationgs Handbook［M］.北京：人民邮电出版社,2002.

［12］ 陈功富.卫星数字通信网络技术［M］.哈尔滨：哈尔滨工业大学出版社,2001.

［13］ 杨运年.VSAT 卫星通信网［M］.北京：人民邮电出版社,1998.

［14］ 赵坚勇.数字电视技术［M］.3 版.西安：西安电子科技大学出版社,2016.

［15］ 刘进军.卫星电视原理［M］.北京：国防工业出版社,2009.

［16］ 刘文开,刘远航,王云臣,等.卫星广播数字电视技术［M］.北京：人民邮电出版社,2003.

第 4 章

短波通信系统

4.1 概述

短波是指频率为 $3\sim30\mathrm{MHz}$ 的电磁波。利用短波进行的无线电通信称为短波通信,又称为高频(High Frequency,HF)通信。为了充分利用短波在低频段上利于近距离通信的优点,短波通信实际使用的频率范围为 $1.5\sim30\mathrm{MHz}$。

在卫星通信实用以前,短波是远距离无线电通信的主要形式,被广泛地用于政府、军事、外交、气象、商业等部门,用以传送话音、文字、图像、数据等信息。特别在军事通信中,短波通信是不可缺少的必要手段。

短波通信有地波传播和天波传播两种方式。地波传播只适用于近距离通信,其工作频率一般选在 $5\mathrm{MHz}$ 以下。由于地波传播受天气影响小,信道参数基本不随时间变化,地波传播信道可以建模为恒参信道。天波传播是利用电离层的反射,电磁波经电离层反射后,可以传到几千千米外的地面。天波的传播损耗比地波小得多,通过地面与电离层之间多次反射后,可以实现更远距离的通信,甚至实现环球通信。天波传播受电离层变化和多径传播的影响,信道随时间变化比较剧烈,因而这种信道可建模为变参信道。

与卫星通信相比,短波通信有着许多显著的优点,它不需要建立中继站即可实现远距离通信,具有技术成熟、完善,设备简单、成本低等特点;它机动性很强,可以利用车载、舰载和机载的方式进行中远距离通信。但是短波通信具有频率低、媒质传输不稳定,存在通信容量小、可靠性较差等缺点。这些缺点限制了短波通信的进一步发展,特别是后来出现的卫星通信能为用户提供大容量、宽频带、高可靠性和高稳定度的通信服务,致使短波通信的一些重要业务逐渐被卫星通信取代,短波通信的地位大为降低,甚至有人怀疑短波通信存在的价值。然而,由于卫星通信成本高、灵活性有限、抗毁性较差,人们发现卫星通信并不能完全取代短波通信。对于不需要高速传输的用户,以及不能为用户提供卫星或光纤通信链路的地区,短波通信仍然是有效的通信手段。特别是在军事通信中,短波通信具有不可替代的重要作用。

近年来,世界各国加紧对短波通信进行研究,采用现代通信技术改造原有的短波设备,提出了能够为用户提供高质量、高可通率的各种新型的短波通信系统。

针对短波信道频带窄、容量小的缺点,采用单边带(Single Side Band,SSB)调制技术,以节约频谱和功率、提高通信效率以及减少电波传播条件对短波通信的不良影响。

针对短波信道时变色散特性,采用信道自适应技术,通过短波实时选频和频率自适应技术使短波通信系统能实时或准实时地选用最佳工作频率,以适应电离层的变化、克服或减弱多径衰落影响、避开外界干扰。这一技术可使通信质量大大提高,系统误码率可降低 2~3 个数量级。

针对短波信道的多径效应造成的衰落现象,短波通信广泛采用效果显著的分集接收技术,包括空间分集、频率分集、时间分集、角度分集和极化分集。近年来又提出时频编码、时频相编码调制和检测技术,从信号本身去寻求有抗衰落能力的信号形式。不同类型的信号形式和相应的调制及检测方式,有的能起到频率分集作用,有的能提高克服码间干扰的能力,有的二者兼有之。此外,有的短波通信系统采用 OFDM 调制技术,在提高频带利用率,对抗多径衰落等方面具有较好的性能。

针对短波通信保密性差、抗干扰能力弱的缺点,采用跳频和直接序列扩频等扩频通信技术。短波直接序列扩频通信通常以话音带宽来传送已扩信号,被称为窄带扩频通信系统,在保证获得一定扩频增益的条件下,由于传输带宽较窄,使信息速率受到很大限制。在短波扩频通信系统中,广泛采用跳扩结合的扩频方式。跳扩频系统能够有效地躲避窄带干扰,这在军事通信中具有重要意义。此外,跳扩频通信系统对"远近效应"的敏感性比直接序列扩频系统弱。

随着软件无线电技术的发展,目前短波通信系统正朝着自动化、智能化、模块化、功能全的方向发展。基于软件无线电的短波电台,以 AD/DA 控制器、DSP 和 FPGA 等为硬件基础,在统一的硬件平台上实现短波电台的数字化、数字上/下变频、调制/解调、信道编/译码以及信令控制等。软件无线电短波电台具有良好的可编程性和可重构性,便于新业务的引入和更新换代。

随着短波通信网络不断增加,迫切需要能提高通信效率和可靠性的新一代网络体系。1999 年美军颁布了第三代短波通信系统协议标准 MIL-STD-188-141B,北约也制定了相应的第三代短波网络协议标准,世界各国进入了第三代短波数字化网络研究阶段。

4.2　短波信道

短波频段的电波传播包括地波传播和天波传播两种方式。如图 4.1 所示,地波包括地球表面波、直接波和地面反射波,可用频率为 1.5~5MHz,通常只在几千米范围的短距离进行通信。天波传播是指依靠电离层对电波反射进行传播的方式,传播距离可达几百千米甚至几千千米,适用于远距离通信,但是天波传播受电离层变化的影响,存在多径衰落和多普勒频率扩展,为实现高可靠性通信增加了难度。短波通信存在寂静区。

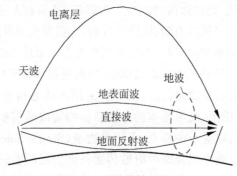

图 4.1　短波传输示意图

4.2.1　短波信道的传播特性

1. 短波传播的形式

1) 地波传播

在短波地波传播方式下,天线架设高度较低、最大辐射方向平行于地面,电磁波沿地面传播。地波传播受气象条件影响较小,信号比较稳定,但是随着电波频率的升高,传播损耗增大,因此其传播频率范围大约是 1.5~5MHz。地波传播还受传输路途状况影响,如地面平坦状况和地面的地质状况等,通常只能在几千米范围内进行通信。

地波传播具有如下特性:

(1) 大地吸收。电波沿地面传播时,在地面产生感应电流,感应电流在地面流动需要消耗电磁波的能量。地面导电性越好,电磁波传输损耗越小;电波频率越低,损耗越小。垂直极化波比水平极化波衰减小。

(2) 绕射损失。电磁波波长越长,绕射能力越强,障碍物越高,绕射能力越弱。在地面通信系统中,短波的绕射能力比较弱,地面的障碍物对电波存在阻碍作用,存在绕射损失。

(3) 传播稳定。地波是沿地球表面传播的,由于地表电性能和地形不随时间快速变化,其传播路径上的地波传播不随时间剧烈变化,接收场强比较稳定。

2) 天波传播

位于地球上空 60~450km 范围内的大气层在太阳紫外线作用下充分电离,然后形成厚度为几百千米的电离现象显著区域,这就是电离层。电离层电子密度分布不均匀,按照电子密度随高度变化的情况,可以分为 4 个导电层,分别称为 D 层、E 层、ES 层和 F 层(分为 F1 层和 F2 层)如图 4.2 所示。

这些导电层对短波传播具有重要的影响。

D 层: D 层是最低层,出现在地球上空 60~

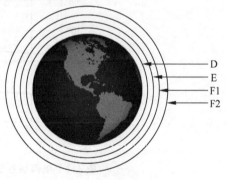

图 4.2　地球电离层示意图

90km 高度处,最大电子密度在 70km 处。D 层出现在太阳升起时,消失在太阳落下后,所以在夜间不再对短波通信产生影响。D 层的电子密度不足以反射短波,所以短波以天波传播时将穿过 D 层。不过,在穿过 D 层时,电波将遭受严重的衰减,频率越低,衰减越大。而且 D 层中的衰减量远大于 E 层和 F 层,所以 D 层也称为吸收层。在白天,D 层决定了短波传播的距离,以及为获得良好的传输所必需的发射机功率和天线增益。

E 层: E 层出现在地球上空 100~120km 高度处,最大电子密度发生在 110km 处,白天基本不变。在今后的通信设计和计算时,通常以 110km 作为 E 层高度,和 D 层一样,E 层出现在太阳升起时,中午时电离达到最大值,之后逐渐减小。太阳降落后,E 层实际上对短波传播不起作用。在电离开始后,E 层可反射高于 1.5MHz 频率的电波。

ES 层: ES 层称为偶发 E 层,是偶尔发生在地球上空 120km 高度处的电离层。ES 层虽然是偶尔存在,但是由于它具有很高的电子密度,甚至能将高于短波波段的频率反射回来,因而目前在短波通信中都希望选用它来作为反射层。当然 ES 层的采用应十分谨慎,否则可能使通信中断。

F 层：对于短波传播，F 层是最重要的。在一般情况下，远距离短波通信都选用 F 层作为反射。这是由于和其他导电层相比，它具有最高的高度，因而允许传播最远的距离，所以习惯上称 F 层为反射层。

图 4.3 给出了非骚动条件下，电离层各层的高度和电子密度的典型值。从图中可以看出，白天电离层包含 D、E、F1、F2 层，也就是说，白天 F 层有两层：F1 层位于地球上空 170～220km 高度处，F2 层位于地球上空 225～450km 高度处，它们的高度在不同季节和在一天内的不同时刻是不同的。对 F2 层来讲，其高度在冬季的白天最低，在夏天的白天最高。F2 层和其他层不同，在日落以后没有完全消失，仍保持剩余的电离，其原因可能是在夜间 F2 层和低电子密度复合的速度减慢，而且粒子辐射仍然存在。虽然夜间 F2 层的电子密度较白天降低了一个数量级，但仍足以反射短波某一频段的电波，当然，夜间能反射的频率远低于白天。由此可以看出，若要保持昼夜短波通信，其工作频率必须昼夜更换，而且一般情况下夜间工作频率远低于白天工作频率。这是因为高的频率能穿过低电子密度的电离层，只有高电子密度的电离层才能反射的缘故。所以若昼夜不改变工作频率（例如夜间仍使用白天的频率），其结果有可能使电波穿出电离层，造成通信中断。

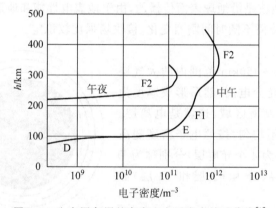

图 4.3 电离层各层的高度和电子密度关系曲线[1]

2. 短波电离层传播特性

1）静区

短波传播过程中，存在着地面波和天波达不到的区域，成为静区。如果选用仰角较大的天线，使电波以较小的入射角达到电离层，并选用较低的工作频率，电磁波不会穿透电离层，可以有效地缩小静区的范围。

2）最高可用频率

最高可用频率（Maximum Usable Frequency，MUF）是指在实际通信中，能被电离层反射回地面的电波的最高频率。若选用的工作频率超过它，则电波穿出电离层，不再返回地面。所以通信线路的 MUF 是线路设计要确定的重要参数之一，而且是计算其他参数的基础。

远距离通信中，电波都是斜射至电离层，若令此时最大的反射频率为 f_{ob}：

$$f_{ob} = f_v \sec\varphi = \sqrt{1 + \left(\frac{d}{2h'}\right)^2} \tag{4.1}$$

其中，f_v 是电波垂直投射时的最高反射频率，也称临界频率；φ 是电波斜射至电离层的入射角；d 是通信线路的长度；h' 是电波反射点处电离层的虚高。

若给定通信线路 c 的距离，在不同斜射频率（即以 f_{ob} 为参数）上可能存在多个传播路径。如图 4.4 所示，在某一距离为 2000km 的通信线路上，当 f_{ob} 为 14MHz，对 F2 层来讲，可能存在两条传播路径，高度分别为 380km 和 680km。通过反射点 1 反射到达接收端的信号比反射点 1′反射来的信号强，这是因为这两条路径受到的衰减不同。反射点 1′通过的路径除了由于通过 D、E、F 层遭到衰减外，和反射点 1 通过的路径相比，在 F2 层内传播更长的距离，因而多了一定的附加衰减。同样地，若反射频率改为 18MHz，仍然存在两条传播路径，反射高度分别为 340km 和 460km。这表明 f_{ob}＝18MHz 时，电波已不可能利用 F1 层和 E 层反射，而只是穿过它们，然后由 F2 层反射。同理，2 反射到接收端的信号较反射点 2′反射得强，但由于两者的反射高度相差不太大，所以其场强差别将小于 f_{ob}＝14MHz 时的情况。继续升高斜射频率，如当 f_{ob} 为 20MHz 时，只存在 F2 层的一个反射点 3，反射高度 h'＝370km，也就是说，此时只有一条传播路径。加入继续升高斜射频率，电波将穿出 F2 层，不再返回地面。由此可见，反射点 3 是斜射电波能否返回地面的临界点，与该点相对应的斜射频率称为最高可用频率。

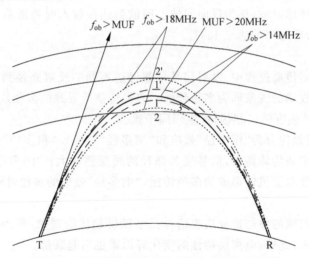

图 4.4 某通信线路可能存在的传播路径示意图

由此可以看出，在某一给定距离的通信线路上，所选用的频率高于 MUF 时，电磁波会穿出电离层不再返回地面。所选频率低于 MUF 时，存在两条传播途径。由于这两条路径所需射线的仰角不同，故分别称为高仰角和低仰角射线。随着工作频率逐渐接近 MUF，高仰角和低仰角两条射线越来越接近，当工作频率选用 MUF 时，两条射线重合，出现单径传输。

通过以上讨论，得到以下结论：

（1）MUF 是指给定通信距离下的最高可用频率。若通信距离改变，临界点的位置变化，对应的 MUF 值改变。显然，MUF 还和反射层的电离密度有关，所以影响电离密度的因素都将影响 MUF 的值。

（2）当通信线路选用 MUF 作为工作频率时，由于只有一条传播路径，一般可获得最佳接收。

（3）MUF 是电波能返回地面和穿出电离层的临界层的临界值。电离层的结构随时间而变化，为保证获得长期稳定的接收，在确定线路的工作频率时，不是取预报的 MUF 值，而是取低于 MUF 的频率，该频率称为最佳工作频率。一般情况下，最佳工作频率为0.85MUF。

选用 OWF 之后，一般就能保证通信线路的可通率为 90％。由于工作频率较 MUF 下降了 15％，接收点的场强较工作在 MUF 时损失 10～20dB，可见为此付出的代价很大。

（4）实际上，通信线路不需频繁地改变工作频率。一般情况下，白天选用一个较高的频率，夜间选用 1～2 个较低的频率即可。

通过计算得到的 MUF 日变化曲线适用于电离层参数的月中值，而不能适应电离层参数的随机变化，更不能适应电离层的突然骚扰、暴变等异常情况。实际上，按照 MUF 日变化曲线确定工作频率，仍不能保证通信线路在优质状态下工作。

3）环球回波

环球回波是指在一定条件下，由电离层和地面之间连续反射，环绕地球一周再次回到接收点的电波。环球回波有两种：一是沿着直接指向接收点方向的环球回波，称为正向回波；另一种是沿反向的环球回波，称为反向回波。回波到达接收点时将滞后正式信号一段时间（环球一次回波的滞后时间可达 0.13s）。

4）多径传播

短波电离层反射传播过程中，发射信号可能经过不同的反射路径到达接收端。电波通过多条路径到达接收端的现象称为多径传播。多径传播所导致的多径效应对通信性能影响比较大：使接收信号强度随机起伏、产生码间干扰。

通常，短波多径效应分为"粗多径"效应和"细多径"效应。"粗多径"效应是指电波通过不同反射点形成了多条传输路径，信号经各路径的时延差较大；"细多径"效应是由电波反射点介质的不均匀性和随机性形成的多径传播，"细多径"效应的多径时延差较小。

5）电波衰落

多径信号在接收端的叠加造成接收信号强度随机起伏的现象，称为衰落。多径干涉是引起衰落的主要原因，此外，电离层特性的变化等因素也引起衰落。

衰落时，信号电平的变化最高可达几十分贝。衰落周期即相邻最大值或最小值的间隔时间为零点几秒至几个小时。其中，周期在几分钟以上的衰落称为慢衰落；而周期在秒级以下的衰落称为快衰落。危害通信最大的是快衰落。

6）多径时延

多径时延是指电波多径传播中最大时延与最小时延之差。它的存在将引起时间色散、波形失真，产生频率选择性衰落，使信道传输带宽受限。理论研究和实验结果均表明，多径时延的大小与工作频率、使用天线、通信距离及时间等因素有关。

7）相位起伏和多普勒展宽。

信号相位起伏是指相位随时间的不规则变化，主要是由于多径传播和电离层不均匀性随机变化引起多径分量间的干涉而产生的。即便只存在一条途径，电离层折射率随机变化及电离层不均匀体的随机运动，也会使线路长度不断变化，从而产生相位的随机起伏。实验结果表明，衰落率越高、信噪比越低、相位起伏越大。

信号相位起伏对高速通信系统将产生重要影响，例如对移相制数字通信，所传递的信息是用前后码元的相位变化来表示的,显然较大的相位随机变化将引起误码。

相位随时间起伏必然产生附加的频移,这主要是由于电离层的不均匀体随机运动产生的,故称为多普勒频移。其后果是使传输波形的频谱产生小范围晃动。而在输出信号频谱中,最高频率和最低频率之差就定义为多普勒展宽。它将引起时间选择性衰落,其大小与衰落率成正比,与不相关时间成反比。它对低速(如十至几百比特每秒)调相数字信号的传输很不利,而对高速如10kb/s以上数字波形的传输则影响不大。

3. 短波信道模型

短波电离层信道是一种时变衰落信道。贝洛(Bello)在1963年提出了一种衰落信道建模方法,将信道建模为广义平稳不相关散射信道(Wide Sense Stationary Uncorrelated Scattering,WSSUS)。他提出了8个时间和频率的函数,其中4个一维动态函数刻画了信道的频率衰落特性和时变特性,即信道多径强度曲线(multipath-intensity profile)$S(\tau)$、信道频率差相关函数(spaced-frequency correlation function)$R(\Delta f)$、信道时间差相关函数(spaced-time correlation function)$R(\Delta t)$和信道多普勒功率谱$S(v)$。信道多径强度曲线$S(\tau)$和它的傅里叶变换$R(\Delta f)$反映了信道的频率衰落特性,信道的多普勒功率谱$S(v)$和它的傅里叶反变换$R(\Delta t)$描述了信道的时变特性。Bello模型比较全面地描述了衰落信道的特性,但是模型过于复杂,实际应用比较少。通常,对短波窄带通信可以采用沃特森(Watterson)模型,对宽带通信可以采用ITS模型。下面主要介绍Watterson模型,关于ITS模型可以参考文献[3]。

Watterson模型较全面地考虑了短波信道的衰落、多径特性以及多普勒效应,适用于信道带宽小于或等于12kHz,信道时间色散较小且只考虑低仰角射线的情况。Watterson短波信道模型如图4.5所示。图中$\tau_i(i=1,2,\cdots,n)$代表第i条路径的延时,$G_i(t)(i=1,2,\cdots,n)$表示第i条路径上的复增益因子,用来表示n条路径的强弱和相位,$N_G(t)$表示高斯白噪声,$N_I(t)$表示外界干扰。输出信号$y(t)$和输入信号$x(t)$之间的关系可以表示为:

$$y(t) = \sum_{i=1}^{n} G_i(t)x(t-\tau_i) + N_G(t) + N_I(t) \tag{4.2}$$

式中多径信道复增益因子$G_i(t)$为

$$G_i(t) = (g_{ir}(t) + jg_{ii}(t))\exp(j2\pi f_i t) \quad (i=1,2,\cdots,n) \tag{4.3}$$

其中,$g_{ir}(t)$和$g_{ii}(t)$分别为两个独立的实正交高斯过程,两者均值为零、方差相等;f_i表示多普勒频移。

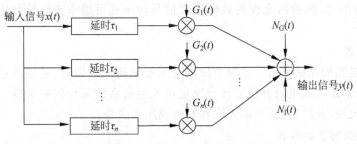

图4.5 Watterson信道模型

例4.1 根据图4.5,建立多径数目为2、多径时延分别为0ms和2ms、多普勒频移分别为1Hz、加性高斯白噪声为20dB的Watterson信道模型,如果发送信号为4FSK,符号速率为 600Baud,频差为 1000Hz,载波频率为 1800Hz,采样率为 12 000Hz。观察输入信号和输出信号时域和频域的变化情况。

根据题目的条件,利用 MATLAB 中的 rayleighchan 函数建立 Watterson 多径信道模型,利用 fskmod 函数产生 4FSK 信号,编写 MATLAB 程序观察 4FSK 信号通过信道前、后的时域波形和频谱变化情况。运行结果如图 4.6 和图 4.7 所示。

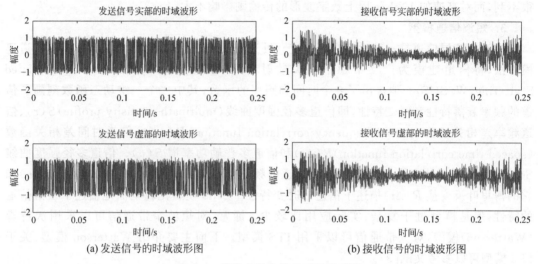

(a) 发送信号的时域波形图　　　　　　　　　　(b) 接收信号的时域波形图

图 4.6　发送和接收信号时域波形图

发送信号 4FSK 是恒包络信号,从图 4.6(a)中可以看出,发送信号叠加上高斯白噪声后的时域波形包络起伏不大,基本上是恒包络的。但是信号经过 Watterson 多径信道后,时域波形发生了很大变化,如图 4.6(b)所示,信号的包络起伏很大,已经不是恒包络,时域波形发生较大失真。从图 4.7 可以看出,通过上述条件的信道后,信号的频域特性也发生了很大变化,图 4.7(b)中的信号频谱与图 4.7(a)中发送信号频谱相比,产生了严重的频率选择性衰落。

4.2.2　短波线路设计

短波通信线路设计的目的是在给定接收机输入信噪比和可通率的条件下,确定通信设备的基本要求,包括最小发射功率、发送和接收天线增益等。工程设计中首先进行天线选型,确定天线的增益,然后由允许的最低接收信号功率和可通率来确定发射机的最小发射功率。

1. 短波天线

短波天线是完成高频电流与高频电磁波之间能量转换的设备,是短波通信系统中的重要组成部分,通信距离和电台开设的环境决定短波通信系统采用何种天线。常用的短波天线有水平对称天线、长线天线、八木天线和对数周期天线等。

1) 短波天线的主要参数

以短波发射天线为例进行说明,接收天线的性能参数与其作为发射天线时相同。

(1) 方向图。利用极坐标表示的方向图呈花瓣状,又称波瓣图。最大辐射方向所在的瓣称为主瓣,其余瓣称为旁瓣。在主瓣最大值两侧,功率密度相对于最大值减半的两个方向

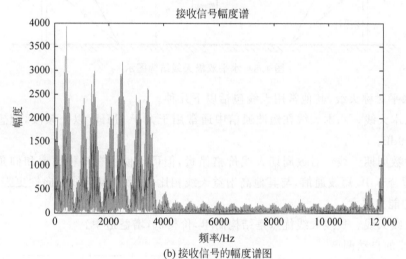

(a) 发送信号的幅度谱图

(b) 接收信号的幅度谱图

图 4.7 发送和接收信号幅度谱图

之间的夹角称为主瓣宽度。主瓣宽度越小,天线辐射的能量越集中,天线的方向性也越强。

(2) 方向系数。天线在最大辐射方向上的功率流密度与总辐射功率相同的无方向性天线在同一距离处功率流密度的比值。它反映了天线辐射能量的集中程度。

(3) 效率。天线的辐射功率与其输入功率之比称为天线的效率。为了提高天线的效率,应尽可能地提高辐射电阻或者减小损耗电阻。它反映了天线在能量变换上的效能。

(4) 增益系数。天线增益定义为方向系数与天线效率的乘积。它反映了天线在最大辐射方向上比理想无方向性天线所获得的输入功率增大倍数。

(5) 极化特性。在最大辐射方向上电场矢量的取向。可分为线极化、圆极化和椭圆极化。对于常用的线状天线,极化方式为线极化,进一步又将线极化分为水平极化和垂直极化。

(6) 频带宽度。天线的各种参数都与频率有关,工作频率偏离设计范围往往会引起天线各参数的变化,如波瓣宽度增大、方向系数降低等。当工作频率变化时,天线的各种参数不超过规定的容许范围,此时所对应的频率范围成为天线的频带宽度。

2)常用的短波天线

对于通信距离不超过 2000km 的中等距离通信线路,通常采用水平对称天线,又称为 π 型天线。如图 4.8 所示。天线两臂 L 可用单极铜线或多股软铜线做成。导线直径由所要求的机械强度和功率容量决定,一般为 3~6mm。为了避免在两端天线的辅助拉线上感应较大的电流而引起损耗,天线臂通过图示的两个高频瓷绝缘体与拉线相连,并通过天线杆固定。水平对称天线的方向性不强,一般只能提供几 dBi 的增益。

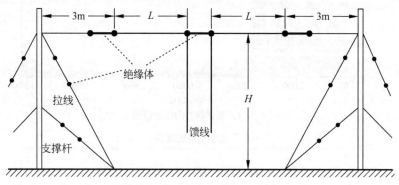

图 4.8　水平双极天线结构图示

除了水平对称天线,其他常用天线包括以下几种。

(1)八木天线。八木天线在短波通信中通常用于大于 6MHz 以上频段,理想情况下增益可达到 19dB。

(2)对数周期天线。对数周期天线价格昂贵,但可以使用在多种频率和仰角上。对数周期天线适合于中、短波通信,与其他高增益天线相比,对数周期天线方向性更强,滤除无用方向信号的能力更大。

(3)长线天线。长线天线优点是结构简单,价格低,增益适中。

3)天线的自动调谐

由于天线辐射单元的阻抗受频率、天线型式以及周围环境的影响,需要在发射机功率级与天线之间引入匹配网络。通过机电方式或者数控方式自动完成匹配网络调谐的方式称为天线的自动调谐。天线的自动调谐装置由调谐参数检测器、控制电路和天线匹配网络组成,如图 4.9 所示。参数检测器

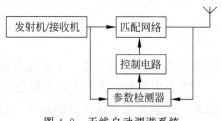

图 4.9　天线自动调谐系统

能够实时检测天线匹配网络的状态参数,为控制电路提供动态控制信息,控制电路根据匹配网络的状态对匹配网络中的可调谐元件进行调整,完成对天线的自动调谐。

4)短波自适应天线

自适应天线以天线阵列的组成方式,通过"权集寻优法"自动调整有关参数,使该天线阵列处于最佳状态。自适应天线要达到两个目标:

(1)天线主波束指向的自适应控制。实现主波束实时、自动地指向目标方向。

(2)天线方向图零点的自适应控制。实现实时、自动地调整方向图零点,以方向图的零点对准干扰源,达到抑制干扰的目的。

自适应天线的基本原理如图 4.10 所示。系统由 N 元接收天线阵、方向图形成网络和自适应处理器三部分组成。其中,方向图形成网络由权值调整和相加器组成。图 4.10(a)和图 4.10(b)不同之处在于自适应处理器的调整控制部分不同,图 4.10(a)直接利用输出结果 y 进行调节,图 4.10(b)则是利用输出 y 和参考目标 y_d 的差值 e 进行调整控制。图中天线阵的第 i 个阵元上产生的感应信号为 x_i,$i=1,2,\cdots,N$,该天线阵列的总输出为:

$$y = \sum_{i=1}^{N} W_i x_i \tag{4.4}$$

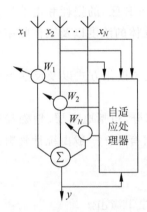

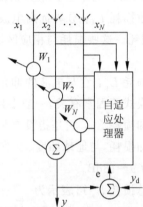

(a) 直接利用输出调节   (b) 利用输出和参考目标的差值调节

图 4.10 自适应天线系统的原理方框图

"权集寻优法"就是根据阵列形状和尺寸,选择和调整各权值 $W_1,W_2,\cdots,W_N$,使接收天线总响应 y 满足设计要求。权值调整常用的方法有:信号幅度和相位分别加权调整、信号正交和同向分量分别加权调整以及抽头延迟线模型加权调整。

5) 短波天线的应用选型

短波天线的选择需要考虑不同的应用环境。

(1) 固定站间远/近距离通信。由于固定站间通信方向是固定不变的,所以一般采用高增益、方向性强的短波天线。通信距离在 $1000\sim3000\text{km}$,可使用高增益、低仰角对数周期天线,但天线价格昂贵。距离在 600km 以内时采用水平双极天线可取得较好效果,但水平双极天线占地较大,中心站电台较多,不适合布天线阵。

(2) 固定站与移动站间通信。由于移动站在运动中,通信方向不固定,所以中心站的天线应选用全向天线。移动站天线由于安装面积的限制,多采用鞭状天线,国内有时用栅网、双环、三环天线。远距离通信时,鞭状天线竖直,近距离通信则可以放置为倒 L 形,这样使用增加了天线的垂直辐射面,可以提高发射效率。

(3) 干扰环境下的天线选型。电台干扰是指工作在当前工作频率附近的无线电台的干扰。由于短波通信的频带非常窄,短波用户越来越多,电台干扰就成为影响短波通信顺畅的主要干扰源。特别对于军用通信系统,这种情况尤其严重。电台的干扰与其他自然条件引起的干扰有很大的不同,它带有很大的随机性和不可预测性。在敌方有意识的电子干扰情况下,采用频带宽、增益较高的对数周期天线可取得一定的效果。

2. 接收端输入信噪比

1）传播损耗及到达接收点的场强

短波天线电波在传播过程中能量的损耗包括：自由空间传播损耗 L_b、电离层吸收损耗 L_a、地面反射损耗 L_g 和系统附加损耗 L_P。

自由空间损耗 L_b：电波离开发射天线后，随着传播距离增加，能量密度下降，这种由于电波扩散而引起的能量损耗称为自由空间损耗。其计算公式为：

$$[L_b] = 32.45 + 20\lg f(\text{MHz}) + 20\lg r_e(\text{km}) \quad (\text{dB}) \tag{4.5}$$

其中，频率 f 以 MHz 为单位；r_e 为收发两点间有效几何路径长度，单位为 km。

电离层吸收损耗 L_a：分为远离电波反射区（如 D 区和 E 区）的损耗和电波反射区附近（如 F2 区）的损耗。这些损耗与相应区域中电子、离子、气体的浓度以及工作频率和天波的工作模式有关。

地面反射损耗 L_g：它与电波的仰角、工作频率、电波的极化方式以及反射点地址参数和天波的工作模式等因素有关，一般多用图标计算。

系统的附加损耗 L_P：它是指没有纳入上述损耗的部分，包括电离层、地磁和气候变化等所引起的附加损耗，与地球纬度、季节时间、路径等因素有关。一般由统计资料给出。中纬度地区 L_P 为 9～18dB。

短波传播总损耗 L_s 可表示为

$$[L_s] = [L_b] + [L_a] + [L_g] + [L_p] \quad (\text{dB}) \tag{4.6}$$

由 L_s 可计算出接收天线输出功率为

$$P_r = \frac{P_t G_t G_r}{L_s} \tag{4.7}$$

其中，P_t 为发射功率、G_t、G_r 分别为发射天线和接收天线的增益。

2）天线噪声系数

短波通信系统接收机的输入端噪声与其他通信系统不同，接收机输入端的噪声主要来自空间的大气噪声，远大于接收机环境温度所确定的噪声。大气噪声用有效天线噪声系数 F_a 表示，单位为 dB，其定义式为

$$F_a = \frac{P_n}{kT_0 B} \tag{4.8}$$

其中，P_n 为接收机接收的噪声功率；k 为玻尔兹曼常数，$k = 1.38 \times 10^{-23}$ J/K；T_0 为接收机热噪声温度，通常取 $T_0 = 290$K；B 为接收机的等效噪声带宽，单位为 Hz。确定了噪声系数之后，接收机的噪声功率为

$$P_n = F_a + 10\lg B - 204 \tag{4.9}$$

3）接收机输入信噪比

为了保证通信质量，接收机输入信噪比不能低于最低接收信噪比门限。根据通信质量所要求的接收机最低输入信噪比和系统设计所确定的等效噪声系数，可以得到所需要的接收信号最低接收功率 P_{rth}：

$$P_{rth} = P_{th} + P_n \tag{4.10}$$

其中，P_{th} 为信噪比门限，P_n 为接收机噪声功率。

4.3　短波自适应选频

4.3.1　自适应选频技术基本概念

短波通信系统除了用于信息传输的各种设备以外,还包括实时选频系统。实时选频技术包含两个环节:准确、实时地探测和估算短波线路的信道特性,即实时信道估值(Real Time Channel Evaluation,RTCE)技术;实时、最佳地调整系统的参数以适应信道的变化,即自适应技术。

典型的短波自适应选频系统通过线路质量分析、自动线路建立和自动转换信道三个环节使无线电台在最佳信道上自动建立通信。

1. 线路质量分析

线路质量分析(Link Quality Analysis,LQA)是一种实时选频技术。对信道进行 LQA 就是对信道参量进行测量和统计分析,然后按测试结果对信道进行评分和排序。

线路质量分析测量的信道参量通常为信噪比和时延散布,由这些信道参量可以推算出通信系统的通信质量,从而进行信道排序。也有许多自适应电台直接测量二进制码元的比特错误率(Bit Error Rate,BER),通过 BER 对信道优劣进行排序。

2. 自动线路建立

自动线路建立(Automatic Link Establishment,ALE)是对接收自动扫描、发端选择呼叫和 LQA 的综合运用,以实现在发送和接收两端建立联接。

ALE 的主要工作过程为:

(1)主呼台选择性呼叫。主呼台的自适应控制器根据线路质量分析的结果,在 LQA 矩阵表中选出最佳的信道。自动呼叫首先在最佳的信道上进行,若在最佳信道上不能建立和被呼台的通信,则将试用次佳信道;直到将所有信道都试一遍仍然不能建立通信为止。一旦线路自动建立,就可以开始正常的通信。

(2)被呼台预置信道扫描。当操作员发出扫描命令后,自适应电台便进入预置信道的扫描状态。电台根据内存中存储的预置信道信息,周而复始地在一组频率上进行扫描,直到在某个信道上接收到呼叫该台的信号时,该电台便自动停止扫描,并在该信道上向主呼台发出"响应"信息;当再次从主呼台收到"认可"信息后,被呼台就完成了自动线路建立。

3. 自动转换信道

电台之间的通信链路在某一信道上建立以后,在进行通信的同时,电台仍然对该信道的通信质量不断进行监测。当该信道突然遭受到强烈的无线电干扰,或者电离层发生较大变化致使信道质量下降到低于门限值时,通信双方将自动转入下一个信道工作。

4.3.2　实时选频系统工作原理

实时选频技术是从特定的通信模型出发,实时地处理到达收信端的不同频率的信号,并根据接收信号的能量、信噪比、多径时延差、多普勒展宽等信道参数和不同通信质量的要求来选取线路损耗小、传播模式少,接收点噪声较小的频率和频段供通信选择使用,从而提高通信的质量和可靠性,也有利于对频率资源的管理和使用。

实时选频可以采用不同的信号形式对信道进行探测,最常用的信号形式有:电离层脉冲探测、电离层啁啾(Chirp)探测、多音连续波探测、8FSK 信号探测和导频探测。

1. 电离层脉冲探测

电离层脉冲探测是在给定时间和频率上发送窄带脉冲探测信号,接收端与发送端在时间和频率上同步地接收探测信号,通过数据处理系统计算出每个频率的信道质量,从而选出最佳通信频率。脉冲探测系统测量的信道参量为信噪比和时延散布。

脉冲探测法实时选频的典型代表是卡斯系统,其工作过程是:在标准原子时钟控制下的每一工作周期内,先由发端探测发射机对各个探测频率信号进行第一次探测发射,它在 32s 时间内每 400ms 变换一个频点(间隔 20kHz),共 80 个频点,此时收端的探测接收机也同步地进行第一次接收;第一次探测发射结束后,发端背景噪声接收机对准备用作通信的各频率进行噪声探测接收,每 3s 变换一次频率,共 80 个频点,对发射背景噪声和干扰较大而无,与此同时,接收端探测接收机也转入相应的噪声测量接收;随后,发端扣除无法通信的频点进行第二次探测发射,而收端同时转入第二次探测接收,探测接收机的全部输出,经模数变换后进入数据处理设备进行处理,以给出频率质量等级表,如表 4.1 所示。然后,根据用户确定的等级控制通信系统进行正式通信。

表 4.1　不同频率质量等级的要求

频率质量等级	信　噪　比	延时展宽/ms	误　码　率
7	＞8000	＜1.28	10^{-7}
6	2400～8000	1.28～1.76	10^{-6}
5	800～2400	1.76～2.56	10^{-5}
4	160～800	2.56～3.84	10^{-4}
3	32～160	3.84～6.16	10^{-3}
2	5～32	6.16～9.35	10^{-2}
1	＜5	＞9.35	10^{-1}

2. 电离层啁啾探测

Chirp 探测是利用调频连续波信号进行探测,线性频率扫描是最常用的一种方式,其频率扫描信号如图 4.11 所示。

与脉冲探测时一样,必须使收发在时间和频率扫描上实现精确同步,频率扫描信号的扫描范围和斜率应一致。满足条件后,发射机和接收机内的本地扫频振荡器将同步地由低到高进行频率扫描。发射机发射线性扫频连续波信号,接收机同时开始扫频并精确地跟踪发射机信号。探测接收机能接收到此发射信号经任何路径传来的无线电能量。射频信号从发射机到接收机所

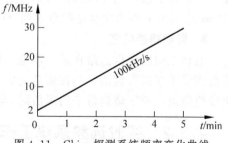

图 4.11　Chirp 探测系统频率变化曲线

需的传输时间使得该信号到达接收机的时刻滞后于接收机的调谐频率点,所以接收机的频率必须调谐得略高于到达的发射信号的频率。接收机将此差频信号放大转换成基带音频信号,无音频信号表示没有时间延迟,音频信号频率的增加表示电离层反射信号延迟的增加。接收机基带音频输出的是一个多音信号,该多音信号就表示电离层不同传播模式所引起的

信号的各种延迟。由于接收机基带的音频信号频率与时延成正比,从而能够确定传播模式的数量、各传播模式的差分时延,最后得到所需要的电离图。电离图绘出的是接收功率和不同传播模式相对时延随频率的分布。图 4.12 是 Chirp 探测系统所形成的电离图。不同传播模式的探测信号到达接收端的路程是不同的,因此延迟时间也是不同的。也就是说,在某个频率上可以收到若干个具有不同延迟时间的信号,它们之间具有毫秒级的时间间隔。当频率改变时,这些多径信号的延迟时间也随之改变。

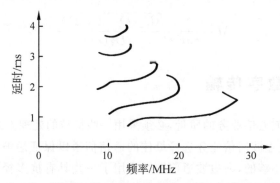

图 4.12　夏威夷欧胡岛至加利福尼亚 Chirp 探测电离图

从电离图可以得到时延参量,当存在多种传播模式时,到达接收端的最早信号和最晚信号之间的时间差就是多径时延;通过对 Chirp 信号能量和本地干扰的测量可以得到信噪比。因而,可以知道每个频点的信道质量。

3. 多音连续波探测

多音连续波探测系统多用于中远距离(300~2500km)路径的战术通信系统中,该系统利用线性调频连续波探测法进行线路探测;利用探测信号与通信信号叠加的方式传送;利用降低扫描速率的办法压缩接收机频带来提高信噪比;利用时间分集技术进一步克服突发干扰对误码率的影响。

这类探测器测量时延差的工作原理是:发端对每个发射信号单元进行频率调制,以产生频率随时间线性变化的调频信号;接收机按发射频率扫描方式产生扫频信号并用作本振信号,与经电离层反射进入接收机的探测信号进行混频并对差频信号进行频谱分析。由于多径效应,所收到的信号是一种幅度变化和相对时延不同的多重扫频信号。该扫频信号与本振扫频信号间已产生了不同的频率成分,这些频率成分包含与时延成正比的频偏。利用频率偏移与各次回波间的时延成正比的关系,可以把多径时延转换成频差。通过测量频差,能够得到对应的时延。

4. 8FSK 信号探测

8FSK 是 20 世纪 80 年代末期广泛推荐使用的一种数据探测体制,在通信选频合一的自适应电台中是一种规范化的信号格式。通过执行标准中的各种协议,自适应电台可以完成线路质量分析、自动选择呼叫,预置信道扫描及自动线路建立,协议中的信道质量探测及各种信令的传输均利用 8FSK 信号。8FSK 探测体制是目前自适应电台中使用最广泛的信号格式。

5. 导频探测

导频探测方式是以低电平的连续波信号对信道进行探测。向短波信道发送一个单频信号,接收信号频谱将展宽,即多普勒展宽。

工程中常用双音频探测法,同时对多普勒展宽和多径时延展宽进行测量。假定探测用的两个等幅音频信号,频差为 F,接收机中用两个匹配滤波器将信号分离出来,经包络检波后分别得到 U_1 和 U_2,多普勒频移 D 和多径时延扩展 M 计算式分别为

$$D = \frac{1}{\pi\alpha} \sqrt{\frac{\langle [U_1(t)]^2 \rangle}{\langle U_1^2(t) \rangle}} \tag{4.11}$$

$$M = \frac{1}{\pi\alpha F} \sqrt{\frac{\langle U_2(t) - U_1(t) \rangle^2}{\langle U_1^2(t) \rangle}} \tag{4.12}$$

4.4 短波数字传输

为了提高各种短波通信业务的质量,必须采用一些特殊的处理方式,比如前面介绍的自适应选频技术,为各类短波通信业务选择最佳的通信信道以保证短波通信业务的质量。但是仅靠自适应选频是不够的,在短波通信中还采用了一些具有抗多径衰落能力的调制和解调方法,比如 OFDM 调制方式,利用自适应均衡和分集接收技术克服或者减弱多径效应的影响,采用有效的差错控制技术,比如 Turbo 码等高效信道编码方式提高通信的可靠性。本节将重点介绍短波中调制/解调技术和自适应均衡技术。

4.4.1 短波信道对数据传输的影响

短波通信信号通过信道后的衰落特性取决于电离层反射信道特性(包括衰落、多径时延扩展和多普勒扩展)和信号参数(如带宽、码元间隔)。衰落是指由于多径以及电离层特性的变化使接收信号的强度随机变化(有时甚至完全消失)的现象,衰落将造成短波通信突发性错误甚至通信中断。多径时延扩展是指多径传播造成的多径延时差使被传输的信号波形在时间上被展宽,造成接收信号产生码间干扰(Inter Symbol Interference,ISI),而且限制了数据传输速率。多普勒扩展是指由于电离层的不规则运动和反射层高度的变化产生多普勒频移,导致所传输信号的频谱展宽。

通常,将多径时延扩展的倒数定义为信道的相干带宽(coherence bandwidth)f_0,在相干带宽频率范围内的信号谱分量的幅值有很强的相关性。如果 $f_0 < w$,信道对信号的所有频率分量的影响不同,在相干带宽之外的信号频谱分量受到的影响与相干带宽之内的频谱分量受到的影响不同,产生频率选择性衰落;反之称为非频率选择性衰落,又称平坦衰落。将多普勒扩展的倒数定义为相干时间,如果信号的码元间隔大于相干时间,将产生时间选择性衰落,又称为快衰落;反之,称为慢衰落。

由于短波电离层的变化比较缓慢,多普勒扩展比较小,相干时间往往大于信号的码元间隔,因而常常产生慢衰落现象。当通信线路选用 MUF 作为工作频率时,由于只有一条传播路径,多径时延为 0,但是为了获得长期稳定的接收,往往采用 0.85MUF 作为最佳工作频率。通常,短波通信通过采用分集技术、OFDM 调制/解调技术、自适应均衡技术以及高效的差错控制编/译码方式来克服多径衰落带来的影响,提高数据传输的有效性和可靠性。其中分集接收等技术在前面几章中均有介绍,本节重点介绍调制/解调和自适应均衡技术。

4.4.2　短波数字调制/解调技术

短波数字通信常用的调制方式按照载波数分为单载波调制(又称串行调制)和多载波调制(又称并行调制)两种方式。其中,单载波调制方式除了常规的 MFSK、MPSK 和 MQAM 信号外,还有一些特殊的调制方式,比如时频调制等;多载波调制包括并行多路调制以及正交频分多路调制等。

1. 串行调制/解调技术

常规的短波串行调制/解调方式包括 MFSK、MPSK 和 MQAM,它们在调制技术上与其他通信系统没有大的区别,考虑到短波信道的影响,在解调环节上需要一些特殊处理。下面重点介绍解调技术。

1) MFSK 信号的解调

MFSK(M＝2,4,8,…)是短波通信中应用最广的一种调制方式,常用的解调方式有相干解调和非相干解调。通常,相干解调接收质量优于非相干解调,但是相干解调过程中需要本地提供与发送信号相干的载波,对载波频率和相位的精确度要求较高,实现较为困难,所需要的设备也较复杂。而采用非相干解调方法,可根据 FSK 信号的特点,在接收端不需要相干信号,设备复杂度相对较低。在短波信道中,信道的衰落和多普勒扩展会引起信号相位和幅度的随机抖动,不适合采用相干解调方法,而通常采用非相干接收。

包络检波法是一种常用的非相干解调方法,图 4.13 是 2FSK 包络检波框图,带通滤波器的中心频率分别为 f_1 和 f_2,输入信号分别通过两个带通滤波器,然后分别经过包络检波,在取样脉冲的控制下比较两路信号抽样值的大小,调制时如果规定"1"符号对应载波频率 f_1,则接收时上支路的取值比较大,应判为"1",反之判为"0",其中定时同步可以采用"早-迟积分"同步方法。这种方法在符号速率较高的情况下,对带通滤波器的性能要求很高。

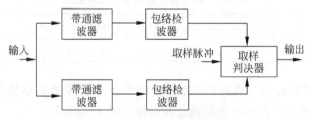

图 4.13　2FSK 包络检波原理框图

短波通信中,经常出现 8FSK 信号以及更高阶的 FSK 信号,如果采用包络检波法,设备复杂度成倍增加。近几年,更多地采用基于谱估计的解调方法。

谱估计法是对接收到的有限时间长度的信号,进行功率谱密度的估计,以得出信号中所包含频谱分量的位置和幅度。这种方法在解调端也不产生相干载波,也是非相干检测。下面介绍一种基于短时傅里叶变换进行 MFSK 信号的解调的方法,这种方法具有较好的抗频偏和抗多径作用。短时傅里叶变换的定义如下

$$\mathrm{STFT}_x(n,\omega) = \sum_{m=-\infty}^{+\infty} x(m)W(n-m)\mathrm{e}^{-\mathrm{j}\omega n} \tag{4.13}$$

式中 $W(n)$ 是一个中心对称的窗函数。短时傅里叶变换可以看作信号 $x(n)$ 在分析时刻"n"

附近的"局部频谱"。由于短时傅里叶变换使用了一个可移动的时间窗函数 $W(n)$,所以使其具有了一定的时间分辨率。时间分辨率取决于窗函数 $W(n)$ 的长度,窗口越窄,时间分辨率越高。

对短时傅里叶变换的频率 ω 在频域离散化后,得到的信号 $x(n)$ 的离散短时傅里叶变换如下式所示:

$$\text{STFT}_x(n,k) = \sum_{r=-\frac{N}{2}}^{\frac{N}{2}-1} x(n+r)W(r)e^{-j\frac{2\pi(n+r)}{N}k} \tag{4.14}$$

式中,$W(r)$ 为窗函数,N 为窗函数宽度。

短时傅里叶变换的模值平方定义为谱图:

$$\text{SPEC}(n,k) = |\text{STFT}(n,k)|^2 \tag{4.15}$$

图 4.14 是对一个 8FSK 信号进行短时傅里叶变换的谱图,横轴为时间轴,纵轴为频率轴,从图中能够清楚地看到信号频谱的变化情况。

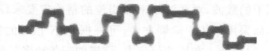

图 4.14　8FSK 信号谱图

信号的谱图能够给出信号的频率值,信号频率和码元数据是一一对应的,比如,其对应关系如表 4.2 所示。下一步需要根据频率值找出所对应的码元值。首先,对信号谱图进行处理,求出每次短时傅里叶变换的幅度最大值所对应的频率,根据此频率所在区间,按照最邻近原则得到该频率所对应的码元数据,这样既得到了码元数据又起到了去除频率抖动的作用。

表 4.2　码元数据与频率的对应关系

码元数据	000	001	010	011	100	101	110	111
频率	f_1	f_2	f_3	f_4	f_5	f_6	f_7	f_8

STFT 的参数选择合适与否直接关系到解调效果,比较重要的参数有窗函数的选取、窗函数的宽度和位移步长。常用的窗函数及其指标如表 4.3 所示。

表 4.3　常用的窗函数及其指标

窗函数	3dB 带宽 /$\Delta\omega$	-6dB 点 /$\Delta\omega$	主瓣宽度 /$\Delta\omega$	最大旁瓣峰值 /dB	旁瓣衰减速度 /(dB/倍频程)	等效噪声带宽 /$\Delta\omega$
矩形窗	0.89	1.21	2.0	-13	-6	1.00
汉宁窗	1.44	2.00	4.0	-32	-18	1.50
汉明窗	1.30	1.81	4.0	-43	-6	1.36
布莱克曼窗	1.68	2.35	6.0	-58	-18	1.73

窗函数的窗宽是一个重要参数,窗宽过宽会引入码间串扰,窗宽过窄会丢失信号信息。通常,窗宽选为一个码元长度,即窗宽=采样率/码元速率。短时傅里叶变换的移动步长是

另一个重要参数,移动步长不能太小,否则运算量会非常大;移动步长也不能太大,否则时间分辨率会降低。移动步长=窗宽/同步因子,同步因子是能够整除窗宽的整数。

对 STFT 频谱分析后所得到的码元数据进行码元跟踪同步是至关重要的。有文献采用中值滤波和大数判决等方法,处理环节比较复杂。考虑到 STFT 谱分析环节进行了频率去抖动处理,又因为经 STFT 谱估计处理后每个码元含有与同步因子数目相同的数据,根据这一特点,先统计相同数据的个数和起始位置,输出码元的值就是相同数据。实际处理过程中,虽然 STFT 谱估计一定程度上减小了频率抖动产生的影响,但是不能完全去掉抖动,使得"相同码元数据/同步因子"不是一个整数,因此输出码元个数为"相同码元数据/同步因子"后的四舍五入值。

2) MPSK 信号的解调

短波通信中常用的 MPSK 信号为 BPSK、QPSK 和 8PSK。不同于卫星通信,由于短波信道的多径效应比较严重,对接收信号产生明显的码间干扰。克服和减弱码间干扰的主要方法是分集和均衡,在 MPSK 解调器中通常采用均衡技术克服码间干扰。图 4.15 是一个典型的带有自适应均衡网络的 QPSK 信号解调原理框图。接收信号在定时锁相环恢复出的定时信息控制下进行采样,所得数字信号先进行匹配滤波,然后进行相干解调,相干解调的本地载波是由自适应均衡后的信号中提取出的相干载波。

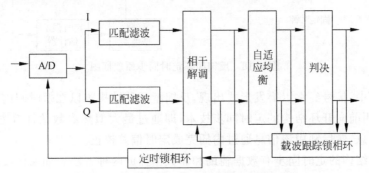

图 4.15 典型短波 QPSK 信号解调原理框图

在基于软件无线电的全数字短波接收机中,通常采用数字信号处理的方法完成解调。全数字接收机功能框图如图 4.16 所示,接收信号经过数字下变频,对信号进行频谱搬移,得到基带信号。此时,基带信号是过采样信号,而且存在剩余载波偏差,经过定时恢复,得到最佳采样点信号。通过符号间隔自适应均衡器,消除或减小码间干扰。最后,通过载波恢复完成载波频偏的校正,恢复出发送信号。

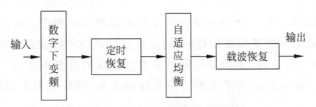

图 4.16 MPSK 信号全数字解调框图

(1) 符号定时同步。

实现符号定时同步的方法一般分两类:一类是通过反馈环控制采样时钟的相位来实现

同步;另一类是与采样时钟独立,对采样得到的离散数字信号直接进行定时恢复,即通过内插的方式得到最佳采样时刻的信号值。直接调整采样时刻的方法,在传统的数字化解调器中得到了广泛的应用,它的缺点是不够灵活。后者虽然计算复杂度高一些,但是具有较高的稳定性和灵活性,是全数字接收机常用的符号定时方法。第二类方法包括前向结构和反馈结构。前向结构是指从数字下变频后的数据样点中获得每个符号的最佳采样点;反馈结构又称为闭环结构,是指通过反馈环路控制定时校正,得到最佳采样时刻采样。图 4.17 是前向开环定时同步原理框图。图 4.18 是反馈闭环定时同步原理框图。

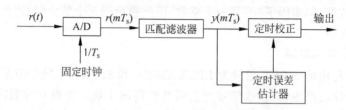

图 4.17　前向开环定时同步原理框图

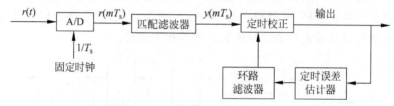

图 4.18　反馈闭环定时同步原理框图

短波通信中,信号经常以突发形式出现,反馈型闭环结构难以在短时间内实现快速精确同步,需要采用前向开环结构的定时同步技术,即通过最大似然参数估计等方法,对样点提取符号同步信息,然后利用该信息通过内插完成定时偏差校正。

前向开环结构的定时同步有数据辅助和非数据辅助两种方法。如果接收信号中含有前导序列,前导序列中包含信号的同步信息,可以采用数据辅助的定时同步方法;反之,则要采用非数据辅助的定时同步技术。这两类算法的共同特点是需要对接收数据进行定时偏差估计,然后通过插值进行定时恢复,得到最佳采样时刻。下面以非数据辅助的定时同步算法为例,首先介绍一些经典的定时误差估计算法,然后介绍定时校正内插器结构。

假设接收到的等效基带信号可以表示为:

$$y(t) = \mathrm{e}^{j\theta} \sum_{l=-\infty}^{+\infty} c_l g(t - lT - \tau) + n(t) \tag{4.16}$$

其中,$y(t)$ 为接收信号,θ 和 τ 分别为接收信号的相位和定时偏差,$\{c_l\}_{l=-\infty}^{+\infty}$ 是发送符号序列。$g(\cdot)$ 表示接收信号的基带成型脉冲,是发送脉冲成型和接收匹配滤波器的联合响应,即 $g(t) = r(t) \otimes r(-t)$,$r(t)$ 表示发送脉冲成型滤波器的冲激响应,$r(-t)$ 表示接收匹配滤波器的冲激响应,通常 $r(t)$ 为平方根升余弦脉冲成型,符号 $\otimes$ 表示卷积运算。T 为发送符号周期,$n(t)$ 是加性高斯白噪声,其均值为 0,双边功率谱密度为 $\frac{n_0}{2}$。

假设接收信号没有相偏,对接收信号进行过采样,过采样因子为 $P = \dfrac{T}{T_s}$,得到

$$y(kT_s) = \sum_{l=-\infty}^{+\infty} c_l g(kT_s - lPT_s - \tau) + n(kT_s) \tag{4.17}$$

T_s 为采样时间间隔，$P = \dfrac{T}{T_s}$ 表示过采样因子，$\tau \in \left(-\dfrac{T}{2}, \dfrac{T}{2}\right]$ 表示定时偏差，也就是定时同步中需要估计的参数。与定时偏差 τ 有关的似然函数为

$$\Lambda(\tilde{a}_i, \tilde{\tau}) = \exp\left\{\frac{2E_s}{n_0} \sum_{i=0}^{L-1} \mathrm{Re}[\tilde{a}_i^* y(iPT_s + \tau)]\right\} \tag{4.18}$$

其中，L 为观测符号长度，E_s 为单个符号的能量。根据式(4.18)，经过不同的处理后，得到不同的定时偏差似然函数。

AVN(绝对值非线性)算法：

$$L(\tau) = \sum_{i=0}^{L-1} |y(iPT_s + \tau)| \tag{4.19}$$

O&M(平方律非线性)算法：

$$L(\tau) = \sum_{i=0}^{L-1} |y(iPT_s + \tau)|^2 \tag{4.20}$$

FLN(四次方律非线性)算法：

$$L(\tau) = \sum_{i=0}^{L-1} |y(iPT_s + \tau)|^4 \tag{4.21}$$

LOGN(对数非线性)算法：

$$L(\tau) = \sum_{i=0}^{L-1} \ln\left[1 + |y(iPT_s + \tau)|^2 \left(\frac{E_s}{n_0}\right)^2\right] \tag{4.22}$$

由于 $L(\tau)$ 为周期函数，可将其用傅里叶级数展开 $L(\tau) = \sum_m C_m \mathrm{e}^{\mathrm{j}2\pi m\tau/T}$，$-T/2 < \tau < T/2$，其中 $C_m = \dfrac{1}{T} \displaystyle\int_0^T L(\tau) \mathrm{e}^{-\mathrm{j}2\pi m\tau/T} \mathrm{d}\tau$，取 $m = 0, \pm 1$ 就可以比较准确地逼近 $L(\tau)$，而 C_0 项与 τ 无关，因此 τ 的最大似然估计为

$$\hat{\tau} = -\frac{T}{2\pi} \arg\{C_1\} \tag{4.23}$$

用求和近似积分可得

$$\hat{\tau} = -\frac{T}{2\pi} \arg\left\{\sum_{i=0}^{P-1} L\left(\frac{iT}{P}\right) \mathrm{e}^{-\mathrm{j}2\pi i/P}\right\} \tag{4.24}$$

将上述各种算法的似然函数带入式(4.24)得到相应的定时估计。以 O&M 算法为例，其定时误差估计为

$$\hat{\tau} = -\frac{T}{2\pi} \arg\left\{\sum_{i=0}^{LP-1} |x(i)|^2 \mathrm{e}^{-\mathrm{j}2\pi i/P}\right\} \tag{4.25}$$

比较几种定时误差估计子的性能，O&M 算法在脉冲成型滤波器的滚降系数较大时性能较好，但当滚降系数较小时估计性能较差；LOGN 和 AVN 算法受滚降系数的影响较小。

针对 MPSK 信号的常模特点，Tilde Fusco 提出了一种常模前向盲定时算法(Approximate Constant Modulus，ACM)，其定时偏差估计子为

$$\hat{\tau} = -\frac{T}{2\pi} \arg\left\{\frac{1}{P} \sum_{k=0}^{P-1}\left[-\sum_{l=0}^{L-1}\left|y\left(\frac{kT}{P} + lT\right)\right|^2 + \frac{1}{L}\left(\sum_{l=0}^{L-1}\left|y\left(\frac{kT}{P} + lT\right)\right|\right)^2\right]\mathrm{e}^{-\mathrm{j}\frac{2\pi k}{P}}\right\} \tag{4.26}$$

该算法在脉冲成型滚降系数比较小时具有较好的效果,在滚降系数较大时性能变差。图 4.19 为上述几种定时算法的均方误差曲线。

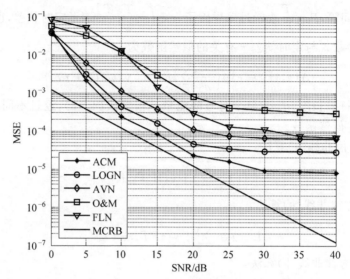

图 4.19　不同信噪比下的定时估计性能(QPSK 信号,滚降系数为 0.1)

信号在最佳采样点的值不能通过直接的采样得到,而是通过插值滤波器根据定时误差估计值和采样信号通过插值运算得到。常用的插值滤波器模型可以采用 Gardner 给出的速率转换模型。该插值滤波器的等效模型如图 4.20 所示。输入为采样信号 $y(mT_s)$,T_s 为采样周期,T 为码元周期。$h_I(t)$ 是连续时间的插值函数,采样信号经过数模变换(Digital Analog Converter,DAC)和 $h_I(t)$ 后,输出连续时间信号为

$$\tilde{y}(kT_i) = \sum_m y(mT_s)h_I(t - mT_s) \tag{4.27}$$

按新的采样率 T_i 重新采样,在 $t = kT_i$ 时刻再对 $\tilde{y}(t)$ 进行采样,得到

$$\tilde{y}(kT_i) = \sum_k y(mT_s)h_I(kT_i - mT_s) \tag{4.28}$$

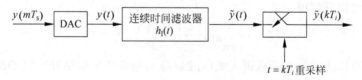

图 4.20　插值滤波器等效模型

在全数字接收机中,通常采用内插器来估计准确采样值 $\tilde{y}(kT_i)$,内插的位置由前面估计出的定时误差来控制。用于定时恢复的内插器有两种结构:一种是经典的 Farrow 结构内插器,另一种是多相结构的定时内插器。其中 Farrow 结构的内插器具有较高的精度,而多相结构的内插器结构比较简单。

下面以 Farrow 结构内插器为例进行介绍。如果 T_s 为采样间隔,T_i 为估计出的与符号同步的内插信号间隔,Farrow 型结构内插器需要恢复出 kT_i 处的信号值。定义 m_k 作为基准参考点,是满足 $mT_s \geqslant kT_i$ 的最小整数 m,即 $m_k = \text{int}[kT_i/T_s]$,令 $u_k = \dfrac{m_k T_s - kT_i}{T_s}$,

$u_k \in [1,0)$，定义滤波器的系数为 $i = \text{int}[kT_i/T_s]$，可以得到 $m = m_k - i$。采样时间关系如图 4.21 所示。设内插滤波器的冲激响应为 $h(i)$，其长度为 $I = I_2 - I_1 + 1$。内插器的输出为

$$\tilde{y}(kT_i) = \sum_k y(mT_s) h_I(kT_i - mT_s)$$

$$= \sum_{i=I_1}^{I_2} y[(m_k - i)T_s] h_I[(i - \mu_k)T_s] \tag{4.29}$$

其中，$i = I_1, I_1 + 1, \cdots, I_2 - 1, I_2$。

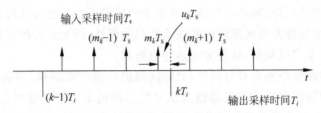

图 4.21　采样时间关系图

Farrow 结构内插滤波器系数与 u_k 有关，是利用以 u_k 为变量的 P 阶多项式来近似内插滤波器的系数，表示为

$$h_{u_s}(n) = h[(n - u_k)T_s] = \sum_{m=0}^{P} C_m(n) u_k^m \tag{4.30}$$

按照不同的内插方法，可以得到不同的 Farrow 结构内插滤波器的系数，常用的有立方内插器和抛物线内插器。表 4.4 为立方内插器的系数，图 4.22 为立方插值器的 Farrow 结构图。

表 4.4　立方内插器的系数

i	$l=0$	$l=1$	$l=2$	$l=3$
-2	0	$-1/6$	0	$1/6$
-1	0	1	$1/2$	$-1/2$
0	1	$-1/2$	-1	$1/2$
1	0	$-1/3$	$1/2$	$-1/6$

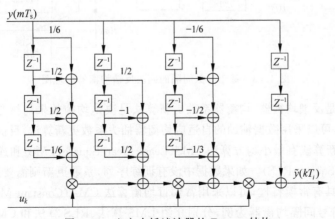

图 4.22　立方内插滤波器的 Farrow 结构

上述定时恢复算法在 AWGN 信道条件下具有较好的性能,但是在信道衰落比较严重的情况下,定时效果急剧变坏,甚至失效,近年来人们采用分数间隔均衡器进行定时同步。

(2) 自适应均衡。

短波电离层信道是典型的无线衰落信道,数字调制信号受到多径传播等因素的影响使得接收信号码元间相互重叠,称为码间干扰。码间干扰的存在限制了通信系统的最大传输速率,并导致在接收端的符号检测中产生较大的误码率。通信中的自适应均衡技术是克服或者减弱码间干扰的一种有效手段。为了克服信道的衰落,通常情况下收、发双方依照通信协议进行信息传输,发送方可以通过定期地发送训练序列帮助接收方调整均衡器的抽头系数,从而达到跟踪信道变化、减小多径效应所带来的码间干扰。在发送数据中不含有训练序列的情况,不能利用发送方的训练序列实现均衡器的调整,需要从接收信号所隐含的各种统计信息和结构信息来完成均衡,这种方法称为盲均衡。

目前常见的均衡器结构有符号间隔/分数间隔横向滤波器结构、判决反馈结构、格形滤波器结构。符号间隔横向滤波均衡器输入信号的采样速率为符号速率$(1/T)$,不能满足奈奎斯特定理,因此会造成频谱混叠。分数间隔均衡器输入信号以 $P/T(P \geqslant 2)$ 速率进行采样,避免了符号速率均衡器因欠采样引起的频谱混叠,能够补偿信道固有的畸变。横向滤波结构的均衡器不能完全消除码间干扰,而且均衡器对输入的噪声有放大作用,不利于提高输出信噪比。判决反馈均衡器通常采用两个横向滤波器对信道进行均衡,包括前馈滤波器、反馈滤波器和判决器,前馈滤波器通常是分数间隔结构,反馈滤波器通常是符号间隔结构。判决器用于判断均衡器输出信号与哪个发送信号的距离最近,从而给出判决值。反馈滤波器利用先前的判决值消除由前一符号在当前符号上产生的码间干扰,对降低输出信号的剩余码间干扰有利。判决反馈均衡器具有收敛速度快、均衡精度高的特点,在结构上比格型滤波器简单,适用于多径衰落信道。但是,如果均衡器判决出错,错判符号进入反馈滤波部分,可能引起新的错误判决,造成误差传播现象。格型均衡器采用的是级联形式,具有较好的信道适应性。格型均衡器的误差提取是逐级进行的,其收敛过程也是逐级完成的,每一级可以独立调整权系数,收敛速度较快,但结构相对复杂。短波通信通常采用基于分数间隔横向滤波器的判决反馈均衡器,其结构如图 4.23 所示。

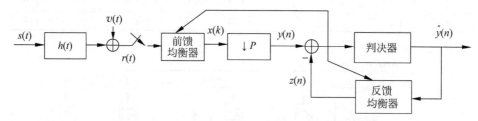

图 4.23　基于分数间隔的判决反馈均衡器原理图

无论前馈还是反馈均衡器,均衡器系数更新算法是决定均衡效果的核心。如果发送数据中含有训练序列,可以采用数据辅助的自适应均衡器抽头系数更新算法,目前通常采用的均衡器抽头自适应更新算法有最小均方算法 LMS(Least Mean Square,LMS)和递归最小二乘算法(Recursive Least Square,RLS)。如果数据中没有训练序列,系数更新则需要采用盲均衡算法,由于 MPSK 信号具有常模特性,可以采用常模盲均衡算法 CMA(Constant-Modulus Algorithm,CMA)。下面以符号间隔均衡器为例,分别介绍 LMS 算法、RLS 算法和 CMA 算法。

　　LMS算法是一种随机梯度算法,通常包括两个过程:滤波过程和自适应过程。滤波过程计算线性滤波器输出对输入信号的响应,并通过比较输出结果与期望响应计算估计误差;自适应过程根据估计误差自动调整滤波器系数。其横向滤波器结构如图4.24所示。抽头输入向量$\boldsymbol{u}(n)=\{u(n),u(n-1),\cdots,u(n-M+1)\}$,这些输入张成一个多维空间$\Upsilon_n$;$M$为均衡器的阶数;抽头权向量$\hat{\boldsymbol{w}}(n)=\{\hat{w}_0(n),\hat{w}_1(n),\cdots,\hat{w}_{M-1}(n)\}$;$d(n)$为期望响应;横向滤波器的输出$\hat{d}(n\mid\Upsilon_n)$与$d(n)$之差作为抽头更新算法的误差$e(n)$。

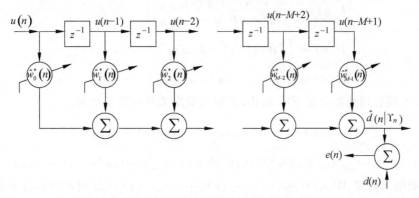

图4.24　LMS算法横向滤波器结构图

LMS算法的计算流程如下。

参数设置:$M=$滤波器的抽头数,$\mu=$步长因子;

初始化:$\hat{\boldsymbol{w}}(0)=0$;

数据:$\boldsymbol{u}(n)$是n时刻$M\times1$抽头输入向量,$\boldsymbol{u}(n)=[u(n),u(n+1),\cdots,u(n-M+1)]^{\mathrm{T}}$。$d(n)$是$n$时刻的期望响应。

计算:对$n=0,1,2,\cdots$,计算

$$e(n)=d(n)-\hat{\boldsymbol{w}}^{\mathrm{H}}(n)\boldsymbol{u}(n)$$

$$\hat{\boldsymbol{w}}(n+1)=\hat{\boldsymbol{w}}(n)-u\ \nabla J(n)=\hat{\boldsymbol{w}}(n)+\mu\boldsymbol{u}(n)e^*(n)$$

其中,上标"$*$"表示共轭运算,上标"H"表示共轭转置运算,μ为迭代步长。

　　RLS自适应均衡器也可以看作是一个FIR横向滤波器,如果令M阶横向滤波器第i时刻的输出为$y(i)$,则FIR横向滤波器的输出可表示为

$$y(i)=\boldsymbol{W}^{\mathrm{H}}(n)\boldsymbol{u}(i) \tag{4.31}$$

其中$\boldsymbol{u}(i)=[u(i),u(i-1),\cdots,u(i-M+1)]^{\mathrm{T}}$是输入向量;$\boldsymbol{W}(n)=[w_0(n),w_1(n),\cdots,w_{M-1}(n)]^{\mathrm{T}}$是滤波器抽头系数向量。

　　RLS均衡器的框图如图4.25所示,自适应权值更新部分是算法的核心,基本思想是通过已知第$n-1$次迭代的横向滤波器的抽头系数,根据新到达的数据,计算出第n次迭代后的横向滤波器的抽头系数。

　　常规RLS算法的代价函数为

$$J(n)=\sum_{i=1}^{n}\lambda^{n-i}\mid d(i)-\boldsymbol{W}^{\mathrm{H}}(n)\boldsymbol{u}(n)\mid^2+\delta\lambda^n\parallel\boldsymbol{W}(n)\parallel^2 \tag{4.32}$$

其中,$0<\lambda<1$为遗忘因子,$d(i)$为期望的响应,δ为正则化参数,当信噪比较大时,正则参数δ取较小的值,当信噪比较小时,正则参数δ取较大的值。图中横向滤波器的抽头系数是

能够使该代价函数达到最小值的横向滤波器权值向量,通过指数加权递归最小二乘算法可以得到更新抽头权向量最小二乘估计的递归公式。

RLS 算法步骤如下:

初始化 $n=0,\boldsymbol{W}(0)=0,\boldsymbol{P}(0)=\delta^{-1}\boldsymbol{I}$,更新后有

$$n=n+1;$$

$$e(n)=d(n)-\boldsymbol{W}^{\mathrm{H}}(n-1)\boldsymbol{u}(n);$$

$$\boldsymbol{k}(n)=\frac{\boldsymbol{P}(n-1)\boldsymbol{u}(n)}{\lambda+\boldsymbol{u}^{\mathrm{H}}(n)\boldsymbol{P}(n-1)\boldsymbol{u}(n)};$$

$$P(n)=\frac{1}{\lambda}\big[\boldsymbol{P}(n-1)-\boldsymbol{k}(n)\boldsymbol{u}^{\mathrm{H}}(n)\boldsymbol{P}(n-1)\big];$$

$$\boldsymbol{W}(n)=\boldsymbol{W}(n-1)+\boldsymbol{k}(n)e^{*}(n)。$$

CMA 常模盲均衡器也是 FIR 结构,其输入输出关系可以表示为

$$y(n)=\sum_{i=0}^{M-1}w_{i}^{*}(n)u(n-i)=\boldsymbol{W}^{\mathrm{H}}(n)\boldsymbol{u}(n) \tag{4.33}$$

其中,$y(n)=y_r(n)+\mathrm{j}y_i(n)$ 是均衡器输出信号,$\boldsymbol{u}(n)=[u(n),u(n-1),\cdots,u(n-M-1)]^{\mathrm{T}}$ 是均衡器的输入向量,$\boldsymbol{W}(n)=[w_0(n),w_1(n),\cdots,w_{M-1}(n)]^{\mathrm{T}}$ 是均衡器抽头系数向量,M 是均衡器阶数。CMA 盲均衡器如图 4.26 所示。

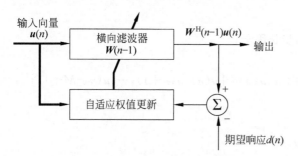
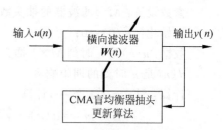

图 4.25　RLS自适应均衡器框图　　　　图 4.26　CMA盲均衡器结构框图

CMA 代价函数定义为

$$J(n)=\frac{1}{4}E\{(\mid y(n)\mid^{2}-R^{2})^{2}\} \tag{4.34}$$

其中,$R^2=\dfrac{E\{|s(n)|^4\}}{E\{|s(n)|^2\}}$。CMA 盲均衡算法是按照随机梯度算法调整均衡器抽头系数使 CMA 代价函数达到最小,其均衡器抽头的迭代公式为

$$\boldsymbol{W}(n+1)=\boldsymbol{W}(n)-\mu\boldsymbol{u}(n)e^{*}(n) \tag{4.35}$$

其中,μ 为迭代步长,误差 $e(n)=y(n)(\mid y(n)\mid^{2}-R^{2})$。

CMA 的代价函数只跟信号的模值有关,不包含信号的相位信息,它不能恢复由于信道影响所带来的相位偏转。为了使该算法具有相位恢复的能力,将 CMA 仅对信号的模值进行处理转换为对信号的同相分量和正交分量分别进行处理,使其携带接收信号的相位信息,这种改进的算法称为修正恒模算法(Modified Constant Modulus Algorithm,MCMA)。

MCMA 算法的代价函数为:

$$J(n) = \frac{1}{4} E\{(y_r(n)^2 - R_r^2)^2 + (y_i(n)^2 - R_i^2)^2\} \tag{4.36}$$

其中，$y_r(n)$ 和 $y_i(n)$ 分别为均衡器输出 $y(n)$ 的实部和虚部，$R_r^2 = \dfrac{E\{s_r^4(n)\}}{E\{s_r^2(n)\}}$，$R_i^2 =$

$\dfrac{E\{s_i^4(n)\}}{E\{s_i^2(n)\}}$，$s_r(n)$ 和 $s_i(n)$ 分别为发送信号 $s(n)$ 的实部和虚部。其滤波器抽头系数更新公式如式（4.35）所示，其中误差项为

$$e(n) = y_r(n)(y_r^2(n) - R_r^2) + j y_i(n)(y_i^2(n) - R_i^2) \tag{4.37}$$

（3）载波同步。

MPSK 信号相干或差分相干解调需要精确的载波同步。无线通信过程中由于信道的多普勒频移、收发端时钟晶振的不稳定等原因，使得收、发端载波频率有偏差。载波同步就是从接收信号中估计出这个偏差，利用该估计值纠正载波频差。

全数字解调中的载波恢复有数字锁相环法和前馈估计法。前馈算法能够直接利用接收信号估计出频率的偏移值，但是跟踪能力较差。反馈锁相环具有较好的跟踪性能，但是当频偏较大时，跟踪信号载频需要较长时间。因此，在突发通信中，往往将前向估计与反馈环路结合使用，利用两者的优点实现载波快速同步与精确跟踪。另外，根据数据中是否含有训练序列，可以将载波同步算法分为数据辅助的和非数据辅助的，非数据辅助载波同步方法又称为盲载波同步算法。

常用的载波频偏估计算法有最大似然估计算法、频域内插估计方法和相位差分估计方法，其中最大似然估计方法应用最广泛。下面主要介绍最大似然频偏估计方法。

假设经过精确的符号定时同步后的接收序列可以表示为：

$$r_k = a_k e^{j(2\pi f_e kT + \theta_0)} + n_k \tag{4.38}$$

其中，$\{a_k\}$ 为独立同分布的发送数据，对于 MPSK 信号，a_k 可以表示为 $a_k = A e^{\frac{j2\pi i}{M}}$，$i = 0$，$1, \cdots, M-1$，$M$ 为调制阶数。f_e 和 θ_0 分别为载波频偏和初始相位，T 为符号周期，n_k 为复高斯白噪声，其实部与虚部统计独立，均值为 0，方差均为 $\sigma^2 = N_0/(2E_s)$，E_s 为平均符号能量，N_0 为噪声双边功率谱密度。

文献[7,9]给出了似然概率密度函数

$$p(r \mid a_k, f_e, \theta_0) = \left(\frac{1}{\sqrt{2\pi}\sigma}\right)^N \exp\left\{-\frac{1}{2\sigma^2} \sum_{k=1}^{N} \mid r_k - a_k e^{j(2\pi f_e kT + \theta_0)} \mid^2\right\} \tag{4.39}$$

由于

$$\mid r_k - a_k e^{j(2\pi f_e kT + \theta_0)} \mid^2 = \mid r_k \mid^2 + \mid a_k \mid^2 - 2\mathrm{Re}\{r_k a_k^* e^{-j(2\pi f_e kT + \theta_0)}\} \tag{4.40}$$

其中 $\mid r_k \mid^2$ 和 $\mid a_k \mid^2$ 与载波同步参数无关，去掉无关项并对似然函数取对数，可得简化的似然函数：

$$\Lambda(r \mid a_k, f_e, \theta_0) = \mathrm{Re}\left\{\sum_{k=1}^{N} r_k a_k^* e^{-j(2\pi f_e kT + \theta_0)}\right\} \tag{4.41}$$

在（4.41）式中的似然函数中含有未知的数据 a_k，根据对 a_k 的不同处理方法可以将载波同步算法分为数据辅助算法、判决引导算法及非数据辅助算法三类。

数据辅助算法通过发送训练序列，接收机中可以得到 a_k 的确切值，此时可采用数据辅

助算法获取载波参数。即有：

$$(\hat{f}_e, \hat{\theta}_0) = \arg \max_{f_e, \theta_0} \mathrm{Re}\Big\{ \sum_{k=1}^{N} r_k a_k^* \mathrm{e}^{-\mathrm{j}(2\pi f_e kT + \theta_0)} \Big\} \tag{4.42}$$

由(4.42)式可得：

$$\hat{f}_e = \arg \max_{f_e} \Big| \sum_{k=1}^{N} r_k a_k^* \mathrm{e}^{-\mathrm{j}2\pi f_e kT} \Big| \tag{4.43}$$

$$\hat{\theta}_0 = \arg\Big\{ \sum_{k=1}^{N} r_k a_k^* \mathrm{e}^{-\mathrm{j}2\pi f_e kT} \Big\} \tag{4.44}$$

判决引导型是直接用判决输出 $\hat{a}_k$ 代替 a_k，可得：

$$\hat{f}_e = \arg \max_{f_e} \Big| \sum_{k=1}^{N} r_k \hat{a}_k^* \mathrm{e}^{-\mathrm{j}2\pi f_e kT} \Big| \tag{4.45}$$

$$\hat{\theta}_0 = \arg\Big\{ \sum_{k=1}^{N} r_k \hat{a}_k^* \mathrm{e}^{-\mathrm{j}2\pi f_e kT} \Big\} \tag{4.46}$$

由式(4.43)和式(4.45)可见，数据辅助载频偏差估计和判决引导载频偏差估计都是通过用 a_k^* 或 $\hat{a}_k^*$ 乘以 r_k 来去掉信号中所携带的调制信息，从而获得一个频率值等于频差的单频信号。搜索使该单频信号频谱中的最大幅度值，所对应的频率即为要估计的载频偏差。由此可见，这种算法的关键有两点。首先，如何有效地去除信号中携带的调制信息。尤其是在没有训练序列或判决误差很大的情况下，应如何去除调制信息。其次，如何从单频信号中快速准确地得到此单频信号的频率。根据这一思路，下面讨论非数据辅助的载波频偏估计算法。

非数据辅助载波频偏估计，对于 $2\pi/M$ 旋转对称星座，首先进行非线性变换，即利用 M 次方去调制，在信噪比较小情况下的最大似然估计为：

$$\hat{f}_e = \arg \max_{f_e}\Big\{ \Big| \sum_{k=1}^{N} r_k^M \mathrm{e}^{-\mathrm{j}2\pi M f_e kT} \Big| \Big\} \tag{4.47}$$

可以等效为：

$$\hat{f}_e = \arg \max_{f_e}\Big\{ \Big| \sum_{k=1}^{N} r_k^M \mathrm{e}^{-\mathrm{j}2\pi M f_e kT} \Big|^2 \Big\} \tag{4.48}$$

令

$$H(f_e) = \Big| \sum_{k=1}^{N} r_k^M \mathrm{e}^{-\mathrm{j}2\pi M f_e kT} \Big|^2 = \sum_{k=1}^{N} \sum_{m=1}^{N} r_k^M (r_k^M)^* \mathrm{e}^{-\mathrm{j}2\pi M f_e T(k-m)} \tag{4.49}$$

令 $\dfrac{\partial H(f_e)}{\partial f_e} = 0$ 得：

$$\sum_{k=1}^{N} \sum_{m=1}^{N} (k-m) r_k^M (r_k^M)^* \mathrm{e}^{-\mathrm{j}2\pi M f_e T(k-m)} = 0 \tag{4.50}$$

令 $z_k = r_k^M$，z_k 的自相关函数 $R(k)$ 为：

$$R(k) = \frac{1}{N-k} \sum_{i=k+1}^{N} z_i z_{i-k}^*, \quad 0 \leqslant k \leqslant N-1 \tag{4.51}$$

最大似然估计方程：

$$\mathrm{Im}\Big\{ \sum_{k=1}^{N-1} k(N-k) R(k) \mathrm{e}^{-\mathrm{j}2\pi M f_e kT} \Big\} = 0 \tag{4.52}$$

解此方程即可获得载波频偏的估计值。

直接求解(4.52)式难度很大,通常采用近似求解方法。下面介绍几种经典的近似求解方法。

(1) L&R算法。当SNR较高且频差较小时,文献[10]对(4.52)式提出一种近似求解方法,即:

$$\hat{f}_e = \frac{1}{M\pi T(L+1)} \arg\left\{ \sum_{k=1}^{L} R(k) \right\}, \quad L \leqslant N-1 \tag{4.53}$$

此算法的估计范围为 $|\hat{f}_e| < \dfrac{1}{M(L+1)T}$。当 $L=N/2$ 时,该算法的方差最小。

(2) Fitz算法。文献[11]的近似求解方法可得估计式:

$$\hat{f}_e = \frac{1}{2\pi MT} \sum_{k=1}^{N-1} W_k \arg[R(k)] \tag{4.54}$$

其中 $W_k = \dfrac{6k}{N(N+1)(2N+1)}$。此算法的估计范围为 $|\hat{f}_e| < \dfrac{1}{2MNT}$。

(3) M&M算法。文献[12]采用 $\arg[R(k)-R(k-1)]$ 进行相位展开,其估计式:

$$\hat{f}_e = \frac{1}{2\pi MT} \sum_{k=1}^{L} W_k [\arg\{R(k)\} - \arg\{R(k-1)\}] \tag{4.55}$$

$$W_k = \frac{3[(N-k)(N-k+1) - L(N-L)]}{L(4L^2 - 6LN + 3N^2 - 1)}, \quad 1 \leqslant L \leqslant N-1 \tag{4.56}$$

此算法的估计范围为 $|\hat{f}_e| < \dfrac{1}{2MT}$。

(4) V&V算法是一种经典的非数据辅助前向估计算法,它是载波相位的无偏估计,被广泛应用于 MPSK 突发信号的载波同步中。经过载波频偏纠正后的信号模型可以表示为

$$r_k = \rho_k \exp[j(2\pi \Delta f kT + \theta + \theta_M + v_k)] \tag{4.57}$$

其中,ρ_k 为信号的幅度,Δf 为载波频偏纠正后的残余频偏,T 为符号周期,θ 为初相,θ_M 为 MPSK 信号的调制相位信息,v_k 为等效相位噪声。对 r_k 进行非线性处理去除调制信息:

$$z_k = F(\rho_k) \exp[jM\arg(r_k)] = F(\rho_k) \exp[j(2\pi Mk\Delta fT + M\theta + Mv_k)] \tag{4.58}$$

则相位估计可以表示为

$$\hat{\theta} = \frac{1}{M} \arg\left\{ \sum_{k=1}^{N} e^{jM\arg[z_k]} \right\} \tag{4.59}$$

在使用中一般取 $F(\rho_k)=1$。得到的载波相位区间为 $(-\pi/M) \sim (\pi/M)$,因此 V&V 算法恢复出来的载波相位有可能存在 $\dfrac{2\pi}{M}$ 的相位模糊,尤其在存在残余频偏的条件下,出现相位模糊的可能性会更大,将会导致误码率的增大。一般在 V&V 算法之后需要有消除相位折叠的处理,以避免由于载波的相位模糊导致的信号跳周。

L&R算法和Fitz算法都具有较高的估计精度,但同时计算复杂度也较高,而且当频偏稍大时,存在相位折叠问题,捕获范围较窄。

由式(4.56)可以看出,M&M算法利用了短时延自相关函数,并结合了长时延自相关函数,不同时延的自相关函数在 W_k 的作用下进行加权平均,减小估计误差。因此,该算法在克服相位折叠问题的同时,也提高了算法的估计精度,但算法的计算复杂度较高。图4.27

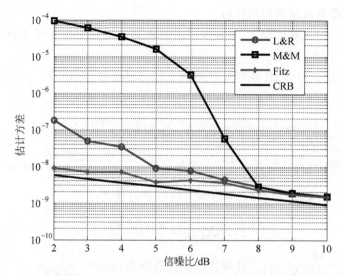

图 4.27　不同信噪比下频偏估计算法性能曲线(QPSK 调制,相对频偏为 0.0001)

是在不同信噪比下几种算法频偏估计性能曲线,其中 Fitz 算法在不同信噪比下最接近克拉默-拉奥界(Cramer-Rao Bound,CRB)。

2. 并行调制/解调技术

在短波信道上传输高速数据的主要障碍是多径效应引起的时域扩散,如不采取措施,在短波线路上能传输的最高码元速率为 200 波特(码元宽度 5ms)。目前解决的方法主要有两种:多音并行调制和单音串行调制。其中单音串行体制主要是通过自适应均衡技术克服或减弱码间干扰的影响。而多音并行体制是把高速串行信道分裂为许多低速的并行信道,利用足够数量的频率相近的并行低速子信道来实现。虽然每个子信道传输的是低速率数据,但数十个子信道合并后就可传输不低于 2400b/s 的数据。每个子信道使用一个副载频(通常亦称为单音),它们被需传输的二进制数据序列调制。这些已调单音被同时并行发送,其合成信号即是送往发射机发送的传输信号。在接收端,由于所有单音在解调器进行检测的时间区间内彼此是正交的,从而保证解调器能正确分路进行解调,恢复出发送的数据序列。通常,将上述的采用多个单音并行方式设计的短波高速数字传输体制称之为"多音并行体制"。

1) 基本的短波多音并行调制/解调体制

典型的多音并行调制解调器的系统原理如图 4.28 所示。多音并行高速调制解调器最常用的是多相 DPSK 调制方式。DPSK 又可分为时间差分移相键控(TDPSK)、频率差分移相键控(FDPSK)和时频差分移相键控(TFDPSK)三类,它们各具有优点和缺点,可按具体情况选用。

TDPSK 是多音并行调制解调器最常用的一种调制方式。它将需要传输的数据表示为同一频率(音)f_k 的相邻两个码元的相位差 $\Delta\varphi_k$ 中。由于码元长度 T 小于信道衰落相关时间,可以近似地认为收端在同一个频率上收到的相邻两个码元所受到的相位失真基本相同。因此,解调器输出的相位差能可靠地表示传输的数据。

FDPSK 将传输的数据表示为同一码元的两个相邻频率(音)f_k 和 f_{k+1} 的相位差 $\Delta\varphi_k$ 中。由于 f_k 与 f_{k+1} 的间隔 Δf 一般在几十赫或 100Hz 左右,小于频率相关衰落带宽许多,

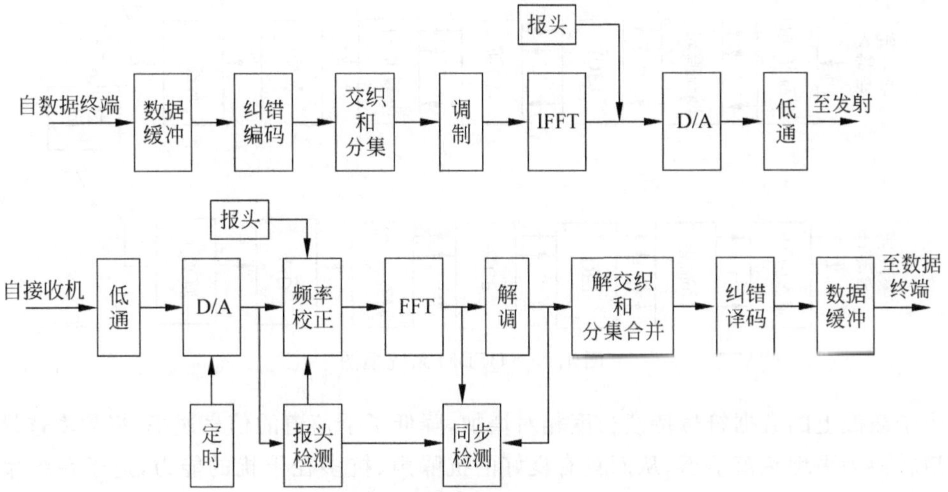

图 4.28 短波并行调制解调器系统原理框图

因此,在一个码元 T 时间间隔内,相邻频率所受到的相关失真是基本相同的,解调器输出的相位差能可靠地表示被传输的数据。显然,Δf 选得适当小些频率相关性更大,在同样的带宽内就可以安排较多的副载频(例如 48 个数据音或更多),信道传输速率可达 4800b/s。这样,有利于利用较大的冗余度、采用纠错能力较强的码型,提高编码效益,使系统性能得以优化。

TFDSK 调制是将传输的数据同时用同一码元的两个相邻频率(音)的相位差和同一频率在两个相邻码元的相位差来表示。在解调时,先得出本码元相邻音之间的相位差,再与前一码元相应的相位差相减得到用于解码的相位差。这个解调过程既可消除频率偏差引起的相位偏差,又可以消除同步时延引起的相位偏差。可以看出,TFDSK 兼备了 FDPSK 和 TDP-SK 的优点,克服了两者的缺点,更加适应短波信道的快速变化。

2)正交频分复用

20 世纪 90 年代中期以前,并行体制的各个子载波在频率上是互相不重叠的,采用的不是 OFDM 技术。现代短波通信中的新一代并行体制调制解调器开始逐步采用 OFDM 技术,比如英国 Racal Research Limited 公司的 56 音系统,法国 Thomson 公司的 79 音系统,环球无线电通信公司推出的新一代商用调制解调器 ARD9900 采用的 36 音 OFDM 系统等。

OFDM 是一种特殊的并行多音调制方式,OFDM 系统的组成框图如图 4.29 所示。输入比特序列经过串并变换之后,根据所采用的调制方式完成调制映射,形成调制信息序列,对其进行 IDFT 运算实现正交多载波调制,然后加上循环前缀 CP(循环前缀可以使 OFDM 系统消除多径效应造成的符号间干扰和载波间干扰),再作 D/A 变换,得到 OFDM 调制信号连续波形,最后上变频送至天线发送出去。接收端先对天线接收的射频信号进行下变频,再进行 A/D 变换,随后去掉循环前缀 CP,得到 OFDM 调制信号的抽样序列,对该序列作 DFT,恢复原调制信息序列。

由于 OFDM 各子载波之间存在正交性,允许子信道的频谱互相重叠,与常规的频分复用系统相比,OFDM 可以最大限度地利用频谱资源。同时它把高速数据通过串/并转换,使

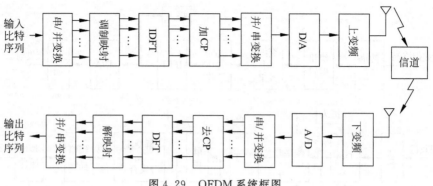

图 4.29　OFDM 系统框图

得每个子载波上的数据符号持续长度相对增加,降低了子信道的信息速率,将频率选择性衰落信道转换为平坦衰落信道,从而具有良好的抗噪声、抗多径干扰的能力,适于在频率选择性衰落信道中进行高速数据传输。在 OFDM 中通过引入循环前缀,克服了 OFDM 相邻块之间的干扰,保持了载波间的正交性,同时循环前缀长度大于信道扩展长度,有效地抑制了符号间干扰。

美国军事标准 MIL-STD-188-110B 采用的 39 音信号是一种典型的 OFDM 调制方式。39 音 OFDM 系统的物理层参数如表 4.5 所示。

表 4.5　39 音 OFDM 物理层参数

调 制 方 式	OFDM DQPSK	调 制 方 式	OFDM DQPSK
数据传输速率	75～2400b/s	预同步码时长	517.5ms
子载波数	39	保护间隔	4.73ms
导频子载波数	1	符号间隔	22.5ms
子载波频率间隔	56.25Hz	采样速率	7200Hz
IFFT/FFT 点数	128	信道编码方式	RS(15,11)码
IFFT/FFT 周期	17.77ms	分集技术	频率分集、时频分集

根据 OFDM 调制和解调原理,发端数据经串/并转换后,对所得并行输入数据实施 $N = 128$ 点 IFFT 变换,并且在第 7 个子信道传输一个未调制的多普勒校正音,在第 12～50 子信道传输数据信息,其他子信道传输空值"0",再经并/串变换转换为时域串行序列。通过插入长度大于信道最大多径时延扩展的循环前缀,去除码间干扰的影响。在接收端,将收到的信号进行去循环前缀、串/并变换和 FFT 变换等操作后,就可恢复出各子载波上的数据,然后再经逆符号映射、数据解码等操作恢复出用户数据信息。

39 音 OFDM 系统的分组结构如图 4.30 所示。

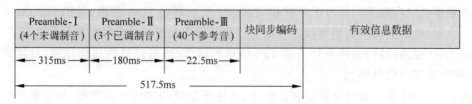

图 4.30　39 音 OFDM 系统分组结构

39 音 OFDM 系统在传输信息数据之前,首先发送一段预同步码,该预同步码由三部分构成:第一部分(Preamble-I)占 14 个符号长度,在每个符号的前端并不施加循环前缀,其中包括 4 个数据音,只在第 14、26、38、50 四个子信道传输未调制的全"1"数据,其他子信道传输空值"0",这部分预同步码主要是用来进行信号检测和载波频偏捕获估计;第二部分(Preamble-Ⅱ)占 8 个符号长度,其中包括 3 个数据音,只在 20、32、44 三个子信道传输全"1"数据,并且前后两个符号相位相反,其他子信道传输空值"0",这部分预同步码主要是用来进行系统的符号定时同步估计;第三部分(Preamble-Ⅲ)占 1 个符号长度,包括 39 个数据音和一个多普勒校正音,它用来为后续信号提供参考相位。图 4.31 是实际截获的短波39 音 OFDM 信号的时频分析图。

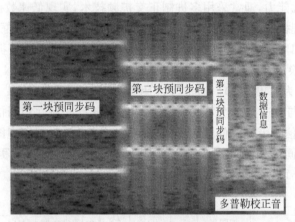

图 4.31　39 音 OFDM 信号时频分析图

4.4.3　短波扩频通信

扩频通信利用与所传输的信息不相关的伪随机码进行编码、调制,使射频信号所占的信号宽度远大于所传输的信息信号的带宽,在接收端采用与发射端码型相同而且完全同步的伪随机码进行相关解调,恢复出所传信息数据。扩频通信的基本概念、理论基础和相关理论在前面各章节中已经介绍,本章仅介绍扩频技术在短波通信中的应用。

扩频通信主要包括:直接序列扩频、跳频扩频通信、跳时扩频系统,以及三种基本扩频方式的不同混合方式。在短波通信中,比较常用的是窄带直接序列扩频和短波跳频通信系统。

1. 短波直接序列扩频

直接序列扩频系统模型如图 4.32 所示,待发送数据 $b(t)$ 通过与本地 PN 码发生器所产生的高速伪随机码 $c_T(t)$ 相乘,得到扩频基带信号 $b'(t)$,$b'(t)$ 的带宽为 $b(t)$ 的 N 倍,N 为扩频码的长度。扩频后的高速码流再进行载波调制,通常调制方式为 BPSK 和 QPSK。接收端的处理过程是发送端的逆过程,首先对接收到的信号进行载波调制,得到扩频基带信号 $\hat{b}'(t)$,然后对其进行解扩,即与一个与发送端的扩频码码型相同而且同步的伪随机码 $c_R(t)$ 相乘,得到解扩后的数据 $\hat{b}(t)$,此时信息带宽从宽带恢复到窄带。扩频增益定义为 $G_p = \dfrac{B_c}{B_s}$,其中 B_c 为扩频后的信号带宽,B_s 为扩频前信号带宽。扩频增益反映了系统抗干扰能

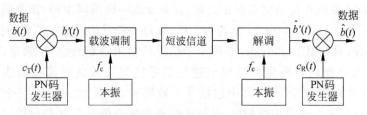

图 4.32　直接序列扩频系统模型框图

力,扩频增益越大,抗干扰能力越强。

　　由于短波通信带宽比较窄,限制了扩频增益的提高,抗干扰能力也受到了限制。为了提高短波电台的抗干扰能力,通常采用多进制正交扩频技术,实现低速数据的窄带扩频。多进制正交扩频系统原理框图如图 4.33 所示。图 4.33(a)是发送端原理框图,用户数据通过基带处理(纠错编码,加同步信息)后,进行串/并变换,串/并变换后的数据速率降为原输入数据的 $1/M$,串/并变换的目的是将输入数据每 M 比特分为一组,从 PN 码发生器中的 N 个PN 码中选取一个作为输出 $v(i)$。通常,PN 码组为 Walsh 序列,如果 $v(i)$ 的码长为 W,则扩频增益 $G_{\mathrm{p}}=W$。与普通直接序列扩频相比,多进制正交扩频在相同信息速率和扩频增益的条件下,扩频后的信号带宽降低了 M 倍。图 4.33(b)是接收端原理图。接收数据进行解调后,分别与发端相同的 N 组 PN 码进行互相关运算,通过与判决门限相比获得同步信息,比较互相关值的大小可以获得用户数据。

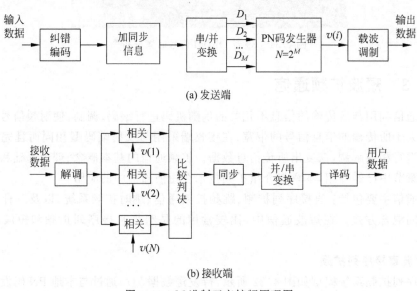

(a) 发送端

(b) 接收端

图 4.33　M 进制正交扩频原理图

2. 短波跳频通信

　　跳频通信是在 PN 码的控制下,载荷信息的载波频率在宽频带范围内不断跳变的通信方式。跳频通信在某一瞬间为窄带的,但是在整个通信时间内所占频带为宽带的。由于跳频通信具有很强的抗截获、抗窃听和抗干扰能力,在短波军事通信中得到了广泛应用。

　　短波跳频通信经过了常规跳频、自适应跳频和高速跳频三个阶段。常规跳频又称为低速跳频通信,跳速一般只能达到每秒几十跳,跳频带宽比较窄,一般小于 256kHz,其原理图如图 4.34(a)所示。自适应跳频具有一定的智能性,是将跳频技术与自适应频率技术相结合,在跳频通信之前或者通信过程中,对可选频率进行评价,选定"好频率"作为跳频中心频率,自适应地改变跳频图案,以提高通信系统的抗干扰性能。自适应跳频需要搜索多个信道,搜索时间较长,确定可用频率的时间较长;而且在选频过程中,一般需要在指定的信道上进行探测,容易暴露自己的频率信息。高速跳频系统是应现代军事通信的需要而逐步建立起来的一种宽带高速跳频技术体制。1995 年以美国 CHESS(Correlated Hopping Enchanced Spread Sprectrum)电台为标志,实现了跳速 5000 跳/秒、跳频带宽 2.56MHz 的高速宽带跳频。高速跳频的核心技术是相关跳频,其系统模型框图如图 4.34(b)所示。与常规跳频不同,高速相关跳频不需要两次调制和解调,它将发送信息通过频率转移函数 G 进行处理,得到当前一跳的频率信息,即 $f_n = G(f_{n-1}, x_n)$,然后经过发送处理部分(通常包括 DDS 和功放),最后通过天线发送出去。在接收端,首先通过宽带数字化接收,再利用 FFT 对整个带宽内的信号进行频谱分析,确定与发送频率 f_n 和 f_{n-1} 相对应的接收频率 f'_n 和 f'_{n-1},最后利用频率转移函数 G 的反变换函数 G^{-1} 解调出发送的信息,即 $\hat{x}(n) = G^{-1}(f'_n, f'_{n-1})$。

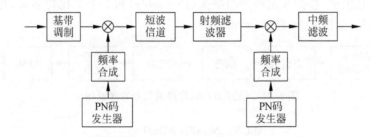

(a) 常规短波跳频系统模型框图

(b) 高速相关跳频系统模型框图

图 4.34 短波常规跳频与高速相关跳频系统模型框图

4.5 短波自适应通信

短波自适应系统是指能够连续测量信号和系统变化,根据环境条件自动改变系统结构和参数,从而提高通信可靠性和有效性。通常人们将 RTCE 和自适应技术统称为短波自适应技术,包括自适应选频、自适应功率控制、自适应数据速率调整、自适应调制和解调、自适应均衡、自适应网管等,但是其核心是利用信令沟通电离层,自动选择和建立线路。短波自适应通信系统的基本功能包括 RTCE、自动扫描接收、自动链路建立和信道自动切换等功能。

自 20 世纪 80 年代开始,短波自适应通信系统逐步建立并不断发展。1988 年美国军方颁布了第一套完整的关于 ALE 系统标准美军标 MIL-STD-188-141A,利用该标准进行短波自适应通信的短波系统称为第二代自适应通信。1999 年美国军方又推出了以 MIL-STD-188-141B 为代表的第三代自适应通信系统。

4.5.1 短波第二代自适应通信系统概述

2G ALE 波形包含 8 个正交单音,每个单音代表 3 比特数据(最低有效值在右边),发送单音之间的转换应是相位连续的。每个单音持续 8ms,发送比特速率为 375b/s。每个单音频率所对应的编码比特信息如表 4.6 所示。

表 4.6 单音频率与符号编码的对应关系

编码比特(MSB LSB)	频率/Hz	编码比特(MSB LSB)	频率/Hz
000	750	110	1750
001	1000	111	2000
011	1250	101	2250
010	1500	100	2500

2G ALE 信号发送过程如图 4.35 所示,首先将数据信息转换为基本 ALE 字原始帧,然后进行分组、编码、交织和冗余,最后进行 8FSK 调制形成探测信号发送出去。其中,ALE 字由 24 比特信息组成,包括 3 比特探测报头(Preamble)和 3 个 7 比特字符,每部分均是高位在前,低位在后,如图 4.36 所示。

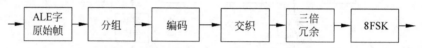

图 4.35 短波 2G ALE 探测信号发送框图

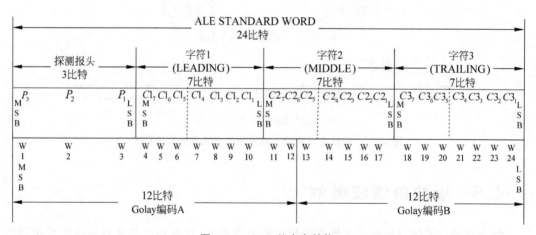

图 4.36 ALE 基本字结构

报头部分具有 8 种不同类型,如表 4.7 所示。各报头的功能如下。

表 4.7 报头类型

P1P2P3	000	001	010	011	100	101	110	111
意义	DATA	THRU	TO	THIS WAS	FROM	THIS IS	COMMAND	REPEAT

(1) THRU。组呼报头,仅在组呼协议中的呼叫周期的扫描部分使用,报头后跟 3 个字符为被呼台地址的首位字。

（2）TO。单呼或网呼报头，在单站呼叫或者网呼时使用，后跟 3 个字符为被呼台地址的首位字。

（3）THIS IS。被呼台识别主呼台的报头，表示当前主呼正在发送自身地址首位字给被呼台。它位于 ALE 帧的终止段，表示一帧结束，但是继续维持已建立的通信链路，并请求来自其他被呼台的响应。

（4）THIS WAS。被呼台识别主呼台的报头，该报头与"THIS IS"类似，但是它表示终端已建立的通信链路。

（5）FROM。快速识别发射台报头，它是一个可选项，用于识别发射台，但是不表示 ALE 帧终止，后跟发射台的全地址。

（6）COMMAND。数据信息报头，它是一个可选项，用于传送系统中所有台站的调整、控制、特殊功能指令和状态。

（7）DATA。数据或字符的扩展报头，用来扩展上述报头的数据或在正文中传递信息。

（8）REPEAT。重复定义报头，表示重复前一字的功能或意义。

分组就是将字长为 24 比特的 ALE 字分为 A、B 两组，每组长 12 比特，以便于后续进行格雷（24,12,3）编码。

编码是用两个格雷（24,12,3）编码器分别对 A、B 两组码进行编码。格雷（24,12,3）码是对格雷（23,12,3）码的扩展，增加的一位是格雷（23,12,3）码全部码元的模 2 和，用作校验位，一方面可以实现前向纠错，另一方面，在纠错过程中发现的错误可以作为进行链路质量分析的依据。格雷（24,12,3）码生成多项式为：

$$g(x) = x^{11} + x^9 + x^7 + x^6 + x^5 + x + 1 \tag{4.60}$$

如图 4.37 所示，一个完整的 ALE 码字被拆分为 W1～W12 与 W13～W24 两部分别进行编码。

基本字 W1（MSB）～W24（LSB）经格雷编码后按照图 4.37 所示图案进行交织，并在交织后的码字末尾添加 S49，其值为 0，组成 49 比特的发射字。需要指出的是，发送时所添加的 S49 在译码时被忽略。

为了减少衰落、噪声和干扰的影响，以三倍冗余发送的 49 比特字。接收时，需要对现在的码元和过去的码元进行逐位检测和 2/3 大数判决，如图 4.38 所示。

如图 4.39 所示，ALE 规定所有的呼叫都由一个帧组成，ALE 的基本帧有三个部分：呼叫周期、信息周期、结束周期。

如图 4.40 所示，2G ALE 链路建立过程需要三次握手。以单呼过程为例，三次握手包括：一个单呼、一个响应以及一个确认。

主叫站在信道上调谐好后，等待一个发前听的暂停时间，以避免干扰正在使用的信道。之后若 A 站对 B 站发起单呼，A 站应发射一个含有 B 站地址的呼叫周期"TO B"，后面跟一个含有其本站地址的终止符"THIS IS A"，A 站等待一个预定的回答时间，然后开始接收 B 站的响应。此时 B 站如果收到 A 站的呼叫，并识别出自己和 A 站的地址，则进行调谐，发出响应帧，然后等待回答时间。若 A 站在回答时间内收到 B 的响应，并识别出自己和 B 站的地址，则应该发送确认帧，同时向操作员告警。B 站在等待回答时间内收到确认帧，也应该向其操作员告警。之后双方可以进行通信。当双方结束通信时，复位台站，使它们恢复扫描状态。如果台站在一个预定时间内没有通信，则台站自动断开链接，恢复扫描状态。如果在

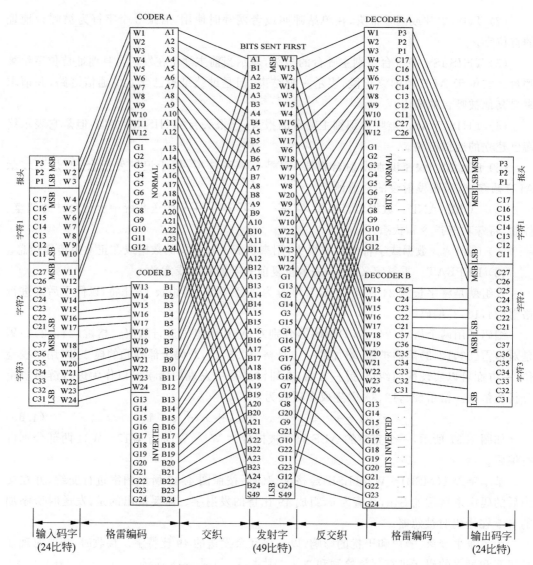

图 4.37　ALE 字的码元编码和交织

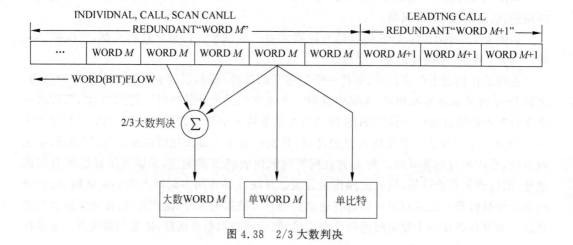

图 4.38　2/3 大数判决

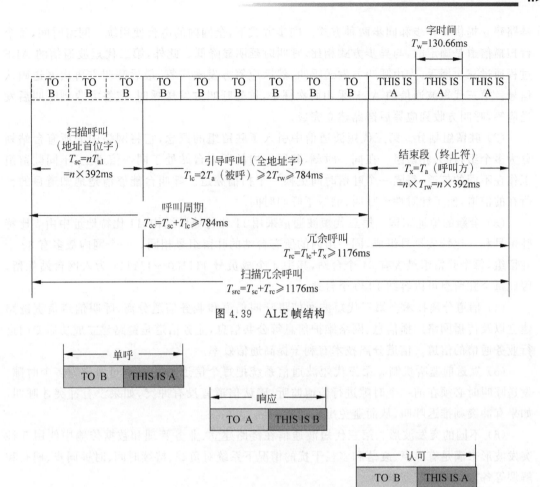

图 4.39　ALE 帧结构

图 4.40　单呼建立过程示意图

预定等待时间内没有收到等待的回答信号，则应该结束握手，恢复扫描状态。

4.5.2　短波第三代自适应通信系统概述

随着军事用户对短波话音和数据业务的不断增长，美军对 MIL-STD-188-141A 进行修改，制定了第三代短波自动链路建立协议（MIL-STD-188-141B），北约也制定了相应的第三代短波网络协议标准 STANAG4538 和 STANAG4539，世界各国进入了第三代短波数字化网络的研究阶段。第三代短波自适应通信网络容量更大，建链速度更快，能够有效地支持大规模、数据密集型、快速高质量的短波通信系统。2001 年美军再次公布 MIL-STD-188-141B NOTICE 1，对 141B 标准进行了进一步完善。

第三代短波通信与第二代短波通信相比，采用了很多新技术，比如：采用多种突发波形，分组交换传输，呼叫信道同步扫描，将网络内的电台划分为不同的驻留组，驻留时间的时隙划分，信道分离，使用载波侦听技术避免冲突和提供与 Internet 协议的接口等。其主要技术体现在如下几个方面。

（1）同步链路建立。第二代短波通信采用异步链路建立，呼叫台不知道目的台的信道，当呼叫台进行呼叫时，为了保证目的台能够收到呼叫，必须延长呼叫时间。第三代短波通信链路建立提供了异步和同步两种方式。同步方式下,全网内的电台使用统一网络时间,每个台扫描信道是确定的,与异步方式相比,呼叫时延明显降低。此外,第二代短波通信的 ALE 过程通过三次握手,先由呼叫方发送呼叫,然后应答方发送应答,最后呼叫方再次发送确认信号。第三代短波通信的 ALE 采用两次握手,首先呼叫方发送呼叫,应答方收到呼叫后发送应答,呼叫方收到应答后链路建立完成。

(2)驻留组划分。第三代短波通信中引入了驻留组的概念,它将网络中的所有台站划分为多个组,称为驻留组。在同一时刻,驻留组内的所有台站处于同一信道上,不同驻留组工作在不同的信道,每隔一个驻留时间更换一个扫描频道。呼叫台能够清楚地知道目的台所在的信道,便于针对性地呼叫,缩短了呼叫时间。

(3)全新的地址结构。第三代短波通信采用 11 比特地址结构,11 比特地址中由 5 比特驻留号和 6 比特成员号组成,同一组内的所有台站的驻留组号相同。一个网内最多有 32 个驻留组,每个驻留组最多有 64 个台站,其中 4 个成员号 111100~111111 为入网台站保留,因此每个驻留组可以容纳 1920 个台站。

(4)信道分离技术。第三代短波通信将呼叫信道和业务信道分离,呼叫信道负责链路建立以及传播网络广播信息、网络维护信息等公共信息,业务信道是链路建立成功后专门进行业务通信的信道。信道分离技术有利于提高通信效率。

(5)发送前监听机制。第三代短波通信系统把每个信道的驻留时间划分为多个时隙,发送呼叫时必须在前一个时隙进行信道监听,确认信道有没有冲突,如果没有冲突才呼叫,如果有冲突则推迟呼叫,从而避免出现拥塞。

(6)不同的突发波形。第三代短波通信在链路建立、业务管理和数据传输中使用 5 种突发波形来满足有噪声、衰落和多径干扰的情况下系统对负载、持续时间、时钟同步、捕获和解调等各方面的性能需求。

4.5.3 短波第三代自适应通信协议体系

第三代短波通信网络实质上是无线分组交换网络,采用 OSI 的 7 层协议模型,主要特性反映在下三层,协议分层结构及相互关系如图 4.41 所示,包括短波子网络层及高层、会话管理层、数据链路层和物理层。短波子网络层和高层完成路由选择、链路选择、拓扑监视、信息传输和中继管理等功能。数据链路层包括自动链路建立协议(ALE)、业务管理协议

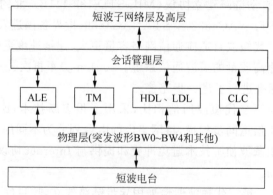

图 4.41 短波第三代通信网协议体系

（TM）、高速数据链路协议（HDL）、低速数据链路协议（LDL）和链路管理协议（CLC）。物理层主要完成5种突发波形BW0～BW4的调制解调。

4.5.4 短波第三代自适应通信网物理层的突发波形

短波第三代通信网物理层采用5种BW突发波形进行链路建立、业务管理和数据传输。5种突发波形的功能分别为：

（1）BW0波形的数据单元负责自动链路建立；

（2）BW1波形的数据单元负责进行业务管理，包括高速数据链路协议拆链；

（3）BW2波形的数据单元负责高速数据传输；

（4）BW3波形的数据单元负责低速数据传输；

（5）BW4波形的数据单元负责低速数据链路协议拆链。

表4.8列出了各突发波形的持续时间、信息负载、前向纠错、交织编码和数据格式等信息。5种突发波形的持续时间不同，其中持续时间最短的是BW0，只有613.33ms，持续时间最长的是BW2，达到10.24s。BW0、BW1、BW3和BW4等4种突发波形的数据部分均采用正交Walsh码进行扩频，以提高低信噪比和恶劣信道下的通信质量。负责高速数据传输的突发波形BW2未采用正交Walsh扩频，而是在数据部分采用32个未知序列和16个已知序列交替的方式，来保证数据在短波较好的信道和较高的信噪比下能准确高速地传输。

表 4.8 BW 突发波形结构特点

波形	负 载	数 据 长 度	前 导 序 列	FEC 编码方式	交织
BW0	26 比特	613.33ms 1472PSK symbol	160.00ms384PSK symbol	Rate=1/2,k=7 Convolutional	4×13 矩阵交织
BW1	48 比特	130 667s 3136 PSKsymbol	240.00ms 576PSK symbol	Rate=1/3,k=9 Convolutional	16×9 矩阵交织
BW2	N×1881 比特	640+(n×400)ms 1536+(n×960)PSK symbol N=3,6,12,24	26.67ms 64 PSK symbol	Rate=1/4,k=8 Convolutional	无
BW3	8n+25 比特	373.33+13.33×n ms 32×n+896PSK symbol n=32×m	266.67ms 640PSK symbol	Rate=1/2,k=7 Convolutional	卷积块交织
BW4	2 比特	640.00ms 1536PSK symbol	无	无	无

表4.9是5种突发波形帧结构。从表中可以看出，除了波形BW3没有前导序列，另外4种突发波形都有前导序列，其中BW0、BW1和BW4由256个3比特伪随机序列构成，BW2是240个3比特的前导序列。不同波形的Preamble不同，是相互正交的3比特伪随机序列，且Preamble的长度也各不相同，其中BW4没有Preamble。突发波形为8PSK调制的单音串行方式，载波频率1800Hz，符号速率2400波特。

表 4.9 BW 突发波形帧结构

波形类型	波形结构		
BW0	前导序列	Preamble	数据
BW1	前导序列	Preamble	数据
BW2	前导序列	Preamble	数据
BW3	探测报头	数据	
BW4	前导序列	数据	

所有的突发波形均是用基本的八相相移键控 8PSK 调制,在频率为 1800Hz 的串行单音载波上进行调制,以 2400Symbol/s 的速率传输。所有的突发波形开始都有一个保护序列,用于发送方的发送电平控制(TLC)和接收方的自动增益控制(AGC)。BW0 主要用于 3G-ALE 协议数据单元的传送,BW1 用于传输控制协议数据单元和 HDL 确认协议数据单元的传输,BW2 用于 HDL 协议数据传输,BW3 用于 LDL 协议数据传输,BW4 用于 LDL 确认协议数据单元的传输。BW5 用于传输所有的 Fast LSU 协议数据单元。

1. 突发波形 BW0

BW0 用于传送所有的 3G-ALE PDU,BW0 由前导序列、Preamble 和建链数据 3 部分组成。前导序列用于发方电台的 TLC 和收方电台的 AGC。探测报头用于接收机检测报头的存在和预测各种参数。数据部分携带了 26 比特建链信息。BW0 由 1472 个八进制符号组成,总长度 613.33ms,符号速率为 2400 波特。图 4.42 描述了 BW0 的发送结构框图。由图可见,在发送端,26 比特的信源信息经过(2,1,6)信道编码以后,得到 52 比特,将 52 比特排列成 4×3 的矩阵,进行交织。取出交织序列,按 4 比特分成一组,按照 Walsh 码表,将其映射成 16 个 8PSK 符号,然后再将这 16 个符号重复 3 遍,则原来的 52 比特变成 13×64=832 个 8PSK 符号。

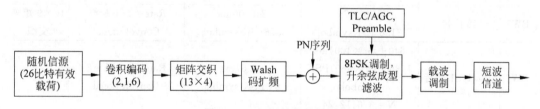

图 4.42 BW0 的发送框图

将 256 个 PN 序列按顺序依次叠加到 64 位正交符号序列中,进行模 8 相加。每 4 块 64 位正交符号序列,PN 序列重复一次。添加前导序列,根据一定的数据格式进行成帧,然后进行星座映射和成型滤波,最后将信号调制到相应载波频率上,经天线发射出去,通过短波信道到达接收端。

1) TLC/AGC 保护序列

TLC/AGC 保护序列为发方电台的 TLC 和收方电台的 AGC 在它们各自的波形报头输入之前达到平稳状态提供了可能性,并可减小该过程带来的失真。TLC/AGC 保护序列是 256 个符号,每个符号是 3 比特,长度为 106.667ms,符号速率为 2400 波特。3 比特符号的传输顺序为:从左上角开始、由左向右、从上到下,其值如表 4.10 所示。

表 4.10 TLC/AGC 保护序列符号值(256 个符号)

2 6 1 6	1 6 3 0	6 0 1 1	5 0 0 6	2 6 2 1	6 2 3 2	7 6 4 3	0 2 3 5
2 7 5 1	5 1 7 6	1 7 1 5	4 4 0 7	2 2 6 2	2 2 6 3	3 3 7 7	3 2 4 5
0 7 4 7	7 7 2 3	1 6 7 6	5 7 0 5	1 0 7 6	2 4 0 2	7 5 5 4	1 5 1 5
6 7 3 0	2 7 6 6	4 0 7 4	3 2 2 6	6 7 4 7	2 0 2 7	2 1 5 4	6 2 3 2
1 6 0 7	1 1 2 6	2 2 0 2	2 3 6 7	1 7 1 7	1 5 7 7	2 2 2 0	4 3 4 2
0 6 7 6	0 5 0 7	1 7 4 1	2 3 4 6	7 2 2 0	6 4 4 6	6 4 2 2	6 5 3 4
2 3 5 7	7 1 0 0	0 3 1 2	0 1 6 2	7 4 4 3	2 5 4 5	6 4 2 5	6 2 2 4
7 0 6 2	3 7 2 5	4 2 4 1	5 5 3 6	1 1 3 2	7 5 7 0	7 3 5 0	0 1 2 0

2) Preamble

可取 Preamble 作为同步序列来实现信号的同步捕获和载波估计。波形的 Preamble 由 384 个符号组成,每个符号是 3 比特伪随机数。如表 4.11 所示。TLC/AGC 保护序列和 Preamble 共 640 个符号,用来作为前导序列使用,这两部分直接进行 8PSK 调制,而不需要再进行后面所说的 PN 扩展。

表 4.11 报头序列符号值表

7 7 7 7	5 4 3 1	1 2 0 2	7 2 2 0	1 4 3 7	5 3 7 7	4 3 1 0	1 1 5 2
1 6 0 0	4 7 6 2	2 3 6 0	5 1 7 6	1 6 1 7	6 6 6 1	7 3 0 4	7 1 2 2
3 3 6 7	7 1 7 3	1 5 0 3	3 4 5 2	5 2 5 3	1 7 2 1	5 7 6 1	2 5 3 5
3 6 2 0	7 5 6 6	0 1 4 2	5 4 1 1	7 0 0 6	6 7 5 6	3 7 4 0	2 6 3 6
4 5 1 0	0 4 5 5	4 7 1 5	1 5 6 7	3 3 5 2	2 2 7 2	3 3 0 4	1 4 1 3
6 0 7 2	6 1 5 0	1 4 1 1	7 0 7 4	0 2 4 5	3 0 0 3	1 2 6 4	6 5 2 6
0 0 7 3	5 3 4 0	6 2 7 2	3 3 7 6	7 1 0 0	6 7 3 1	5 5 0 2	3 4 2 7
7 4 5 2	1 6 1 0	4 7 1 6	1 2 4 0	3 6 5 4	5 4 4 6	1 2 5 1	3 6 2 7
2 6 7 4	7 3 0 1	5 0 5 3	4 5 0 7	3 2 7 0	3 2 7 0	6 1 6 7	7 1 4 2
6 7 7 4	2 7 2 7	3 7 6 3	2 6 5 6	6 3 6 6	4 1 0 6	2 6 4 1	5 5 4 3
3 4 6 3	5 2 4 1	1 7 5 3	7 1 6 5	4 6 6 2	3 4 2 3	3 7 4 1	4 4 5 4
6 1 3 4	6 1 7 4	1 3 5 2	6 5 5 4	2 1 5 1	6 1 2 7	1 4 4 2	3 4 7 3

3) 正交符号形成

将卷积编码得到的码字经过 Walsh 变换成为正交的码字,然后将正交的码字序列重复 3 遍,用于提高信息传输的可靠性。具体做法是:从交织后的矩阵中取出每一行的 4 个比特,使用如表 4.12 所示的映射,把这 4 个编码比特变成由 16 个 3 比特符号组成的序列,再将该序列重复 3 次,就可获得由 64 个符号组成的序列,这样,原来的 52 比特就变成了由 832 个八进制符号组成的符号序列。

4) 伪随机扩展序列

以表 4.13 中的八进制伪随机符号序列作为伪码加扰序列,将 832 个八进制符号依次与之进行模 8 加运算,达到对数据进行加扰的作用。但是 TLC/AGC 的 256 个八进制符号和报头 384 个八进制符号不进行加扰。

表 4.12　编码比特对应 3 比特序列的 Walsh 变换

编码比特($b_3b_2b_1b_0$)	3 比特序列	编码比特($b_3b_2b_1b_0$)	3 比特序列
0000	0000 0000 0000 0000	1000	0000 0000 4444 4444
0001	0404 0404 0404 0404	1001	0404 0404 4040 4040
0010	0044 0044 0044 0044	1010	0044 0044 4400 4400
0011	0440 0440 0440 0440	1011	0440 0440 4004 4004
0100	0000 4444 0000 4444	1100	0000 4444 4444 0000
0101	0404 4040 0404 4040	1101	0404 4040 4040 0404
0110	0044 4400 0044 4400	1110	0044 4400 4400 0044
0111	0440 4004 0440 4004	1111	0440 4004 4004 0440

表 4.13　伪随机扩展序列

0243	3645	7670	5543	5437	0762	6246	7247
5570	7333	7331	4237	0277	3510	1405	0000
6501	2765	5273	3321	2561	3421	0123	6475
2262	7652	4654	7251	0077	3542	1427	0340
0077	3542	1427	0340	1052	6035	1051	5256
3237	1220	7136	4262	7437	6723	1741	5154
7112	3677	6612	2417	7554	7750	7375	7750
6661	3444	0332	1454	5311	1251	7157	2006

5）调制和成型滤波

为了减小码间干扰,对基带信号需要进行根余弦脉冲成型滤波。对 TLC/AGC 的 256 个八进制符号和报头序列的 384 个八进制符号以及 832 个已加扰的负载符号共 1472 个八进制符号进行 8PSK 调制,码元速率为 2400 波特,载波为 1800Hz。八进制符号与载波相位的映射关系如表 4.14 所示。

表 4.14　8PSK 符号映射

3 比特值	相　移	相位实部(I)	相位虚部(Q)
0	0	1.0	0.0
1	$\pi/4$	$1/\sqrt{2}$	$1/\sqrt{2}$
2	$\pi/2$	0.0	1.0
3	$3\pi/4$	$-1/\sqrt{2}$	$1/\sqrt{2}$
4	π	-1.0	0.0
5	$5\pi/4$	$1/\sqrt{2}$	$1/\sqrt{2}$
6	$3\pi/2$	0.0	-1.0
7	$7\pi/4$	$1/\sqrt{2}$	$1/\sqrt{2}$

2. 突发波形 BW1

BW1 用于传送所有的 Traffic Management(TM) PDU 和 HDL Acknolwedgement PDU。BW1 总时长 1.30667s,负载为 48 比特,数据长度为 3136 个 8PSK 符号,包括前导序列(TLC/AGC)、Preamble 和建链数据 3 个部分,符号速率为 2400 波特。TLC/AGC 长度为 256 个符号,时长 106.667ms,Preamble 长度为 576 个符号,时长 240ms,数据部分长度

为 2304 个符号,时长 960ms。数据部分携带了 48 比特建链信息。图 4.43 描述了 BW1 的发送结构框图。

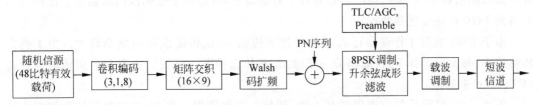

图 4.43　BW1 的发送结构框图

在发送端,48 比特的信源信息经过 (3,1,8) 信道编码以后,得到 144 比特数据,将 144 比特数据排列成 16×9 的矩阵,进行交织。将交织后数据按 4 比特分成一组,根据表 4.12 映射成 16 位 Walsh 符号再重复 3 遍,原来的 144 比特变成 36×64＝2304 个符号。然后用 256 个八进制 PN 序列对 2304 个八进制符号进行加扰,然后添加前导序列,并根据一定的数据格式进行成帧,随后进行星座映射和成形滤波,最后将信号调制到相应载波频率上。

BW1 中 TLC/AGC、PN 扰码序列与 Walsh 码的映射方式同 BW0 中一致,不再赘述。BW1 用于传输 HDL_ACK 或者 TM PDU,通常跟在 BW2 的后面出现。BW1 的成帧方式与 BW0 几乎一样,仅编码方式不同,且 BW1 的 Preamble 由长度为 576 个符号的伪随机序列组成。

3. 突发波形 BW2

BW2 是高速数据链路协议(HDL)数据传输波形。BW2 包括 TLC 保护序列,探测报头以及有效数据(包括已知探测序列)。BW2 是可变长结构,用于传送一系列的数据分组,分组的有效数据是 Numpkt(Numpkt＝3、6、12 或 24)个长度为 1881 比特的数据段。如果 BW2 工作在定时模式下,数据的发送持续时间和处理时间有严格的定时。在 640＋(Numpkt×400)ms 的时段内,发送 1536＋(Numpkt×960)个 PSK 符号(包括前置序列 704 个 PSK 符号和后置序列 528 个 PSK 符号),有效载荷为 Numpkt×1881 比特。

图 4.44 描述了 BW2 的发送结构框图。

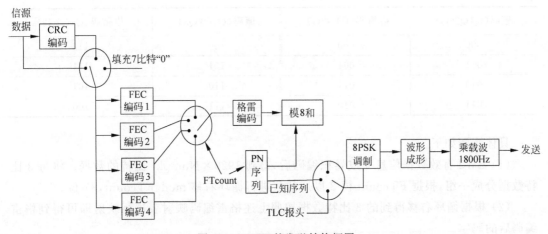

图 4.44　BW2 的发送结构框图

在发送端，物理层从链路层接收到 Numpkt×1881 比特的有效数据信息。对于每 1881 比特信息经过 32 位的 CRC 校验，再进行(4,1,7)前向纠错信道卷积编码。为了在处理一段数据后将 FEC 编码器的状态寄存器自动清零，故给每个数据段的后面补 7 比特"0"，共得到 1920 比特二进制数据。

由于 BW2 波形工作在信道较好的条件下传输，一次传输成功的概率较大。为了提高传输效率，每次仅选择 FEC 编码的一路输出，具体选择哪一路输出由参数前向传输计数器(FTcount)来确定。

经过 FEC 编码后的数据仍然是 1920 比特二进制数据。将 1920 位数据依次按 3 比特分为一组，分成 640 个八进制符号。将每个八进制符号循环右移"FTcount 模 3"次，然后通过格雷编码映射成新的八进制符号。

重复上述操作，直到 Numpkt×1881 比特数据全部转换为 Numpkt×640 个八进制数据为止。为了改善信息的频谱特性及方便接收端处理，将每 640 个八进制数据分成 20 段，将每段 32 个有效信息数据再补上 16 个八进制"0"构成一个帧，20 帧共 960 个八进制数据。利用最大长度为 $2^{16}-1$ 的 PN 序列发生器对数据进行 PN 序列扩展。PN 序列初始状态由 $(0xAB91+FTcount) \mod 0x10\,000$ 给出。报头序列初始值为零，因此直接取 PN 序列的前 64 个值作为报头序列，数据部分将后续的 PN 序列与有效数据对应的八进制值做模 8 相加，这样就得到一次前向传输实际发送的八进制序列。包括 240 个固定的 TLC 保护序列，由 64 个八进制 PN 序列充当的探测报头，以及经过 PN 扩展的 Numpkt×960 位八进制有效载荷数据。

BW2 的 TLC/AGC 仅取 BW0 中 TLC 序列的前 240 个符号。BW2 的探测报头序列由 64 位 3 比特全"0"序列组成，但是要经过 PN 扩展。下面详细介绍 BW2 的格雷映射编码、PN 序列的生成和 CRC 校验编码。

1) 格雷映射编码

BW2 完成卷积编码之后，再进行格雷编码。由于 BW2 是以八进制为单位进行映射的，所以设格雷码为(G1G2G3)，原码为(Q1Q2Q3)。它们之间的转换关系如表 4.15 所示。

表 4.15　格雷码映射表

原码(Q1Q2Q3)	格雷码(G1G2G3)	原码(Q1Q2Q3)	格雷码(G1G2G3)
000	000	100	110
001	001	101	111
010	011	110	101
011	010	111	100

具体步骤如下：

(1) BW2 有效数据信息完成卷积编码后，得到 1920×Numpkt 比特的数据。将每 3 比特数据分成一组，根据 FTcount 模 3 以后的值进行循环右移 $\mod(FTcount,3)$ 位。

(2) 根据循环右移得到的 3 比特数据按照上述格雷编码映射表进行映射即可得到格雷编码后的码字。

(3) 每 3 比特格雷码用八进制表示，编码后的八进制符号长度 640×Numpkt。

2) PN 序列生成

BW2 采用的是长度为 $2^{16}-1$ 的 m 序列生成器产生伪随机序列。它将 64 个八进制探测报头符号和报头后的 $960\times$Numpkt 个格雷编码符号序列进行模 8 运算,实现加扰。m 序列生成器如图 4.45 所示。

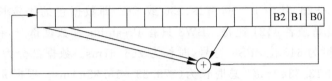

图 4.45　$2^{16}-1m$ 序列生成器

FTcount 值用于初始化 m 序列生成器:每个前向传输开始时,生成器状态初始化 $(0xAB91+FTcount)\bmod 0x10\,000$。$m$ 序列发生器的生成多项式为 $x^{15}+x^{14}+x^{5}+1$。m 序列生成器的输出用于对调制符号进行 PN 扩展,过程如下:

(1) 初始化移位寄存器:根据前向传输计数变量 FTcount 的值初始化 m 序列生成器。每个前向传输开始时,生成器状态用 $(0xAB91+FTcount)\bmod 0x10\,000$ 的值初始化。左边对应于生成多项式的最高次幂,从左往右幂次依次降低。

(2) 对于每个输入符号(报头符号或格雷编码调制符号,八进制符号),将 PN 序列生成器按照生成多项式向右循环 3 次,接着从移位寄存器中选取最低 3 比特 B2、B1、B0,形成 3 比特的扩展符号,B2 为最高位。

(3) 扩展符号与输入符号相加,所得和模 8 形成一个 3 比特信道符号,即为加上 PN 干扰的符号。观察此时的发送序列,从波形上看,近似为白噪声序列。

3) CRC 校验编码

BW2 基于 CRC-32 的编码除法电路如图 4.46 所示。$U_0\sim U_{m-1}$ 为待发送的 m 位二进制数据;$g_{r-1}\sim g_0$ 为 CRC-32 的生成多项式 $g(x)$ 的第 $r-1$ 到第 0 阶系数,$r=32$,$g_r=g_0=1$;$C_{r-1}\sim C_0$ 为 r 个移位寄存器,当 m 个数据全部输入后,寄存器中的数据即为计算出的 CRC 校验码,C_{r-1} 为最高有效位。在接收端,仍采用这个计算结构,将接收到的 $m+r$ 位数据输入,如果数据全输入后的寄存器中的值为全"0",则表明接收到的数据是正确的,否则有错。

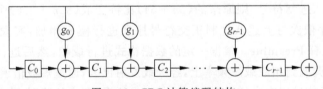

图 4.46　CRC 计算编码结构

BW2 进行 CRC 校验的多项式记为 CRC-32:
$$g(x)=x^{32}+x^{26}+x^{23}+x^{22}+x^{16}+x^{12}+x^{11}+x^{10}+x^{8}+$$
$$x^{7}+x^{5}+x^{4}+x^{2}+x+1$$

CRC 编码的具体步骤如下:

(1) 产生 BW2 的原始信号 1881 比特,将信息序列左移 32 位,即为整个输出序列的前 1881 比特,记为输出信息序列。

(2) 用输出信息序列除以生成多项式,得到 32 位余数,即为整个输出序列的后 32 位校验位,记为输出校验序列;

最终的 CRC 编码输出序列为原始输入序列以及输出序列中的 32 位校验序列,即每 1881 比特经过 CRC 校验得到 1913 比特编码序列。

4. 突发波形 BW3

BW3 用于所有低速链路协议数据单元(LDL PDU)的传输。BW3 中一个数据包,BW3 的数据长度为 $8n+25$,其中 $n=64$、128、256 或 512,即数据包的固定长度为 537 比特、1049 比特、2073 比特或者 4121 比特。BW3 只有 Preamble 和数据部分,符号速率 2400 波特。Preamble 长度为 640 位 8PSK 符号,时长为 266.67ms。数据部分为 $(32n+256)$ 个符号,时长 $(106.67+13.33n)$ms。总时长为 $(373.33+13.33n)$ms。根据 n 的不同,BW3 的时长有 1.227s、2.080s、3.787s 和 7.200s 等 4 种情况。

图 4.47 描述了 BW3 的发送结构框图。

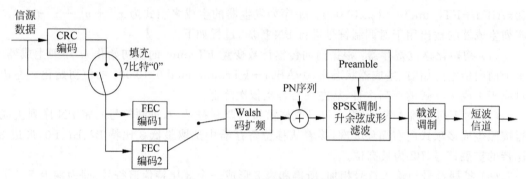

图 4.47　BW3 的发送结构框图

在发送端,物理层从链路层接收到 $(8n+25)$ 比特的有效数据信息,经过 32 位的 CRC 校验,再进行 $(2,1,6)$ 前向纠错信道卷积编码。为了在处理一段数据后将 FEC 编码器的状态寄存器自动清零,故给每个数据段的后面补 7 比特"0",共得到 $(8n+64)$ 比特二进制数据。为了提高传输效率,每次仅传输 FEC 编码的一路输出,具体选择哪一路输出由参数 FTcount 确定,与 BW2 的传输过程一致。

将编码后的 $(8n+64)$ 比特进行块交织。取出交织序列,每 4 比特分成一组,根据 Walsh 码表映射成 16 个八进制符号,则原来的 $(8n+64)$ 比特变成 $(32n+256)$ 个八进制符号。将 32 个 PN 码按顺序依次与上述八进制正交符号序列进行模 8 相加,实现加扰。BW3 没有 TLC 保护序列,仅有 Preamble。根据一定的数据格式进行成帧,然后进行星座映射和成形滤波,最后将信号调制到相应载波频率上,经天线发射出去,通过短波信道到达接收端。

为了对抗在通信过程中由信道突变产生的突发错误,每次传输时,将数据包排列成不同大小的交织块进行交织。随着 n 的取值不同,交织器大小变化如表 4.16 所示。

表 4.16　BW3 的交织

n	64	128	256	512
R(行)	24	32	48	80
C(列)	24	34	44	52

根据协议可知 BW3 交织的流程图如图 4.48 所示。

其中,i_{r_s}、i_{c_s} 分别表示行增量和列增量,Δi_{r_s}、Δi_{c_s} 用于调整。图 4.48 表示输入数据送

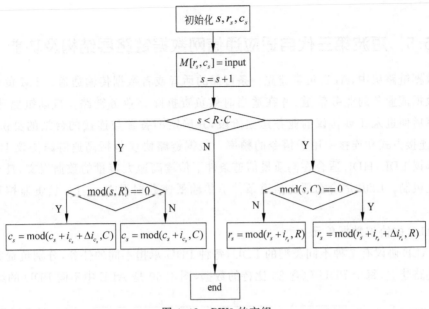

图 4.48 BW3 的交织

入交织块的过程,根据相同的原理取出数据,完成交织过程,仅 i_{r_s}、i_{c_s}、Δi_{r_s} 及 Δi_{c_s} 的取值与输出数据时的取值不一样。数据每次进入交织器存放位置的增量 i_{r_s}、i_{c_s}、Δi_{r_s} 及 Δi_{c_s} 的取值依次为 7、0、0 和 1,从交织器取出数据时,位置增量取值依次为 1、-7、0 和 -7。

5. 突发波形 BW4

BW4 用于传送所有的 LDL Acknowledgement PDU。BW1 总时长 1.30667s,负载 2 比特,数据长度为 1536 个 8PSK 符号,包括前导序列(TLC/AGC)和传输数据两个部分,符号速率为 2400 波特。TLC/AGC 长度为 256 个符号,时长为 106.667ms,数据部分长度为 1280 个符号,时长 533.33ms,总时长 640ms。图 4.49 描述了 BW4 的发送结构框图。

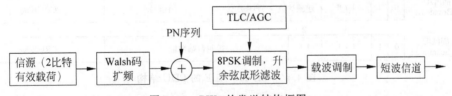

图 4.49 BW4 的发送结构框图

在发送端,2 比特的信源信息根据 Walsh 码表映射成 16 个八进制符号,重复 80 遍,则原来的 2 比特变成 1280 个八进制符号。BW4 的 PN 序列含有 1280 个八进制符号,与 Walsh 正交符号进行模 8 相加实现加扰。添加前导序列,根据一定的数据格式进行成帧,然后进行星座映射和成形滤波,最后将信号调制到相应载波频率上。

BW4 的 TLC 与 BW0 一致,负载仅含 2 比特,Walsh 码表只有 4 种映射关系,如表 4.17 所示。

表 4.17　BW4 的 Walsh 映射码表

编码比特(b_1b_0)	3 比特序列	编码比特(b_1b_0)	3 比特序列
00	0000 0000 0000 0000	10	0044 0044 0044 0044
01	0404 0404 0404 0404	11	0440 0440 0440 0440

4.5.5 短波第三代自适应通信网数据链路层结构及功能

在数据链路层中,ALE 负责建立一条可靠的话音或者数据传输通道。TM 负责创建一条适合数据流业务的业务信道,并在适当时候负责拆除该业务链路。自动链路建立 ALE 阶段结束后便进入 TM 协议的业务建立阶段,并确定准备参与连接的台站的身份、连接拓扑结构、连接方式和连接中用于信令的频率。数据链路协议包括高速链路协议 HDL 和低速链路协议 LDL,HDL 适合在高质量信道条件下传输高速大容量的数据报文,具有选择性数据重发机制。LDL 适合在恶劣信道条件下传输低速数据报文。CLC 负责监控和调整通信业务。

1. ALE 的协议数据单元

3G-ALE 协议有 7 种不同类型的 PDU,每种 PDU 承担不同的任务,分别负责完成不同类型的链路建立,每个 PDU 包含 26 比特的数据,图 4.50 是 ALE 中不同 PDU 的结构。

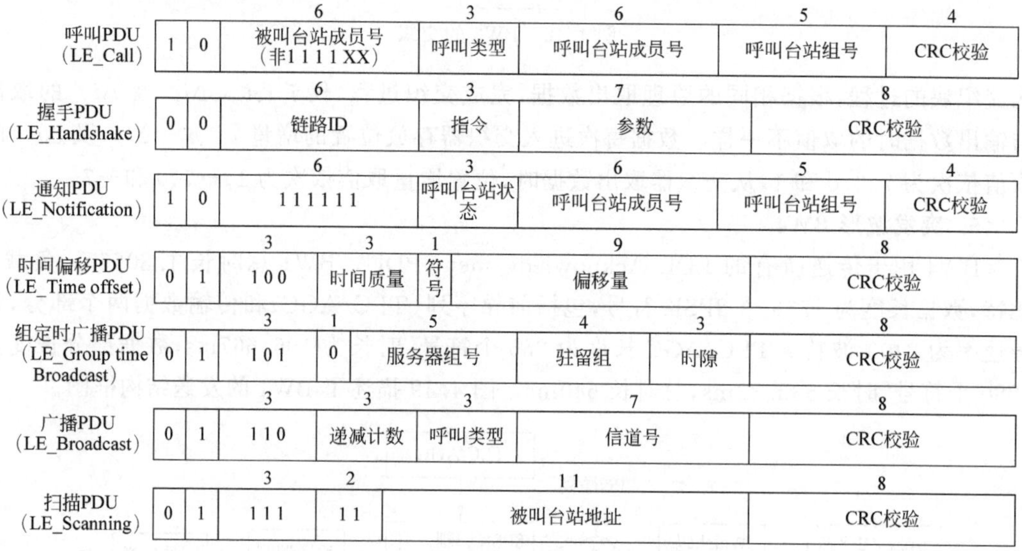

呼叫PDU(LE_Call)

		6	3	6	5	4
1	0	被叫台站成员号(非1111XX)	呼叫类型	呼叫台站成员号	呼叫台站组号	CRC校验

握手PDU(LE_Handshake)

		6	3	7	8
0	0	链路ID	指令	参数	CRC校验

通知PDU(LE_Notification)

		6	3	6	5	4
1	0	111111	呼叫台站状态	呼叫台站成员号	呼叫台站组号	CRC校验

时间偏移PDU(LE_Time offset)

		3	3	1	9	8
0	1	100	时间质量	符号	偏移量	CRC校验

组定时广播PDU(LE_Group time Broadcast)

		3	1	5	4	3	8
0	1	101	0	服务器组号	驻留组	时隙	CRC校验

广播PDU(LE_Broadcast)

		3	3	3	7	8
0	1	110	递减计数	呼叫类型	信道号	CRC校验

扫描PDU(LE_Scanning)

		3	2	11	8
0	1	111	11	被叫台站地址	CRC校验

图 4.50 3G-HF ALE 的 PDU 结构

(1) 呼叫 PDU(LE_Call)。当一个台站要与其他台站通信时,需要发送呼叫 PDU。呼叫方通过呼叫 PDU 将必要的信息传递给应答方,以便应答方知道是否应答和需要什么质量的业务信道。针对不同的通信方式,呼叫类型不同,LE_Call 共有 8 种不同类型,如表 4.18 所示。当使用数据链路协议传输信息时使用分组数据呼叫类型;当一个 HF 数据调制解调器使用突发波形传递业务时使用 HF 调制解调电路;当满足指令线路话音操作最小信噪比时使用指令线路话音操作;高质量电路呼叫类型要求有比指令线话音更好的信噪比条件;当呼叫台站指定业务信道时使用选呼和多呼类型。

(2) 握手 PDU(LE_Handshake)。链路建立需要两次握手,当一个台站收到发送给自己的呼叫 PDU 之后,要发送握手 PDU 来进行应答,以便呼叫台站知道下一步该如何处理。其中的指令域由 3 比特组成,包含被叫台站的应答信息,指令域编码如表 4.19 所示。

表 4.18 呼叫类型编码

编 码	呼 叫 类 型	第二个 PDU 来自
0	3G ARQ 分组数据	应答方
1	HF 调制解调电路	应答方
2	模拟话音电路	应答方
3	高质量电路	应答方
4	选呼 ARQ 分组数据	呼叫方
5	选呼电路	呼叫方
6	多呼电路	呼叫方
7	控制	呼叫方

表 4.19 指令域的编码

编 码	命 令	描 述	参 数
0	继续握手	在被叫台站的下一个驻留信道继续握手	原因
1	开始业务建立	连接成功,开始业务建立	信道
2	话音业务	连接成功,调谐到业务信道后可以开始通话(选呼和多呼)	应答方
3	链路释放	释放所占用的业务信道	信道
4、5	同步检测	报告同步偏差	质量/时隙
6	保留	—	—
7	终止握手	立刻终止握手,不需要应答	原因

参数域是对指令域的补充说明,可以是"信道""原因"编码或 7 比特数据。如果是信道,则参数就是 7 比特信道号;如果是原因,其编码为 0、1、2 或者 3,如表 4.20 所示。

表 4.20 参数域编码

编 码	参 数	编 码	参 数
0	无应答	2	没有业务信道
1	拒绝	3	业务信道质量差

(3) 通知 PDU(LE_Notification)。通知 PDU 可以用作台站的状态通知和探测信号。用作台站状态通知时,当台站状态改变或网络定时器发送提示通知时,就在一个或多个呼叫信道上发送通知 PDU,将台站当前状态通知给网络中其他台站。在系统空闲时,通知 PDU 可以用作探测信号,是 3G 系统的可选功能。通过探测信号,接收台站可以知道传播信道的情况,以便延迟呼叫,减小呼叫信道的占用。

(4) 广播 PDU(LE_Broadcast)。工作在同步模式时使用广播 PDU 进行广播呼叫。其中的呼叫类型是指将要发送的业务:模拟话音电路、HF 调制解调电路、高质量电路。递减计数用来指示当前驻留时间结束到广播开始之间的驻留时间个数,当递减计数等于 0 时,广播业务将会在下一个驻留时间的时隙 1 开始。

(5) 扫描 PDU(LE_Scanning)。工作在异步模式时使用扫描 PDU 来协助链路建立。呼叫台站重复地发送 LE_Scanning,紧跟着发送一个 LE_Call。除了第一个 LE_Scanning,后面的 LE_Scanning 和 LE_Call 都将省略突发波形 BW0 中的保护序列。

2. 同步驻留结构

当台站工作在同步工作模式时,网络中的各个台站将按照信道列表顺序进行扫描,同一个驻留组中的台站将扫描同一个信道,每个信道的驻留时间为 5.4s。每个同步驻留时隙分为 6 个 900ms 的时隙,如图 4.51 所示。

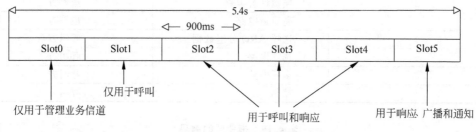

图 4.51 同步驻留结构

Slot0 是调谐和监听时间。在 Slot0 的开始,射频器件要调谐到新的呼叫信道上。在 Slot0 的剩余时间,所有接收机都要对位于这一新呼叫信道附近的业务信道进行监听,以判断是否有通信流量。除了 Slot0,其他时隙称为呼叫时隙。这些呼叫时隙用于在呼叫信道上交换各协议数据单元。

3. 数据链路建立

3G-ALE 中设计了两种工作模式:同步模式和异步模式,但是只有工作在同步模式下时,链路建立速度大大提高,才能发挥它的最高效率。下面仅介绍同步模式下的工作过程。同步模式下数据链路建立需要经过时隙选择和呼叫两个阶段,通信结束后释放链路。

(1)时隙选择。在所有可用时隙中随机选择一个时隙发送呼叫 PDU,时隙选择的优先级原则是:靠前的时隙具有较高的选择概率,靠后的时隙具有较低的选择概率。

表 4.21 时隙选择概率表

呼叫优先级	Slot1	Slot2	Slot3	Slot4
最高	50%	30%	15%	5%
高	30%	50%	15%	5%
一般	5%	15%	50%	30%
低	5%	15%	30%	50%

(2)同步呼叫。呼叫分为同步单呼、单播、多播和广播几种方式。单呼是一对一的链路建立过程。它需要找到一条可用的业务信道,并在链路建立过程中使信道占用时间达到最小。当一个台站在 Slot0 收到上层要求建立通信链的命令,将执行以下操作:①根据呼叫优先级,选择一个发送时隙;②在 Slot0 的剩余时间监听所有相关的业务信道;③如果所选发送时隙不是 Slot1,只在发送时隙的前一个时隙监听呼叫信道;④根据监听结果,如果确信发送时隙被其他应答 PDU 占用,则重新选择发送时隙推迟发送;否则,发送呼叫 PDU。

如果在 Slot0 以外的其他时隙收到 LE_Link_Req 命令,将执行以下操作:①根据呼叫优先级选择一个时隙,再加上当前时隙号,得到预期的呼叫时隙,如果超出了时隙的范围,呼叫将被推迟到下一个驻留时间;否则,在发送时隙的前一个时隙监听呼叫信道;②根据监听结果,如果确信发送时隙会被其他应答 PDU 占用,则重新选择发送时隙推迟发送;否则,发送呼叫 PDU；③如果一个台站收到呼叫自己的 LE_Call，将在下一个时隙立即发送一个握手 PDU 作为应答，该握手 PDU 可能是终止呼叫，或者是指定一个业务信道，或者继续握手。呼叫台站根据收到的握手 PDU 中的链路 ID 判断是否是所要呼叫的目的台站。如果被叫台站找到一个可用的业务信道，则双方台站将调谐到业务信道，进入 TM 阶段，链路建立完成。如果呼叫台站没有收到握手 PDU，则会进入下一个呼叫信道继续呼叫。

单播是在呼叫台站所选定的业务信道上与单个用户进行通信。具体的过程如下：①呼叫台站发送 LE_Call，其中携带了被呼叫台站的地址，呼叫类型为单播；被叫台站收到后不需要应答；②呼叫台站在下一个时隙发送 LE_Handshake，并指定一个业务信道；③被叫台站收到 LE_Handshake，并判断该命令，如果是开始业务建立命令，就调谐到指定的业务信道，并监听 Modem 业务；如果是话音业务命令，被叫台站就调谐到业务信道并准备通话；如果在规定时间内指定的业务并没有开始，被叫台站将返回到扫描状态；④呼叫台站发送 LE_Handshake 后，就调谐到指定的业务信道，选呼链路建立完成，进入 TM 阶段。

多播用于与所选的多个台站同时进行连接，并指定一个业务信道进行业务通信。具体的过程如下：①呼叫台站发送 LE_Call，呼叫类型为多播，地址是被叫台站的多播地址；被叫台站收到后不需要应答；②呼叫台站在下一个时隙发送 LE_Handshake，指定一个业务信道，并根据多播地址计算 LinkID；③被叫台站收到 LE_Handshake 后对其进行分析，如果指令是业务开始建立，就调谐到指定的业务信道并监听 Modem 业务；如果指令是话音业务，被叫台站就调谐到业务信道并准备通话；如果在规定时间内指定的业务并没有开始，被叫台站将返回到扫描状态；④如果多呼台站分布于多个驻留组时，呼叫台站要重复发送呼叫 PDU，并选择定时发送以减小呼叫信道的占用，同时增大被叫台站接收的概率；⑤发送完最后一个 LE_Handshake 后，呼叫台站将调谐到指定的业务信道，多呼链路建立完成，进入 TM 阶段。

广播呼叫将为网络中所有的台站指定一个业务信道，然后在该业务信道上开始应用其他协议（例如，话音）。

台站进行广播呼叫时，一般在一个驻留时间的每个时隙（除了 Slot0）发送 LE_Broadcast，也可以每个时隙都改变频率调谐到下一个驻留组。在发送之前，同样要监听信道是否被占用。对于最高优先级的广播，也可以忽略信道的占用情况，使得在每个时隙能够在一个新的信道上发送 LE_Broadcast。

收到 LE_Broadcast 的台站，按照 LE_Broadcast 中指定的广播业务开始时间，调谐到指定的广播信道上。如果在规定的时间没有开始广播业务，接收台站将返回到扫描状态。

每更换一个呼叫信道，减"1"计数。当呼叫台站发送完最后一个 LE_Broadcast，在紧接着的下一个驻留时间调谐到指定的业务信道，并开始进入 TM 阶段。

（3）链路释放。单呼或者单播之后，呼叫方发送释放链接指令。链接释放首先发送 LE_Call，其中包含被叫站的地址，然后发送 LE_Handshake，用以指明所用的业务信道，LE_Handshake 中还包含链路释放命令。

（4）举例。下面通过一个例子说明 3G-ALE 链路建立过程，如图 4.52 所示。首先，呼叫方在 Slot3 发起呼叫 LE_Call，应答方接收到该呼叫，但是无法找到一个合适的业务信道进行通信，则向呼叫方发送 LE_Handshake，该握手信号中包含一个连续握手命令。在下一个驻留时间段内，两个站（主叫和被叫）都调谐到 Slot0，然后监听附近的业务信道。呼叫方在 Slot1 发送呼叫，被叫站确认该业务站可以使用。当被叫站接收到 LE_Call 后，并且经过

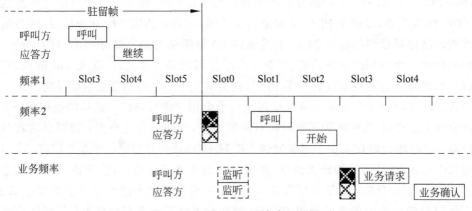
图 4.52　3G-ALE 链路建立举例

信道质量估计后确定该信道能够满足所需业务要求,然后发送 LE_Handshake,其中包含一个业务建立开始命令,用以指示该信道可以使用。主叫和被叫都调谐在下一时隙,呼叫站初始化业务建立协议。

通过 ALE 数据链路建立之后,参与连接的各台站进入业务建立阶段(Traffic Set-Up, TSU),这个阶段需要利用业务管理 TM 协议建立业务连接。只要建立起来连接,就确定了各个台站的以下信息:①参与连接的各台站的身份;②连接的拓扑结构:点到点,多播或者广播;③连接模式:分组连接或者电路连接;④连接中用于信令的短波频率(或者业务信道);⑤如果是电路连接,是否利用该链接进行数据和话音业务;⑥利用哪种数据链路协议、波形或者基带调制方式进行业务传输;⑦发送业务的优先级;⑧在分组连接中,业务链路建立过程中用于高速连接或者低速连接的细同步。

3G-HF 定义了两类数据传输的方式:适合在较差信道环境或低信噪比下工作,强调数据传输可靠性的低速数据传输方式;以及适合在较好信道环境下强调数据传输高效性的高速数据传输。

HDL 协议是用于在已经建立的短波链路上采用选择重传 ARQ 方式进行点对点数据包传输的数据链路层协议。HDL 协议与 LDL 协议相比更适合于在相对较好的短波信道状况下传送较长的数据包。HDL 协议共有 3 种 PDU:数据分组 PDU(HDL-DATA)、确认 PDU(HDL-ACK)、报文结束 PDU(HDL-EOM)。

在使用 HDL 协议进行数据传输时,发送方与接收方交替进行如图 4.53 所示的信息发送。发送方发送含有有效负载的数据分组 HDL-DATA PDU,接收方则发送确认单元 HDL-ACK PDU,以便让发送方确定先前已经发送的 HDL-DATA PDU 哪些已经被接收端正确接收。当发送方已发送了所有包含负载数据分组的 HDL-DATA PDU,并且接收到了接收方发送的已经正确接收的 HDL-ACK PDU 时,发送方就在 HDL-DATA PDU 的时长内尽可能多地重复发送 HDL-EOM PDU,以通知接收方数据传输已结束。

链路管理协议只在电路连接中使用。当电路连接建立之后,由链路管理协议对业务进行监视和协调。它通过一种简单的发送前监听接入控制机制进行管理。只要 CLC 检测到电路连接为忙,将禁止新的发送业务;CLC 具有业务超时指示能力,在规定的时间间隔内,如果没有检测到发送或者接收业务,将允许该业务链接拆链。

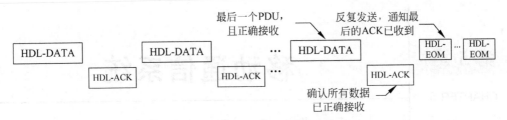

图 4.53　HDL 数据传输过程

参考文献

[1] 牛忠霞,冉崇森,刘洛琨,等. 现代通信系统[M]. 北京:国防工业出版社,2003.

[2] 吴诗其,朱立东. 通信系统概论[M]. 北京:清华大学出版社,2005.

[3] 胡中豫. 现代短波通信[M]. 北京:国防工业出版社,2005.

[4] Panayirci E, Bar-Ness E Y. A new approach for evaluating the performance of a symbol timing recovery system employing a general type of nonlinearity[J]. IEEE Transactions on Communications, 1996,44(1): 29-33.

[5] Morelli M, D'Andrea A N, Mengali U. Feedforward ML-based timing estimation with PSK signals [J]. IEEE Cammunications Letters,1997,1(5): 80-82.

[6] Fusco T, Tanda M. Blind feedforward symbol-timing estimation with PSK signals: a constant-modulus approach[J]. IEEE Transactions on Communications,2007,55(2): 242-246.

[7] 彭华. 软件无线电中的直接收技术研究[D]. 郑州:信息工程大学,2002.

[8] Haykin S. Adaptive Filter Theory[M]. Englewood Cliffs:Prentice-Hall,2002.

[9] Proakis J G. Digital Communication[M]. 张力军,等译. 5 版. 北京:电子工业出版社,2018.

[10] Luise M, Reggiannini R. Carrier frequency recovery in all-digital modems for burst-mode transmissions[J]. IEEE Transactions on Communications,1995,43(2/3/4): 1169-1178.

[11] Fitz M P. Further results in the fast frequency estimation of a single frequency[J]. IEEE Transactions on Communications,1994,42(2/3/4): 862-864.

[12] Mengali U, Morelli M. Data-aided frequency estimation for burst digital transmission[J]. IEEE Transactions on Communications,1997,45(1): 23-25.

[13] Viterbi A. Nonlinear estimation of PSK-modulated carrier phase with application to burst digital transmission[J]. IEEE Transactions on Information Theory,1983,29(4): 543-551.

[14] MIL-STD-188-110B,Interoperability and Performance Standards for Data Modems[S].

[15] MIL-STD-188-141A,Interoperability and Performance Standards for Medium and High Frequency Radio Equipment[S].

[16] MIL-STD-188-141B,Interoperability and Performance Standards for Medium and High Frequency Radio Systems[S].

第 5 章 移动通信系统

CHAPTER 5

5.1 移动通信概述

5.1.1 移动通信的基本概念

1. 移动通信解决终端移动性

什么是移动通信? 顾名思义,移动通信是指通信双方至少有一方处在移动(或临时静止)状态下进行的通信。移动通信与非移动通信比较起来,最大的不同点在于其移动性。在个人移动情况下,为获得在任何时间、任何地点与任何人进行各种业务(话音、数据、视频)的通信,可以有以下几种方法。

(1) 终端移动。用户携带终端可在连续移动中保持通信,即把"个人移动"寓于"终端移动"之中,个人移动中的通信通过终端的移动来实现。解决终端的移动性,是把移动通信网作为实现个人移动通信的基础网路,固定网与移动网结合在一起,把小型化的移动终端(如手持机、车载台)作为实现个人移动通信的必要条件。

(2) 个人移动。用户能在包括固定网和移动网在内的整个通信网内自由移动,即用户可于任何时候、在网中任何地理位置上、选择任一移动的或固定的终端进行通信。这种方式把个人的移动性和终端的移动性分开,着重于个人的移动性,用户的个人号码可在任何地点的任何一个终端(固定或移动)上发送或接收呼叫,并可在跨越多种公用通信网的情况下实现通信。在这种方式中,无线接入不是必要条件。如 SIM(Subscriber Identity Module)卡方式支持的业务属于个人的移动。

(3) 业务移动。在移动中保持相同的业务,如 200 号等业务等(200 号业务是密码记账长途直拨电话业务的简称。持卡用户在国内外已入网的任何地区均可漫游使用 200 业务,实现"一卡在手,联通全球")。

通信网的智能化和无线化将上述三者统一起来,形成的网络即为个人通信网,相应的业务即为个人通信业务。个人通信的基本含义是指用户能在任何时间、任何地方与任何人进行任何形式的通信。提供个人通信的网是由固定和多种移动网综合而成的一个容量极大的无缝网,固定用户或移动用户可以在任何地方用有线或无线方式进网获得通信服务(话音、数据、图像等多种业务)。无疑,移动通信必须解决终端移动性问题,实现移动终端的超小型、低耗能、高可靠性。

2. 移动通信的主要特点和要求

移动通信信道属于无线信道,它不仅具有所有无线信道的特点,而且还具有用户随机移动的新特色,这种新特色其一表现在电波传播的开放性;其二是接收点地理环境的复杂性和多样性,既可以是繁华的市区,也可以是近郊小城镇区,还可以是农村及远郊区;其三是通信用户随机移动性,有慢速步行的移动,也有高速车载的移动。以上三个主要的特点构成了移动信道的新特色。

1) 电波传播环境复杂恶劣

移动无线传播面临的是复杂的、随时变化的环境。首先,传播环境十分复杂,传播机理多种多样。第一种是直射波,是视距覆盖区内无遮挡传播的电磁波,其信号最强。第二种是多径反射波,电磁波在传播过程中遇到比其波长大得多的物体表面时会发生反射,其信号强度次之。第三种是绕射波,在物理学中,把波绕过障碍物而传播的现象称为绕射;绕射时,波的路径发生了改变或弯曲,它符合惠更斯(Huggens)原理。第四种是散射波,当电磁波的传播路由上存在小于波长的物体、单位体积内这种障碍物体的数目非常巨大(如物体的粗糙表面)时会发生散射,散射波信号强度最弱。其次,由于用户台的移动性,传播参数随时变化,引起接收场强的快速波动。

为研究移动通信问题提出了大尺度和小尺度两种传播模型。大尺度路径损耗传播模型描述发射机和接收机之间长距离上平均场强的变化,用于预测平均场强并估计无线覆盖范围。小尺度多径衰落传播模型描述移动台在极小范围内移动时,短距离或短时间上接收场强的快速变化,用于确定移动通信系统应该采取的技术措施。

2) 干扰类型多样、干扰环境复杂

移动通信不但会遭受诸如天电干扰、工业干扰和信道噪声等无线通信常见噪声和干扰的影响,而且还会遭遇系统本身和不同系统之间带来各种干扰,如由于多电台组网以及多部收发信机在同一地点工作而形成的邻道干扰、互调干扰、同道干扰、多址干扰以及远近效应(近地无用强信号压制远地有用弱信号的现象为远近效应),因而需要有抗击或减少这些干扰和噪声影响的措施。

3) 可用的频谱资源有限而通信需求量与日俱增

要缓解可用频谱资源和通信需求量这一对矛盾,除了开辟和启用新的频段以外,还必须采用新技术和措施,来提高频带利用率,有效利用频谱。

4) 网络结构多种多样,网络管理复杂

根据通信地区的不同需要,可以组成不同类型的通信网络,这些网络可以单网运行,可以多网并行和互联互通。为此,移动通信网络必须具备很强的网络管理和控制功能,如用户注册和登记、鉴权和计费、安全和保密等。

5) 移动通信设备技术要求严苛

由于移动通信的上述特点,使得要保证"动中通"的移动通信较"静中通"的固定通信难得多、移动通信设备必须满足的技术要求严苛。移动通信系统所能达到的水平,往往综合体现了整个通信技术已经发展的高度。移动通信设备技术要求包括:

(1) 必须做到轻、小、省、牢、便。

(2) 必须抗拒酷暑、严寒、狂风、暴雨等恶劣气候条件。

(3) 必须适应山岳、丛林、沙漠、河海、高空等三维空间的不同环境条件。

（4）既可车载船装，又能背负手持，要适应各种移动体的安装机械条件。

（5）要在移动通信特有的多普勒频移、瑞利衰落、阴影和点火噪声等变参传播条件下，确保"动中通"。

（6）要在工业密集、交通繁忙的市区，频率拥挤、干扰严重的电波环境下，达到电磁兼容。

（7）要在收、发、频合、微机、电源及天馈等部件密集的小空间，满足机内的电磁兼容。

（8）要有强大的系统开发能力，以适应科技进步的加速，促使电子信息产品更新换代的加快。

（9）要有强大的设备制造能力，以满足社会各方面对移动通信器材量大面广的要求。

5.1.2　蜂窝的基本概念

一般的电视系统和广播无线电采用广播覆盖方式，用大功率和高天线，尽可能增加覆盖面积。为了允许在最短距离的频率再用，1974 年美国贝尔实验室提出了蜂窝组网理论。蜂窝组网的提出是移动通信规模化发展的基础，它使无线频率得到了更高效率的复用，在解决无线频率拥挤和提高移动用户容量上取得了重大突破。

1. 蜂窝系统：小区制

蜂窝组网是把整个服务区划分为若干个子覆盖区，称为小区（蜂窝）。每个小区用一台低功率收发信机覆盖，这个收发信机称为基站。整个小区内用户都由此基站完成通信。在实际中，覆盖小区的形状取决于地势和其他因素，为了设计方便，多以正六边形为基本的覆盖区域。采用正六边形主要有两个原因：第一，正六边形的覆盖需要较少的小区，较少的发射站；第二，正六边形小区覆盖相对于四边形和三角形费用小。

蜂窝半径是无线电可靠的通信范围，它与输出功率、业务类型、接收灵敏度、编码与调制以及终端移动性等有关。基站天线的安装高度与蜂窝半径有关，半径越大安装高度也越高。不同制式的系统和不同的用户密度所采用的小区类型不同，基本的小区类型有：

（1）超小区（蜂房半径＞20km）。人口稀少的农村地区。

（2）宏小区（蜂房半径为 2～20km）。高速公路和人口稠密地区。

（3）微小区（蜂房半径为 0.4～2km）。城市繁华区段。

（4）微微小区（蜂房半径＜0.4km）。办公室、家庭等移动应用环境。

（5）分层蜂窝：由多种蜂窝组成，同一地理区域同时运用不同类型的蜂窝。

频率再用和小区分裂技术是蜂窝系统的最大优势，仅仅利用分配给基站的少量频带就可以为整个覆盖小区内的大量用户服务。用蜂窝小区来覆盖服务区的主要概念有三点，即频率再用、越区切换和小区分裂。

2. 频率再用

频率再用（Frequncy Reuse）是在不同的小区使用相同的频率，来增加系统的容量。频率再用的思想如图 5.1 所示，相邻小区不允许使用相同的频道，以避免相互干扰，这种干扰称为同道干扰。但是只要任意两个小区的空间距离足够大，且各小区发射功率适当地小，就可以使用相同的频道而不会产生显著的同频干扰。因此，可以把一定数目的相邻小区划分成区群，称之为簇（Cluster），相应地把可供使用的频道划分成若干组，在一个簇内每个小区使用不同的频率组，而每个簇能够使用所能提供的全部无线频道。这样用相同频率配置的簇来覆盖整个服务区。在图 5.1 中，7 个小区组成一簇，簇上的数字代表一组频率，例如

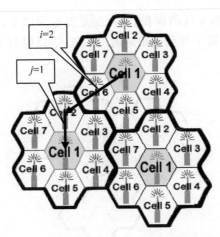

图 5.1　蜂窝移动通信系统中的频率再用

Cell n。应注意对于每个频率集都相隔约两个小区的再用距离，以获得较好的分隔效果和较小的串扰。

频率再用是蜂窝移动通信中的重要概念。要实现频率再用，除了正确的频率配置外，还应限制基站的发射功率，使其能有效地覆盖整个小区，而又对相邻区群内使用相同频率的小区造成的干扰低于一定的门限。

3. 越区切换

当移动台在通信过程中从一个小区进入相邻小区时，网络要为它提供新的频道，以维持通信的接续性，此过程被称作越区切换（Handover）。如图 5.2 所示，当某移动台离开一个小区时，它的基站检测到信号强度逐渐消失，就会询问所有邻近的基站所收到的该移动台信号的强弱。该基站随后将所有权转交给获得最强信号的相邻小区，即该移动台所处的小区，并切换到新的频道。

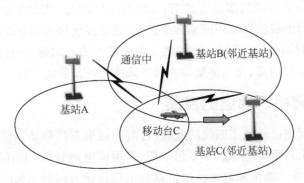

图 5.2　越区切换（按测量信号强度切换）

4. 小区分裂

小区分裂（Cell Splitting）的目的是为了增加系统容量。当小区所能支持的用户数达到饱和时，可以将小区进行分裂，划分为更小的蜂窝状区域，并相应减小新小区的发射功率和使用相同的频率再用模式，这就是小区分裂。分裂后的新小区从理论上讲能支持与原来小区同样数目的用户，因而提高了系统单位面积可服务的用户数，增加了系统容量而不增加频道数。一旦新小区所能支持的用户数量又达到饱和时，可进行进一步分裂，如图 5.3 所示。

小区分裂不是无限制地减小小区的面积,一方面是要增加成本;另一方面还要保证足够大的频率再用距离,才能使同道干扰低于预定的门限值,这就限制了区群中所含小区数目不能低于某个值。

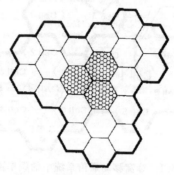

图 5.3　小区分裂

5.1.3　移动通信的工作方式和多址方式

1. 工作方式

移动通信可以采用三种工作方式:双工、单工和半双工。蜂窝移动通信系统采用双工工作方式。主要的双工工作方式包括频分双工(FDD)和时分双工(TDD)。

2. 多址接入方式

蜂窝系统中是以信道来区分通信对象的,一个信道只容纳一个用户进行通话,许多同时通话的用户互相以信道来区分,这就是所谓"多址接入"。在移动通信业务区内,移动台之间或移动台与市话用户之间通过基站(包括移动交换局和局间联网)同时建立各自的信道,从而实现多址连接。

目前在移动通信中应用的多址方式有:FDMA、TDMA、CDMA以及它们的混合应用方式等。以传输信号的载波频率不同来区分信道、建立多址接入的方式称为频分多址方式;以传输信号存在的时间不同来区分信道、建立多址接入的方式称为时分多址方式;以传输信号的码型不同来区分信道、建立多址接入的方式称为码分多址方式。

5.1.4　蜂窝移动通信的发展

蜂窝移动通信网络已经历了四代的发展,目前正向第五代移动通信系统网络演进。第一代移动通信系统出现于20世纪70年代中期,采用模拟调制和FDMA方式,网络采用模拟信令,提供话音业务。模拟蜂窝移动通信系统主要包括美国的AMPS(Advanced Mobile Phone Service);英国的TACS(Total Access Communications System);瑞典的NMT-900(Nordic Mobile Telecommunications)以及日本的HCMTS(High-Capacity Mobile Telecommunication System)等。由于模拟系统存在频谱利用率低、容量小、设备复杂、抗干扰性能差、保密性不强、价位高、业务面窄等固有缺点,不能满足通信市场急速发展的需要,因此诞生了第二代移动通信系统。第二代移动通信系统产生于20世纪80年代中期,使用数字调制技术,由FDMA转向TDMA和CDMA方式,网络采用数字信令,最主要提供话音业务,除此之外,还提供少量短消息(数据)服务。目前,第二代移动通信系统所采取的TDMA

体制主要有三种：第一种是欧洲的泛欧体制 GSM(global system for mobile communication)，在 GSM 中有 900MHz 频段和 1.8GHz，其中 1.8GHz 是小区和微小区制，称为 DCS-1800，二者可以兼容，目前称为双频手机的就是二者的兼容手机；第二种是美国电信工业协会 (TIA)提出、美国联邦通信委员会批准的 DAMPS (Digital AMPS)，其规范也由 IS-54 发展到 IS-136、再发展到 IS-136/HS，它主要解决系统容量不足问题，是对 AMPS 系统的补充和逐步替代，因此它是数模兼容或称双模式体制；第三种是日本的 PDC 系统，其基本技术与 DAMPS 相近，但其频率提高到 1.5GHz。CDMA 体制是美国 TIA 制定的 IS-95，它是一种窄带的 CDMA，带宽为 1.25MHz，其频段与 AMPS 一致，也可以作双模式手机。由于 CDMA 的抗衰落能力和抗干扰性强，具有低功率谱密度传输、保密性能好、容量大、话音质量好、所需基站量小等优点，再加上有天然的话音激活和采用扇形分区、RAKE 接收等技术，系统容量大大增加。

伴随着社会经济及技术的发展，具有全球性的通信联络更加密切，相应地要求提供综合化的信息业务，如话音、图像、数据等具有多媒体特征的移动通信业务，为满足这种需求，第三代移动通信网络(3th Generation,3G)应运而生。第三代移动通信系统是 20 世纪 90 年代中期以后开始研究的，其网络采用数字信令，并结合卫星移动通信系统，以不同的小区结构形成覆盖全球的移动通信网络，可提供全球话音及不同速率的数据传输等多媒体业务。

第四代(4th Generation,4G)移动通信系统的主流传输技术为多输入多输出正交频分复用（Multiple Input Multiple Output-Orthogonal Frequency Division Multiplexing, MIMO-OFDM)技术，与现有的 3G 系统比较，采用 MIMO-OFDM 技术的 4G 系统具有通信业务宽带化、安全性高、微蜂窝布网、网络容量大等特点。目前，地面移动通信系统正在向第五代(5th Generation,5G)过渡。5G 系统具有更高的资源利用率、更丰富的频谱资源以及更强的智能化能力。

5.2　移动环境下的电波传播

移动信道特性是设计移动通信系统时确定发射功率、小区半径、通信质量等的基础，移动通信中的各类新技术都是针对其信道特性而提出来的。移动信道不仅具有无线信道开放的变参信道特点，而且还具有通信用户随机移动性的特点，必须根据移动通信的特点按照不同的传播环境和地理特征进行分析和仿真。所幸的是前人在这方面已经做了大量的工作，包括建立各种信道模型、根据大量的实测数据进行统计分析并对已有信道模型进行改进，甚至提供了简单易用、功能强大的仿真模拟工具软件。

5.2.1　移动信道的电波传播机理

移动通信的频率范围在甚高频(VHF)、超高频（UHF)的范围(30MHz$<f<$3GHz)，它的传播方式受地形地物和移动速度的影响。移动通信接收点的地理环境复杂、多变，有高楼林立的市区，也有只建有一般建筑物的城市郊区或小城镇，还有山丘、平原和河流湖泊的乡村及远郊区，而用户具有随机移动性，有漫步的移动，也有高速车载的移动。因此，总体而言，移动通信传播路径复杂，信道传输特性变化可能十分剧烈。传播条件复杂、恶劣是移动信道的基本特征。移动通信电波传播的机制从总体上说，可以归纳为直射、反射、绕射、散射

以及地表波,如图 5.4 所示。在移动通信的频段地表波可以忽略不计。

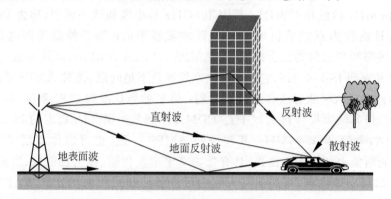

图 5.4 典型移动信道传播路径

1. 直射波

直射波是指在视距覆盖区内的传播,其信号强度最强。直射波可以认为是电波在自由空间不受阻挡的传播,传播过程中单位面积的能量会因为扩散而减少。这种减少称为自由空间的传播损耗,其接收信号功率 P_R 为:

$$P_R = G_R G_T P_T \left(\frac{\lambda}{4\pi d}\right)^2 \tag{5.1}$$

其中,P_T 为发射功率,G_T 为发射天线增益,G_R 为接收天线增益,λ 为自由空间波长,d 为距发射天线的距离。

电波在自由空间的传输损耗 L_{fs} 定义为发射功率 P_T 与接收功率 P_R 之比:

$$L_{fs} = \frac{P_T}{P_R} = \left(\frac{4\pi d}{\lambda}\right)^2 \frac{1}{G_T G_R} \tag{5.2}$$

在自由空间中,可以把收发天线看成是两个点源天线,其增益系数 $G_T = G_R = 1$,自由空间路径损耗以分贝表示为:

$$L_{fs} = 32.45 + 20\lg d(\text{km}) + 20\lg f(\text{MHz}) \quad (\text{dB}) \tag{5.3}$$

由式(5.3)可见,当频率 f 或距离 d 扩大一倍时,自由空间传输损耗均增加 6dB。

2. 多径反射波及其两径传播模型

当电磁波遇到比波长大得多的物体时发生反射。反射发生在地球表面、建筑物和墙壁表面。多径反射波是从不同建筑物或其他物体反射后,到达接收点的传播信号。为了简化,设反射界面为光滑界面,若界面尺寸比波长大得多时,就会产生镜面反射。见图 5.5 的地面反射,反射波与入射波的关系用反射系数 R 表示,即

$$R = \frac{\sin\theta - z}{\sin\theta + z} = |R| \, e^{-j\psi} \tag{5.4}$$

其中

$$z = \frac{\sqrt{\varepsilon_0 - \cos^2\theta}}{\varepsilon_0} \quad (\text{垂直极化})$$

$$z = \sqrt{\varepsilon_0 - \cos^2\theta} \quad (\text{水平极化})$$

$$\varepsilon_0 = \varepsilon - j60\delta\lambda$$

其中,ε 为介电常数,δ 为电导率,λ 为波长。

对于地面反射,当工作频率大于 150MHz、$\theta < 1°$ 时,$R = -1$,即反射波场强的幅度等于入射波场强的幅度,相位差 180°。图 5.5 中,移动台接收天线的电波包含直射波和反射波。反射路径 $a + b$ 要比直射路径 c 要长一些,在收发天线高度之和远小于两天线之间的距离时,它们的差值 Δd 为:

$$\Delta d = a + b - c = \frac{2h_T h_R}{d_1 + d_2} = \frac{2h_T h_R}{d} \tag{5.5}$$

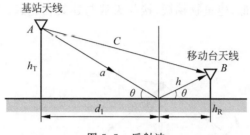

图 5.5　反射波

由于直射波和反射波的起始相位一致,因此路径差 Δd 引起的附加相移 $\Delta \varphi$ 为:

$$\Delta \phi_0 = (2\pi/\lambda)\Delta d \tag{5.6}$$

考虑到 $R = -1$,两路径电波的实际相差为:

$$\Delta \phi = \frac{2\pi}{\lambda}\Delta d + \pi \tag{5.7}$$

接收场强 E 可表示为:

$$E = E_0(1 + Re^{-j\Delta\phi}) = E_0(1 + |R|e^{-j(\psi + \Delta\phi)}) \tag{5.8}$$

由式(5.8)可知,地面反射波和直射波的合成场强随反射系数 R 和路径相差 $\Delta\varphi$ 的变化而变化,有时同相相加,有时反相抵消,造成合成波的衰落。以上描述的是两径模型,在开阔地区,两径模型很接近于实际移动通信的电波传播模型。当存在建筑物和地形起伏时,接收信号中将包含建筑物等的反射波,此时可用三径、四径等多径传播模型来描述移动信道。但是,当多径数目大到一定程度时,或者说多径数趋于无限大时,合成波难以用公式准确计算,必须用统计的方法来分析。

3. 绕射波

当发射机和接收机之间的传播路由被物体的尖锐边缘阻挡,且障碍物的尺度与波长相当时,根据惠更斯原理,电波会在建筑物后面的"阴影区"形成二次波,"绕过"障碍物向前传播,这种现象称为电波的绕射。由于电波具有绕射能力,所以能绕过高低不平的地面或一定高度的障碍物,然后到达接收点。阴影区绕射波场强为周围障碍物所有二次波的矢量和。绕射波场强不仅与建筑物的高度有关,还与收发天线与建筑物之间的距离以及频率有关。可以用劈尖模型来描述绕射损耗,见图 5.6,其中 d_1 为发射机到障碍物的距离,d_2 为接收机到障碍物的距离,h 为劈尖的高度,有正负符号之分。菲涅尔绕射参数 v 为:

$$v = h\sqrt{\frac{2(d_1 + d_2)}{\lambda d_1 \cdot d_2}}$$

则劈尖绕射的电场强度与其自由空间电场相比较的增益近似为:

$$
\begin{cases}
G_d(\text{dB})=0 & v \leqslant -1 \\
G_d(\text{dB})=20\lg(0.5-0.62v) & -1 \leqslant v \leqslant 0 \\
G_d(\text{dB})=20\lg(0.5\exp(-0.95v)) & 0 \leqslant v \leqslant 1 \\
G_d(\text{dB})=20\lg(0.4-\sqrt{0.1184-(0.38-0.1v)^2}) & 1 \leqslant v \leqslant 2.4 \\
G_d(\text{dB})=20\lg\left(\dfrac{0.225}{v}\right) & v > 2.4
\end{cases}
\tag{5.9}
$$

频率越高,建筑物越高,接收天线与建筑物越近,则绕射能力越弱,信号强度越小,绕射损耗越大;相反,频率越低,建筑物越矮,接收天线与建筑物越远,则绕射能力越强,绕射损耗越小。

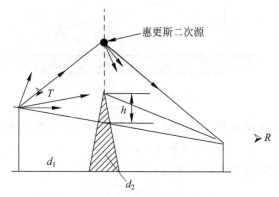

图 5.6　劈尖绕射几何图,接收点 R 位于阴影区

4. 散射波

当电磁波的传播路由上存在小于波长的物体、并且单位体积内这种障碍物体的数目非常巨大时,会发生散射。散射发生在粗糙表面、小物体或其他不规则物体,如树叶、街道标志和灯柱等。在移动无线环境中,接收信号比单独绕射和反射模型预测强是散射提供给接收机额外能量的结果。表面粗糙的程度可以用参考高度 h_c 来衡量,设电波入射角为 θ_i,则:

$$
h_c = \frac{\lambda}{8\sin\theta_i}
\tag{5.10}
$$

若平面最大突起高度为 h,$h < h_c$ 则表面为光滑,反之为粗糙。移动通信接收点也可以接收到多径传来的这种散射波,它们的振幅和相位是随机的,这就使接收点的场强的振幅发生变化,形成快衰落。

5.2.2　移动环境下的电波传播特性

1. 移动环境下的几个效应

由如上所述的移动环境下的电波传播机理以及用户的随机移动性可知,接收信号电场强度处于随机起伏变化的状态,电波传播存在如下几种效应:

(1) 远近效应。由于用户的随机移动性,带来移动台与基站间距离的随机变化。若各移动台发射功率一样,则到达基站的信号强弱不同,移动台离基站近信号强,离基站远信号弱,出现以强压弱的现象,这种现象称为远近效应。

(2) 阴影效应。地形地物结构的遮挡所引起的接收半盲区现象,如图 5.7 所示。这是

由于传输环境中的地形起伏、大型建筑物及其他障碍物对电波遮蔽而形成阴影衰落。

（3）多径效应。由于无线信道中的反射、散射和折射,使得经过传播后的发射信号沿着多个不同的路径到达接收天线,因此接收信号的幅度和相位随着天线的位置、方向和信号的到达时间发生变化,表现为快速起伏,即短期效应,也称多径衰落。

（4）多普勒(Doppler)效应。由于移动体的运动速度和方向引起传播频率的扩散,其扩散程度与用户运动速度成正比。多普勒频移的大小与移动体的运动速度、运动方向及电磁波的来波夹角 θ 和波长 λ（频率）有关。见图 5.8,移动体由于路径的变化,接收信号相位变化为:

$$\Delta\phi = \frac{2\pi\Delta l}{\lambda} = \frac{2\pi v\Delta t}{\lambda}\cos\theta$$

则频率的变化（多普勒频移）为:

$$f_{\mathrm{d}} = \frac{1}{2\pi}\cdot\frac{\Delta\phi}{\Delta t} = \frac{v}{\lambda}\cos\theta \tag{5.11}$$

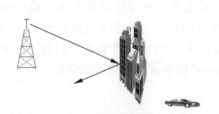 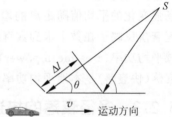

图 5.7 阴影衰落形成   图 5.8 多普勒频移的产生

若移动向着来波方向,f_{d} 为正,背着来波方向为负。在多径条件下,移动引起多普勒频谱展宽。

2. 移动信道的统计模型

由上述分析可知,移动无线传播的多径效应、阴影效应和传播的路径损耗特性会引起接收场强的快速波动。图 5.9 表示了典型的移动场强特性。通常是用统计传播模型来评估,信道参数为随机变量。通常,移动无线信道中存在三种互相独立的传播现象: 小尺度衰落（多径衰落）、阴影衰落和大尺度路径损耗。

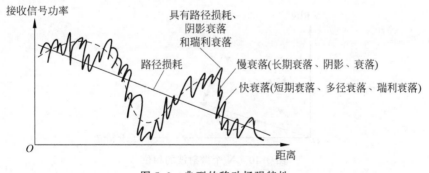

图 5.9 典型的移动场强特性

1) 小尺度衰落（快衰落）

多径效应引起的快衰落反映了在数十倍于波长数量级的小范围内接收电平的均值（也

称为本地平均功率电平)变化,因此,多径衰落也称为小尺度衰落,见图 5.9。

在各个多径信道中,若信道彼此独立,当接收信号有较强的直射波且占支配地位时,接收信号包络的衰减变化服从莱斯(Rician)分布;当接收点没有直射波信号,仅有许多多径信号,各径信号彼此独立且没有任何一径信号占支配地位时,则接收信号包络的衰落变化服从瑞利(Rayleigh)分布,因此,多径快衰落又称为瑞利衰落。

快衰落又可以分为三类:空间选择性衰落、频率选择性衰落和时间选择性衰落。选择性是指在不同的空间、不同的频率和不同的时间衰落特性是不同的。快衰落是蜂窝移动通信研究的重点,许多移动通信的关键技术都是为克服快衰落而提出来的。

2) 阴影衰落(慢衰落)

阴影衰落是由于阴影效应引起的慢衰落,它反映了在数百倍于波长数量级的中等范围内接收电平的均值变化。慢衰落接收信号的变化幅度取决于障碍物状况、障碍物和移动台移动速度等。慢衰落接收信号近似服从对数正态分布。

3) 大尺度衰落

场强变化的平均值随距离的增加而衰减,它就是电波在空间传播所产生的路径损耗。大尺度衰落反映了在数十米到数百米区域内电波在空间距离上功率平均值的变化,因此称为区域平均功率(area-mean power)。阴影衰落(慢衰落)是在大尺度衰落上附加的衰落,小尺度衰落(快衰落)是本地平均功率(local-mean power)围绕区域平均功率变化。

5.2.3 多径衰落的描述

1. 瑞利衰落

瑞利衰落是由于多径接收引起的。考虑多径效应和多普勒效应同时存在,设基站发射信号为无调制的载波信号 $\cos\omega_0 t$,到达接收天线的 N 路信号幅值和方位角是随机、统计独立的散射波,如图 5.10 的虚线所示,合成为瑞利衰落包络(实线所示)。合成信号表示为

$$R(t) = \sum_{i=1}^{N} a_i \cos\left[\omega_0 t + \left(\phi_i + \frac{2\pi}{\lambda}vt\cos\theta_i\right)\right] \tag{5.12}$$

其中,a_i 为第 i 路接收信号的衰落因子(源信号幅度设定为单位 1);φ_i 是第 i 条路径的传播时延引起的相移,$\varphi_i = -\omega_0\tau_i$,$\tau_i$ 是第 i 条路径的传播时延;θ_i 为电波到达来向与移动台运动方向之间的夹角,v 为车速,λ 为波长。式(5.13)表示多普勒频移引起的相位变化。

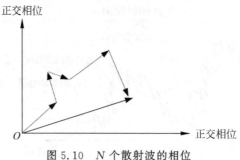

图 5.10 N 个散射波的相位

令

$$\psi_i = \phi_i + \frac{2\pi}{\lambda}vt\cos\theta_i \tag{5.13}$$

则式(5.12)可表示为

$$R(t) = \sum_{i=1}^{N} a_i \cos(\omega_0 t + \psi_i)$$

其同相-正交表达式为

$$R(t) = x\cos\omega_0 t - y\sin\omega_0 t \qquad (5.14)$$

其中同相部分可以求得为

$$x = \sum_{i=1}^{N} a_i \cos\psi_i = \sum_{i=1}^{N} x_i \qquad (5.15)$$

正交相位部分为

$$y = \sum_{i=1}^{N} a_i \sin\psi_i = \sum_{i=1}^{N} y_i \qquad (5.16)$$

则式(5.14)可写成极坐标为

$$R(t) = x\cos\omega_0 t - y\sin\omega_0 t = r\cos[\omega_0 t + \theta] \qquad (5.17)$$

其中, r 为合成波 $R(t)$ 的包络, θ 为合成波 $R(t)$ 的相位:

$$r = \sqrt{x^2 + y^2} \qquad (5.18)$$

$$\theta = \arctan\frac{y}{x} \qquad (5.19)$$

由于 x 和 y 都是独立随机变量之和,根据概率论的中心极限定理,大量独立随机变量之和的分布趋向正态分布,概率密度函数为

$$p(x) = \frac{1}{\sqrt{2\pi}\sigma_x} e^{-\frac{x^2}{2\sigma_x^2}} \qquad (5.20)$$

$$p(y) = \frac{1}{\sqrt{2\pi}\sigma_y} e^{-\frac{y^2}{2\sigma_y^2}} \qquad (5.21)$$

其中, σ_x 、 σ_y 分别是随机变量 x 、 y 的标准偏差。由于 x 和 y 相互独立,在面积 $\mathrm{d}x\mathrm{d}y$ 的联合概率为

$$p(x,y)\mathrm{d}x\mathrm{d}y = p(x)\mathrm{d}x \cdot p(y)\mathrm{d}y \qquad (5.22)$$

设随机变量 x 和 y 均值为零,且 $\sigma_x^2 = \sigma_y^2 = \sigma^2$,则联合概率密度函数 $P(x,y)$ 为

$$p(x,y) = \frac{1}{2\pi\sigma^2} \exp\left[\frac{x^2 + y^2}{2\sigma^2}\right] \qquad (5.23)$$

用式(5.18)和式(5.19)的极坐标表示,则

$$p(r,\theta)\mathrm{d}r\mathrm{d}\theta = p(x,y)\mathrm{d}x\mathrm{d}y$$

得联合概率密度函数为

$$p(r,\theta) = \frac{r}{2\pi\sigma^2} \exp\left[-\frac{r^2}{2\sigma^2}\right] \qquad (5.24)$$

对 θ 积分,可求得包络概率密度函数 $p(r)$ 为

$$p(r) = \frac{1}{2\pi\sigma^2} \int_0^{2\pi} r\exp\left[-\frac{r^2}{2\sigma^2}\right] \mathrm{d}\theta = \frac{r}{\sigma^2}\exp\left[-\frac{r^2}{2\sigma^2}\right] \quad r \geqslant 0 \qquad (5.25)$$

同样,对 r 积分,可求得相位概率密度函数 $p(\theta)$ 为

$$p(\theta) = \frac{1}{2\pi\sigma^2}\int_0^\infty r\exp\left[-\frac{r^2}{2\sigma^2}\right]dr = \frac{1}{2\pi} \quad 0 \leqslant \theta \leqslant 2\pi \tag{5.26}$$

由式(5.25)可知,多径衰落的信号包络服从瑞利分布,故多径衰落也称为瑞利衰落。瑞利分布如图5.11所示。

进而可得到瑞利衰落信号的特性如下

$$均值\ m = E(r) = \int_0^\infty rp(r)dr = \sqrt{\frac{\pi}{2}}\sigma = 1.253\sigma \tag{5.27}$$

$$均方值\ E(r^2) = \int_0^\infty r^2 p(r)dr = 2\sigma^2 \tag{5.28}$$

包络 r 的中值 r_m 满足 $P(r \leqslant r_m) = 0.5$,且 $r_m = 1.177\sigma$。

2. 莱斯衰落

在移动通信的多径环境中,当接收信号有较强的占支配地位的波时,接收信号包络的衰减变化服从莱斯分布。占支配的波(主波)可以是单独的较强的直射波,也可以是两个或多个主信号的相位和,如直射波与地面反射波之和。主波通常是确定性过程,完全可以预测。移动接收天线除接收占支配的地位的成分外,还有大量反射波和散射波,它们的相位关系如图5.12所示。

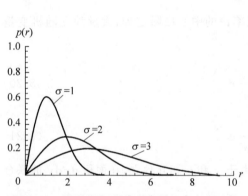

图 5.11 瑞利分布-包络变量的概率密度函数

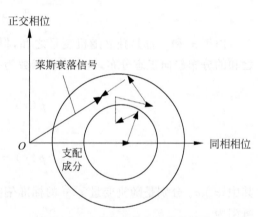

图 5.12 莱斯衰落中的相位关系

莱斯衰落信号包络的概率密度函数 $p(r)$ 的导出,类似于瑞利衰落。为了获得信号振幅 r 的概率密度函数,可在特定时刻 t_0 观察同相 x 和正交 y 分量,如果散射波的数目足够大且独立同分布,则根据中心极限定理,x_{t0} 和 y_{t0} 是高斯型的,但由于存在确定性的支配项,均值不再为零。莱斯衰落的振幅和相位的联合概率密度函数为

$$p(r,\theta) = \frac{r}{2\pi\sigma^2}\exp\left[-\frac{r^2 - 2Ar\cos\theta + A^2}{2\sigma^2}\right] \tag{5.29}$$

其中,σ^2 为本地平均散射功率,A 为主波振幅。式(5.29)对相位积分得幅度的概率密度函数:

$$p(r) = \int_{-\pi}^{+\pi} p(r,\theta)d\theta = \left\{\frac{r}{\sigma^2}\exp\left[-\frac{(r^2 + A^2)}{2\sigma^2}\right]\right\} I_0\left(\frac{Ar}{\sigma^2}\right), \quad A \geqslant 0, \quad r \geqslant 0 \tag{5.30}$$

其中,$I_0(\cdot)$ 为零阶第一类修正贝塞尔(Bessel)函数。贝塞尔分布常用莱斯因子 K 来描述,K 定义为主信号功率与本地平均散射功率(即多径分量方差)之比:

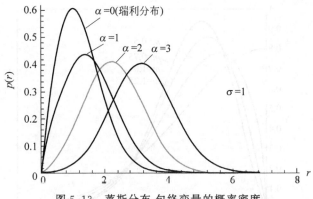

图 5.13 莱斯分布-包络变量的概率密度

$$K = \frac{A^2}{2\sigma^2} \tag{5.31}$$

或

$$K(\mathrm{dB}) = \lg \frac{A^2}{2\sigma^2}$$

由莱斯因子 K 就完全确定了莱斯分布,当 $A \to 0$、$K \to \infty$ 且主信号幅度减小时,莱斯分布变为瑞利分布。容易得到本地平均功率为 $\overline{P} = \frac{1}{2}A^2 + \sigma^2$。采用莱斯因子 K 和本地平均功率 $\overline{P}$,莱斯衰落的振幅分布可表示为

$$p(r) = (1+K)\mathrm{e}^{-K}\frac{r}{\overline{P}}\exp\left(\frac{1+K}{2\overline{P}}r^2\right)I_0\left(\sqrt{\frac{2K(1+K)}{\overline{P}}}r\right) \tag{5.32}$$

室内信道典型地呈现为莱斯分布,如果直达波被阻塞,则瑞利衰落模型较为合适。

3. Nakagami-m 分布

Nakagami-m 分布可以更灵活和准确地描述多径衰落信道的统计特性。Turin 和 Suzuki 指出 Nakagami-m 分布最适合用于描述城市内无线多径信道中接收的数据信号。Nakagami-m 分布的概率密度函数如下:

$$p(r) = \frac{2}{\Gamma(m)}\left(\frac{m}{\Omega}\right)^m r^{2m-1}\mathrm{e}^{-\frac{mr^2}{\Omega}} \tag{5.33}$$

其中:$\Gamma(x)$ 为 Gamma 函数;$\Omega = E(r^2)$,表示平均信号功率,控制分布的扩展;m 为衰落因子,$m = \frac{\Omega^2}{E[r^2 - \Omega^2]}$ 作为 Nakagami 或 Gamma 分布的造型因子,其取值可能从 0.5 直到无穷大,控制分布的特性曲线,如图 5.14 所示。当 $m = 0.5$ 时,$p(r)$ 为半高斯(half-Gaussian)概率密度函数。m 为 1 或小于 1 时为深度衰落,当 $m = 1$ 时,$p(r)$ 为瑞利概率密度函数,其瞬时功率为指数分布。$m > 1$ 时,与瑞利衰落相比,接收信号强度的起伏减小,而 m 远大于 1 为莱斯分布。

5.2.4 路径损耗(大尺度传播模型)

在陆地传播中,已知发射功率 P_T、发射天线增益 G_T 和接收天线增益 G_R 时,接收天线的信号功率 P_R 可表示为

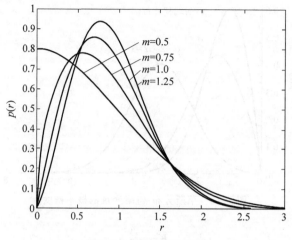

图 5.14　分布特性曲线

$$P_R = \frac{G_T G_R P_T}{L} \tag{5.34}$$

其中，L 为在信道中的传播损耗，即 $L = L_P L_S L_F$，L_P 为路径损耗、L_S 为慢衰落损耗、L_F 为快衰落损耗。

路径损耗模型是描述从发射到接收天线信号的衰减模型，它是传播距离和其他参数的函数，有的模型包括许多用于估计信号衰减的地形地貌细则。下面以图 5.15 为例说明如何考虑路径损耗。由图可见，最合适的路径损耗模型取决于接收点的位置。

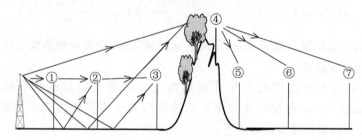

图 5.15　路径损耗实例

在位置①，只考虑自由空间的损耗就能给出路径损耗的精确估计。在位置②和③，存在很强的视距传播，同时地面反射波也对路径损耗的影响也很强，平地损耗模型（即两径模型）较为合适。在位置④，由于树阻挡了直射波而引起明显的绕射损耗，需要修正自由空间损耗。在位置⑤、⑥和⑦，要预测路径损耗比其他位置更为困难，地面反射和绕射损耗相互影响。

1. 自由空间传播损耗

在式(5.3)给出了自由空间传播损耗，即：

$$L_{fs} = 32.45 + 20\lg d(\text{km}) + 20\lg f(\text{MHz}) \quad (\text{dB}) \tag{5.35}$$

仅考虑自由空间传播损耗时，接收信号功率为

$$P_R = G_R G_T P_T \left(\frac{\lambda}{4\pi d}\right)^2 \tag{5.36}$$

在蜂窝电话系统中,要计算覆盖小区所需的接收信号功率,CCIR 建议使用在接收位置的电场强度 E,它和接收信号功率的关系为

$$E = \sqrt{120\pi P_{\mathrm{R}}} \qquad (5.37)$$

当传播距离 d 增加时,由于辐射能量在以半径为 d 的球面扩散,因此接收功率按 d^2 衰减。

2. 平坦地区传播损耗

在 5.2.1 节中的两径模型,可以从式(5.8)得到接收点的接收功率为

$$
\begin{aligned}
P_{\mathrm{R}} &= P_{\mathrm{T}} \left(\frac{\lambda}{4\pi d} \right)^2 | \left[1 + R\exp(\mathrm{j}\Delta\phi) \right] |^2 \\
&\approx P_{\mathrm{T}} \left(\frac{\lambda}{4\pi d} \right)^2 (\Delta\phi)^2 \quad (\Delta\phi \ll 1) \\
&= P_{\mathrm{T}} (h_{\mathrm{T}} h_{\mathrm{R}})^2 / d^4
\end{aligned}
\qquad (5.38)
$$

其中,$\Delta\phi = \dfrac{2\pi}{\lambda}\Delta d = \dfrac{2\pi h_{\mathrm{T}} h_{\mathrm{R}}}{\lambda d}$,$P_{\mathrm{R}}$ 与距离的 4 次方成反比。但是,传播损耗与地形地貌的关系极大,从地形上看,有平坦开阔的地区,也有山区、丘陵和起伏的地区;按照地物的密集程度可划分为三类。

(1) 城市环境。为稠密的建筑物和高层楼房。

(2) 郊区环境。为平坦地形,在移动台附近有些障碍物。

(3) 开阔地环境。为开阔地面,在电波传播路径上无高大树木、建筑物等障碍物。

(4) 基于上述原因,传播环境对无线传播模型的建立起关键作用,同时无线传播模型还受到系统工作频率和移动台运动因素的影响。因此,除了基于无线电传播理论的理论分析方法外,还要特别注重实测统计方法,它以大量测试数据和经验公式为基础而建立,最著名的统计模型是奥村(Okumura)模型。

3. Okumura 模型与 Hata 公式

Okumura 模型是 Okumura 以在日本的大量测试数据为基础统计出的以曲线图表示的传播模型。在 Okumura 模型的基础上,利用回归方法拟合出便于计算机计算的解析经验公式。Hata 对 Okumura 模型进行公式化处理,得到 Okumura-Hata 公式。另外还有适用于微蜂窝的 Walfisch 公式及室内传播环境使用的 Keenan-Motley 公式。这些经验公式计算繁琐并且与实际环境之间存在着或大或小的误差。因此在实际的场强预测中,一般都以修正的 Okumura-Hata 模型作为预测模型,利用计算机进行辅助预测,可以针对当地的实际无线环境做 CW 测试后对 Okumura-Hata 公式进行修正。CW 测试指使用连续波作为信号源,测试其传播损耗。使用连续波作为信号源,则信号的传播损耗就只与无线环境有关,而与信号本身没有关系,这样测试得到的数据用来进行模型校正最准确。

Okumura-Hata 公式适用于频率在 $100\sim1500\mathrm{MHz}$、传播距离在 $1\sim20\mathrm{km}$ 的区域场强预测,具体公式如下所述。

(1) 市区(Urban area)的路径损耗

$$
\begin{aligned}
L_{\mathrm{PU}}(\mathrm{dB}) = {} & 69.55 + 26.16\lg f_{\mathrm{c}}(\mathrm{MHz}) - 13.82\lg h_{\mathrm{b}}(\mathrm{m}) - \alpha[h_{\mathrm{m}}(\mathrm{m})] + \\
& [44.9 - 6.55\lg h_{\mathrm{b}}(\mathrm{m})]\lg d(\mathrm{km})
\end{aligned}
\qquad (5.39)
$$

其中,

$$\alpha[h_{\mathrm m}(\mathrm m)]=\begin{cases}[1.1\lg f_{\mathrm c}(\mathrm{MHz})-0.7]h_{\mathrm m}(\mathrm m)-[1.56\lg f_{\mathrm c}(\mathrm{MHz})-0.8] & \text{小型或中型城市}\\ 8.29[\lg1.54h_{\mathrm m}(\mathrm m)]^2-1.1, \quad f_{\mathrm c}\leqslant200\mathrm{MHz}, & \text{大城市}\\ 3.2[\lg11.75h_{\mathrm m}(\mathrm m)]^2-4.97, \quad f_{\mathrm c}\geqslant400\mathrm{MHz}, & \text{大城市}\end{cases}$$

$$(5.40)$$

$\alpha[h_{\mathrm m}(\mathrm m)]$ 为移动台天线高度校正因子, $h_{\mathrm m}(\mathrm m)$ 为移动台天线高度, $h_{\mathrm b}(\mathrm m)$ 为基站天线有效高度。

（2）郊区（Suburban area）的路径损耗

$$L_{\mathrm{PS}}(\mathrm{dB})=L_{\mathrm{PU}}(\mathrm{dB})-2\lg f_{\mathrm c}(\mathrm{MHz}) \tag{5.41}$$

（3）开阔区（Open arer）

$$L_{\mathrm{PO}}(\mathrm{dB})=L_{\mathrm{PU}}(\mathrm{dB})-4.78[\lg f_{\mathrm c}(\mathrm{MHz})]^2+18.33\lg f_{\mathrm c}(\mathrm{MHz})-40.94 \tag{5.42}$$

4. 路径损耗的其他经验模型

（1）Walfisch-Ikegami 模型。在欧洲 COST 计划工程 231 开发出的半确定性经验模型，它适合高楼林立地区的中到大型蜂窝的场强确定。该模型的特点是：从对众多城市的电波实测中得出的一种小区域覆盖范围内的电波损耗模型。GSM 1800MHz 主要采用 Walfish-Ikegami 电波传播衰减计算模型。

GSM 900MHz 主要采用 CCIR 推荐的 Okumura 电波传播衰减计算模型。前面已经介绍，该模型是以准平坦地形大城市区的中值场强或路径损耗作为参考，对其他传播环境和地形条件等因素分别以校正因子的形式进行修正。

（2）WIM 模型。该模型在频段 800～2000MHz 和路径长度 0.02～5km 的测量值十分符合。

不管是用哪一种模型来预测无线覆盖范围，只是基于理论和测试结果统计的近似计算。由于实际地理环境千差万别，很难用一种数学模型来精确地描述，特别是城区街道中各种密集的、不规则的建筑物反射、绕射及阻挡，给数学模型预测带来很大困难。因此，有一定精度的预测虽可起到指导网络基站选点及布点的初步设计，但是通过数学模型预测与实际信号场强值总是存在差别。

5.2.5　信道相关带宽和相干时间

1. 信道相关带宽

由于多径效应，每个路径有不同的路径长度，因此每个路径到达时间是不同的，这些幅度衰减和时延各不同的信号相互重叠，产生干扰，造成接收端判断错误，严重影响信号传输质量。这种特性称为信道的时间扩展，图 5.16 表示信道时延功率谱及其多径时延扩展 $T_{\mathrm m}$（最大时延扩展）。

定义信道相关带宽 $B_{\mathrm c}$ 为多径时延扩展的倒数：$B_{\mathrm c}\approx\dfrac{1}{T_{\mathrm m}}$。

当传输速率较高时，信号带宽接近或超过信道相关带宽时，信道的时间弥散性将对接收信号造成频率选择性衰落（信号的衰落与频率有关）。所以时间弥散是使无线信道传输速率受限的主要原因之一。

2. 信道相干时间

移动台的运动产生多普勒扩展，它是未调制载波传输时观察到的频谱宽度。如果从移

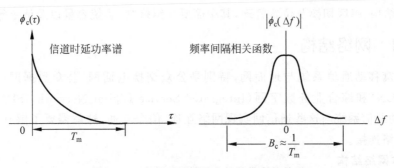

图 5.16 多径时延扩展和相关带宽的关系

动台到基站只有一条路径,基站将观察到多普勒频移。多普勒频移随移动台相对于基站运动的角度不同而变化。多普勒功率谱非零值的范围称为多普勒扩展 B_d。B_d 的倒数为信道相干时间 Δt,$\Delta t = 1/B_d$,见图 5.17。信道在相干时间内其性能没有太大变化。

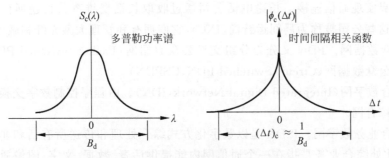

图 5.17 多普勒扩散和相关时间的关系

当信号的持续时间小于信道的相干时间时,在一个符号持续时间内信道变化不明显,这种衰落称为慢衰落。反之,当信号的持续时间大于时变信道的相干时间时,信号幅度在一个符号持续时间内会有大的起落,这种衰落称为快衰落,亦称时间选择性衰落。

由以上分析可知,时延扩展会导致时间散布,从而引起频率选择性衰落,多普勒扩展则会导致频率散布从而引起时间选择性衰落。基于时延扩展的衰落和基于多普勒扩展的衰落是两种不同类型的失真,对于一个信道来讲,若有信号对其既是频率非选择性信道,又是慢衰落,则信道必须满足的条件是 $T_m B_d < 1$。称 $T_m B_d$ 为信道的扩散因数,若满足 $T_m B_d < 1$,则称为欠扩散信道,否则称为过扩散信道。

5.3 移动通信系统的网络结构

蜂窝概念的提出为有效利用频率资源开辟了途径,同时又大大促进了无线移动网络的发展。在某个地域内实现无线移动通信,就必须首先建立一个由基站为中心的网络,以保证能覆盖到该区域内的移动用户。同时,基站也应该连接到一个被称作移动交换中心(Mobile Switching Center,MSC)的设施上。MSC 将多个基站和公用交换电话网(Public Switched Telephone Network,PSTN)连接起来,从而实现系统中所有用户(包括无线移动用户和固定有线用户)间的通信。

本章主要讨论构成移动通信网的主要因素以及特点,介绍蜂窝移动通信系统中的重要问题：网络结构、越区切换及位置管理，其中简要介绍蜂窝、系统容量以及信令等知识。

5.3.1　网络结构

数字蜂窝移动通信系统与地面网，特别是公众交换电话网、公众数据网（Public Data Network，PDN）和综合业务数字网（Integrated Service Digital Network，ISDN）的关系密切，要求移动通信系统与这些通信网实现网络互连、信令互通，这就需要了解有关网络的信令系统和网络连接。

1. 基本网络结构

目前运行的固定通信网主要有：

（1）公众交换电话网。PSTN 就是我们日常使用的有线电话网，是一个高度集成的通信网。它提供了世界上 70% 的住户间通信。在 PSTN 中，每个城市和属于统一通信区域内的城镇被称作本地接入和传输区（LATA）。LATA 则通过被称为本地交换运营商（LEC）的公司与外界实现通信连接。长途电话公司通过收取长话费维系其长途通信网的 LATA 间的连接。这些公司被称为局间运营商（IXC），它们拥有和管理大型光纤和微波通信网。

（2）公众数据网。PDN 又分为分组交换公众数据网（Packet Switched PDN，PSPDN）和电路交换公众数据网（Circuit Switched PDN，CSPDN）。

（3）综合数字网（Integrated Digital Network，IDN）。由程序控制数字交换和数字中继传输构成的综合网。

（4）综合业务数字网。ISDN 是以数字化方式综合处理和传送所有话和非话业务的信息网络，即此处综合业务是指在一个通信网内能提供话音、数据、文字、图像通信的综合服务，数字网是指信息的处理、交换、传递的数字化。CCITT 对综合业务（服务）数字网的定义是：一个数字电话网络国际标准，是一种典型的电路交换网络系统（circuit-switching network）。它通过普通的铜缆以更高的速率和质量传输话音和数据。

和上述基本网络相比，无线移动通信网要复杂得多。首先，无线网需要一个连接基站和用户的空中接口，以保证在各种传输环境下无论用户在什么地方，都能获取与有线质量相当的通信。其次，为了保证足够的覆盖，在通信小区内设立许多基站，并且每个基站都要连接在 MSC 上。MSC 最终也必须通过基站将每个移动用户接续在 PSTN 上，这就需要一个独立的信令网，连接 LEC、一个或多个 IXC 以及其他的 MSC。另外，无线通信具有特有的问题，即无线信道的恶劣变化和随机特性。由于用户需要在任何地方和任何移动速度下都能得到通信服务，那么 MSC 就必须能随时在网络内的基站间进行话务交换。为了使无线网络在带宽受限、时变衰落的信道中有效支持各种业务，许多新技术，如高效调制技术、频率复用技术及分布式无线接口等已成为无线网中不可或缺的技术要素。

2. 蜂窝移动通信网的结构

蜂窝移动通信网是一个复杂的系统。它由若干分系统构成，每个分系统又包含许多设备。在各个分系统之间、构成分系统的各个功能实体之间以及移动网与各固定公众通信网之间，都有特定的接口和相应的接口技术规范。只有满足这些接口要求，网的各个部分才能成功互连，网的功能才能实现。在整个网的运行和管理过程中，各个功能模块是通过接口传输的信令而协调工作的。虽然蜂窝移动通信网比较复杂，但抓住"结构-接口-信令"这条线索，就能对蜂窝网的整体有清晰的了解。

数字蜂窝移动通信系统的构成如图5.18所示。蜂窝移动通信网可分为移动台(Mobile Station,MS)、基站子系统(Base Station Subsystem,BSS)和网络子系统(Network Subsystem,NSS)。基站子系统BSS由基站收发信台(Base Transceiver Station,BTS)和基站控制器(Base Station Controller,BSC)两部分组成。网络子系统NSS包括MSC、归属位置寄存器(Home Location Register,HLR)、访问位置寄存器(Visitor Location Register,VLR)、设备识别寄存器(Equipment Identity Resiste,EIR)、鉴权中心(AUthentication Center,AUC)和操作维护中心(Operation and Maintenance Center,OMC)。

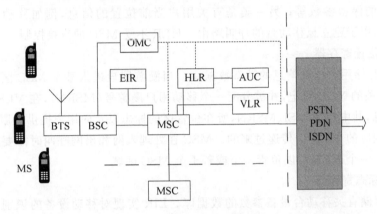

图5.18 蜂窝移动通信网构成

1) 移动台

移动台由用户设备构成。用户使用这些设备可接入蜂窝网,得到所需要的通信服务。每个移动台都包括一个移动终端(Mobile Termination,MT)。根据通信业务的需要,移动台还可包括各种终端设备(Terminal Adaptor,TE)或是它们的组合以及终端适配器(Terminal Adaptor,TA)等。移动台分为车载台、便携台和手持台等类型。移动台有若干识别号码。作为一个完整的设备,移动台用国际移动设备识别码(IMEI)来识别。用户使用时,被分配一个国际移动用户识别码(IMSI),并通过SIM实现对用户的识别。

2) 基站系统

基站系统由可在小区内建立无线电覆盖并与移动台通信的设备组成。一个基站系统可为一个或多个小区服务。基站系统实现的功能包括控制功能和无线传输功能,分别由基站控制台和基站收发信台这两类功能实体完成。BSC的功能是对基站收发信台进行控制。每个BSC可控制一个或多个BTS。BTS是覆盖一个小区的无线电收发信设备,由基站控制台控制。

3) 移动交换中心

MSC对位于其服务区内的移动台进行交换和控制,同时提供移动网与固定公众电信网的接口。可以说,MSC是数字蜂窝网的网络核心。作为交换设备,MSC具有完成呼叫接续与控制的功能,这点与固定网交换中心相同。作为移动交换中心,MSC又具有无线资源管理和移动特性管理等功能,例如移动台位置登记与更新以及越区转接控制等。这是与固定网交换中心的主要不同之处。

为了建立从固定网至某个移动台的呼叫路由,固定网应知道该移动台当前在哪个MSC

服务区内。当固定网不能查询 HLR 时,该呼叫就被接续到某个 MSC。这个 MSC 将查询有关的 HLR,并建立至移动台当前所属的 MSC 的呼叫路由。具有这种功能的 MSC 称为信关 MSC (Gateway MSC,GMSC)。根据网的实际结构,可以选择部分或全部 MSC 作为 GMSC。

4) 归属位置寄存器

HLR 是用于移动用户管理的数据库。每个移动用户必须在某个 HLR 中登记注册。在一个数字蜂窝网中,应包含一个或若干个 HLR。归属位置寄存器所存储的用户信息分为两类:一类是有关用户参数的信息,例如用户类别,所提供的服务,用户的各种号码、识别码,以及用户的保密参数等;另一类是有关用户当前位置的信息,例如移动台漫游号码、VLR 地址等,用于建立至移动台的呼叫路由。HLR 不受 MSC 的直接控制。

5) 访问位置寄存器

VLR 是存储用户位置信息的动态数据库。当漫游用户进入某个 MSC 区域时,必须向与该 MSC 相关的 VLR 登记,并被分配一个移动用户漫游号(MSRN),在 VLR 中建立该用户的有关信息,其中包括 MSI、MSRN,所在位置区的标志以及向用户提供的服务等参数,这些信息是从相应的 HLR 中传递过来的。MSC 在处理入网和出网呼叫时需要查询 VLR 中的有关信息。一个 VLR 可以负责一个或若干个 MSC 区域。

6) 设备标志寄存器

EIR 是存储有关移动台设备参数的数据库。EIR 实现对移动设备的识别、监视和闭锁等功能。

7) 鉴权中心

AUC 是认证移动用户身份以及产生相应认证参数的功能实体。这些参数包括随机号码 RAND、信号响应 SREC 和密匙 KC 等。认证中心对任何试图入网的用户进行身份认证,只有合法用户才能接入网中并得到服务。

8) 操作维护中心

OMC 是网络操作者对全网进行监控和操作的功能实体。在构成实际网络时,根据网络规模、所在地域以及其他因素,上述功能实体可有各种配置方式。通常将 MSC 和 VLR 设置在一起,而将 HLR、EIR 和 AUC 合设于另一个物理实体中。在某些情况下,MSC、VLR、HLR、AUC 和 EIR 也可合设于一个物理实体中。

3. 蜂窝移动通信网的接口

蜂窝陆地移动通信网的实体结构与接口如图 5.19 所示。图中给出了公共陆地移动通信网定义的接口,即 A～G 以及 Urn 和 Sm 共 9 个接口。

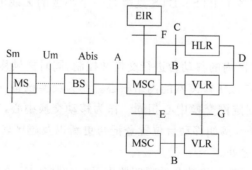

图 5.19　蜂窝陆地移动通信网实体结构

（1）A 接口。基站 BS 与移动交换中心 MSC 间的接口。此接口传送的信息主要有基站管理、呼叫管理与移动站管理等信息。

（2）B 接口。移动交换中心 MSC 与访问位置寄存器 VLR 间的接口。当 MSC 需要其辖区内的某个移动台的当前位置和管理数据时，则通过此接口向 VLR 查询。

（3）C 接口。移动交换中心 MSC 与本地（归属）用户位置寄存器 HLR 间的接口。当建立呼叫时，MSC 经此口从 HLR 中获取路由选择信息；当呼叫结束时，MSC 经此口向 HLR 发送计费信息。若此 MSC 为信关移动交换中心 GMSC，而当地面固定交换网需要获得被呼移动台的位置信息以建立呼叫时，可通过 GMSC 向该被呼用户登记的 HLR 进行查询，并将结果信息传送给固定交换网。

（4）D 接口。访问位置寄存器 VLR 与本地（归属）用户位置寄存器 HLR 间的接口。它用于两个位置寄存器之间交换有关移动台的位置信息和用户数据信息。

（5）E 接口。移动交换中心 MSC 之间的接口。当移动台从一个 MSC 辖区移入另一个 MSC 辖区而发生（越辖区）信道切换时，两个 MSC 间用此接口交换信道切换的信息。

（6）F 接口。移动交换中心 MSC 与设备识别寄存器 EIR 间的接口。它用于传递有关移动设备的管理信息，如国内和国际移动设备标识的信息。

（7）G 接口。访问位置寄存器 VLR 之间的接口。当发生（越辖区）信道切换，新辖区 VLR 需要与原辖区的 VLR 通信时用此接口。例如查询移动设备的国际用户标识。

（8）Um 接口。基站 BS 与移动站 MS 间的接口，它为空中无线电接口，是移动通信网的主要接口。

（9）Abis 接口。是基站与基站控制器的内部接口。

（10）Sm 接口。是用户与移动通信网的人机接口 Sm，包括键盘、显示器以及用户识别卡等。

4. 蜂窝移动通信网的连通

1）数字蜂窝移动通信网与固定网的互通

大部分移动用户都是与固定用户进行通话的。所以数字移动网必须与固定的 PSTN 或 ISDN 实现互通。这种互通是由两者交换机之间的互连实现的。为了实现互通，双方都采用 SS7 信令系统。图 5.20 给出了蜂窝移动通信网与 SS7 信令网的关系。移动通信网中的移动交换中心（MSC）、信关移动交换中心（GMSC）以及固定网交换局都是 SS7 信令网中的信令点（Signalling Point，SP）。

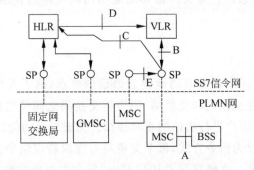

图 5.20　蜂窝移动通信网与 SS7 信令网的系统

在网络配置允许时,移动网中的 HLR 可与固定网建立信令接口。这样,固定网中的交换机可直接查询 HLR 而获取某个移动台的当前位置信息,以建立至该移动台的呼叫路由。图 5.21 给出了公共陆地移动通信网(PLMN)与地面固定网的互连情况。

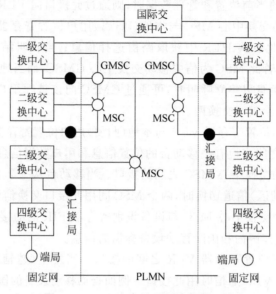

图 5.21　PLMN 与地面固定网的互连

对于大容量数字蜂窝移动通信网,移动通信网的 GMSC 应当处于地面固定网中一级交换中心的地位。对于中等容量的数字蜂窝移动通信网,移动通信网的 GMSC 及 MSC 可处于地面固定网中二、三级交换中心的地位,它们与固定网中汇接局相连接。如图 5.21 所示,图中固定网络中的一级交换中心之间构成网状网;二级交换中心以下各级交换中心直至端局为星状连接。GMSC 之间为网状网。GMSC 和 MSC 均要经两个不同的汇接局或交换中心与固定网相连,以确保网络的可靠性。

2) 蜂窝移动通信网之间的互通

在一个地区或国家中可以建立若干个蜂窝移动通信网。为了使移动用户在更大范围内实现漫游,不同移动通信网之间应该实现互通。若两个移动通信网的技术规范相同,则通过 MSC 可直接互连。若两者的结构和技术规范不相同,则在两个网之间需设立中介接口设备,以提供应用层的连接通道。有关蜂窝移动通信网间互通的详细内容,读者可参看有关文献。

5.3.2　信令

在通信网中,为了完成用户随时随地建立通信的要求,除了要传送用户到用户的信息(如话音、数据)外,还要在交换局与交换局、用户与交换局之间传送用于建立和释放呼叫为主的控制信号,以便完成用户进行通信的正常接续。完成以上功能的控制信号为信令,通信网中对信令所遵守的协议为信令方式,每个交换局为完成特定信令方式的传递与控制所实现的功能实体为信令系统。在蜂窝移动通信网中,信令主要包括两大类:接入信令和网络信令。

1. 接入信令

接入信令主要指用户到网络节点间的信令。具体到蜂窝移动通信网来说,接入信令指移动台到基站之间的信令。其主要功能为呼叫管理、移动管理和无线资源管理。不同系统有不同的信令,大致分为数字信令和模拟音频信令等。

1) 接入信令协议模型

在图 5.19 中,已经绘出 MS 与 BS 之间的接口为 Um,其信令协议模型为三层结构,如图 5.22 所示。因为无线移动网与有线固定网有很大的不同,所以三层结构的实体和层协议也将不同。不同点主要有:网内用户的移动致使网络接入点的不断改变;移动用户终端与基站之间的无线链路不是固定占有的,而是根据网内用户情况而变化的。前者引出移动用户建立呼叫并实现接续的问题,即移动管理和接续管理问题;后者引出移动用户如何使用无线电链路的问题,即无线资源管理的问题。这些不同之处主要体现在第三层的各个子层上。现对移动通信网中无线接口的三层结构予以概述。

第一层是信令 1 层(L1)物理层。它提供点对点的电路,包括各类信道,它为高层信息的传输提供基本的无线信道。L1 的实现与多址方式密切相关,在 FDM/TDMA 多址方式的 GSM 网中,无线信道表现为频道内的时隙。

第二层为信令 2 层(L2)即数据链路层。它提供移动台和基站之间的无线数据链路,包括各种数据传输结构,对数据进行控制。L2 的层协议为 LAPDm,它是由 LAPD 演变过来的、为移动通信网所专有的协议,故加有标识 m 以示区别。

第三层为信令 3 层(L3),是通信子网的最高层。第三层包括无线资源管理(RM)、移动管理(MM)和接续管理(CM)3 个子层。接续管理子层(CM)是由呼叫控制(CC)、短消息业务(SMS)和补充业务(SS)3 个实体组成。

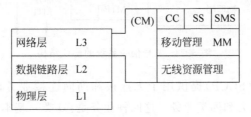

图 5.22 移动通信网信令模型的三层结构

2) 接入信令传输方式

在蜂窝移动通信网中,信令传输采用端到端的方式。信令信息通过原语传送到下层形成物理帧,通过无线接口到接收端再通过原语传送到对应端。为有助于对信令传输方式的理解,我们以 OSI 参考模型为例,来说明模型中 A 端信令信息到 B 端的传输过程,如图 5.23 所示。

2. 网络信令

1) 7 号信令的协议结构

网络信令指网络各个节点间的信令。在蜂窝移动通信网以及在 ISDN 中,常用的网络信令为 7 号信令系统(SS7)。其协议结构如图 5.24 所示。

消息传输部分(MTP)提供一个无连接的消息传输系统。它可以使信令信息跨越网络到达其目的地。

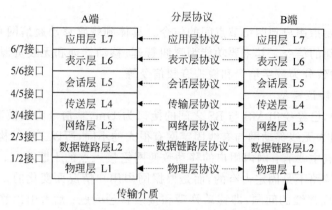

图 5.23   OSI 模型中信令传输过程

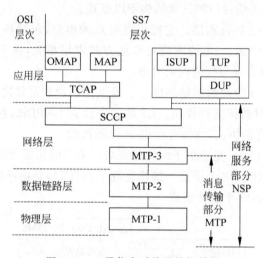

图 5.24   7 号信令系统的协议结构

信令连接控制部分(SCCP)提供用于无连接和面向连接业务的对 MTP 的附加功能。SCCP 提供扩展的地址能力和四类业务。这四种业务是:0 类—基本的无连接型业务;1 类—有序的无连接型业务;2 类—基本的面向连接型业务;3 类—流量控制的面向连接型业务。

事务处理能力应用部分(TCAP)提供使用与电路无关的信令应用之间交换信息的能力,TCAP 提供操作、维护和管理部分(OMAP)以及移动应用部分(MAP)的应用等。

用户部分(User Part,UP)是 MTP 的用户,其功能是处理信令消息。对不同通信业务类型的用户,其控制信令的处理功能是不同的。详细的说明参看 7 号信令。用户类型主要有电话用户部分(Telephone User Part,TUP)、数据用户部分(Data User Part,DUP)、综合业务数字网用户部分(ISDN User Part,ISDN UP)、移动应用部分(Mobile Application Part,MAP)、操作和维护用户部分(Operation and Maintenance User Part,OMUP)。

7 号信令网络是和目前的 PSTN 平行的一个独立网络。它由三部分组成:业务交换点(SSP)、信令转移点(STP)和业务控制点(SCP)。SSP 是一个电话交换机,它们由 SS7 链路互连,完成在其交换机上发起、转移和到达呼叫的呼叫处理。在该节中,蜂窝移动通信网中的 SSP 为 MSC。STP 是在网络交换机和数据库之间中转 SS7 消息的交换机。STP 根据

SS7 消息的地址域,将消息送到正确的输出链路上。为了满足苛刻的可靠性要求,STP 都是成对提供的。SCP 包括提供增强型业务的数据库,SCP 接收 SSP 的查询,并返回所需的信息给 SSP。在移动通信中,SCP 可包括一个 HLR 或一个 VLR。

2) 网络信令传输实例

下面以一个有线用户呼叫移动通信用户为例,说明 7 号信令在该呼叫中的传输步骤,如图 5.25 所示。

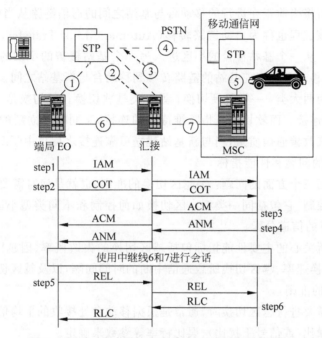

图 5.25　移动通信网与 PSTN 呼叫建立和释放示例

step0：当有线用户拨出移动识别号(MIN)后,发端的端局交换机(EO)得知该号码是无线业务号码;EO 发出对 HLR 的查询消息(这些查询消息是在交换机、VLR、HLR 之间交换的 TCAP 消息),以获得移动用户的临时本地号码(TLDN)。

step1：在得知移动用户的 TLDN 后,EO 通过信令链路(①—②—③—④—⑤)向 MSC 发送初始地址消息(IAM),进行中继链路的建立。

step2：(如果需要,则执行这一步骤)如果从 EO 发给汇接局(Tandem)的 IAM 中规定需要进行连续性检验(Continuity Check),则要检查从汇接局到 EO 之间选定的中继线是否为满意的传输路径。在连续性检验完成之后,从 EO 向汇接局发送一条连续性消息(COT)。至此,一条中继线建立成功。当 MSC 从汇接局收到 IAM 后,采用相同的步骤。

step3：当 IAM 到达 MSC 后,MSC 寻呼移动用户。如果该移动用户是空闲的,则 MSC 通过信令链路(⑤—④—②—③—①)向 EO 发送一个地址完成消息(ACM)。该消息表明 MSC 已收到完成该呼叫所需的路由信息,并通知 EO 有关该移动用户的信息、收费指示、端到端协议要求。MSC 还通过建立的中继线给主呼方提供一个音频振铃信号。

step4：当移动用户应答这次呼叫时,MSC 发给 EO 一个应答消息(ANM),指示呼叫已经应答。至此,通过中继线③和①已建立呼叫,并且通话开始。

step5：通话结束后,EO 通过信令链路发送释放消息(REL),指明使用的中继线将要从连接中释放出来。

step6：当 MSC 收到 REL 后，释放完成消息（RLC）进行应答，并确认指定的中继线已在空闲状态；EO 收到 RLC 后，将指定的中继线置为空闲状态。

5.3.3 越区切换和位置管理

1. 越区切换

越区切换是指将当前正在进行的移动台与基站之间的通信链路从当前基站转移到另一个基站的过程。该过程也称为自动链路转移（Automatic Link Transfer，ALT）。越区切换通常发生在移动台从一个基站覆盖的小区进入另一个基站覆盖的小区的情况下，为了保持通信的连续性，将移动台与当前基站的链路转移到移动台与新基站之间。

越区切换分为两大类：一类是硬切换；另一类是软切换。硬切换是指在新的连接建立以前，先中断旧的连接。而软切换是指既维持旧的连接，又同时建立新的连接，并利用新旧链路的分集合并来改善通信质量，当与新基站建立可靠连接之后再中断旧链路。

1）越区切换的问题和性能指标

越区切换包括三个方面的问题：①越区切换的准则，也就是何时需要和进行越区切换；②越区切换如何控制，它包括同一类型小区切换如何控制和不同类型小区之间切换如何控制；③越区切换时的信道分配。

越区切换中所关心的主要性能指标包括越区切换的失败概率、因越区失败而使通信中断的概率、越区切换速率、越区切换所致通信中断的时间间隔，以及越区切换发生的时延等。

2）越区切换的准则

在决定何时需要进行越区切换时，通常是根据移动台处接收的平均信号强度，也可以根据移动台处的信噪比（或信号干扰比）、误比特率等参数来确定。

假定移动台从基站 1 正向基站 2 运动，其信号强度的变化如图 5.26 所示。判定何时需要越区切换的准则如下。

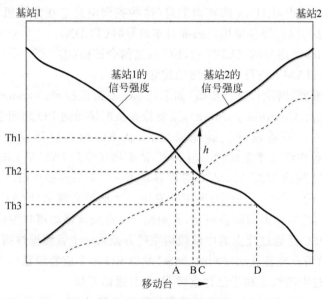

图 5.26 越区切换示意图

(1) 相对信号强度准则(准则1)。在任何时间都选择具有最强接收信号的基站。如图 5.26 所示,依据该准则,移动台移至 A 处将要发生越区切换。这种准则的缺点是:在原基站的信号强度仍满足要求的情况下,会引发太多不必要的越区切换。

(2) 具有门限规定的相对信号强度准则(准则2)。仅允许移动用户在当前基站的信号足够弱(低于某一门限),且新基站的信号强于本基站的信号情况下,才可以进行越区切换。如图 5.26 所示,如果选取门限为 Th2,则依据该准则,移动台移至 B 点将会发生越区切换。

具有门限规定的相对信号强度准则中,门限选择具有重要作用。如图 5.26 所示,如果门限太高取为 Th1,则该准则与相对信号强度准则相同。如果门限太低取为 Th3。则会引起较大的越区时延。此时,一方面可能会因链路质量较差导致通信中断;另一方面,它会引起对同道用户的额外干扰。

(3) 具有滞后余量的相对信号强度准则(准则3)。仅允许移动用户在新基站的信号强度比原基站信号强度强很多(即大于滞后余量:Hysteresis Margin)的情况下进行越区切换。例如图 5.26 中的 C 点。该技术可以防止由于信号波动引起的移动台在两个基站之间的来回重复切换——即“乒乓效应”。

(4) 具有滞后余量和门限规定的相对信号强度准则(准则4)。仅允许移动用户在当前基站的信号电平低于规定门限并且新基站的信号强度高于当前基站一个给定滞后余量时进行越区切换。

还可以有其他类型的准则,例如通过预测技术(即预测未来信号电平的强弱)来决定是否需要越区,还可以考虑人或车辆的运动方向和路线等。另外在上述准则中还可以引入一个定时器(即在定时器到时间后才允许越区切换),采用滞后余量和定时相结合的方法。

在上述准则中,我们要确知信号强度。然而信号本身要经受阴影衰落和快衰落(瑞利或莱斯衰落等),这时需要通过一个适当的窗口函数来截取一段信号,求其平均值,以消除快衰落的影响。因此窗口函数的形状和窗口宽度对接收信号强度的准确度有很大影响。窗口越宽,则平均后的方差 δ 越小,但引入的时延越大;反之亦然。决定越区切换的另外两个参量是门限电平和滞后余量。门限电平取决于接收机灵敏度和实际的干扰电平。滞后余量取决于越区切换时延与不必要越区切换概率之间的平衡。滞后余量越大,越区切换的时延越大,但不必要越区切换的概率越小。可以根据不同的应用环境设计各种算法(如神经网络、模糊逻辑、假设测试和动态编程等)来动态控制上述参数。

3) 越区切换的控制策略

越区切换控制包括两个方面:一方面是越区切换的参数控制;另一方面是越区切换的过程控制。参数控制在上面已经提到,这里主要讨论过程控制。过程控制的方式主要有三种:

(1) 移动台控制的越区切换。在该方式中,移动台连续监测当前基站和几个越区时的候选基站的信号强度和质量。当满足某种越区切换准则后,移动台选择具有可用业务信道的最佳候选基站,并发送越区切换请求。

(2) 网络控制的越区切换。在该方式中,基站监测来自移动台的信号强度和质量,当信号低于某个门限后,网络开始安排向另一个基站的越区切换。网络要求移动台周围的所有基站都监测该移动台的信号,并把测量结果报告给网络。网络从这些基站中选择一个基站作为越区切换的新基站,并把结果通过旧基站通知移动台和新基站。

（3）移动台辅助的越区切换。在该方式中,网络要求移动台测量其周围基站的信号并把结果报告给旧基站,网络根据测试结果决定何时进行越区切换以及切换到哪一个基站。

在现有的系统中,PACS 和 DECT 系统采用了移动台控制的越区切换,IS-95 和 GSM 系统采用了移动台辅助的越区切换。

2. 位置管理

为了能把一个呼叫传送到随机移动的用户,就必须有一个高效的位置管理系统来跟踪用户的位置。在数字移动通信系统中,位置管理采用两层数据库,即 HLR 和 VLR。通常一个移动通信网络中有一个 HLR 和若干个 VLR。

位置管理包括两个主要的任务:位置登记(location registration)和呼叫传递(call delivery)。位置登记的步骤是在移动台的实时位置信息已知的情况下,更新位置数据库(HLR 和 VLR)和认证移动台。呼叫传递的步骤是在有呼叫给移动台的情况下,根据 HLR 和 VLR 中可用的位置信息来定位移动台。

与上述两个问题紧密相关的另外两个问题是位置更新(location update)和寻呼(paging)。位置更新是解决移动台如何发现位置变化及何时报告它的当前位置问题。寻呼问题是解决如何有效地确定移动台当前处于哪一个小区的问题。

位置管理涉及网络处理能力和网络通信能力。网络处理能力涉及数据库的大小、查询的频率和响应速度等,网络通信能力涉及传输位置更新和查询信息所增加的业务量和时延等。位置管理所追求的目标就是以尽可能小的处理能力和附加的业务量,来最快地确定用户位置,以求容纳尽可能多的用户。

1) 位置登记和呼叫传递

在现有的蜂窝移动通信系统中,将覆盖区域分为若干个登记区(Registration Area, RA)(在 GSM 中,登记区称为位置区(Location Area, LA)。当一个移动终端(Mobile Terminal, MT)进入一个新的 RA,则位置登记过程分为三个步骤:在管理新 RA 的新 VLR 中登记 MT,修改 HLR 中记录服务该 MT 的新 VLR 的 ID,在旧 VLR 中注销该 MT。

呼叫传递过程主要分为两步:确定为被呼 MT 服务的 VLR,确定被呼移动台正在访问的小区。如图 5.27 所示,确定被呼 VLR 的过程和数据库查询过程如下。

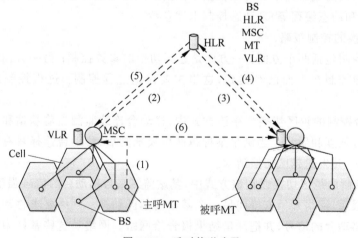

图 5.27 呼叫传递步骤

（1）主呼 MT 通过基站向其 MSC 发生呼叫初始化信号。

（2）MSC 通过 GTT（Global Title Translation）确定被呼 MT 的 HLR 地址，并向该 HLR 发送位置请求消息。

（3）HLR 确定出为被呼 MT 服务的 VLR，并向该 VLR 发送路由请求消息；该 VLR 将该消息中转给为被呼 MT 服务的 MSC。

（4）被呼 MSC 给被呼的 MT 分配一个称为临时本地号码（Temporary Local Directory Number，TLDN）的临时标识，并向 HLR 发送一个含有 TLDN 的应答消息。

（5）HLR 将上述消息中转给为主呼 MT 服务的 MSC。

（6）主呼 MSC 通过 SS7 网络向被呼 MSC 请求呼叫建立。

上述步骤允许网络建立从主呼 MSC 到被呼 MSC 的连接。但由于每个 MSC 与一个 RA 相联系，而每个 RA 又有多个蜂窝小区，这就需要通过寻呼的方法，确定出被呼 MT 在哪一个蜂窝小区中。

2）位置更新策略

有三种动态位置更新策略。

（1）基于时间的位置更新策略：每个用户每隔 ΔT 周期性地更新其位置。ΔT 的确定可由系统根据呼叫到达间隔的概率分布动态确定。

（2）基于运动的位置更新策略：当移动台跨越一定数量的小区边界（运动门限）以后，移动台就进行一次位置更新。

（3）基于距离的位置更新策略：当移动台离开上次位置更新时所在小区的距离超过一定的值（距离门限）时，移动台进行一次位置更新。最佳距离门限的确定取决于各个移动台的运动方式和呼叫到达参数。

研究结果表明：基于距离的位置更新策略具有最好的性能，但它实现的开销最大。它要求移动台能有不同小区之间的距离信息，网络必须能够以高效的方式提供这样的信息；对于基于时间和运动的位置更新策略实现起来比较简单，移动台仅需要一个定时器或运动计数器就可以跟踪时间和运动的情况。

5.3.4 鉴权与安全

鉴权和保密通常联系在一起，因为对用户信息进行加密时，所使用的"会话密钥"（session key）的推导过程通常是鉴权过程的一部分。

接入控制和密钥推导的过程也称为"鉴权和密钥同意"（AKA）的过程。至于如何利用所得的密钥对用户信息进行加密已超出本节的范围，这里仅讨论 AKA 的过程。

1. 鉴权和密钥同意的一般模型

鉴权和密钥同意的一般模型如图 5.28 所示。该模型分为三个部分：

第一部分是安全提供（Security Provisioning）。该过程使购买的手机或用户合法，并挫败"拷机"的可能。该过程产生和分发"信用"（Credentials）信息给用户和网络。

第二部分是用户在当地业务提供网络（通常不是原籍网络）中进行位置登记时建立信用的过程。该过程计算和传送用于接入控制的用户特定的安全数据。它允许其他网络根据选定的 P&A 算法并基于这些部分安全信息确定某漫游用户为一个合法用户。

第三部分是完成网络接入和密钥推导的协议。该协议允许用户接入网络，并导出一个

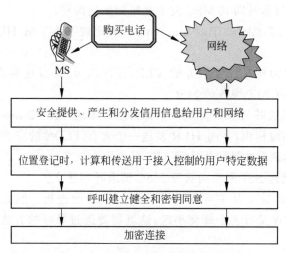

图 5.28 鉴权和密钥同意的一般模型

对业务信道进行保护的密钥。

2. 安全提供

在 GSM 系统中,业务提供者在卖给用户手机的同时,通过发给用户一个 SIM 卡(该卡类似于信用卡,可插入手机)来控制"加密的过程"。SIM 卡中包括了用户购买的业务信息和一个 128 比特的数,称为 K_i。K_i 对每个 SIM 是唯一的。K_i 允许网络确认 SIM 是一个合法用户。网络在提供 K_i 给用户的同时,将 K_i 以安全的方式存入数据库。如果 K_i 丢失,可能会导致许多非法用户假冒合法用户而接入网络。在 GSM 中,K_i 决不离开原籍业务提供者的网络。该过程如图 5.29 所示。

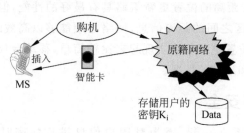

图 5.29 安全通过过程

3. 接入控制和密钥同意过程及协议

前面描述了 GSM 系统中原籍网络提供者与用户如何建立一个唯一的秘密数据,现在讨论如何利用这些数据来对用户进行鉴权。

在漫游情况下,用户进行位置登记时,接入控制过程如图 5.30 所示。在这种情况下,既要有足够的信息供给被访网络,以便被访网络能够完成对用户的鉴权,同时这些信息应不能够使某人在被访网络中永久地扮演一个合法用户,因此鉴权和密钥同意的过程应在原籍网络的控制下完成。GSM 中,HLR 以 3 个参数一组的形式向 VLR 提供安全信息,而不会暴露密钥 K_i,每一组包括的参数为:对用户唯一的随机口令 RAND、期望的响应(SRES)和加密密钥 K_c。通常要传输 5 组这样的参数。

具体的鉴权和密钥同意过程的协议如图 5.31 所示。

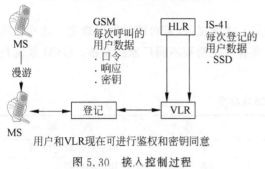

图 5.30 接入控制过程

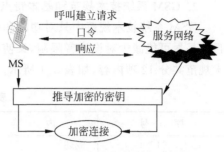

图 5.31 鉴权和密钥同意过程协议

在 GSM 中,当网络收到用户的呼叫请求后,首先向移动用户发送一个 128 比特的口令 RAND。用户利用接收的随机口令 RAND 和密钥 K_i,根据网络规定的算法合成一个 32 比特的响应 SRES 返回给网络。网络比较接收到的 SRES 和由网络产生的 SRES,如果相同,则鉴权完成。移动台和网络再共同推导出一个用于加密的密钥 K_c。如果移动台处于原籍网络,则 SRES 和 K_c 是由原籍网络内部计算的。如果移动台是漫游用户,则 SRES 和 K_c 是由原籍网络计算好后传给被访网络的。

在 GSM 系统登记和呼叫建立的过程中,需要传送用户的 ID,以便网络能够查找分配给用户的唯一安全信息。用户 ID 在空中传输可能具有安全性方面的风险。特别是在低移动性的环境下,它可能会暴露用户的位置。在 GSM 中采用了"临时移动台 ID"(TMSI)来解决这一方面的问题。该方法仅要求用户在初始呼叫时暴露其 ID。在初次呼叫过程中,网络通过加密的方法分配其一个 TMSI。该 TMSI 可以重新分配。

5.4 GSM 移动通信系统

5.4.1 GSM 移动通信系统概述

1. GSM 系统历史背景

GSM 是全球移动通信系统(Global System for Mobile communications)的英文缩写,它是由 ETSI 制定的泛欧数字移动电话系统标准。早在 1982 年,北欧国家向(欧洲邮电行政大会,CEPT)提交了一份建议书,要求制定 900MHz 频段的公共欧洲电信业务规范,建立全欧洲统一的蜂窝移动通信系统。在这次大会上就成立了一个在 ETSI 技术委员会下的"移动特别小组(Group Special Mobile),简称 GSM,来制定有关的标准和建议书。

1990 年完成了 GSM900 的规范,共产生大约 130 项的全面建议书,分组为 12 个系列。1991 年在欧洲开通了第一个系统,将 GSM 更名为"全球移动通信系统"。从此移动通信跨入了第二代数字移动通信。同年,移动特别小组还完成了制定 1800MHz 频段的公共欧洲电信业务的规范,名为 DCSI800 系统。该系统与 GSM900 具有同样的基本功能特性,因而该规范只占 GSM 建议的很小一部分,仅将 GSM900 和 DCSI800 之间的差别加以描述,绝大部分二者是通用的,二系统均可通称为 GSM 系统。1992 年大多数欧洲 GSM 运营者开始商用业务。1993 年欧洲第一个 DCSI800 系统投入运营。

目前,100 多个国家已建立了 GSM 网络,移动通信用户的 40% 在使用 GSM。

2. GSM 系统技术规范和基本特点

GSM 系统技术规范中只对功能和接口制定了详细规范,未对硬件做出规定。这样做的目的是尽可能减少对设计者限制,又使各运营者有可能购买不同厂家的设备。GSM 系统技术规范共分 12 项内容,如表 5.1 所示。

表 5.1　GSM 标准

序　号	内　容	序　号	内　容
01	概述	07	MS 的终端适配器
02	业务	08	BS-MSC 接口
03	网路	09	网路互通
04	MS-BS 接口与协议	10	业务互通
05	无线链路的物理层	11	设备型号认可规范
06	话音编码规范	12	操作和维护

GSM 为第二代主流数字蜂窝移动通信系统,采用 TDMA/FDMA 复用方式、数字化话音编码和数字调制技术。根据表 5.1,可以看出 GSM 有如下基本特点:

(1) 可以与各种公用通信网互联互通,尤其与 ISDN 的兼容性,可提供更多的业务,各种接口规范明确,网络适合未来数字化发展的要求;

(2) GSM 组网结构灵活方便,能更有效地使用无线频率,抗干扰性强,通信质量高,能提供相当好的话音质量;

(3) 采用了鉴权、话音加密等技术,使用户信息安全性得到保证;

(4) 在采用 GSM 系统的所有国家范围内,可提供穿越国界的自动漫游功能;

(5) 用户终端更小、更轻便、功能更强。

3. GSM 系统功能

GSM 是一种提供话音、数据、补充业务等多种服务的系统。

(1) 话音功能。GSM 最基本的功能是电话服务功能,保证 GSM 用户在世界范围内任何地点能与其他有线或移动用户进行双向通话联系。从电话服务衍生出的另一话音功能是话音信箱。声音信息被存储,使呼叫不通时用户可将声音存入 GSM 用户的话音信箱,而 GSM 用户也能接入话音信箱听取留言。

(2) 数据传输服务。提供了固定(有线)用户和 ISDN 用户所能享用的大部分数据传输服务,包括文字、图像、传真、计算机文件和访问 Internet 等服务。GSM 数据用户可以与 PSTN(Public Switch Telephone Network)用户相连接,也可与 ISDN 用户相连接。

(3) 补充业务,如来电显示、呼叫追踪、短消息业务等。

4. GSM 系统的网络结构

GSM 系统由 MS、BSS 和 NSS 三大部分组成,如图 5.32 所示。图中 OSS 为运营支撑系统,NSS 与 BSS 之间的接口为 A 接口,BSS 与 MS 之间的接口为 Um 接口。BSS 负责无线通道的控制,每一个呼叫都通过它来连接。NSS 负责呼叫控制功能,呼叫总是通过 NSS 连接。

GSM 系统框图如图 5.33 所示,A 接口往右是 NSS,它包括 MSC、VLR、HLR、AUC 和

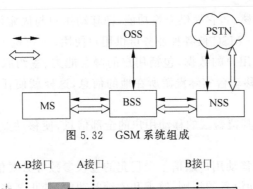

图 5.32 GSM 系统组成

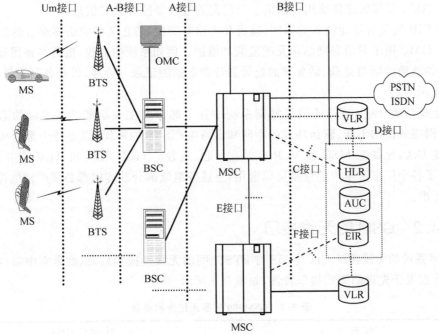

图 5.33 GSM 系统网络结构

EIR,A 接口往左是 Um 接口,BSS 系统包括 BSC 和 BTS。Um 接口往左是 MS,其中包括 MT 和 SIM。

1. MS

MS 是用户设备,它可以为车载型、便携型和手持型。移动台由 MT 和 SIM 组成。终端设备即移动设备(如手机),它可完成话音编码、信道编码、加密、调制和解调、发射和接收。SIM 卡就是"身份卡",也称作智能卡,存有认证用户身份所需的所有信息,并能执行一些与安全保密有关的重要信息,以防止非法客户进入网络。SIM 卡还存储与网络和客户有关的管理数据,只有插入 SIM 卡后移动终端才能接入进网,该卡可在任何移动台上使用,用来区分不同移动用户身份,移动设备和移动用户是完全独立的。

2. BSS

基站子系统由 BSC 和 BTS 组成。一个 BSC 控制一个或多个 BTS。它们在 GSM 网络的固定部分和无线部分之间提供中继,这部分还提供某些交换功能和内部控制功能。通过空中接口,移动用户能够连接到 BTS 和 BSC。

3. 网络子系统

网络子系统由以下几部分组成,主要实现交换、移动性管理和安全性管理等功能。

（1）MSC 是网络的核心，它提供交换功能，把移动用户与固定网用户连接起来，或者把移动用户互相连接起来。MSC 使各种业务可供用户使用。

（2）HLR 存储有关用户的数据，包括用户的漫游能力、签约服务和补充业务，此外，它还为移动交换中心提供移动台实际漫游所在地的信息，这样就使任何来话呼叫立即按选择的路径送到被叫用户。

（3）VLR 存储进入其覆盖区的移动用户的全部信息，使移动业务交换中心能够建立呼入和呼出的呼叫。

（4）AUC 存储保证移动用户通信不受侵犯的鉴权参数等必要信息。

（5）EIR 实现对移动设备的识别、监视和闭锁等功能，禁止某些非法移动台的使用。

（6）OMC 用于对所有网络单元的监测和维护。例如系统的自检、报警与备用设备的激活、系统的故障诊断与处理、话务量的统计和计费数据的记录与传递，以及各种资料的收集、分析与显示等。

以上概括地介绍了 GSM 数字蜂窝系统中各个部分的主要功能。在实际的通信网络中，由于网络规模的不同、营运环境的不同和设备生产厂家的不同，以上各个部分可以有不同的配置方法，比如把 MSC 和 VLR 合并在一起，或者把 HLR、EIR 和 AUC 合并在一起。不过，为了各个厂家所生产的设备可以通用，上述各组成部分的连接都必须严格地符合规定的接口标准。

5.4.2　GSM 的无线接口

GSM 系统的无线接口 Um 是 MS 与 BTS 之间的无线连接接口，也就是空中接口。GSM 的许多优点源于先进的无线接口特性，如表 5.2 所示。

表 5.2　GSM900 主要无线传输参数

多址方式		TDMA/FDMA
频率	上行/MHz	890～915
	下行/MHz	935～960
频率间隔/kHz		200
时隙数/载频		8/16
调制方式		GMSK
差错保护后的话音速率/(kb/s)		22.8
信道速率/(kb/s)		270.833
TDMA 帧长/ms		4.615
交织深度/ms		40

1. GSM 无线接口的传输特性

1）GSM 的多址方式与频率复用

GSM 系统采用频分双工的 TDMA/FDMA 多址接入方式。FDD 表明上行和下行通信采用两个不同的 RF 信道，见表 5.2 的 GSM900 传输参数，收发频差为 45MHz。

在 GSM 系统中，由 3 个、4 个或 7 个小区组成区群（簇），区群内不使用相同频道。每个小区含多个载频，载频带宽为 200kHz，每个载频含 8 个时隙（即 8 个物理信道），因此 GSM 采取的多址方式为 TDMA/FDMA，如图 5.34 所示。基站发射功率一般为每载波 500W，小

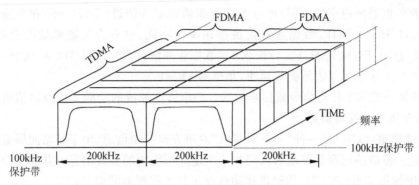

图 5.34 GSM 采取的多址方式

区半径最大为 35km，最小为 500m。

2) 工作频段的分配

(1) 工作频段。GSM 采用 FDD，工作在以下射频频段。

上行(移动台发，基站收)：890～915MHz(GSM900)，1710～1785MHz (DCS1800)。

下行(基站发，移动台收)：935～960MHz(GSM900)，1805～1880MHz (DCS1800)。

我国的 GSM900 上行为 905～915MHz，下行为 950～960MHz；DCS1800 上行为 1710～1785MHz，下行为 1805～1880MHz。

移动台采用较低的频段发射，传播损耗小，有利于补偿上下行功率不平衡的问题。

(2) 频率间隔。相邻两频道间隔为 200kHz，每个频道采用 TDMA 方式，分为 8 个时隙，即 8 个信道(全速率)。每信道占用带宽 200kHz/8＝25kHz。GSM 采用半速率话音编码后，每个频道可容纳 16 个半速率信道。

(3) 频道配置。采用等间隔 0.2MHz 的频道配置方法，因此，GSM 整个工作频段分为 124 对载频，其频道序号用 n 表示，$n＝1～124$，则频道序号和载频关系如下。

$$下行频段：f_l(n)＝(890+0.2n)\text{MHz}$$

$$上行频段：f_h(n)＝(935+0.2n)\text{MHz}$$

由于每个载频有 8 个时隙，共有 $124×8＝992$ 个物理信道，或简称 1000 个物理信道。

3) 调制方式

GSM 的调制方式是高斯最小移频键控(GMSK)，矩形脉冲在 MSK 调制之前，先通过一个高斯滤波器，高斯滤波器的归一化带宽 BT＝0.3。这一调制方式由于改善了频谱特性，从而满足 CCIR 提出的邻信道干扰小于 -60dB 的要求。频谱利用率为 1.35(b/s)/Hz。

2. GSM 系统信道

1) GSM 系统信道分类

蜂窝通信系统要传输不同类型的信息，包括业务信息和各种控制信息，因而要在物理信道上安排相应的逻辑信道。GSM 中的一个物理信道就为一个时隙(TS)，而逻辑信道是根据 BTS 与 MS 之间传递的信息种类的不同而定义的，这些逻辑信道映射到物理信道上传送。从 BTS 到 MS 的方向称为下行链路，相反的方向称为上行链路。逻辑信道又分为两大类：业务信道和控制信道。

(1) 业务信道(TCH)用于传送编码后的话音或客户数据，在上行和下行信道上，点对点(BTS 对一个 MS，或反之)方式传播。

话音业务信道按速率的不同,可分为全速率话音业务信道(TCH/FS)和半速率话音业务信道(TCH/HS)。同样,数据业务信道按速率的不同,也分为全速率数据业务信道(如TCH/F9.6、TCH/F4.8、TCH/F2.4)和半速率数据业务信道(如 TCH/H4.8、TCH/H2.4)(这里的数字 9.6、4.8 和 2.4 表示数据速率,单位为 kb/s)。

(2) 控制信道用于传送信令或同步数据。根据所需完成的功能又把控制信道定义成广播、公共及专用三种控制信道。

① 广播信道(BCH)是一种"一点对多点"的单方向控制信道,用于基站向所有移动台广播公用信息。传输的内容是移动台入网和呼叫建立所需要的各种信息。其中又分为:

a. 频率校正信道(FCCH)传输供移动台校正其工作频率的信息;

b. 同步信道(SCH)传输供移动台进行同步和对基站进行识别的信息;

c. 广播控制信道(BCCH)传输通用信息,用于移动台测量信号强度和识别小区标志等。

② 公共控制信道(CCCH)是一种"一点对多点"的双向控制信道,其用途是在呼叫接续阶段传输链路连接所需要的控制信令与信息。其中又分为:

a. 寻呼信道(PCH)传输基站寻呼移动台的信息;

b. 随机接入信道(RACH)移动台申请入网时,向基站发送入网请求信息;

c. 准许接入信道(AGCH)在基站在呼叫接续开始时,向移动台发送分配专用控制信道的信令。

③ 专用控制信道(DCCH)是一种"点对点"的双向控制信道,其用途是在呼叫接续阶段和在通信进行中,在移动台和基站之间传输必需的控制信息。其中又分为:

a. 独立专用控制信道(SDCCH):传输移动台和基站连接和信道分配的信令。

b. 慢速辅助控制信道(SACCH):在移动台和基站之间,周期地传输一些特定的信息,如功率调整、帧调整和测量数据等;SACCH 被安排在业务信道和有关的控制信道中,以复接方式传输信息。安排在业务信道时,以 SACCH/T 表示,安排在控制信道时,以 SACCH/C 表示,SACCH 常与 SDCCH 联合使用。

c. 快速辅助控制信道(FACCH):传送与 SDCCH 相同的信息。使用时要中断业务信息(4 帧)把 FACCH 插入,不过,只有在没有分配 SDCCH 的情况下,才使用这种控制信道。这种控制信道的传输速率较快,每次占用 4 帧时间,约 18.5ms。

如上所述,GSM 通信系统为了传输所需的各种信令,设置了多种专门的控制信道。这样做,除因为数字传输为设置各逻辑信道提供了可能外,主要是为了增强系统的控制功能(比如后面将要提到的为提高过境切换的速度而采用移动台辅助切换技术),也为了保证话音通信质量。

控制信道的配置是依据 BTS 的载频(TRX)数而定的。在使用 6MHz 带宽的情况下,每小区最多两个控制信道,当某小区配置一个载频时,仅需一个控制信道。

2) 时分多址(TDMA)帧结构

图 5.35 给出了 GSM 系统的帧结构。每个载频被定义为一个 TDMA 帧,每帧包括8 个时隙,每个时隙含 156.25 个码元。每 2 715 648 个 TDMA 帧为一个超高帧,每一个超高帧又可分为 2048 个超帧,一个超帧持续时间为 6.12s,每个超帧又由复帧组成。

复帧分为两种类型:一种是 26 帧的复帧,包括 26 个 TDMA 帧,持续时长 120ms,主要用于业务信息的传输,也称业务复帧,51 个这样的复帧组成一个超帧;另一种是 51 帧的复

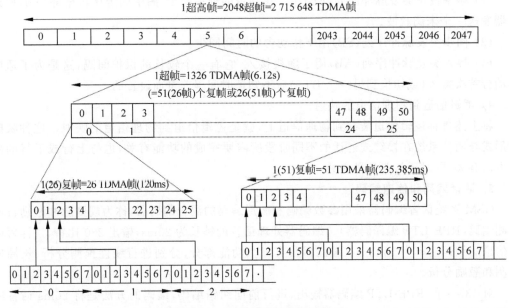

图 5.35 GSM 系统帧及时隙格式

帧,包括 51 个 TDMA 帧,持续时长(3060/13)ms=235.385ms,专用于传输控制信息,也称为控制复帧,26 个这样的复帧组成一个超帧。

3) GSM 的突发时隙

TDMA 信道上一个时隙中的信息格式称为突发脉冲序列。在 GSM 系统中,共有 4 种类型的突发时隙,见图 5.36。

(1) 常规突发脉冲序列(NB)用于携带 TCH 及除 RACHA、SCH 和 FCCH 以外的控制信道上的信息。图中,57 信息比特是客户数据或话音,再加 1 比特用作借用标志。借用标志是表示此突发脉冲序列是否被 FACCH 信令借用。26 训练比特是一串已知比特,用于供均衡器产生信道模型(一种消除时间色散的方法)。

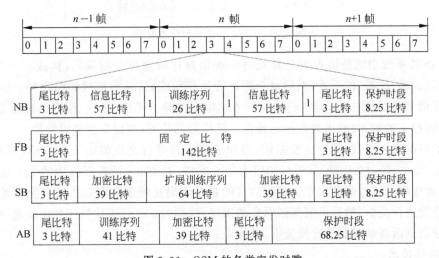

图 5.36 GSM 的各类突发时隙

（2）频率校正突发脉冲序列（FB）用于移动台的频率同步,图中固定比特全部是 0,使调制器发送一个未调载波。

（3）同步突发脉冲序列（SB）用于移动台的时间同步。

（4）接入突发脉冲序列（AB）用于随机接入,它有一个较长的保护间隔,这是为了适应移动台首次接入（或切换到另一个 BTS）后不知道时间提前量而设置的。

4）逻辑信道到物理信道的映射

将上述各种逻辑信道装载到物理信道上,就是逻辑信道到物理信道的映射。这种映射的形式与通信系统在接续或通话的不同阶段所需要完成的功能有关,也与上行或下行的传输方向有关,同时还与业务量有关。

3. 话音编码和信道编码

GSM 系统话音编码器采用参数编码和波形编码的混合编码器,称为规则脉冲激励长期预测编码（RPE-LTP 编译码器）。编码器处理话音的帧长为 20ms,输出 260 比特,这样每话音信道的编码速率为 13kb/s。编码器共有三个功能部分,分别进行线性预测分析、长周期预测和激励分析。

对 13b/s 的 RPE-LTP 编码器输出,进行前向纠错编码,编码的方法是将 20ms 话音编码帧中的话音比特分为两类：第一类是对差错敏感、对话音质量有显著影响的 182 比特,采用 3 个错误检测奇偶比特和一个 1/2 速率卷积码保护,产生 378 信道比特；第二类对差错不敏感的 78 比特,不需差错保护。最后合成总比特率为每 20ms 456 比特＝22.8kb/s,见图 5.37。

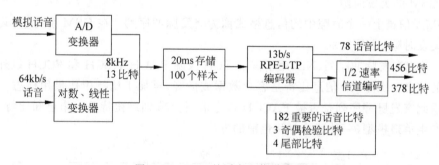

图 5.37　GSM 的话音和信道编码

在 GSM 系统中的差错控制是首先对一些信息比特进行分组编码,构成一个"信息分组＋奇偶（检验）比特"的形式,然后对全部比特做卷积编码,从而形成编码比特。这两次编码适用于话音和数据二者,但它们的编码方案略有差异。采用"两次"编码的好处是：在有差错时,能校正的校正（利用卷积编码特性）,能检测的检测（利用分组编码特性）。

为了对抗突发干扰,降低突发差错,卷积编码后再进行交织编码。在 GSM 系统中,话音编码每 20ms 有 260 比特,信道编码后为 456 比特,对 40ms 话音间隔中的 912 比特进行交织,以改变串行比特流的次序。交织的目的是在解码比特流中降低传输突发误差。当比特流传输前进行交织,然后再回复到原先的次序,这样的 912 信道比特序列中误差就趋向于随机地分散到话音解码器的比特流中,见图 5.38。

4. 跳频技术

跳频技术可极大地提高通信的秘密性和抗干扰性,改善衰落。处于多径环境中的慢速

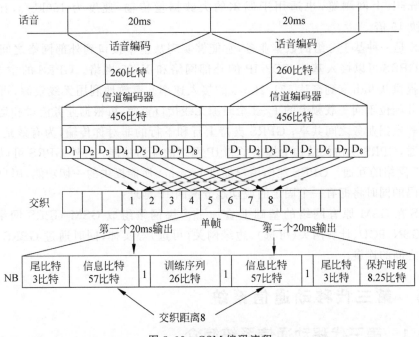

图 5.38　GSM 编码流程

移动的移动台,通过采用跳频技术,可大大改善移动台的通信质量,此举相当于频率分集。GSM 系统中的跳频分为基带跳频和射频跳频两种。

基带跳频的原理是将话音信号随着时间的变换使用不同频率发射机发射,其原理图如图 5.39 所示。

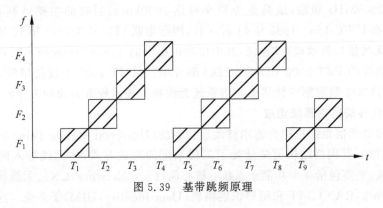

图 5.39　基带跳频原理

射频跳频是将话音信号用固定的发射机,由跳频序列控制不同频率的发射。从实现的复杂性考虑,大多数厂家的 BTS 采用基带跳频技术,而不采射频跳频技术。

5.4.3　GPRS 简述

GPRS 是通用分组无线业务(General Packet Radio Service)的英文简称,是一种新的分组数据承载业务,是从第二代移动通信向过渡到 3G 的技术,称为 2.5G 蜂窝移动通信。GPRS 与现有的 GSM 话音系统最根本的区别是:GSM 是一种电路交换系统,而 GPRS 是一种分组交换系统。因此,GPRS 特别适用于间断的、突发性的或频繁的、少量的数据传输,如收发 Email、上网浏览，也适用于偶尔的大数据量传输，速度为 150kb/s，比 GSM 的 9.6kb/s 快 15 倍。

GPRS 是一种基于分组的数据业务，它能够实现从空中接口到外部网络之间的分组数据传输。GPRS 可以接入基于 TCP/IP 的外部网络和 X.25 网络。GPRS 的主要特点是：可向用户提供从 9kb/s 到高达 171.2kb/s 的接入速率。有效地利用无线资源，可动态地向单个用户分配位于同一载频上的 1～8 个时隙无线接口资源，可根据业务流量和运营者的选择在话音和数据业务之间共享；GPRS 支持上行和下行的非对称传输，为有效地实现和 IP 网络的互通，GPRS 从协议结构上提供了和 IP 网络的互通功能；另外 GPRS 可以便捷地实现和 X.25 网络的互通。GPRS 能向用户提供 Internet 所能提供的一切功能，用户在拥有一个电话号码的同时将拥有一个固定的或动态分配的 IP 地址。

GPRS 在 GSM 原有网络的基础上叠加了一层网络组成 GSM/GPRS 网络，增加了 SGSN、GGSN、PCU、计费网关（可选）、边缘网关（可选）等实体，同时通过 GPRS 骨干网实现各实体之间的连接。

5.5 第三代移动通信系统

5.5.1 第三代移动通信系统简介

1. 发展历程

第三代移动通信系统最早由国际电信联盟于 1985 年提出，当时称为未来公众陆地移动通信系统（Future Public Land Mobile Telecommunication System，FPLMTS），1996 年更名为国际移动通信-2000（International Mobile Telecommunication-2000，IMT-2000），意即该系统工作在 2000MHz 频段，最高业务速率可达 2000kb/s，当时的主要体制有 WCDMA、CDMA2000 和 UWC-136。1999 年 11 月 5 日，国际电联 ITU-R TG8/1 第 18 次会议通过了"IMT-2000 无线接口技术规范"建议，其中由我国提出的 TD-SCDMA 技术写在了第三代无线接口规范建议的 IMT-2000 CDMA TDD 部分中。"IMT-2000 无线接口技术规范"建议的通过表明 TG8/1 制定第三代移动通信系统无线接口技术规范方面的工作已经基本完成。

3. 第三代移动通信系统组成

第三代移动通信系统也称为通用移动通信系统（Universal Mobile Telecommunications System，UMTS），其网络结构仍然延续了二代系统的构成方式，由无线接入网络和核心网络两部分组成，主要包括 4 个功能子系统：核心网（Core Network，CN）、无线接入网（Radio Access Network，RAN）、MT 和用户识别模块（User Identity，UIM）子系统。这些功能模块间的接口包括：用户识别模块与移动台之间接口（UIM-MT 接口）、移动台与基地台之间的无线接口（UNI 接口）、无线接入网与核心网间接口（RAN-CN 接口）和核心网与其他 IMT-2000 家族核心网间接口（NNI 接口），如图 5.40 所示。

接入网完成用户接入业务全部功能，包括所有空中接口相关功能。第三代移动通信系统标准的设计思想就是使核心网受无线接口影响很小，使接入网与核心网之间有清晰的分界，进而使它们可以分别独立地演化。核心网由交换网和业务网组成，交换网完成呼叫及承载控制所有功能；业务网完成支撑业务所需功能，包括位置管理等。

第三代移动通信系统采用了与第二代移动通信系统类似的结构，包括 RAN 和 CN。其

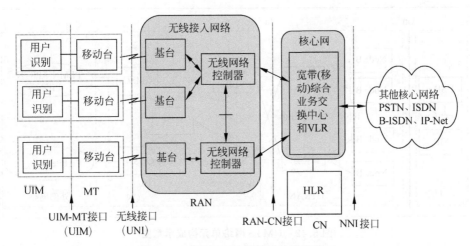

图 5.40 IMT-2000 的网络结构和接口

中无线接入网络处理所有与无线有关的功能,而 CN 处理 UMTS 系统内所有的话音呼叫和数据连接,并实现与外部网络的交换和路由功能。CN 从逻辑上分为电路交换域(Circuit Switched Domain,CS)和分组交换域(Packet Switched Domain,PS)。UTRAN、CN 与用户设备(User Equipment,UE)一起构成了整个 UMTS 系统。其系统结构如图 5.41 所示。

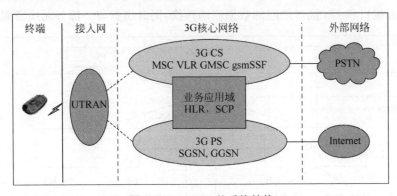

图 5.41 UMTS 的系统结构

从 3GPP R99 标准的角度来看,UE 和 UTRAN(UMTS 的陆地无线接入网络)由全新的协议构成,而 CN 则采用了 GSM/GPRS 的定义,这样可以实现网络的平滑过渡。

1) UMTS 系统网络构成

图 5.42 为 UMTS 主要网络单元构成图。由图可见,UMTS 系统的网络单元包括 UE 和 UTRAN。

2) UE

UE 是用户终端设备,它主要包括射频处理单元、基带处理单元、协议栈模块以及应用层软件模块等。UE 通过 Uu 接口与网络设备进行数据交互,为用户提供电路域和分组域内的各种业务功能,包括普通话音、数据通信、移动多媒体、Internet 应用(如 E-mail、WWW 浏览、FTP 等)。UE 包括两部分:ME(Mobile Equipment),提供应用和服务;USIM(UMTS Subscriber Module),提供用户身份识别。

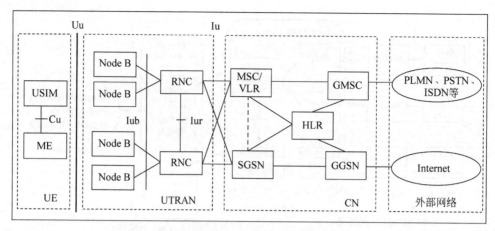

图 5.42　UMTS 网络单元构成示意图

UTRAN 的结构如图 5.43 的虚线框中所示。UTRAN 包含一个或几个无线网络子系统 RNS。一个 RNS 由一个无线网络控制器(Radio Network Controller,RNC)和一个或多个基站(Node B)组成。RNC 与 CN 之间的接口是 Iur 接口,Node B 和 RNC 通过 Iub 接口连接。在 UTRAN 内部,RNC 之间通过 Iur 互连,Iur 可以通过 RNC 之间的直接物理连接或通过传输网连接。RNC 用来分配和控制与之相连或相关的 Node B 的无线资源。Node B 则完成 Iub 接口和 Uu 接口之间的数据流的转换,同时也参与一部分无线资源管理。

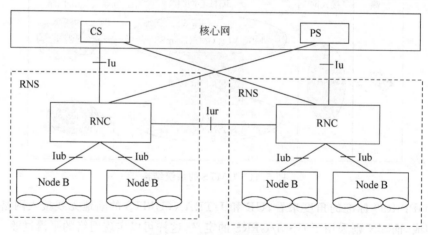

图 5.43　UTRAN 的结构

(1) RNC 即无线网络控制器,用于控制 UTRAN 的无线资源。它通过 Iu 接口与电路域(MSC)和分组域(SGSN)以及广播域(BC)相连,移动台和 UTRAN 之间的无线资源控制(RRC)协议在此终止。它在逻辑上对应 GSM 网络中的基站控制器(BSC)。控制 Node B 的 RNC 称为该 Node B 的控制 RNC(CRNC),CRNC 负责对其控制的小区的无线资源进行管理。如果在一个移动台与 UTRAN 的连接中用到了超过一个 RNS 的无线资源,那么这些涉及的 RNS 可以分为两类。

服务 RNS(SRNS):管理 UE 和 UTRAN 之间的无线连接。它是对应于该 UE 的 Iu 接口的终止点。无线接入承载的参数映射到传输信道的参数,是否进行越区切换、开环功率控

制等基本的无线资源管理都是由 SRNS 中的 SRNC（服务 RNC）来完成的。一个与
UTRAN 相连的 UE 有且只能有一个 SRNC。

　　漂移 RNS(DRNS)：除了 SRNS 以外，UE 所用到的 RNS 称为 DRNS，其对应的 RNC
则是 DRNC。一个用户可以没有也可以有一个或多个 DRNS。通常在实际的 RNC 中包含
了所有 CRNC、SRNC 和 DRNC 的功能。

　　(2) Node B 是系统的基站（即无线收发信机），通过标准的 Iub 接口和 RNC 互连，主要
完成 Uu 接口物理层协议的处理。它的主要功能是扩频、调制、信道编码及解扩、解调、信道
解码，还包括基带信号和射频信号的相互转换等功能。同时它还完成一些如内环功率控制
等的无线资源管理功能。它在逻辑上对应于 GSM 网络中基站，Node B 由下列几个逻辑
功能模块构成：收发放大(RF)子系统、射频收发(TRX)系统、基带处理(Base Band)、传输
接口单元、控制部分。如图 5.44 所示。

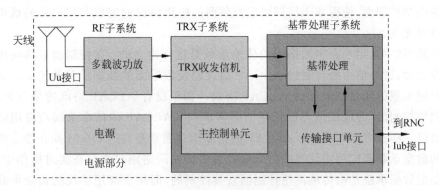

图 5.44　Node B 的逻辑组成框图

　　UTRAN 各个接口的协议结构是按照一个通用的协议模型设计的。设计的原则是层
和面在逻辑上是相互独立的。如果需要，可以修改协议结构的一部分而无须改变其他部分，
如图 5.45 所示。

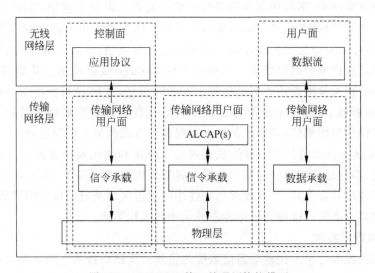

图 5.45　UTRAN 接口的通用协议模型

从水平平面来看,协议结构主要包含两层:无线网络层和传输网络层。所有与陆地无线接入网有关的协议都包含在无线网络层,传输网络层是指被 UTRAN 所选用的标准的传输技术,与 UTRAN 的特定功能无关。

从垂直平面来看,包括控制面和用户面。控制面包括应用协议(Iu 接口中的 RANAP,Iur 接口中的 RNSAP,Iub 接口中的 NBAP)及用于传输这些应用协议的信令承载。应用协议用于建立到 UE 的承载(例如在 Iu 中的无线接入承载及在 Iur、Iub 中无线链路),而这些应用协议的信令承载与接入链路控制协议(ALCAP)的信令承载可以一样也可以不一样,它通过 O&M 操作建立。用户面包括数据流和用于承载这些数据流的数据承载。用户发送和接收的所有信息(例如话音和数据)是通过用户面来进行传输的。传输网络控制面在控制面和用户面之间,只在传输层,不包括任何无线网络控制平面的信息。它包括 ALCAP 协议(接入链路控制协议)和 ALCAP 所需的信令承载。ALCAP 建立用于用户面的传输承载。引入传输网络控制面,使得在无线网络层控制面的应用协议的完成与用户面的数据承载所选用的技术无关。

在传输网络中,用户面中数据面的传输承载是这样建立的:在控制面里的应用协议先进行信令处理,这一信令处理通过 ALCAP 协议触发数据面的数据承载的建立。并非所有类型的数据承载的建立都需通过 ALCAP 协议。如果没有 ALCAP 协议的信令处理,就无须传输网络控制面,而应用预先设置好的数据承载。ALCAP 的信令承载与应用协议的信令承载可以一样也可以不一样。ALCAP 的信令承载通常是通过 O&M 操作建立的。在用户面里的数据承载和应用协议里的信令承载属于传输网络用户面。在实时操作中,传输网络用户面的数据承载是由传输网络控制面直接控制的,而建立应用协议的信令承载所需的控制操作属于 O&M 操作。

5.5.2　WCDMA 关键技术

1. Rake 接收技术

在窄带蜂窝系统中,多径的存在会导致严重的衰落。但是在宽带 CDMA 系统中,当传播时延超过一个码片周期时,多径信号实际上可被看作是互不相关的,因此不同的路径可以独立接收,从而可以对分辨出的多径信号分别进行加权调整,使其合成后的信号得以增强,并降低多径衰落所造成的负面影响。这种技术称为 Rake 接收技术。其实 Rake 接收所做的就是通过多个相关检测器接收多径信号中的各路信号,并把它们合并在一起。为实现相干形式的 Rake 接收,需发送未经调制的导频符号,以使得接收端能够在确知已发信号的条件下估计出多径信号的相位,并在此基础上实现相干方式的最大信噪比合并。

Rake 分集接收技术的另外一种体现形式是宏分集和越区软切换技术。当移动终端处于越区切换时,参与越区切换的基站向该移动终端发送相同的信息,移动台则把来自不同基站的多径信号进行分集合并,从而改善移动终端处于越区切换时的接收信号质量,并保证越区切换时的数据不丢失。这种技术称为宏分集和越区软切换。

2. 信道编译码技术

信道编译码技术是第三代移动通信系统的另外一项核心技术。除了采用卷积编码技术及交织外,第三代移动通信系统的相关体制还采用了 Turbo 编码技术及 RS 和卷积级联码技术。WCDMA 对于话音和低速信令采用卷积编码,对数据采用 Turbo 编码。卷积码具有记忆能力,可以采用维特比译码,具有很高的编码增益。而交织技术可以将信道传输中的突发性错误变成随机性错误,这样有利于对付信道传输中由于突发性干扰而引起的长连串错误。交织不会引入冗余码,所以不会降低频谱利用率。Turbo 编码器由两个并行相连的系统递归卷积编码器并加上一个交织器构成,两个卷积编码器的输出经过串并变换以及打孔操作之后输出;相应的解码器由首尾相连、中间由交织器和解交织器隔离的两个以迭代方式工作的软判决输出卷积解码器组成。这种 Turbo 编码方式一般用于第三代系统中的高速数据业务传输。RS 编码是一种多进制编码技术,适用于存在突发错误的通信系统。

3. 分集接收原理

无线信道是随机时变信道,其中的衰落特性会降低通信系统的性能。为了对抗衰落,可以采用多种措施,比如信道编解码技术、抗衰落接收技术或者扩频技术。分集接收技术被认为是明显有效而且经济的抗衰落技术。由于无线移动信道中接收的信号是到达接收机的多径分量的合成,所以,如果在接收端同时获得几个不同路径的信号,并将这些信号适当合并成总的接收信号,就能够大大减少衰落的影响。这就是分集接收的基本思路。分集接收的字面含义就是分散得到几个合成信号并集中(合并)这些信号。只要几个信号之间是统计独立的,那么经适当合并后就能使系统性能大为改善。互相独立或者基本独立的一些接收信号,一般可以利用不同路径或者不同频率、不同角度、不同极化等接收手段来获取。

(1) 空间分集。在接收端架设几副天线,各天线的位置间要求有足够的间距(一般在10 个信号波长以上),以保证各天线上获得的信号基本相互独立。例如可以通过双天线分集来提高接收信号质量,即通过双天线分集,增加了接收机获得的独立接收路径数,进而可取得合并增益。

(2) 频率分集。用多个不同的载频传送同样的信息,如果各载频的频差间隔比较远,其频差超过信道相关带宽,则各载频传输的信号也相互不相关,从而可获得分集接收增益。

(3) 角度分集。利用天线波束指向不同使信号不相关的原理构成的一种分集方法。例如,在微波面天线上设置若干个照射器,产生相关性很小的几个波束。

(4) 极化分集。分别接收水平极化和垂直极化波形成的分集方法。

4. 多用户检测技术

多用户检测是 CDMA 系统中抗干扰的关键技术。多用户检测技术(MUD)是通过去除小区内干扰来改进系统性能,增加系统容量。多用户检测技术还能有效缓解直扩 CDMA 系统中的远/近效应。在实际的 CDMA 系统中,由于信道的非正交性和不同用户的扩频码字的非正交性,导致用户间存在相互干扰(MAI),虽然个别用户产生的 MAI 很小,可是随着用户数的增加或信号功率的增大,MAI 成为 WCDMA 通信系统的一个主要干扰。多用户检测的作用就是去除多用户之间的相互干扰。由于各个信号之间存在一定相关性,传统的检测技术完全按照经典直接序列扩频理论对每个用户的信号分别进行扩频码匹配处理,因而抗 MAI 能力较弱。多用户检测技术是在传统检测技术的基础上,充分利用造成 MAI 的所有用户信号信息对单个用户进行检测,从而具有优良的抗干扰能力,解决了远近效应问题,降低了系统对功率控制精度的要求,因此可以更加有效地利用上行链路的频谱资源,显著提高系统容量。从理论上讲,使用多用户检测技术能够在极大程度上增加系统容量。一般而言,对于上行的多用户检测,只能去除小区内各用户之间的干扰,而小区间的干扰由于缺乏必要的信息(比如相邻小区的用户情况),是难以消除的。对于下行的多用户检测,只能去除公共信道(比如导频、广播信道等)的干扰。但一个较为困难的问题是,对于基站接收端的等效干扰用户数等于正在通话的移动用户数乘以基站端可观测到的多径数,这意味着在实际系统中等效干扰用户数将多达数百个。这样,采用与干扰用户数呈线性关系,抵消算法仍使得其硬件实现显得过于复杂。如何把多用户干扰抵消算法的复杂度降低到可接受的程度是多用户检测技术能否实用的关键。

5. 功率控制

在移动通信中,移动终端到基站的链路上容易出现远近效应问题,也就是说,离基站近的移动终端的路径损耗比远方移动终端的路径损耗低。如果所有的移动终端都使用相同的发射功率,附近的移动终端必然要干扰远方的移动终端,因此需要采用功率控制来解决这个问题。

利用功率控制可达到三个目的:①满足信噪比 SIR 的基本要求;②在满足信噪比 SIR 基本要求的前提下,尽可能降低发射功率,以降低相互之间的干扰,从而提高系统容量;③提高手机电池使用时间。

常用的 CDMA 功率控制技术可分为开环功率控制、闭环功率控制和外环功率控制三种类型。在 WCDMA 系统中,上行信道采用了开环、闭环和外环功率控制技术,下行信道则采用了闭环和外环功率控制技术,其闭环功率控制速度为每秒 800 次。当然,功率控制技术也存在一些缺点,首先是不能从根本上消除多址干扰,其极限是各个用户的接收功率都相同时的接收性能;其次是占用信道传递功率控制信息,存在算法收敛速度、性能与用户移动速度有关和系统复杂等问题。

5.5.3 CDMA2000 关键技术

CDMA2000 系统是提供了与 IS-95B 后向兼容、同时又能满足 ITU 关于第三代移动通信基本性能要求的第三代移动通信系统。后向兼容意味着 CDMA2000 系统可以支持 IS-95B 移动台,CDMA2000 移动台可以工作于 IS-95B 系统。为保证兼容性,移动台和基站的无线系统参数和呼叫处理过程必须满足一定的要求。为了控制移动台可能引起的射频干扰、保证移动台对所有基站的响应是一样的,移动台必须满足指定的呼叫处理流程及辐射功率要求。由于基站位置固定且干扰可以通过适当的规划来控制,因而基站的兼容性要求和移动台有所不同的,基站中不影响移动台工作部分的流程可以由陆地系统的设计者自己设计,这样为陆地系统的设计者提供了足够的灵活性,他们可以根据本地业务的需求、地形特征和传播条件灵活设计系统。

CDMA2000 系统的物理层可支持现存的 IS-95B 系统的业务标准,如话音业务、数据业务、短消息业务、空中准备和激活业务。

CDMA2000 支持在下述情况下,话音、数据及其他业务从 IS-95B 系统到 CDMA2000 系统的切换:在切换边界和单个频带内;在切换边界和频带间(假定移动台支持多频带工作);在同一小区和同一频带内;在同一小区内和不同频带间(假定移动台支持多频带工作)。

CDMA2000 也支持在上述同样情况下,话音、数据及其他业务从 CDMA2000 系统到 IS-95B 系统的切换。

1. 前向快速功率控制技术

前向功率控制又称下行链路功率控制(Downlink Power Control),它的实现是基站根据移动台提供的测量结果,调整对每个移动台的发射功率。在前向链路中,小区内信号是同步发射的。在前向链路的解调时,小区内用户间的干扰可以通过扩频码的正交性除去,干扰主要来自邻区干扰和多径引入的干扰。通常在前向链路中,小区内信号的同步性和移动台相干解调带来的增益使得前向链路的质量远好于反向链路。IS-95 中采用了慢速开环形式的功率控制,将业务信道的功率设定为保持移动台所需 FER 的最小功率值。与 IS-95 不同,在 IS-2000 中,为更好地克服信道衰落,F-FCH 和 F-SCH 的前向链路功率控制采用了新的快速前向功率控制(FFPC)算法。推荐的两种形式的功率控制包括单信道功率控制和独立功率控制。单信道功率控制以 F-FCH 和 F-SCH 之间的较高速率信道为基础,较低速率信道的增益设置由它和较高速率信道的关系来决定。在独立功率控制的情况下,F-FCH 和 F-SCH 的增益是分别独立确定的。移动台是按两个独立的外环算法工作的。

2. 快速寻呼信道技术

快速寻呼信道 F-QPCH 是 CDMA2000 特色技术之一。BS 用它来通知在覆盖范围内工作于时隙模式且处于空闲状态的 MS,判定是否该在下一个 F-CCCH 或 F-PCH 的时隙上接收 F-CCCH 或 F-PCH。使用 F-QPCH 的目的,主要是使 MS 不必长时间地监听 F-PCH,从而达到延长 MS 待机时间的目的。为实现上述目的,F-QPCH 采用了 OOK 调制方式,MS 对它的解调可以非常简单迅速。

如图 5.46 所示,F-QPCH 采用 80ms 为一个 QPCH 时隙,每个时隙又划分成了寻呼指示符(Paging Indicators,PI)、配置改变指示符(Configuration Change Indicators,CCI)和广播指示符(Broadcast Indicators,BI)。

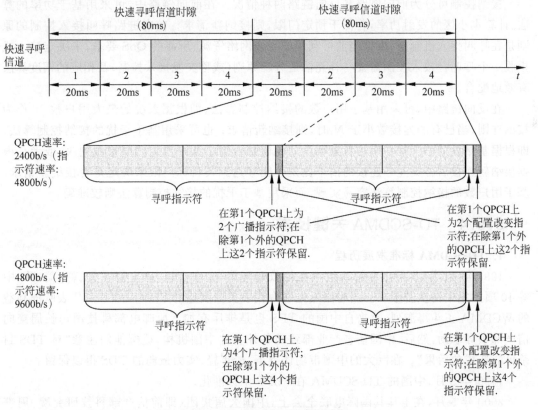

图 5.46　F-QPCH 时隙的划分

（1）寻呼指示符（PI）的作用是用于通知特定的 MS 在下一个 F-CCCH 或 F-PCH 上有寻呼消息或其他消息。当有消息时，BS 将该 MS 对应的 PI 置为 ON，MS 被唤醒；否则 PI 置为 OFF，MS 继续进入低功耗的睡眠状态。

（2）广播指示符（BI）只在第 1 个 QPCH 上设置。当 MS 用于接收广播消息的 F-CCCH 的时隙上将要有内容出现时，BS 就把对应于该 F-CCCH 时隙的 F-QPCH 时隙中的 BI 置为 ON；否则置为 OFF。

（3）配置改变指示符为 ON 时，用以通知 MS 重新接收包含系统配置参数的开销消息。

3. 增强的接纳控制功能

接纳控制（Admission Control，AC），或称为呼叫接纳控制（CAC），是指对于新到达系统的呼叫或业务请求（或由于切换产生的请求），根据系统的情况判断是否予以分配资源为其建立连接。

由于 CDMA 系统的软容量特性，以及多种类型业务对资源需求的不同，接纳控制需要考虑很多方面的因素，主要是系统的负荷情况和业务对资源请求变化的估计。其基本原则是在不影响现有的业务或高等级的业务的前提下，尽可能多地对新近到达的（新发起的或以切换方式到达的）连接请求予以接纳。

在 CDMA 系统中可采取的接纳手段比信道数量固定的系统更加灵活多样，例如预留部分资源和进行优先级控制等。CDMA 系统的大多数接纳控制算法基于干扰功率。由于从总干扰功率的限制可以估算出系统的容量，也有些接纳控制算法是基于用户数的。

接纳控制可分为前向链路和反向链路两种情况。在前向链路中，可采用基于功率的算法，计算本小区的发射功率，若低于预定门限，则接纳新请求。前向链路呼叫接入控制的原则是在呼叫接入机制中，根据当前可利用的无线网络资源、所需的 QoS 要求，来决定接入或拒收一个呼叫。接入控制需要与补充信道分配原则（或称突发接入控制）及相应的调度算法有效地配合。

在反向链路中，可采用基于用户数的接纳控制算法，即根据系统的最大用户数 N 作为接纳准则，当已有的连接数小于 N 时，则接纳新请求；也可采用基于干扰的接纳控制算法，即根据基站处的总干扰功率与背景噪声的比值是否高于某一预定门限来做判决，或者是根据接纳新连接后各类业务连接的信干比是否能够达到其目标门限来决定是否接纳新请求。基于用户数的接纳控制算法容易实现，而采用基于干扰的接纳控制算法则较准确。

5.5.4　TD-SCDMA 关键技术

1. TD-SCDMA 标准发展历程

1998 年 11 月，国际电联第八组织在伦敦召开第 15 次会议，确定要在日、韩、美、欧、中等 10 项方案中淘汰若干项。当时国际电联内代表美国利益的 CDMA2000 和代表欧洲利益的 WCDMA 正斗得激烈，对来自中国的 TDS 也是排斥有加。原邮电部科技司司长周寰向信产部领导求助，然后，中国信息产业部致函各外企驻中国机构，提醒他们注意"对 TDS 封杀可能造成的后果"。在巨大的中国市场诱惑下，最年轻、实力最弱的 TDS 得以保留。

1999 年 2 月，中国的 TD-SCDMA 在 3GPP 中标准化。

2000 年 5 月，在土耳其国际电联全会上，中国大唐集团（即前信产部科技研究院，周寰任董事长）的 TDS 系统被投票采纳为国际三大 3G 标准之一，与欧洲的 WCDMA 和美国的

CDMA2000 并列。

2001 年 3 月,3GPP 第 11 次全会正式接纳由中国提出的 TD-SCDMA 第三代移动通信标准全部技术方案。被 3GPP 接纳,就标志着 TD-SCDMA 已被全球电信运营商和设备制造商所接受。

2002 年 10 月,信息产业部通过〔2002〕479 号文件公布 TD-SCDMA 频谱规划,为 TD-SCDMA 标准划分了总计 155MHz(1880~1920MHz、2010~2025MHz 及补充频段 2300~2400MHz,共计 155MHz 频率)的非对称频段。

TD-SCDMA 作为中国通信史上第一个具有自主知识产权的国际移动通信标准,采用了智能天线、联合检测等关键技术,而这些技术将直接影响衡量通信系统性能的关键要素即网络覆盖和网络容量。

2. 时分双工

时分双工(Time Division Duplex,TDD)是一种通信系统的双工方式,在无线通信系统中用于分离接收和传送信道或者用于分离上行和下行链路。采用 TDD 模式的无线通信系统中接收和传送是在同一频率信道(载频)的不同时隙,用保护时间间隔来分离上、下行链路;而采用 FDD 模式的无线通信系统的接收和传送是在分离的两个对称频率信道上,用保护频率间隔来分离上、下行链路。采用不同双工模式的无线通信系统的特点和通信效率是不同的。TDD 模式中由于上、下行信道采用同样的频率,因此上、下行信道之间具有互惠性,这给 TDD 模式的无线通信系统带来许多优势,比如,智能天线技术在 TD-SCDMA 系统中的成功应用。另外,由于 TDD 模式下上、下行信道采用相同的频率,不需要为其分配成对频率,在无线频谱资源越来越宝贵的今天,相比于 FDD 系统具有更加明显的优势。

3. 多址方式

TD-SCDMA 系统中由于采用了 TDD 的双工方式,使其可以利用不同时隙来区分不同的用户。同时,由于每个时隙内同时最多可以有 16 个码字进行复用,因此同时隙的用户也可以通过码字来进行区分。另外,每个 TD-SCDMA 载频的带宽为 1.6MHz,使得多个频率可以同时使用。可见,TD-SCDMA 系统集合 CDMA、FDMA、TDMA 三种多址方式于一体,使得无线资源可以在时间、频率、码字 3 个维度进行灵活分配,也使得用户能够被灵活分配在时间、频率、码字 3 个维度,从而降低系统的干扰。

4. 同步技术

TD-SCDMA 的同步技术包括网络同步、初始化同步、节点同步、传输信道同步、无线接口同步、Iu 接口时间较准、上行同步等。其中网络同步是选择高稳定度、高精度的时钟作为网络时间基准,以确保整个网络的时间稳定。它是其他各同步的基础。初始化同步使移动台成功接入网络。节点同步、传输信道同步、无线接口同步和 Iu 接口时间较准、上行同步等,使移动台能正常进行符合 QoS 要求的业务传输。TD-SCDMA 系统的 TDD 模式要求基站之间必须严格同步,目的是避免相邻基站之间的收发时隙存在交叉而导致严重干扰,一般通过 GPS 实现基站之间相同的帧同步定时,其精度要求为 $3\mu s$,紧急情况如 GPS 不可用时系统可自行维持 24 小时同步,在特殊情况下也可考虑使用空中接口的主从同步或者从传输接口提取,但精度不高,未来可以考虑同时使用我国自行建设的北斗系统进行授时。移动终端开机建立下行同步过程被称作初始化小区同步过程即初始小区搜索。移动终端在发起一次呼叫前,必须获得一些与当前所在小区相关的系统信息,例如可使用的随机接入信道(PRACH)和寻呼信道(FPACH)资源等,这些信息周期性地在 BCH 信道上广播。BCH 是一个传输信道(Transport Channel),它映射到公共控制物理信道(P-CCPCH),通常占用子帧的第 0 时隙。初始小区搜索的最终目的就是读取小区的系统广播信息,获得进行业务传输的参数。这里的同步不仅是时间上的同步,还包括频率、码字和广播信道的同步,要分 4 步进行,分别是 DwPTS 同步,扰码和基本中置码的识别,控制复帧的同步和读取广播信道。

第一步,搜索 DwPTS:初始小区同步过程的第一步中,移动台使用 SYNC DL(在 DwPTS 中)来获得小区的 DwPTS 同步。按照 TD-SCDMA 的无线帧结构,SYNC DL 在系统中每 5ms 发送一次,并且每次都以恒定满功率值全向发送该信息。移动台接入系统时,对 32 个 SYNC DL 码字进行逐一搜索(即用接收信号与 32 个可能的 SYNC DL 逐一做相关),由于该码字彼此间具有较好的正交性,获取相关峰值最大的码字被认为是当前接入小区使用的 SYNC DL。同时根据相关峰值的时间位置也可以初步确定系统下行的定时。一般使用一个或多个匹配滤波器来完成相关处理。这一步移动台要识别使用的是 32 个 SYNC DL 序列中的哪一个,并且找到 SYNC DL 的位置。

第二步,基本中置码识别:在 TD-SCDMA 系统中,用户训练序列是一个基本中置码的不同循环位移的结果,位移间隔可为 8 的整数倍,同一小区内只使用一种固定的位移方式。系统共有 128 个基本 midamble 码,每个 SYNC DL 序列对应 4 个基本 midamble 码。因此第一步识别出 SYNC DL 码字后,也就知道了对应的中置码组。移动台只需用相关方法逐一测试这 4 个基本码的不同相位即可找到当前系统所用的 midamble 码,同时可以估计出当前无线信道的参数。小区中中置码和扰码是一一对应的,从而也知道了对应的扰码。

第三步,控制复帧的同步:移动台需要在 P-CCPCH 中寻找广播信道控制复帧的主信息块的位置。它通过检测 DwPTS 相对于 P-CCPCH 中置码的 QPSK 调制相位偏移得到。4 个连续 SYNC DL QPSK 调制偏移的相位组合指示接下来的子帧是否有主信息块。

第四步,读广播信道:第三步检测之后接下来的子帧就是广播信道交织周期的第一个子帧。根据检测的无线信道参数来读取广播信道的信息,知道了完整的小区信息,此时初始化小区同步完成。异步 CDMA 技术已经成功地应用于无线系统噪声环境下高速数据业务的传输,但由于不同用户的非同步传输,CDMA 的频谱效率较差。随着共享频谱的用户数目增加,用户间的相互干扰会使信道噪声能量增加,容量降低。同步 CDMA 是指 CDMA 系统中的所有无线基站收、发同步。CDMA 移动通信系统中的下行链路总是同步的,故同步 CDMA 主要是指上行同步,即要求来自不同位置、不同距离的不同用户终端的上行信号能够同步到达基站。由于各个用户终端的信号码片到达基站解调器的输入端时是同步的,它充分应用了扩频码之间的正交性,大大降低了同一射频信道中来自其他码的多址干扰影响。

5. 功率控制

功率控制是 CDMA 系统中有效控制系统内部的干扰电平,从而降低小区内和小区间干扰的不可缺少的手段。在 TD-SCDMA 系统中功率控制可以分为开环功率控制和闭环功率控制,而闭环功率控制又可以分为内环功率控制和外环功率控制。

开环功率控制的过程就是对各物理信道初始发射功率的确定过程。在开环功率控制过程中,移动台首先检测收到的基站 PCCPCH 信号功率,因为 PCCPCH 的发射功率是固定的,那么在移动台如果接收到的信号功率较小,表明下行链路此刻的损耗较大,由此可粗略判断上行链路此刻的损耗也较大,因此为了实现正确解调,移动台将根据预测增大发射功率;反之则减小发射功率。

上行开环功率控制主要用于移动台在 UpPTS 信道以及 PRACH 信道上发起随机接入过程,此时 UE 还不能从 DPCH 信道上接收功率控制命令。

1) UpPCH 信道开环功率控制

UpPCH 信道开环功率控制的计算公式如下:

$$P_{UpPCH} = L_{PCCPCH} + P_{RxUpPCHdes} + (i-1)P_{wrramp} \tag{5.43}$$

其中,P_{UpPCH} 为 UpPCH 的发射功率,L_{PCCPCH} 为移动台与基站之间的路径损耗,由 PCCPCH 发射功率与移动台实际接收到的 PCCPCH 与 RSCP 之间的差获得;$P_{RxUpPCHdes}$ 为基站在 UpPCH 信道上期望接收到的功率,其值来自系统信息广播;i 为 UpPCH 信道的发射试探次数,其最大值由网络端通过系统信息通知移动台;P_{wrramp} 为功率递增步长。

2) PRACH 信道开环功率控制

移动台在 PRACH 上的发射功率为

$$P_{PRACH} = L_{PCCPCH} + P_{RxPRACHdes} + (i_{UpPCH}-1)P_{wrramp} \tag{5.44}$$

其中,P_{PRACH} 为 PRACH 上的发射功率,L_{PCCPCH} 为移动台和基站之间的路径损耗,计算方法同上,$P_{RxRRACHdes}$ 为基站在 PRACH 信道上期望获得的接收功率,其值由 FPACH 信道通知。i_{UpPCH} 为最后一个 UpPCH 信道发射试探次数,P_{wrramp} 为功率递增步长。

3) DPCH 开环功率控制

移动台在 DPCH 信道上的发射功率由下式进行计算。

$$P_{DPCH} = L_{PCCPCH} + P_{RxDPCHdes} \tag{5.45}$$

其中,P_{DPCH} 为 DPCH 的发射功率,L_{PCCPCH} 为移动台到基站之间的路径损耗,计算方式同上,$P_{RxDPCHdes}$ 为基站期望接收到的 DPCH 信道的功率,其值由系统消息广播通知 UE。

闭环功率控制的目的是为了调整每条链路的发射功率,尽量保证基站接收到所有移动台的功率都相等。

4) 上行内环功率控制

移动台根据开环功率控制,设定初始 DPCH 的发射功率,初始化发射之后,进入闭环功率控制。内环功率控制是基于 SIR 进行的。在功率控制过程中,基站周期性地将接收到的 SIR 测量值和 SIR 目标值进行比较,如果测量值小于目标值,则将发射功率控制 TPC 命令置为 UP;否则将 TPC 命令置为 DOWN。在移动台侧,对 TPC 比特位进行软判决,如果判决结果为 UP,则将发射功率增加一个步长;否则降低一个步长。目标 SIR 取值由高层通过外环进行调整。

5) 下行内环功率控制

下行链路专用物理信道的初始发射功率由网络设置,直到第一个上行 DPCH 到达。以后的发射功率由移动台通过 TPC 命令进行控制。类似地,移动台周期性地测量所接收到的 SIR,当测量值大于目标值,将 TPC 命令设置为 DOWN,否则设置为 UP。在基站侧,对接收到的 TPC 比特位进行判决,判决结果为 UP,则将发射功率增加一个步长;否则降低一个步长。

6) 外环功率控制

在 TD-SCDMA 系统,外环功率控制主要是高层通过测量 BLER(误块率)与 QoS 要求的门限相比较,给出能满足通信质量的最小的 SIR 目标值。SIR 与 BLER 的对应关系与无线链路的传播环境密切相关,所以为了适应无线链路的变化,需要实时地调整 SIR 的目标值。

7) 联合检测

在实际的 CDMA 移动通信系统中,由于扩频码字相关特性的非理想性,各个用户信号之间经过复杂多变的无线信道后将存在一定的相关性,这就是多址干扰(MAI)存在的根源。由个别用户产生的 MAI 固然很小,可是随着用户数的增加或信号功率的增大,MAI 就成为 CDMA 通信系统的一个主要干扰。

传统的 CDMA 系统信号分离方法是把 MAI 看作热噪声一样的干扰,导致信噪比严重恶化,系统容量也随之下降。这种将单个用户的信号分离看作是各自独立的过程的信号分离技术称为单用户检测(Single-user Detection)。WCDMA 系统使用了较长的扩频码,系统可以获得较高的扩频增益,限于目前硬件处理能力的限制,目前的 WCDMA 设备均采用 Rake 接收这种单用户检测的方法,因此 WCDMA 实际系统可获得的容量小于码道设计容量;当然 WCDMA 单载频容量本身较大,目前的容量能力也可以满足运营需要。实际上,由于 MAI 中包含许多先验的信息,如确知的用户信道码,各用户的信道估计,等等,因此 MAI 不应该被当作噪声处理,它可以被利用起来以提高信号分离方法的准确性。这样充分利用 MAI 中的先验信息而将所有用户信号的分离看作一个统一的过程的信号分离方法称为多用户检测技术(MUD)。根据对 MAI 处理方法的不同,多用户检测技术可以分为干扰抵消(Interference Cancellation)和联合检测(Joint Detection)两种。其中,干扰抵消技术的基本思想是判决反馈,首先从总的接收信号中判决出其中部分的数据,根据数据和用户扩频码重构出数据对应的信号,再从总接收信号中减去重构信号,如此循环迭代。联合检测技术则指的是充分利用 MAI,一步之内将所有用户的信号都分离开来的一种信号分离技术。通常,联合检测的性能优于干扰抵消,但联合检测的复杂度高于干扰抵消,因此一般基站更容易实现联合检测。

8) 接力切换

TD-SCDMA 系统的接力切换概念不同于硬切换与软切换,在切换之前,目标基站已经获得移动台比较精确的位置信息,因此在切换过程中 UE 断开与原基站的连接之后,能迅速切换到目标基站。移动台比较精确的位置信息,主要是通过对移动台的精确定位技术来获得。在 TD-SCDMA 系统中,移动台的精确定位应用了智能天线技术,首先 Node B 利用天线阵估计 UE 的 DOA,然后通过信号的往返时延,确定 UE 到 Node B 的距离。这样,通过 UE 的方向 DOA 和 Node B 与 UE 间的距离信息,基站可以确知 UE 的位置信息,如果来自一个基站的信息不够,可以让几个基站同时监测移动台并进行定位。

在硬切换过程中,UE 先断开与 Node B_A 的信令和业务连接,再建立与 Node B_B 的信令和业务连接,也即 UE 在某一时刻始终只与一个基站保持联系。而在软切换过程中,UE 先建立与 Node B_B 的信令和业务连接之后,再断开与 Node B_A 的信令和业务连接,也即 UE 在某一时刻可与两个基站同时保持联系。

接力切换虽然在某种程度上与硬切换类似,同样是在"先断后连"的情况下,但是由于其实现是以精确定位为前提,因而与硬切换相比,UE 可以很迅速地切换到目标小区,降低了切换时延,减小了切换引起的掉话率。

9）动态信道分配

动态信道分配（DCA）的引入是基于 TD-SCDMA 采用了多种多址方式——CDMA、TDMA、FDMA 以及空分多址 SDMA（智能天线的效果），WCDMA 中没有 TD 中的多种多址方式，而且其扩频增益比较大，不需要 DCA 来提高链路质量。其原理是当同小区内或相邻小区间用户发生干扰时可以将其中一方移至干扰小的其他无线单元（不同的载波或不同的时隙）上，达到减少相互间干扰的目的。DCA 包括两部分：慢速 DCA 和快速 DCA。慢速 DCA 对小区中的载频、时隙进行排序，排序结果供接纳控制算法参考。设备支持静态的排序方法、动态的排序方法。其中静态排序方法可以起到负荷集中的效果，动态排序方法可以起到负荷均衡的效果。具体排序方法的选择，可以由运营商定制。快速 DCA 对用户链路进行调整。在 N 频点小区中，当载波拥塞时，通过快速 DCA 可以实现载波间负荷均衡。当用户链路质量发生恶化时，也会触发用户进行时隙或者载波调整，从而改善用户的链路质量。

（1）实现机制。下面以动态时隙分配为例进行详细说明。在 TD-SCDMA 系统中，时隙的分配从操作对象和实现方式上可大致分为慢速时隙分配和快速时隙分配。慢速时隙分配主要根据小区内业务不对称性的变化，动态地划分上下行时隙，使上下行时隙的传输能力和上下行业务负载的比例关系最佳匹配，以获得最佳的频谱效率。TD-SCDMA 系统可以灵活地划分上下行时隙，从而提升系统容量。但是当相邻小区的上下行时隙划分不一致时，交叉时隙间可能会造成较大的干扰，导致系统容量损失。这就需要综合考虑以上两点的影响，动态分配各个小区上下行的资源，使系统的容量最大化，同时兼顾某些热点地区的容量极大化。快速时隙分配指系统为申请接入的用户分配具体的时隙资源，并根据系统状态对已分配的资源进行调整。具体实现主要分为 4 个过程：上下行时隙排队过程、上下行时隙选择过程、上下行时隙调整过程、上下行时隙整合过程。

（2）时隙排队。排队算法是为接纳控制和时隙选择做准备的。一般根据各时隙干扰水平的不同确定各时隙的优先级。TD-SCDMA 系统中的时隙优先级排队应用了负荷均衡策略，可以有效地减少 CDMA 系统中多用户间的干扰，并控制系统的负荷，提高系统的总容量。在负荷均衡算法中，对于上行时隙可以通过比较基站能够承受的最大干扰和当前干扰得出的差值，从大到小对时隙进行优先级排序，还可以对此差值与长期统计的干扰平均值综合考虑来进行排序；对于下行时隙，可以通过比较基站的最大发射功率和当前时隙总发射功率得出的差值，从大到小排列下行时隙的优先级，也可以根据发起新呼叫的用户终端对各个下行时隙的干扰测量值进行排序。

（3）时隙选择。通常，用户终端的时隙选择可以分为 3 类。

第一类是基于顺序搜索的先进先出排队（FIFO）处理的方法。算法的主要思想是：不考虑业务类别，所有小区都按照事先规定的相同时隙优先级顺序选择可用时隙分配，首先找到的可用时隙将被分配给用户，这个算法规定一帧中具有较低数字序号的时隙拥有较高优先级且首先被搜索；并且一旦时隙被分配给某个用户后，在下一帧对应时隙仍然为那个用户所使用（假设在下一帧用户呼叫还没有结束）。这个算法的优点是具有较低优先级的时隙变为空闲的概率要大于高优先级的时隙。因此，优先级低的时隙（即时隙编号大的时隙）能支持高质量和高速率的用户。这就降低了高速率和高质量用户对其他用户的干扰。对于下行方向，其搜索过程类似。

第二类是基于时隙优先级排队算法的方法。算法的主要思想是：用户终端找到优先级最高的时隙，此时隙的业务承载能力必须大于申请用户的业务能力。但是要充分反映上下行时隙的业务承载能力就要考虑资源单元数量、干扰情况、业务的 QoS 要求，还要考虑上下行时隙的位置问题。如果一个交叉时隙服务的用户终端在小区边缘，该时隙内会有严重的小区间干扰，所以选择上下行时隙还要根据用户所在位置而尽量减少这些干扰。

第三类是基于路径损耗的抗基站间干扰的方法。该算法的基本原理是通过路径损耗进行资源预留，同时通过尽量避免存在大的基站间相互干扰来最大化地提高系统容量，并且提高系统的 QoS。该算法中，时隙依据是否有基站干扰分为普通和紧急两大组。如果在该时隙存在基站间干扰，则归属于紧急组，否则归属于普通组。属于紧急组的时隙优先分配给那些处于基站附近或信道条件好的用户，这样可以降低基站间的干扰，从而增加系统容量。普通组的时隙优先分配给小区边缘或信道条件恶劣的用户，具体算法实现如下：如果新用户接入基站的路径损耗比路径损耗门限值大，则分配普通组的时隙给该用户；然而如果路径损耗比路径损耗门限值小，则分配紧急组的时隙给新用户。另外，该算法也可以基于路径损耗进行资源预留，计算路径损耗和路径损耗门限值的差值，并且映射到最佳可用时隙，计算其总干扰功率，然后依据总干扰功率选择具有最小干扰功率的时隙分配给新用户。

（4）时隙调整。在 TD-SCDMA 系统中，当一次呼叫被接入后，RNC 还需要根据承载业务的要求、终端的移动和干扰的变化等因素，在链路质量恶化、功控失效的情况下启动信道调整过程。基于"时间交换"的时隙调整算法的根本思想如下。由于一帧各个时隙的干扰情况以及每个用户可以承受的干扰容量或干扰余量不一样。因此，一个满足不了某个用户 QoS 要求的时隙，是有可能满足其他用户 QoS 要求的。这样，就可以在小区内切换失败情况下，通过采用时隙交换技术，将在一个时隙中无法满足 QoS 要求的用户与另一个时隙中用户进行交换，分配新的时隙给该用户，以继续维持正确的通信。

在进行时隙分配时，可以根据用户是上行时隙还是下行时隙或上下行时隙均不满足 QoS 要求的情况分别进行处理。如果用户仅是上（下）行时隙不满足要求，这只对用户上（下）行方向的时隙进行交换，用户原有的下（上）行时隙保持不变。若用户两个方向的时隙均不满足要求，那么必须同时进行交换，用户进行时隙交换的前提是：时隙交换后的两个用户在满足各自 QoS 要求的同时，应该保证原来时隙中其他用户 QoS 的要求；否则不能进行交换。

（5）时隙整合。系统可以在实时高速率业务申请到来时，或者链路质量恶化、启动信道调整过程不能解决时，系统检查资源分布情况。由于终端能力限制或其他算法简化的需要，常需要把资源集中到一个时隙中，因此如果现有资源不能满足要求，则需要进行资源整合。时隙整合过程通过调整或压缩低优先级业务占用的信道等手段把可用的资源单元（RU）尽量集中在一个时隙，目的是提高系统的资源利用率、业务（尤其是高速率业务）接入成功率和切换成功率。整合策略的主要思想是：首先尽量不断开已建立的连接，而将某些连接调整到其他时隙中，如果其他时隙不能接受，则考虑降低优先级较低的非实时业务（或用户）的传输速率或释放资源，甚至可以断开某些低优先级业务（或用户）的连接，直到此时隙内空余资源达到要求。

10）N 频点技术

考虑到单个 TD-SCDMA 载频所能提供的用户数量有限，要提高热点地区的系统容量覆盖,必须增加系统的载频数量。TD-SCDMA 系统中,多载频系统是指一个小区可以配置多于一个载波频段的系统,并称这样的小区为多载频小区。通常多载频系统将相同地理覆盖区域的多个小区(假设每个载频为一个小区)合并到一起,共享同一套公共信道资源,从而构成一个多载频小区,称这种技术为 N 频点技术。为了提高 TD-SCDMA 系统的性能,在充分考虑多载频系统的特殊性以及保持现有单载波系统的最大程度稳定性的前提下,对 TD-SCDMA 多载频系统特做以下约定:

一个小区可配置多个载频,仅在小区、扇区的一个载频上发送 DwPTS 和广播信息,多个频点使用一个共同的广播信道。针对每一小区,从分配到的 N 个频点中确定一个作为主载频,其他载频为辅助载频。承载 P-CCPCH 的载频称为主载频,不承载 P-CCPCH 的载频称为辅助载频。在同一个小区内,仅在主载频上发送 DwPTS 和广播信息(TS0)。对支持多频点的小区,有且仅有一个主载频。主载频和辅助载频使用相同的扰码和基本 midamble。公共控制信道 DwPCH、P-CCPCH、PICH、SCCPCH、PRACH 等规定配置在主载频上,信标信道总在主载频上发送。同一用户的多时隙配置应限定为在同一载频上。同一用户的上下行配置在同一载频上。辅助载频的 TS0 暂不使用。主载频和辅助载频的时隙转换点建议配置为相同。

5.6 第四、五代移动通信系统

5.6.1 第四、五代移动通信系统简介

第四代移动通信系统(4G),包括 TDD-LTE 和 FDD-LTE 两种制式,能够快速传输高质量音频、视频和图像等数据。4G 能够以 100Mb/s 以上的速度下载,能够满足几乎所有用户对于无线服务的要求。

2013 年 12 月 4 日,工业和信息化部向中国移动、中国电信、中国联通正式发放了第四代移动通信业务牌照(即 4G 牌照),此举标志着中国电信产业正式进入了 4G 时代。

第五代移动通信系统(5G),是 4G 之后的延伸,无线移动网络业务能力的提升将在 3 个维度上同时进行:

(1)通过引入新的无线传输技术将资源利用率在 4G 的基础上提高 10 倍以上。

(2)通过引入新的体系结构和更加深度的智能化能力将整个系统的吞吐率提高 25 倍左右。

(3)进一步挖掘新的频率资源(如高频段等),使未来无线移动通信的频率资源扩展 4 倍左右。

5.6.2 第四代移动通信系统关键技术——OFDM 技术

1. OFDM 传输

OFDM 系统原理如图 5.47 所示,二进制数据流 b 经符号映射(子载波调制)后再经过串并变换成 N 路并行的数据流对应于 N 个不同的子载波,各子载波的调制符号被调制到对应的子载波上相加合成 OFDM 符号,再通过实际的信道,接收端再按照相反的过程对符号进行恢复得到 $\hat{b}$。

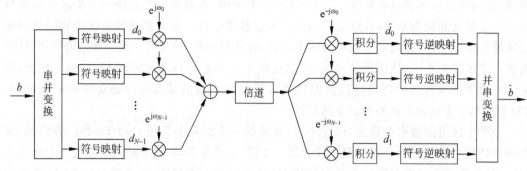

图 5.47　OFDM 系统原理图

（1）符号映射。将二进制数据流 b 变换为如 PSK、QAM 等星座图上的复值符号 d。

（2）串并变换。数据传输的典型形式是串行数据流，在这种情况下符号被连续传输，每一个数据符号的频谱可占据整个可利用的带宽。在宽带无线数字通信中信道是频率色散的，为了减少信道对通信负面影响，人们提出了多载波调制的方法，它采用的是并行传输的思想，因而在 OFDM 系统中，要将实际的串行数据流在传输之前变换为并行数据流。

（3）子载波调制。子载波调制就是要把复值符号 d 映射为子载波的幅度和相位。通常用等效基带信号来描述 OFDM 的输出信号

$$
\begin{cases}
s(t) = \sum_{i=0}^{N-1} d_i \, \mathrm{rect}(t - t_s - T/2) \exp(\mathrm{j}2\pi i(t - t_s)/T), & t_s \leqslant t \leqslant t_s + T \\
s(t) = 0, & t \leqslant t_s \text{ 或 } t \geqslant t_s + T
\end{cases}
\tag{5.46}
$$

其中，T 表示 OFDM 的符号周期；$s(t)$ 的实部和虚部分别对应于 OFDM 符号的同相和正交分量，在实际系统中可以分别与相应子载波的 cos 分量和 sin 分量相乘，构成最终的子信道信号和合成的 OFDM 符号。图 5.47 中的 ω_i 满足以下关系：

$$
\omega_i = \omega_j + 2\pi(i - j)/T, \quad 0 \leqslant i, j \leqslant N-1
\tag{5.47}
$$

（4）子载波解调。由式（5.48），可以解释 OFDM 子载波解调的原理。

$$
\frac{1}{T} \int_0^T \exp(\mathrm{j}\omega_m t) \exp(-\mathrm{j}\omega_n t)
\begin{cases}
1, & m = n \\
0, & m \neq n
\end{cases}
\tag{5.48}
$$

式（5.48）说明 OFDM 符号中各子载波具有正交性。OFDM 正是利用了这种载波间的正交性对各子载波进行解调。解调过程分两步：第一步，在接收端与本地载波相乘；第二步，在时间长度 T 内进行积分。用数学语言描述如下：

$$
\begin{aligned}
\hat{d}_j &= \frac{1}{T} \int_{t_s}^{t_s+T} \exp\left(\frac{-\mathrm{j}2\pi j(t - t_s)}{T}\right) \sum_{i=0}^{N-1} d_i \exp\left(\frac{\mathrm{j}2\pi i(t - t_s)}{T}\right) \mathrm{d}t \\
&= \frac{1}{T} \sum_{i=0}^{N-1} d_i \int_{t_s}^{t_s+T} \exp\left(\frac{-\mathrm{j}2\pi(i - j)(t - t_s)}{T}\right) \mathrm{d}t \\
&= d_j
\end{aligned}
\tag{5.49}
$$

由式（5.49）可知，按上述两步对第 j 个子载波进行解调可以恢复出期望符号，而对其他载波

来说,由于在积分间隔内,频率差为 $1/T$ 的整数倍,所以积分结果为零。

我们也可从频域的角度来解释这种解调方法的合理性。根据式(5.46),每个 OFDM 符号在其周期 T 内包括多个非零子载波。因此,其频谱可以看作是周期为 T 的矩形脉冲的频谱与一组位于各个子载波频率上的 δ 函数的卷积。

脉冲成型后的 OFDM 信号频谱图如图 5.48 所示。从图中看出,在每个子载波频率最大值处,所有其他子信道的频谱恰好为零。因为在对 OFDM 符号进行解调的过程中,需要计算这些点上所对应的每个载波频率的最大值,所以可以从多个相互重叠的子信道符号中提取每一个子信道符号,而不会受到其他子信道的干扰。同时从图 5.48 可以看出,OFDM 符号频谱实际上可以满足奈奎斯特准则,即多个子信道频谱之间不存在相互干扰。因此这种一个子信道频谱出现最大值而其他子信道频谱为零点的特点可以避免载波间干扰(ICI)的出现。

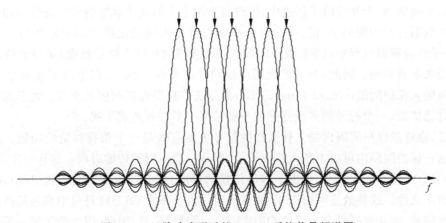

图 5.48 经脉冲成形后的 OFDM 系统信号频谱图

1) FFT/IFFT 在 OFDM 系统中的应用

从 OFDM 的原理来看,OFDM 的子载波调制实际就是傅里叶变换(FT)。那么,对于 N 比较大的系统来说,式(5.46)中的 OFDM 复等效基带信号可以采用离散傅里叶逆变换(IDFT)及其快速算法(IFFT)来实现,这样可以大大减小实现的复杂度。

为了表述方便,令式(5.46)中的 $t_s=0$,并忽略矩形函数,对信号 $s(t)$ 以 T/N 的速率进行抽样,可以得到

$$s[k]=s\left(\frac{kT}{N}\right)=\sum_{i=0}^{N-1}d_i\exp(\mathrm{j}2\pi ik/N),\quad 0\leqslant k\leqslant N-1 \tag{5.50}$$

同样,在接收端,为了恢复出原始的数据符号 d_i,可以对 $s[k]$ 进行逆变换,即 DFT 得到

$$d_i=\sum_{k=0}^{N-1}s[k]\exp(-\mathrm{j}2\pi ik/N),\quad 0\leqslant i\leqslant N-1 \tag{5.51}$$

根据上述分析可以看到,OFDM 系统的调制解调可以分别由 IDFT/DFT 来代替。通过 N 点 IDFT 运算,把频域数据符号 d_i 变换为时域数据符号 $s[k]$,经过射频载波调制之后发送到无线信道中。其中每一个 IDFT 输出的数据符号 $s[k]$ 都是由所有的子载波信号经过叠加而生成的,即对连续的多个经过调制的载波的叠加信号进行抽样得到的。

值得注意的是,在实际应用中,对一个 OFDM 符号进行 N 次采样,或者 N 点 IFFT 运

算所得到的 N 个输出样值往往不能真正反映连续 OFDM 符号的变化特性,其原因在于:由于没有使用过采样,当这些样值点被送到模/数(A/D)转换器时,就有可能导致生成伪信号(aliasing),这是系统所不能允许的。这种伪信号的表现就是,当以低于信号中最高频率两倍的频率进行采样时,即当采样值被还原之后,信号中将不再含有原信号中的高频成分,并呈现出虚假的低频信号。因此,针对这种伪信号现象,一般都需要对 OFDM 符号进行过采样,即在原有的采样点之间再添加一些采样点,构成 pN(p 为正整数)个采样值。过采样也可以通过 IFFT/FFT 来间接实现,具体方法是:在实施 IFFT 运算时,需要在原始的 N 个输入值中间添加$(p-1)N$ 个零,而在实施 FFT 运算时,需要在原始的 N 个输入值后添加$(p-1)N$ 个零。

2) 循环前缀在 OFDM 系统中的意义

应用 OFDM 的一个最主要的原因是它可以有效地对抗多径时延扩展。通过把输入的数据串并变换到 N 个并行的子信道中,使得每个用于去调制子载波的数据符号周期可以扩大为原始数据符号周期的 N 倍,因此时延扩展与符号周期的比值也同样降低为 $1/N$。但是,若在子载波解调过程中,FFT 积分时间长度取整个 OFDM 符号长度,多径效应还是会为解调带来不利影响。因此,为了最大限度地消除符号间干扰,人们想出了在每个 OFDM 符号之间插入保护间隔(Guard Interval,GI)的办法。只要保护间隔长度 T_G 大于无线信道的最大时延扩展,一个符号的多径分量就不会对下一个符号造成干扰。

但是,在这段保护间隔内插入什么样的信号更加有效是一个值得讨论的问题。起初有人想到这一保护间隔内可以不插入任何信号,即是一段空闲的传输时段。这样一来,的确可以消除 OFDM 符号间的干扰,但由于多径传播的影响,则会产生载波间干扰(ICI),破坏子载波间的正交性。这种效应可由图 5.49 来说明。由于每个 OFDM 符号中都包括所有的非零子载波信号,而且也同时会出现该 OFDM 符号的时延信号,因此,图中给了第一子载波和第二子载波的时延信号。从图中可以看出,由于在 FFT 运算时间长度内第一子载波与带有时延的第二子载波之间的周期数之差不再是整数,所以当接收机试图对第一子载波进行解调时,第二子载波会对此造成干扰,反之亦然。

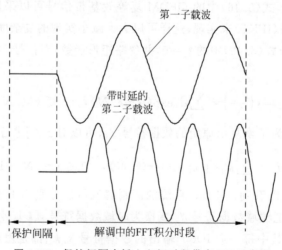

图 5.49 保护间隔内插入空闲时段带来 ICI 示意图

在保护间隔内插入空闲时段有效消除了多径带来的符号间干扰,但同时又带来了 ICI,这是我们为 OFDM 符号增加保护间隔所不希望的。那么,只要在保护间隔内用循环前缀(CP)取代空闲时段就可以解决这一问题,所谓的 CP 就是在 OFDM 符号的末端截取保护间隔长度的数据填充到保护间隔内,见图 5.50。这样就可以保证在 FFT 周期内,OFDM 符号的延时副本内所包含的波形的周期个数也是整数。这样,时延小于保护间隔 T_G 的时延信号就不会在解调过程中产生 ICI。

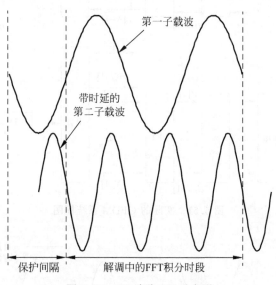

图 5.50　CP 消除 ICI 示意图

3) 实际系统中各种参数的选择

采用 IFFT/FFT 并加入 CP 的实际的 OFDM 系统如图 5.51 所示。输入的二进制信息比特 b 首选经过串并变换为 N 路并行比特流,各支路上的信息比特数可根据信道的频谱特性进行优化,然后各支路上的信息比特根据各自的调制方式,如 PSK 或 QAM 等分别进行星座映射,得到信号空间中的复数坐标 d_i,然后经过 IFFT,加入 CP,再经过并串变换,最后经过数/模变换,送入信道进行传输。在接收端,信号经过模/数变换和串并变换,去除 CP,然后经 IFFT,得到每个支路上的接收信号 $\hat{d}_i$,然后经星座逆映射,得到每个支路上的接收比特,再经并串变换,得到串行的接收比特流 $\hat{b}$。

那么,在上述 OFDM 系统信号发送与接收的过程中,有几个关键参数的选择值得我们去关注:符号周期、保护间隔(循环前缀)、子载波数量。这些关键参数的选择直接影响系统的性能。这些参数的选择取决于给定信道的带宽、时延扩展以及所要求的信息传输速率。

由于保护间隔的插入会带来功率和信息速率的损失,功率损失可以表示为

$$\eta = 10\lg(T_G/T + 1) \tag{5.52}$$

所以保护间隔的时间长度不能太大。但是,保护间隔太小又会给系统带来 ICI。

为了更加清晰地说明这一问题,还是以 CP 为例来说明保护间隔过小时为系统带来 ICI,如图 5.52 所示。图中实线表示直达信号,虚线表示带时延的反射信号。从图中可以看到,OFDM 载波经过 BPSK 调制,在符号边界处可能会发生符号相位 180°跳变。对于虚线

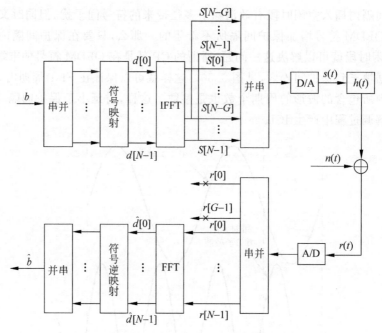

图 5.51　实际的 OFDM 系统框图

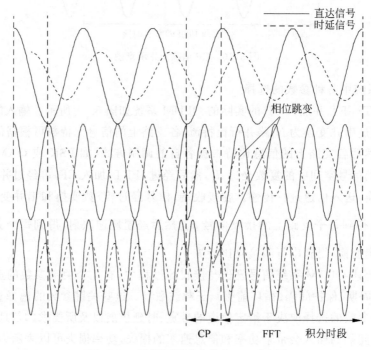

图 5.52　保护间隔过小带来 ICI 示意图

信号来说,这种相位跳变只能发生在实线信号相位跳变之后。若保护间隔的时长大于多径时延,就可以保证在 FFT 积分时段内不会出现信号的相位跳变。因此,OFDM 接收机所看到的仅仅是存在某些相位偏移的、多个单纯连续正弦波形的叠加信号。而且这种叠加也不会破坏子载波之间的正交性。然而如果 CP 的长度小于多径时延,如图中第二路载波,就会导致在 FFT 积分时段内出现相位的跳变,直射波和时延信号的叠加信号内就不再只包括单纯连续正弦波形信号,从而导致子载波之间的正交性遭到破坏。对于保护间隔的选择,根据经验,一般选择保护间隔的时间长度为时延扩展均方根值的 2～4 倍。

考虑到保护间隔所带来的信息传输效率的损失和系统的实现复杂度以及系统的峰值平均功率比等因素,在实际系统中,一般选择符号周期长度至少是保护间隔长度的 5 倍。

子载波数量可直接利用−3dB 带宽除以子载波间隔得到,即去掉保护间隔之后的符号周期的倒数。或者可以利用所要求的比特速率除以每个子信道中的比特速率来确定子载波的数量。每个子信道中传输的比特速率由调制类型编码速率以及符号速率来确定。

2. OFDM 的信号模型

下面分析实际的 OFDM 系统中的信号模型。为表述方便,对图 5.51 中的信号重新进行说明:

D/A 滤波成形前的信号 $\hat{\boldsymbol{S}} = [S[N-G], \cdots, S[N-1], S[0], \cdots, S[N-1]]^{\mathrm{T}}$,数字化形式的信道 $\boldsymbol{h} = [h[0], \cdots, h[L]]$。那么,接收端在 A/D 之后的信号 $\tilde{\boldsymbol{r}} = [\tilde{r}[0], \cdots, \tilde{r}[G-1], r[0], \cdots, r[N-1]]^{\mathrm{T}}$ 就可以表示为

$$\tilde{\boldsymbol{r}} = \boldsymbol{h} * \tilde{\boldsymbol{S}} \tag{5.53}$$

假定一个 OFDM 符号周期内信道冲击响应不变,在去 CP 后的时域信号可以表示如下

$$\boldsymbol{r} = \tilde{\boldsymbol{h}} \boldsymbol{S} \tag{5.54}$$

其中,$\boldsymbol{r} = [r[0], r[1], \cdots, r[N-1]]^{\mathrm{T}}$,$\boldsymbol{S} = [S[0], S[1], \cdots, S[N-1]]^{\mathrm{T}}$,$\tilde{\boldsymbol{h}}$ 为 $N \times N$ 维的循环矩阵,该循环矩阵的第一列元素 $\tilde{\boldsymbol{h}}(:,1) = [\boldsymbol{h}, 0, \cdots, 0]^{\mathrm{T}}$,

$$\tilde{\boldsymbol{h}} = \begin{bmatrix} h[0] & 0 & \cdots & 0 & h[L] & \cdots & h[2] & h[1] \\ h[1] & h[0] & \ddots & 0 & 0 & \ddots & \vdots & \vdots \\ \vdots & h[1] & \ddots & \vdots & 0 & & h[L] & \vdots \\ h[L] & \vdots & \ddots & 0 & \vdots & \ddots & 0 & h[L] \\ 0 & h[L] & \ddots & 0 & \vdots & & \vdots & 0 \\ 0 & 0 & \ddots & h[0] & 0 & \ddots & \vdots & \vdots \\ \vdots & \vdots & \ddots & h[1] & h[0] & & \vdots & \vdots \\ 0 & \vdots & \ddots & \vdots & \vdots & \ddots & h[0] & 0 \\ 0 & 0 & \cdots & h[L] & h[L-1] & \cdots & h[1] & h[0] \end{bmatrix} \tag{5.55}$$

下面根据式(5.54)来推导 OFDM 系统接收信号模型的频域表示

$$\hat{\boldsymbol{d}} = \boldsymbol{F}\boldsymbol{r} = \boldsymbol{F}\tilde{\boldsymbol{h}}\boldsymbol{S} = \boldsymbol{F}\tilde{\boldsymbol{h}}\boldsymbol{F}^{\mathrm{H}}\boldsymbol{d} \tag{5.56}$$

其中,$\hat{\boldsymbol{d}} = [\hat{d}[0], \cdots, \hat{d}[N-1]]^{\mathrm{T}}$,$\boldsymbol{d} = [d[0], \cdots, d[N-1]]^{\mathrm{T}}$,$\boldsymbol{F}$ 为 DFT 变换矩阵,

$$\boldsymbol{F} = \begin{bmatrix} W_N^{00} & W_N^{01} & \cdots & W_N^{0(N-1)} \\ W_N^{10} & W_N^{11} & \cdots & W_N^{1(N-1)} \\ \vdots & \vdots & \ddots & \vdots \\ W_N^{(N-1)0} & W_N^{(N-1)1} & \cdots & W_N^{(N-1)(N-1)} \end{bmatrix}, \quad W_N^{kl} = \frac{1}{\sqrt{N}} \mathrm{e}^{-\mathrm{j}2\pi kl/N} \tag{5.57}$$

对 $\tilde{\boldsymbol{h}}$ 进行特征值分解(Eigenvalue Decomposition)有

$$\tilde{h} = F^{H} \mathrm{diag}(F\tilde{h}(:,1))F \tag{5.58}$$

将式(5.58)代入式(5.56)中有

$$\hat{d} = \mathrm{diag}(F\tilde{h}(:,1))d = \mathrm{diag}(H)d = H.*d \tag{5.59}$$

其中,$H = [H[0],H[1],\cdots,H[N-1]]^{T}$ 的物理意义在于,它是信道 h 的冲击响应,即第 n 个子载波的信道衰落系数。在上述时域和频域信号模型中加入干扰噪声,可得

$$r = \tilde{h}S + n \tag{5.60}$$

其中,$n = [n[0],n[1],\cdots,n[N-1]]^{T}$。

$$\hat{d} = H.*d + W \tag{5.61}$$

其中,$W = [W[0],W[1],\cdots,W[N-1]]^{T} = Fn$。根据式(5.61),OFDM 传输系统可以等效为图 5.53 所示的频域系统。这个系统有 N 个并行的子系统,每个子系统受乘性复信道衰落系数和加性高斯白噪声(Additive White Gaussian Noise,AWGN)的影响。

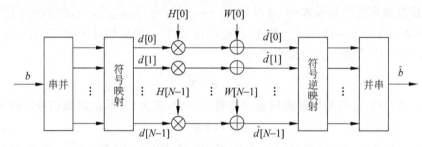

图 5.53 OFDM 系统等效频域信号模型图

3. OFDM 系统中的关键问题

OFDM 的关键问题主要集中表现在以下 3 个方面:峰值与平均功率比(Peak to Average Power Ratio,PAPR)的抑制;载波与定时同步;信道估计。

1) 峰值平均功率比的抑制

和单载波系统相比,OFDM 符号是由多个独立的子载波信号经过 IFFT 形成,因此就有可能产生较大的峰值功率,带来较大的 PAPR。PAPR 过大会导致系统对前端功放的线性范围要求很高,同时还会增加模/数和数/模变换的复杂性,并降低它们的准确度。目前抑制 PAPR 的方法大致可以分为三类:预畸变技术、编码技术以及一些非畸变降低 PAPR 技术。

预畸变技术是降低 PAPR 的简单方法,它首先对 OFDM 时域信号进行非线性处理,对具有较大峰值功率的信号进行预畸变,使其不会超过功放的线性范围。限幅(clipping)和压缩扩展变换是最常用的预畸变方法。限幅是降低 PAPR 最直接的方法,该方法通过适度地对 OFDM 信号进行限幅来实现对峰值信号的抑制。限幅虽然降低了信号的 PAPR,但它导致信号波形畸变和带外辐射功率增大等后果。为减轻限幅的负面影响,人们考虑利用峰值加窗来克服直接限幅带来大的带外频谱泄漏。

为了克服预畸变技术带来的频谱扩展,1995 年,A. E. Jones 和 T. A. Wilkinson 提出利用分组编码来降低 PAPR,开辟了 PAPR 抑制码设计的新思路。在此基础上,1996 年,van Nee 提出一种利用 Golay 互补序列的一个子集来构造码字,不仅可以使 OFDM 系统中的 PAPR 降至 3dB,同时具有一定的编码增益。基于此项研究结果,Golay 码已经应用到欧

洲 Magic WAND 的 20Mb/s OFDM 调制解调器中。利用载波干涉编码来降低系统的 PAPR,即将每个信号调制到不同的载波上,通过不同的相位旋转来区分不同的信号,是一种类扩频的实现结构。另外,针对 MC-CDMA 系统,也有一些基于扩频码选择与优化的 PAPR 抑制方法。

除了上述两大类方法外的 PAPR 抑制方案归为一类,称为非畸变降低 PAPR 的技术。这类方法的典型代表是选择性加扰算法,选择映射算法和部分传输序列算法。1996 年,P. van Eetvelt 等人提出了通过选择性加扰来抑制 PAPR 的方法,其基本原理是将数据序列和 4 个不同的 m 序列作异或,然后在产生的 4 个序列中选择 PAPR 最低的一个进行发送。另外,M. Friese 提出通过优选发射信号中各子载波的初始相位来降低 PAPR。该算法和选择性加扰算法可以看作是选择映射算法的雏形。选择映射(Selective Mapping,SLM)算法采用若干个随机相位序列矢量分别和输入序列进行点乘,所得结果分别进行 IFFT 计算,相应得到若干个不同的输出序列,然后在其中选取 PAPR 最小的进行传输。为降低 SLM 的实现复杂度,部分传输序列(Partial Transmit Sequence,PTS)算法将原序列分成较小的传输块,分别给每一块乘以不同的权值,然后再合并以减小 PAPR。但是由于各部分传输序列的加权系数不相同,所以该算法主要适用于块内差分调制的系统。

2) OFDM 系统中的同步

在 OFDM 系统中,定时同步误差和载波同步误差会产生 ICI,引入相邻信道干扰,造成系统性能的极大损失。因此,同步参数估计,尤其是载波频偏估计在 OFDM 系统中占有特殊重要的地位。OFDM 系统中存在同步要求:一是载波同步;二是符号定时同步。载波同步是要使接收端的振荡频率和发送载波同频同相;定时同步即要求寻找出精确的 IFFT/FFT 时刻。

载波同步是 OFDM 系统同步研究的重点内容,常用的载波偏差估计算法可以分为以下几类。

(1) 基于 CP 和特殊符号的载波偏差同步。利用 CP 与 OFDM 符号后半部分强的自相关性来实现载波偏差估计,思路简单,但性能较差。利用两个同步符号,第一个符号前后两部分完全相同,用于实现定时捕获和分数载波偏差估计,第二个符号的频域信号形式为一具有强自相关性的 PN 序列,主要用于整数载波偏差估计。将同步符号合二为一,使其频域为 PN 序列,而时域具有完全相同的前后两部分,从而在一个符号内实现了定时和载波偏差估计。

(2) 基于高倍钟采样的载波频偏估计算法。该算法将二倍钟采样的奇、偶序列等效为不同时刻传输的 OFDM 符号,通过频域子载波的共轭相乘消除了符号信息,同时为了避免信道信息的影响。通过奇、偶序列的整数载波偏差搜索,获得整数倍的载波偏差,扩大算法的捕获范围。

(3) 利用虚载波或导频符号实现载波频偏估计。出于系统设计需求,部分 OFDM 系统中并不是将所有的子载波都用来传输信息,而未传输信息的子载波被称为虚载波,它隐含了一定的信息。根据虚载波提供的信息,利用频域能量的搜索来获得载波偏差初始估计,然后利用循环前缀构造跟踪环来完成载波同步。另外,基于 MMSE 原则,利用虚载波泄漏能量最小的特点来获得载波偏差估计值。在实际的 OFDM 系统中,往往在时频图上插入一些特殊的导频来跟踪信道变化情况,这些导频同样也可以用于同步估计。

(4) 组合方式的载波频偏估计以及联合估计。由于 OFDM 对载波同步的要求非常高,而单一算法的估计精度往往有限。由于载波偏差和定时偏差均表现在频域信号的相位上，基于循环前缀和导频符号的组合算法往往能够具有更好的性能。

3）OFDM 系统中的信道估计

无线信道的衰落特性导致各个子载波信号产生不同的幅度畸变和相位旋转，为消除其影响，接收端往往要先估计出信道特征，进行相干检测。另外，若将自适应比特和功率分配（adaptive bit & power loading）技术运用到 OFDM 系统中以提升其性能，发射端必须准确知道 CSI。因此，信道估计在 OFDM 系统中占有重要地位。

利用导频或训练序列来估计 CSI 是 OFDM 系统中的常用方法。该方法能有效降低接收机的设计复杂度，且收敛速度快。根据时频图上的导频插入方式，可分为块状导频（前一个或几个 OFDM 块的所有子载波上都插入导频）和梳状导频（按照一定规律在时频图上和数据符号交错分布）。前者主要用于慢衰落信道或分组数据传输方式，后者主要用于快衰落信道或连续通信方式。另外，从信道估计的表现形式上看，一种是估计出时变信道的时域冲击响应，称为时域信道估计；另一种是直接估计出信道的频率响应，称为频域信道估计。

对于块状导频的 OFDM 系统来说，可以依据最小二乘（Least Square，LS）或最小均方误差（Minimum Mean Square Error，MMSE）准则得出 CSI 估计值，然后该估计值可以直接用来对后继 OFDM 符号进行相干检测，或采用判决反馈的方式对信道状态信息进行动态更新。而对于采用梳状导频的 OFDM 系统，由于信道变化较快，故在提取出导频子载波的 CSI 后，必须采用二维插值滤波的方法来获取其余子载波信道的估计值。这类算法的研究主要集中在二维插值滤波器的设计上，包括基于 MMSE 的二维内插算法、LS 二维内插算法、基于 Wiener 滤波的算法等。

考虑到传输率等问题，在 OFDM 系统中不可能插入过多的导频或训练序列，否则会导致信道估计精度不高。为提高估计精度，可利用大量的数据符号，通过判决反馈的方法实现 CSI 的平滑更新。值得指出的是，为获得更好的 BER 性能，现有 OFDM 系统几乎都使用信道编码技术，因此可以使用 Turbo 原则（Turbo Principle）对信道估计和译码进行联合处理，通过多次迭代，在获得更高译码增益的同时提高 CSI 的估计精度。

导频或训练序列的使用降低了频谱利用率，尤其是在快变衰落信道中，数据传输的有效性会大大降低。因此不需要导频的（半）盲估计方法受到越来越多的重视。盲估计方法可以分为基于确知意义上的盲处理和基于统计意义上的盲处理两大类。

最大似然序列估计（Maximum Likelyhood Sequence Estimation，MLSE）方法对收到的一个 OFDM 符号进行处理，将数据和信道作为联合参数进行分析，实现盲信道估计和发送符号估计。该算法利用信号的有限字符特性（finite alphabet），属于确知意义上的盲估计。

统计意义上的盲处理方法主要包括利用信号循环平稳性的盲估计、利用子空间分解的盲估计以及利用信号二阶或高阶统计量的盲估计等。

5.6.3 第四代移动通信系统关键技术——MIMO 技术

在传统的无线通信系统中，发射端和接收端通常是各使用一根天线，这种单天线系统也称为单输入单输出（Single Input Single Output，SISO）系统。对于这样的系统，C. E. Shannon（1916—2001）于 1948 年在《通信的数学理论》中提出了一个信道容量的计算公式。它确定了在有噪声的信道中进行可靠通信的上限速率。以后的电信工作者无论使用怎样的

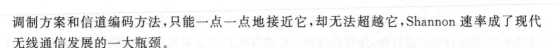

调制方案和信道编码方法,只能一点一点地接近它,却无法超越它,Shannon 速率成了现代无线通信发展的一大瓶颈。

随着移动通信的广泛应用,加上互联网要求无线接入,提高无线通信速率成为非常紧迫的研究任务,因此必须设法突破上述传统无线通信系统的容量界限。一般来说,提高移动通信的信道容量有 3 种方法:一是设置更多的基站;二是拓宽已使用的频带;三是提高频谱的使用效率。设置更多的基站意味着增加更多的蜂窝,为此付出的代价高。

在传统的无线系统中,根据 C. E. Shannon 给出的信道容量公式,增加信噪比可以提高频谱的使用效率,信噪比每增加 3dB,信道容量每秒每赫兹增加 1 比特。对于单用户方案,信噪比主要与系统热噪声有关,而系统热噪声在通信期间基本保持不变,如果增大发射端的发射功率,接收端的信噪比将随之增加。然而,要设计一个功率放大器能在很宽的线性范围内和很高的发射功率上工作是很困难的,并且当发射功率很高时,器件的散热也成问题。在蜂窝方案中,由于来自其他用户的干扰电平通常高于系统的热噪声,所以在这种情况下增大发射功率对增加信道容量没有太大的帮助。

提高频谱使用效率的另一种方法是采用分集技术。单输入多输出(Single Input Multiple Output,SIMO)系统采用最佳合并的接收分集技术,通常能够改善接收端的信噪比,从而提高信道的容量和频谱的使用效率。在多输入单输出(Multiple Input Single Output,MISO)系统中如果发射端不知道信道的状态信息,无法在多发射天线中采用波束形成技术和自适应分配发射功率,信道容量的提高不是很多。SIMO 和 MISO 技术的发展自然演变成多输入多输出(MIMO)技术,即在无线链路的两端都使用多根天线,Bell 实验室的学者 E. Telatar 和 J. Foschini 分别证明了 MIMO 系统与 SIMO 和 MISO 系统相比,可以取得巨大的信道容量,也突破了传统的 SISO 信道容量的瓶颈,是 C. E. Shannon 信道容量的推广。与目前已实现的信道容量相比,MIMO 系统提高了几个数量级,因此 MIMO 技术在移动通信系统中有着广阔的应用前景。

1. MIMO 系统的主要特征

1) 信道容量

容量是表征通信系统的最重要标志之一,表示通信系统的最大信息传输速率。Telatar 和 Foschini 分别对高斯噪声下多发送多接收天线系统信道容量进行了较深入的研究。研究表明,在假设各天线互相独立的条件下,多天线系统比单天线系统的信道容量有显著的提高。考虑副发送天线、副接收天线的无线传输系统,在接收端已准确知道信道传输特性的情况下,得到呈线性增加的信道容量。在相同发射功率和传输带宽下,多天线系统比单天线系统的信道容量提高 40 多倍。这些增加的信道容量可以用来提高信息传输速率,也可以不提高信息传输速率而通过增加信息冗余度来提高通信系统的传输可靠性,或者在两者之间取得一个合理的折中。

2) 空间复用提高频谱利用率

在信道容量研究的基础上,Foschini 等人提出了分层空时结构(Layered Space-Time Architecture),建立了 BLAST 多天线 MIMO 实验系统,在实验室中获得了 20～40b/s/Hz 的频谱利用率,这在普通系统中极难实现。由于这种 BLAST 系统是将高速信源数据流按照发送天线数目串并变换为若干子数据流,独立地进行编码、调制,然后分别从各副发送天线上发送出去,因而严格说来它不是基于发射分集技术的,而是利用了空间复用技术(spatial multiplexing)。由于这些数据流占据相同的频带，因此经过无线信道后，信号发生了混合。在接收端，利用估计的信道特性，接收机按照一定的译码算法分离独立的数据流并给出其估值。根据发送端对输入串行数据流进行分路方式的不同，主要有垂直（V-BLAST）、对角（D-BLAST）和平行（H-BLAST）3 种空间复用方案。这种纯粹的空间复用系统实际上是自由度（一般指发送天线和接收天线的最小值）受限的，较适用于高信噪比的情况，它追求的是速率的极大化，因此对于一定差错率目标来说，空间复用系统并非最佳的传输方案。

3）利用发送分集提高系统的传输性能

通常，在传统的无线传输系统中多径引起的衰落是造成误码的主要原因之一。然而MIMO 系统能利用多副天线所带来的多条传输路径来获得空间分集增益，从而提高系统的传输性能，这是 MIMO 系统的一个主要特征。

基于发送分集的空时编码技术能够获得高分集增益和高分集阶数。与空间复用系统不同，空时编码技术追求的是分集效果的极大化。它有效地结合了编码、调制以及分集技术，在获得分集增益的同时，也可获得编码增益。这样，并行信道数目的减少只会导致分集效果的减少，而不会引起系统性能的迅速恶化。这种基于发送分集的空时编码技术主要包括空时分组编码和空时网格编码两大类。空时网格编码可以同时获得分集增益和编码增益，但其译码复杂度却很高。虽说空时分组码只能获得分集增益，但却由于编译码简单、易于实现而受到广泛关注。

4）空间复用与发送分集的折中

空间复用技术追求的是频谱效率的极大化，但并不适于低信噪比环境；发送分集技术追求的是分集增益的最大化，却有可能会导致速率的损失。因此，MIMO 系统需要在编码处理与复用的优势之间进行折中考虑，根据不同的目标要求，采取相应的传输方案。

2. MIMO 信道建模必要性

信道是通信系统中发送端与接收端间传输媒介的总称，是信息传输的通道，它决定着信息传输的速率和通信的质量，因此，信道特性直接影响通信系统的性能。对于移动通信而言，移动信道对其系统性能的影响尤为明显，因为移动通信要保证用户在自由移动中的通信，所以必须利用无线电波作为载体进行信号传输。无线电波在现实环境中传播会经历各种衰落和干扰。首先，无线电波会随着传播距离的增加而发生弥散损耗，同时还会受到地形、建筑物的遮蔽而发生"阴影效应"，而且信号经过周围散射体的散射，会从多条路径到达接收点，这种多径信号的幅度、相位和到达时间都不一样，它们相互叠加会产生电平快衰落和时延扩展。此外，通信终端的快速移动会引起多普勒频移，产生随机调频，在存在多径传播情况下，还会引起多普勒频移扩展，造成信号的时间选择性衰落；同时在快速移动过程中，电波传播特性也会发生快速的随机起伏。这些时变的、随机的损耗和干扰极大地妨碍了信号的正确传输，造成了通信系统的性能明显降低。这也是移动通信系统的性能明显低于有线通信系统的最主要的原因。

由于信道对移动通信系统的性能具有关键性的影响，因此不管是移动通信技术的理论研究还是移动通信系统的分析和设计，以及移动通信系统建立之后的性能评估和后续的升级，都需要获得信道的特性。除了必要的实测之外，建立信道模型来模拟实际信道的特性是最主要的手段。

MIMO 系统的收发端均使用了多天线，MIMO 信道通常由多个天线链路形成的子信道构成。根据多天线信道容量理论,MIMO系统的天线链路之间的衰落相关性对MMO信道容量有关键性影响,MIMO信道模型需要反映这一重要特性。因此,原有的单天线模型不能用于MIMO系统,需要建立新的MIMO信道模型。由于MMIO技术其他方面的研究都需要建立在信道模型的基础之上,因此信道建模成为研究MIMO的基础。

3. MIMO信道建模方法的分类

目前用于MIMO信道建模的方法主要有两大类:一类是确定性衰落信道建模方法,这类方法基于对特定传播环境的准确描述产生,具体又可分为基于信道冲激响应测量数据的建模方法和基于射线跟踪的建模方法;另一类是基于统计特征的建模方法,与确定性建模方法相比,这类方法利用统计平均方法重新产生观察到的MIMO信道衰落现象,具体可分为基于地理特征的建模、参数化统计建模和基于收发衰落相关特征建模的3种方法。

1) 基于信道冲激响应测量数据的建模

基于信道冲激响应测量数据的确定性MIMO信道建模方法源于单天线多径衰落信道建模方法。该建模方法通过对MIMO信道衰落的测量,获得特定电波传播环境的信道冲激响应测量数据,利用正弦波叠加(Sum-Of-Sinusoids,SOS)的方法模拟MIMO信道的衰落过程。在整个信道衰落的模拟过程中,信道衰落只看作时间的函数,因此称为确定性建模方法。相对于其他建模方法,确定性MIMO信道建模方法具有运算量小、建模过程简单等优点,其缺点是需要信道冲激响应的测量数据,因此只能用于特定的传播环境。

2) 基于射线跟踪的建模

基于射线跟踪(ray-tracing)的建模方法是另一种确定性建模方法。它利用事先得到的地理信息数据,在指定的传播环境通过跟踪多径传播的空时特征,从而得到信道模型。很多研究机构和公司开发了基于射线跟踪理论的信道建模和仿真工具,利用这些工具,可预测室内无线衰落信道的时域冲激响应特征,还可描述接收信号的空间特征,如来波方向和去波方向,其有效性已经在窄带、宽带和方向性信道的一些测量结果中被验证。利用射线跟踪的MIMO信道建模方法可解释衰落信道中普遍存在的散射簇(cluster)概念。但是,利用射线跟踪的建模方法运算量巨大,一般局限于室内应用,不具有广泛的适用性。

3) 基于地理特征的建模

在统计特征建模方法中,基于地理特征的建模方法是被广泛研究的一种典型建模方法。它通过描述传播环境中存在的散射体的统计分布,利用电磁波经历反射、绕射和散射时的基本规律构建MIMO衰落信道模型。在不同的传播环境中,通常假设在用户端和基站端具有不同的散射体几何分布,常用的几何分布模型包括单环、双环、椭圆和扇形等。

4) 参数化统计建模

参数化统计建模则将接收信号描述为许多电磁波的叠加,以构建信道衰落的特征。双方向性信道模型(Double Directional Channel Model,DDCM)就采用了参数化统计建模的方法。双方向性信道模型可以利用抽头延迟线(Tapped Delay Line,TDL)模型结构实现,对应每个抽头,在发送端和接收端分别有对应的离开角(Angle Of Departure,AOD)和到达角(Angle Of Arrival,AOA)值、复信道衰落因子和相对时延等参数进行描述。但是该模型无法包括收发端天线阵列结构的影响。虚射线模型(Virtual Ray Model ,VRM)的提出则较好地解决了这个问题,它先将多径解释为分别包含多个子径的簇,对每个簇分别用多个衰落成分模拟产生。

5) 基于收发衰落相关特征的建模

基于收发衰落相关特征的建模方法是统计建模的另一种典型代表方法。该方法假定信道衰落因子为复高斯分布的随机变量,其一阶矩和二阶矩反映了信道衰落特征。依据这点假设,即产生了基于 MIMO 信道空时相关特征的建模方法。该建模方法将空时衰落的相关特性分解为发送端衰落相关矩阵、独立衰落矩阵和接收端衰落相关矩阵 3 部分的乘积。相关的理论和实验测试结果表明这一模型能较好地匹配 MIMO 衰落信道的空时相关特征,更能描述 MIMO 系统的容量特性。

5.6.4　第五代移动通信系统关键技术——大规模 MIMO

为提高无线资源利用率、改善系统覆盖性能、显著降低单位比特能耗,异构分布式协作网络技术得到业界更加广泛的关注。

在分布式协作网络系统中,处于不同地理位置的节点(基站、远程天线阵列单元或无线中继站)在同一时频资源上协作完成与多个移动通信终端的通信,形成网络多 MIMO 信道,可以克服传统蜂窝系统中 MIMO 技术应用的局限,在提高频谱效率和功率效率的同时,改善小区边缘的传输性能。然而,在目前典型的节点天线个数配置和小区设置的情况下,MIMO 传输系统会出现频谱和功率效率提升的瓶颈问题。为此,在各节点以大规模阵列天线替代目前采用的多天线,由此形成大规模 MIMO 无线通信环境(如图 5.54 所示),以深度挖掘空间维度无线资源,解决未来移动通信的频谱效率及功率效率问题。

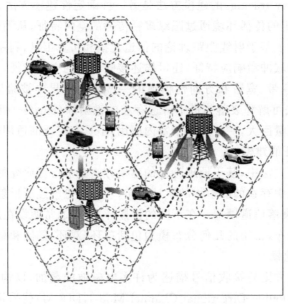

图 5.54　大规模 MIMO 无线通信环境

大规模 MIMO 无线通信的基本特征是:在基站覆盖区域内配置数十根甚至数百根以上天线,较 4G 系统中的 4(或 8)根天线数增加一个量级以上,这些天线以大规模阵列方式集中放置;分布在基站覆盖区内的多个用户,在同一时频资源上,利用基站大规模天线配置所提供的空间自由度,与基站同时进行通信,提升频谱资源在多个用户之间的复用能力、各个用户链路的频谱效率以及抵抗小区间干扰的能力,由此大幅提升频谱资源的整体利用率;

与此同时,利用基站大规模天线配置所提供的分集增益和阵列增益,每个用户与基站之间通信的功率效率也可以得到显著提升。

大规模 MIMO 无线通信通过显著增加基站侧配置天线的个数,以深度挖掘利用空间维度无线资源,提升系统频谱效率和功率效率,其所涉及的基本通信问题是:如何突破基站侧天线个数显著增加所引发的无线传输技术瓶颈,探寻适于大规模 MIMO 通信场景的无线传输技术。

5.6.5　第五代移动通信系统关键技术——基于滤波器组的多载波技术

滤波器组多载波(Filter Bank Multi-Carrier,FBMC)技术的基本概念最早于 20 世纪 60 年代中期提出,不过由于实现复杂度高的特点一直没有得到使用。FBMC 和 OFDM 存在两个主要的不同点:调制方式和原型滤波器。

第一,OFDM 使用了 QAM 调制方法,映射了两比特符号到一个复信号中,并在不同的子信道中传输。FBMC 对于每个子载波使用了偏移 QAM,即 OQAM。在映射之后,复数信号将分为同向部分和正交部分,即实部和虚部。每个子载波传输的是实数值的信号,在复数信号中,虚数部分信号将在实数部分信号发送之后延迟半个符号周期再发送。

第二,OFDM 系统利用矩形窗脉冲函数作为原型滤波器,矩形窗函数滤波器的缺点是具有较高的旁瓣幅度,并且子载波的频谱互相重叠。因此,频率偏移和频率扩散将影响子载波之间的正交性。而 FBMC 可以选择任意的原型滤波器,FBMC 不需要使用 CP 即可控制 ISI 和 ICI。在 FBMC 系统中,只有相邻的子载波重叠,从而保证了系统应对频率偏移的鲁棒性。

OFDM 系统采用矩形窗函数作为原型滤波器,实现了子载波信号在频域的正交,由此获得了比传统频率复用更高的频谱利用率。矩形窗函数在频域上是 sin 函数,具有较高的带外辐射和慢衰落的特性。相比于 OFDM 系统而言,FBMC 系统采用更为灵活有效的原型滤波器设计,在时频域聚焦性方面优于矩形窗函数。FBMC 原型滤波器实现了带外幅度的快速衰弱,降低了 FBMC 子载波间干扰和符号间干扰,同时降低了系统对于频偏的敏感性,具有一系列优越性能。

在 FBMC 传输系统中,一串数据信号先经过信源编码和信道编码和串并变换,为了提高信息比特的传输效率再映射到某个空间中。复数形式的序列被分为实数部分和虚数部分,在 FBMC 系统中,使用偏移正交幅度调制(OQAM)对实数部分和虚数部分符号进行预处理。预处理后的符号再分别通过原型滤波器,使用滤波器组多载波技术完成调制,在时域上叠加发送到信道中。借助于 IFFT 算法,可以快速实现多载波技术的调制。在接收端,同样使用了一组原型滤波器,这组原型滤波器具有和发送端原型滤波器组完全相同的性能,是对称的。

FBMC 系统是基于滤波器组的多载波通信系统,由于采用了特殊设计的原型滤波器,它的原始滤波器组的频率选择性要远远好于矩形窗函数脉冲滤波器。原型滤波器的采用保证了子载波信道的独立性,因此不需要使用 CP 提供保护间隔。FBMC 系统有以下几个特点。

(1) FBMC 系统具有很低的带外功率辐射。对于传统的 OFDM 系统而言,使用矩形成型带来的带外功率衰减为 −25dB 左右,而 FBMC 使用了优良时频聚焦特性的原型滤波函数,带外功率衰减可以达到-50dB以下。因而在 FBMC 系统中,不需要提供保护频带或者做额外的带外辐射抑制处理。

(2)原型滤波器的使用使 FBMC 系统有较大时延。具有良好性能的原型滤波器的使用一方面能够快速降低带外衰弱,另一方面也带来了 FBMC 系统的时延问题。由于信号需要通过滤波器处理,而 FBMC 系统采用的原型滤波器具有较大的滤波器长度,滤波器长度和子载波数量、重叠因子有关。FBMC 的原型滤波器重叠结构扩展了滤波器长度,由此增加了信号处理时延。

(3)存在虚部干扰,由于 FBMC 系统是非正交系统,存在固有的虚部干扰,这些虚部干扰项的存在,导致原有的 OFDM 系统中的一些信号处理方法不能直接用于 FBMC 系统中。因此,我们需要提出新的理论和方法来应对 FBMC 的挑战。

(4)不使用 CP,提升了频谱效率和传输效率。原型滤波器的使用降低了各子载波正交性的要求,允许更小的频率保护带,因此不需要插入 CP。这种设计使得 FBMC 系统相比于 OFDM 具有更高的频谱效率和传输效率。

(5)较强的抗干扰能力。在 OFDM 系统中,CP 的使用克服了符号间干扰问题,但是无法解决载波间干扰。通过使用具有更好时间频率聚焦性的原型滤波器,FBMC 系统只存在相邻子载波之间的重叠,大大降低了子载波的重叠性,降低了 ICI,因此具有较强的抗干扰能力。

(6)FBMC 与大规模 MIMO 相结合的问题。在 5G 系统中,大规模 MIMO 的使用可以通过多天线多用户空分技术大幅提升频谱效率。由于 FBMC 系统的信号结构特点,因此在与大规模 MIMO 相结合应用方面仍然存在较多问题。如何将 FBMC 技术应用于大规模 MIMO 中,并发挥 FBMC 与大规模 MIMO 的各自优势尚不明确,未来的研究工作需要在 FBMC-MIMO 之间展开。

(7)与认知无线电的结合使用。OFDM 技术由于存在较大的带外泄漏,在和认知无线电技术结合方面存在较大问题,使得 OFDM 在零散频谱资源利用和动态频谱接入方面具有明显劣势。采用良好时频域聚焦性的原型滤波器的 FBMC 技术由于带外泄漏低的优点,能够用于认知无线电系统中,充分发挥认知无线电在频谱检测和频谱接入的性能。认知无线电的次用户能够有效地利用频谱实现机会传输,在全频谱使用中具有广泛的应用前景。

FBMC/OQAM 系统的这几个新特点给通信的物理层设计带来了很大的改变,特别是在适应较长数据传输场景中具有广阔的应用前景。在 FBMC/OQAM 系统设计中考虑这些特点,将有望为人们提供更高质量的通信服务。

5.6.6 第五代移动通信系统关键技术——全双工技术

移动通信系统存在两种双工方式,即 FDD 和 TDD。FDD 系统的接收和发送采用不同的频带,而 TDD 系统在同一频带上使用不同的时间进行接收和发送。

在实际应用中,两种制式各有自己的优势。和 TDD 相比,FDD 具有更高的系统容量、上行覆盖更大、干扰处理简单等优势,同时不需要网络的严格同步;然而 FDD 必须采用成对的收发频带,在支持上下行对称业务时能够充分利用上下行的频谱,但在支持上下行非对称业务时,FDD 系统的频谱利用率将有所降低。5G 网络将以用户体验为中心,实现更为个性化、多样化的业务应用。

随着在线视频业务的增加，以及社交网络的推广，未来移动流量呈现出多变特性：上下行业务需求随时间、地点而变化，现有通信系统采用相对固定的频谱资源分配方式，无法满足不同小区变化的业务需求。针对5G多样的业务需求，灵活频带技术可以实现灵活双工，以促进FDD/TDD双工方式的融合。

灵活双工能够根据上下行业务变化情况动态分配上下行资源，有效提高系统资源利用率。根据其技术特点，灵活双工技术可以应用于低功率节点的小基站，也可以应用于低功率的中继节点。

灵活频带技术将FDD系统中部分上行频带配置为灵活频带。在实际应用中，根据网络中上下行业务的分布，将"灵活频带"分配为上行传输或下行传输，使得上下行频谱资源和上下行业务需求相匹配，从而提高频谱利用率。

灵活双工可以通过时域和频域的方案实现。在FDD时域方案中，每个小区可根据业务量需求将上行频带配置成不同的上下行时隙配比；在频域方案中，可以将上行频带配置为灵活频带以适应上下行非对称的业务需求。同样地，在TDD系统中，每个小区可以根据上下行业务量需求来决定用于上下行传输的时隙数目，实现方式与FDD中上行频段采用的时域方案类似。

同时同频全双工技术（Co-time Co-frequency Full Duplex，CCFD）是指设备的发射机和接收机占用相同的频率资源同时进行工作，使得通信双方上下行可以在相同时间使用相同的频率，突破现有的FDD和TDD模式，是通信节点实现双向通信的关键之一，也是5G所需的高吞吐量和低延迟的关键技术。传统双工模式主要是频分双工和时分双工，用以避免发射机信号对接收机信号在频域或时域上的干扰，而新兴的CCFD采用干扰消除的方法，减少传统双工模式中频率或时隙资源的开销，从而达到提高频谱效率的目的。与现有的FDD或TDD双工方式相比，CCFD能够将无线资源的使用效率提升近一倍，从而显著提高系统吞吐量和容量。

CCFD实现同一信道同时发送和接收，相比FDD和TDD的半双工技术，其频谱效率将提升一倍。其次，相比TDD技术，全双工可大幅度缩短时延。全双工技术下，发送完数据之后即刻接收反馈信息，减少时延。另外，在传送数据包的时候，无须等待数据包完全到达才发送下一个数据包，特别是在重传的时候，时延更会大大减小。另外，由于同频全双工中继节点的收发天线进行同时通信，因此消除隐藏终端和降低网络拥塞。此外，同频全双工在认知网络通信系统当中，接收天线时刻接收数据能快速感知频谱授权用户的频谱占用状态，为次级用户快速接入和释放频谱资源提供技术优势。

CCFD的应用面临不小的挑战。采用同时同频全双工无线系统，所有同时同频发射节点对于非目标接收节点都是干扰源，同时同频发射机的发射信号会对本地接收机产生强自干扰。在全双工模式下，如果发射信号和接收信号不正交，发射端产生的干扰信号比接收到的有用信号要强数十亿倍（大于100dBm）。因此，同时同频全双工系统的应用关键在于干扰的有效消除。在点对点场景同时同频全双工系统的自干扰消除研究中，根据干扰消除方式和位置的不同，有3种自干扰消除技术，分别为天线干扰消除、射频干扰消除和数字干扰消除。

天线干扰消除有两种实现原理：一是通过天线布放实现；二是通过对收/发信号进行相位反转实现。空间布放实现的天线对消：通过控制收发天线的空间布放位置，使不同发射天线距离接收天线相差半波长的奇数倍,从而使不同发射天线的发射信号在接收天线处引入相位差 π,可以实现两路自干扰信号的对消。相位反转实现的天线对消:在对称布放收发天线的基础上,成对的发射/接收天线中,信号发射之前或接收之后在天线端口处引入相位差 π,可以实现自干扰信号的对消。

射频干扰消除是通过从发射端引入发射信号作为干扰参考信号,由反馈电路调节干扰参考信号的振幅和相位,再从接收信号中将调节后的干扰参考信号减去,实现自干扰信号的消除。数字干扰消除是采用相干检测而非解码来检测干扰信号,相干检测器将输入的射频接收信号与从发射机获取的干扰参考信号进行相关。由于检测器能够获取完整的干扰信号,用其对接收信号进行相干检测,根据得到的相关序列峰值,就能够准确得到接收信号中自干扰分量相对于干扰参考信号的时延和相位差。

5.6.7 第五代移动通信系统关键技术——自组织网络技术

在传统的移动通信网络中,网络部署、运维等基本依靠人工的方式,需要投入大量的人力,给运营商带来巨大的运行成本。随着移动通信网络的发展,依靠人工的方式难以实现网络的优化。因此,为了解决网络部署、优化的复杂性问题,降低运维成本相对总收入的比例,使运营商能高效运营、维护网络,在满足客户需求的同时,自身也能够持续发展,设备制造商提出了自组织网络(SON)的概念。自组织网络的思路是在网络中引入自组织能力,包括自配置、自优化、自愈合等,实现网络规划、部署、维护、优化和排障等各个环节的自动进行,最大限度地减少人工干预。目前,自组织网络成为新铺设网络的必备特性,逐渐进入商用,并展现出显著的优势。

自组织网络技术解决的关键问题主要有两点:网络部署阶段的自规划和自配置;网络维护阶段的自优化和自愈合。自配置即新增网络节点的配置可实现即插即用,具有低成本、安装简易等优点。自优化的目的是减少业务工作量,达到提升网络质量及性能的效果,其方法是通过 UE 和 eNB 测量,在本地 eNB 或网络管理方面进行参数自优化。自愈合指系统能自动检测问题、定位问题和排除故障,大大减少维护成本并避免对网络质量和用户体验的影响。自规划的目的是动态进行网络规划并执行,同时满足系统的容量扩展、业务监测或优化结果等方面的需求。目前,主要有集中式、分布式以及混合式 3 种自组织网络架构。其中,基于网管系统实现的集中式架构具有控制范围广、冲突小等优点,但也存在运行速度慢、算法复杂度高等不足;而分布式架构恰恰相反,主要通过 SON 分布在 eNB 上来实现,效率和响应速度高,网络扩展性较好,对系统依赖性小,缺点是协调困难;混合式架构结合集中式和分布式两种架构的优点,缺点是设计复杂。SON 技术应用于移动通信网络时,其优势体现在网络效率和维护方面,同时减少了运营商的资本性支出和运营成本投入。

目前,针对 LTE、LTE-A 以及 UMTS、WiFi 的 SON 技术发展已经比较完善,逐渐开始在新部署的网络中应用。但现有的 SON 技术都是面向各自网络,从各自网络的角度出发进行独立的自部署和自配置、自优化和自愈合,不能支持多网络之间的协同。因此,需要研究支持协同异构网络的 SON 技术,如支持在异构网络中的基于无线回传的节点自配置技术;异系统环境下的自优化技术,如协同无线传输参数优化、协同移动性优化技术、协同能效优化技术、协同接纳控制优化技术等,以及异系统下的协同网络故障检测和定位,从而实现自愈合功能。

5G 将采用超密集的异构网络节点部署方式,在宏站的覆盖范围内部署大量的低功率节点,并且存在大量的未经规划的节点,因此,在网络拓扑、干扰场景、负载分布、部署方式、移动性方面都将表现出与现有无线网络明显不同之处,网络节点的自动配置和维护将成为运营商面临的重要挑战。比如,邻区关系由于低功率节点的随机部署远比现有系统复杂,需要发展面向随机部署、超密集网络场景的新的自动邻区关系技术,以支持网络节点即插即用的自配置功能;由于可能存在多个主要的干扰源,以及由于用户移动性、低功率节点的随机开启和关闭等导致的干扰源的随机、大范围变化,使得干扰协调技术的优化更为困难;由于业务等随时间和空间的动态变化,使得网络部署应该适应这些动态变化,因此,应该对网络动态部署技术进行优化,如小站的动态与半静态开启和关闭的优化、无线资源调配的优化;为了保证移动平滑性,必须通过双连接等形式避免频繁切换和对切换目标小区进行优化选择;由于无线回传网络结构复杂,规模庞大,也需要自组织网络功能以实现回传网络的智能化。

由于现有的 SON 技术都是从各自网络的角度出发,自部署、自配置、自优化和自愈合等操作具有独立性和封闭性,在多网络之间缺乏协作,因此,研究支持异构网络协作的 SON 技术具有深远意义。此外,由于 5G 将采用大规模 MIMO 无线传输技术,使得空间自由度大幅度增加,从而带来天线选择、协作节点优化、波束选择、波束优化、多用户联合资源调配等方面的灵活性。对这些技术的优化,也是 5G 系统 SON 技术的重要内容。

5.6.8　第五代移动通信系统关键技术——软件定义无线网络

软件定义网络(Soft Defined Networking, SDN)技术是源于 Internet 的一种新技术。在传统的 Internet 网络架构中,控制和转发是集成在一起的,网络互连节点(如路由器、交换机)是封闭的,其转发控制必须在本地完成,使得它们的控制功能非常复杂,网络技术创新复杂度高。为了解决这个问题,美国斯坦福大学研究人员提出了软件定义网络的概念,其基本思路是将路由器中的路由决策等控制功能从设备中分离出来,统一由中心控制器通过软件进行控制,实现控制和转发的分离,从而使得控制更为灵活,设备更为简单。软件定义网络分成应用层、控制层、基础设施层。其中控制层通过接口与基础设施层中的网络设施进行交互,从而实现对网络节点的控制。因此,在这种架构中,路由不再是分布式实现的,而是集中由控制器定义的。

现有的无线网络架构中,基站、服务网关、分组网关除完成数据平面的功能外,还需要参与一些控制平面的功能,如无线资源管理、移动性管理等在各基站的参与下完成,形成分布式的控制功能,网络没有中心式的控制器,使得与无线接入相关的优化难以完成,并且各厂商的网络设备如基站等往往配备制造商自己定义的配置接口,需要通过复杂的控制协议来完成其配置功能,并且其配置参数往往非常多,配置和优化非常复杂,网络管理非常复杂,使得运营商对自己部署的网络只能进行间接控制,业务创新方面能力严重受限。因此,将 SDN 的概念引入无线网络,形成软件定义无线网络,是无线网络发展的重要方向。

根据目前研究,软件定义无线网络(Software Defined Wireless Network, SDWN)架构可大致分为 3 个层面:数据平面、控制平面及应用平面,如图 5.55 所示。

数据平面分为 3 个部分:核心网、承载网及接入网。个人、家庭及企业通过多种方式接入,满足客户群多样化需求。承载网完成多种无线业务智能承载并接入核心网,核心网由可编程的交换机和路由器接入 Internet,满足网络可管理、可维护、可运营需求。

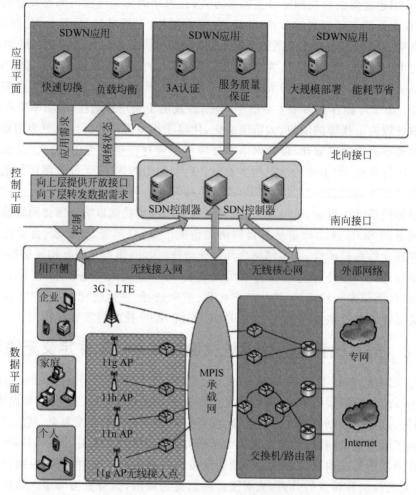

图 5.55　软件定义无线网络架构

　　控制平面由多个分布式的 SDN 控制器组成,进行流表管理、无线资源管理及全局信息控制。通过控制平面提供的开放应用编程接口,服务提供商可完成多种应用需求,包括负载均衡、移动管理等。

　　应用平面完成多种应用部署。服务提供商通过抽象的网络视图进行应用开发,实现多种应用需求,解决网络可编程性。南向接口连接数据平面及控制平面。用户侧上,用户通过多种移动节点接入网络,南向接口提供移动节点上的可编程能力,可以用来帮助改善移动性体验。对于无线接入部分,该接口允许对无线接入网络进行有效虚拟化,因此,不同的运营商可以利用相同的物理资源,提高了资源利用率;对于核心网络部分,SDN 控制器收集必要信息,根据不同的网络请求执行不同的行为策略。由于 SDN 提供的逻辑集中性,因此,网络链路的容量利用率可以达到最高。北向接口连接控制平面及数据平面。通过给予运营商不同颗粒度的访问权限,允许运营商对流进行处理,即实现对数据流操作。通过全局的网络视图使得实时的网络配置成为可能,并可以动态应对网络变化。同时该接口为服务提供商提供便利,通过获取的资源抽象视图完成编写网络应用功能。控制与数据分离,开放可编程性的 SDWN 架构给终端用户、网络提供商、服务提供商带来部署的灵活性和可扩展性。对于终端用户来说,SDWN 通过选择最合适转发数据路径,实现用户接入网络需求。网络提供商通过控制平面获取更新后的全网信息,执行全网的信息控制。服务提供商通过开放的网络接口提供多种定制化服务需求,并保证一定的服务质量。

在软件定义无线网络中,将控制平面从网络设备的硬件中分离出来,形成集中控制,网络设备只根据中心控制器的命令完成数据的转发,使得运营商能对网络进行更好的控制,简化网络管理,更好地进行业务创新。在现有的无线网络中,不允许不同的运营商共享同一个基础设施为用户提供服务。而在软件定义无线网络中,通过对基站资源进行分片实现基站的虚拟化,从而实现网络的虚拟化,不同的运营商可以通过中心控制器实现对同一个网络设备的控制,支持不同运营商共享同一个基础设施,从而降低运营商的成本,同时也可以提高网络的经济效益。由于采用了中心控制器,未来无线网络中的不同接入技术构成的异构网络的无线资源管理、网络协同优化等也将变得更为方便。

5.6.9　第五代移动通信网络关键技术——内容分发网络

在未来 5G 中,面向大规模用户的音频、视频、图像等业务急剧增长,网络流量的爆炸式增长会极大地影响用户访问互联网的服务质量。如何有效地分发大流量的业务内容,降低用户获取信息的时延,成为网络运营商和内容提供商面临的一大难题。仅仅依靠增加带宽并不能解决问题,它还受到传输中路由阻塞和延迟、网站服务器的处理能力等因素的影响,这些问题的出现与用户服务器之间的距离有密切关系。

内容分发网络(Content Distribution Network,CDN)会对未来 5G 网络的容量与用户访问具有重要的支撑作用。内容分发网络是在传统网络中添加新的层次,即智能虚拟网络。CDN 系统综合考虑各节点连接状态、负载情况以及用户距离等信息,通过将相关内容分发至靠近用户的 CDN 代理服务器上,实现用户就近获取所需的信息,使得网络拥塞状况得以缓解,降低响应时间,提高响应速度。CDN 网络架构如图 5.56 所示,在用户侧与源服务器

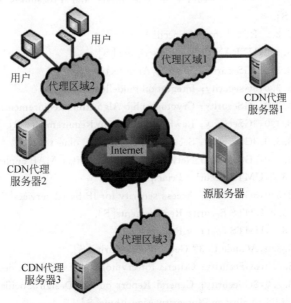

图 5.56　CDN 网络架构

之间构建多个 CDN 代理服务器,可以降低延迟、提高 QoS。当用户对所需内容发送请求时,如果源服务器之前接收到相同内容的请求,则该请求被 DNS 重定向到离用户最近的 CDN 代理服务器上,由该代理服务器发送相应内容给用户。因此,源服务器只需要将内容发给各个代理服务器,便于用户从就近的带宽充足的代理服务器上获取内容,降低网络时延并提高用户体验。随着云计算、移动互联网及动态网络内容技术的推进,内容分发技术逐步趋向于专业化、定制化,在内容路由、管理、推送以及安全性方面都面临新的挑战。

参考文献

[1] 祁玉生,邵世祥.现代移动通信系统[M].北京:人民邮电出版社,2001.
[2] 唐雄燕,侯玉华,潘海鹏.第三代移动通信业务及其技术实现[M].北京:电子工业出版社,2008.
[3] 糜正琨.软交换组网与业务[M].北京:人民邮电出版社,2005.
[4] 张智江,朱士钧,严斌峰,等.3G 业务技术及应用[M].北京:人民邮电出版社,2007.
[5] 罗凌.第三代移动通信技术与业务[M].北京:人民邮电出版社,2005.
[6] 郎为民.下一代网络技术原理与应用[M].北京:机械工业出版社,2006.
[7] 韩永魁,袁长海,方坤,等.宽带 IP 接入技术[M].北京:人民邮电出版社,2003.
[8] 曹志刚,钱亚生.现代通信原理[M].北京:清华大学出版社,1992.
[9] 沈振元,聂志泉,赵雪荷.通信系统原理[M].西安:西安电子科技大学出版社,1993.
[10] 胡捍英,杨峰义.第三代移动通信系统[M].北京:人民邮电出版社,2001.
[11] 李世鹤.TD-SCDMA 第三代移动通信系统标准[M].北京:人民邮电出版社,2003.
[12] 李小文,李贵勇.TD-SCDMA 第三代移动系统、信令及实现[M].北京:人民邮电出版社,2003.
[13] 3GPPTS25.211v3.3.0,Physical channels and mapping of transport channels on top hysical channels (FDD)[S].
[14] 3GPPTS25.301v3.3.0,Radio Interface Protocol Architecture[S].
[15] 3GPPTS25.304v3.3.0,UE Procedures in Idle Mode and Procedures for Cell,Reselection in Connected Mode[S].
[16] 3GPPTS25.331v3.3.0,RRC Protocol Specification[S].
[17] 3GPPTS25.401v3.3.0,UTRAN Overall Description[S].
[18] 3GPPTS33.102v3.3.0,3GSecurity;Security Architecture[S].
[19] 3GPPTS33.103v3.3.0,3Gsecurity;Integration guidelines[S].
[20] 3GPPTS33.105v3.3.0,3GSecurity;Cryptographic Algorithm Requirements[S].
[21] 3GPPTS33.106v3.4.0,3GSecurity;Lawful Interception Requirements[S].
[22] 3GPPTS33.120v3.3.0,3GSecurity;Security principles and objectives[S].
[23] 3GPPTS33.200v3.3.0,3GSecurity;Network Domain Security;MAP application layer security[S].
[24] 3GPPTS33.20v3.3.0,UMTS Security Principles[S].
[25] 3GPPTS33.203v3.3.0,3GSecurity;Access security for IP-based services[S].
[26] 3GPPTS33.21v3.3.0,UMTS Security Requirements[S].
[27] 3GPPTS33.22v3.3.0,UMTS Security Features[S].
[28] 3GPPTS33.900v3.3.0,AGuide to 3rd Generation Security[S].
[29] 3GPPTS33.901v3.3.0,3GSecurity;Criteria for cryptographic algorithm design process[S].
[30] 3GPPTS33.908v3.9.0,3GSecurity;General Report on the Design,Speification and Evaluation of 3GPP Standard Confidentiality and Integrity Algorithms[S].
[31] 3GPPTS33.909v3.5.0,Report on the Evaluation of 3GPP Standard Confidentiality and Integrity

Algorithms[S].

[32] 3GPPTS25.402v3.3.0,Synchronization in UTRAN Stage2[S].

[33] 3GPPTS25.214v3.3.0,Physical layer procedures(FDD)[S].

[34] 3GPPTS25.215v3.3.0,Physical layer-Measurements(FDD)[S].

[35] 张智江,刘申建,顾旻霞,等.CDMA20001xEV-DO 网络技术[M].北京：机械工业出版社,2005.

[36] CDMA1XEV-DO 网络建设建议[R].中国联合通信有限公司,2004.

第6章

光纤通信系统

6.1 引言

6.1.1 光通信的基本概念

光频段是电磁波谱家族中成员之一。它和电频率一样,也可以作为载频传输模拟或数字信息,即用作光通信。

光通信也分为无线和有线光通信两种。其中,无线光通信分为大气激光通信和可见光通信,它是以大气为媒质的光通信。由于在大气中传输会受到其中的水蒸气等和各种不均匀空气团的吸收与散射,因而只能用于近距离地面通信;然而,在沙漠地带人们仍在探讨用于地面和卫星之间通信的可能性;至于在太空中卫星之间的通信,它将是一种理想的通信方式。本章将光纤通信的基本系统作为重点予以介绍。

有线光通信即光纤通信,它是以特制的石英玻璃纤维作为传输线传输光信号。由于光纤通信的历史,目前的光纤通信分别在图 6.1 所示红外波段的 $1.2\sim1.7\mu m$ 和 $0.8\sim0.9\mu m$ 两个波长范围内,而发展重点是 $1.2\sim1.7\mu m$ 波长的单模光纤通信。

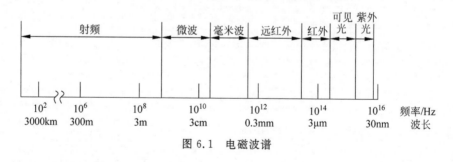

图 6.1 电磁波谱

6.1.2 光纤通信系统组成

以图 6.2 所示光纤通信系统简要地叙述光纤通信的基本过程。

为了简单起见,图 6.2 只画出了一个单向光纤通信系统。实际上,一般的光纤通信系统应有两个或若干个终端站和中继站。目前,单根光纤也只能同时作单个方向的传输使用;所以实际通信使用由多对光纤组成的光缆构成双向传输线路。终端站由电端机、发送光端机和接收光端机组成。这里的电端机和电信号处理设备与电信系统基本相同。光端机的发

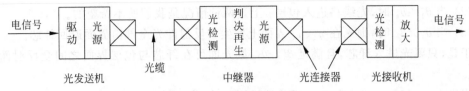

图 6.2 光纤通信系统的组成

送设备主要包括驱动电路和光源。驱动电路的作用是将信号电流调制在光源上,将电信号的电流转换为光信号功率,即电光转换,电光转换的主要光源器件为半导体发光二极管 LED 或激光二极管 LD。接收光端机主要由光检测器等将光信号转换成电信号,再放大、处理还原成具有一定电平的电信息。中继站的主要设备是光再生机,它由光接收、再生、发送三部分组成,其作用是将所接收的光信号变换为电信号,经判决整形还原处理后,将其变成一定功率电平的光信号再次发送。所以光纤通信系统主要由光缆、光器件及一些电路构成。

光纤色散小,损耗低,易实现高速、大容量、远距离的数字通信和计算机数据通信。因而本章主要是针对数字光纤通信的内容进行介绍。

6.2 光纤与光缆

6.2.1 光纤的结构、种类及光的传输

所谓光纤,就是用 SiO_2 玻璃预制棒加热拉丝而成的玻璃纤维,如图 6.3 所示,它由圆柱形的纤芯、包层和套层组成。纤芯直径为 $4\sim75\mu m$,包层有一定厚度,外径为 $100\sim150\mu m$,外层的套层起保护作用;纤芯的折射率比包层高 1% 左右,光波就是在纤芯和包层之间向前传输的,故又称为光波导。光纤按纤芯截面的折射率分布可分为 3 种:第一种为阶跃(Step Index,SI)光纤,即纤芯折射率均匀分布,只是在包层界面上跃变为包层折射率;第二种光纤其纤芯折射率分布由纤轴最大而逐步沿径向递减为包层折射率,因而又称为折射率缓变形(Graded Index,GI)光纤;第三种是复合型光纤,它由多芯层或多包层构成,其目的是进一步改善光纤的色散和损耗特性。

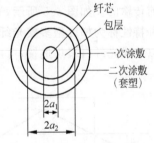

图 6.3 光纤芯线的剖面结构

光纤按传输的模式多少也可分为单模光纤和多模光纤。前者芯径细,约几微米,只能传输单个模式;后者芯径大约为 $60\mu m$,可容纳沿不同路径传输的很多模式。

以阶跃型多模光纤为例介绍其光学特性。通过多模光纤射线分析,说明光如何在 SI 光纤纤芯与包层界面之间来回反射沿轴向前传输。

如图 6.4 所示,设纤芯折射率为 $n_1\left(n=\dfrac{C}{V}\right)$,表示空气中光速率与介质中光速率之比;$n_2$ 为包层折射率;对弱导光纤要求 $n_1\geqslant n_2$。若光射线由纤芯入射到与包层界面上的入射角为 θ_1,出射角为 $\theta 2$,则根据折射定律 $n_1\sin\theta_1=n_2\sin\theta_2$;这时由于 θ_1 的大小不同会发生 3 种情况:

(1) 当 $\theta_1=\theta_k$,θ_k 为临界角时,$\theta_2=\dfrac{\pi}{2}$,这时光沿纤芯和包层界面传输。

（2）当 $\theta_1 < \theta_k$ 时，光线将进入包层；上述两种情况是我们所不希望的。

（3）当 $\theta_1 > \theta_k$ 时，则光在 n_1、n_2 界面上发生全反射即光全部由界面返回纤芯。

于是，只要光进入纤芯，且满足 $\theta_1 > \theta_k$，则光即可在纤芯与包层界面之间全反射而向前传输。

当光由空气（$n_0 = 1$）入射到与纤芯的界面上时，若入射角为 θ_0，进入纤芯的折射角为 θ，这时应有 $n_0 \sin\theta_0 = n_1 \sin\theta$。由图 6.4 所示的几何关系可见，$\theta = 90° - \theta_1 < 90° - \theta_k$；若令由空气入射到纤芯界面上的光线进入纤芯后，正好满足 $\theta_1 = \theta_k$ 的入射角 $\theta_0 = \theta_c$，θ_c 定义为光纤由空气入射到纤芯中的临界角，则

$$\sin\theta_c = n_1 \sin(90° - \theta_k) = n_1 \cos\theta_k$$

$$= n_1 \sqrt{1 - \left(\frac{n_2}{n_1}\right)^2} \approx n_1 \sqrt{2\Delta} = \text{NA}$$

或

$$\theta_c = \arcsin(\text{NA})$$

其中，NA 叫作数值孔径，$2\theta_c$ 称为光接收角。由于 $\theta_0 \downarrow \to \theta \downarrow \to \theta_1 \uparrow$，因此，只有 $\theta_0 \leqslant \theta_c$ 的光，才能满足 $\theta_1 > \theta_k$，而保证光纤由空气进入纤芯后沿光纤向前传输；反之，$\theta_0 > \theta_c$ 时，光将进入包层，称为泄漏光。

由上述可见，NA 是光纤的一项重要参数，它描述了光纤的聚光能力。一般 n_1 越大，相对折射率 Δ 越大，则 NA 越大，光纤的集光能力越强，光源与光纤的耦合效率也越高。但从后面的分析我们将看到，Δ 越大，光纤的色散越严重，光纤的传输带宽越窄，所以 Δ 的取值应根据实际需要折中考虑。

用类似的方法可以说明在 GI 多模光纤中，光是靠在纤芯与包层界面之间来回折射向前传输的。如图 6.5 所示，光在梯度型光纤中的传输轨迹为一周期性正弦型传输轨迹。这种特性称为梯度型多模光纤的自聚焦特性，它表示光纤对光的聚焦程度。根据这一特性，可以制成光纤自聚焦透镜，可用于提高光源与光纤间的耦合效率。

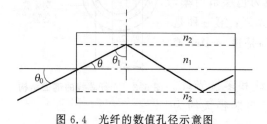

图 6.4 光纤的数值孔径示意图

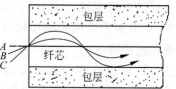

图 6.5 梯度型多模光纤

6.2.2 光纤的传输特性

1. 光纤的损耗

引起光纤损耗的原因很多，但可归纳为两大类，即吸收损耗和散射损耗，如图 6.6 所示。其中，紫外吸收损耗和红外吸收损耗为 SiO_2 材料的本征吸收损耗；瑞利散射损耗为材料的本征散射损耗，它们决定着 SiO_2 材料的最低损耗极限。至于杂质（金属离子和 OH^- 离子）吸收损耗和波导损耗等主要由光纤的制造工艺水平决定，目前的材料提纯技术和波导形成工艺已日趋完善，可以将其损耗降为最低程度。图 6.7 给出了以前人们利用 MCVD（改进

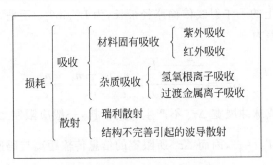

图 6.6　引起光纤损耗的因素

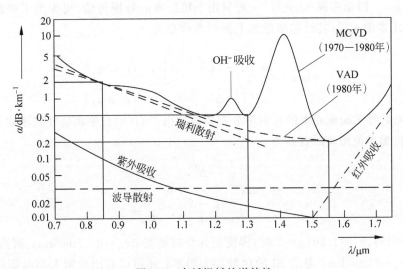

图 6.7　光纤损耗的谱特性

的化学气相沉积法)和 VAD(化学气相轴向沉积法)所得到的光纤损耗的波谱曲线。

虽然光纤的损耗可以通过理论分析和计算求出,但是出于种种考虑,目前的光纤稳态损耗系数一般仍旧由测量来确定,通常采用较为普遍的无间断测量法,它所依据的公式为

$$\alpha(\lambda) = \frac{10}{L - L_{\text{c}}} \lg \frac{p(\lambda, L_{\text{c}})}{P(\lambda, L)} (\text{dB/km}) \tag{6.1}$$

其中,L_{c} 为光在光纤中达到稳定模式功率分布时所传输的长度,当光纤的输入端加扰模器时 L_{c} 可以很短;$P(\lambda, L_{\text{c}})$ 为 L_{c} 端输出的稳态光功率,式(6.1)中它作为待测光纤的入射功率;$P(\lambda, L)$ 是被测光纤的出射光功率,L 是待测光纤的长度。

2. 光纤的色散特性

所谓光纤的色散,是指由于光纤所传信号的不同频率成分或不同模式的群速不同,而导致传输信号畸变如脉冲展宽的现象。因此,光纤色散的存在将使光纤的工作带宽或码速率的提高受到限制。下面分别介绍多模光纤和单模光纤的色散。

1) 多模光纤的色散

当采用 LD 作光源时多模光纤的色散以模式色散为主,它通常用单位距离光纤中子午光线(即经过纤轴向前传输的光射线)的最大群时延差来表示。对于 SI 多模光纤,在以不同角度入射的子午射线中,平行于光纤轴线的子午射线最短,它等于光纤长度 L;而以临界角

θ_k 入射到 n_1、n_2 界面上的子午射线传输路径最长,为 $L/\sin\theta_k$;于是,经过长距离传输后,子午光射线的最大时延差为

$$\Delta\tau_s = \frac{\dfrac{L}{\sin\theta_k} - L}{L(c/n_1)} = \frac{n_1}{c}\frac{n_1 - n_2}{n_2} = \frac{n_1}{c}\Delta \tag{6.2}$$

为了使该时延差或脉冲展宽 $\Delta\tau_s$ 不产生码间干扰,一般应限制 $\Delta\tau_s$ 要小于光纤信息容量所决定的比特间隔 $T_B = \dfrac{1}{B}$,因而 $\Delta\tau_s$ 所限定的信息传输距离与码速之积应为 $BL < \dfrac{c}{n_1\Delta}$。

例如,对 SI 光纤有 $n_1 = 1.5, \Delta = 0.01$ 时,$BL < 20(\text{km} \cdot \text{Mb}/\text{s})$,它仅能将码速为 5Mb/s 的数据传输 4km。因而多模 SI 光纤,一般只用于短距离的数据传输,很少用于光纤通信系统中。对于 GI 多模光纤,其纤芯横截面上折射率分布为

$$n(r) = \begin{cases} n_1\left[1 - 2\left(\dfrac{r}{a_1}\right)^g\Delta\right]^{\frac{1}{2}} & (r < a_1) \\ n_1(1 - \Delta) & (r \geqslant a_1) \end{cases} \tag{6.3}$$

其中,g 为光纤纤芯横截面上的折射率分布指数。由于 GI 的自聚焦特性其模式色散已变得相当低,其传输单位距离时延差为

$$\Delta\tau_G = \begin{cases} \dfrac{1}{2}\dfrac{n_1}{c}\Delta^2, & g = 2 \\ \dfrac{n_1}{c}\dfrac{g-2}{g+2}\Delta, & g \neq 2 \end{cases} \tag{6.4}$$

其中,当 $\Delta = 1\%, n_1 = 1.50, g = 2$ 时,梯度型光纤时延差 $\Delta\tau_G = 0.25\text{ns}/\text{km}$;而当 $g = \infty$,即为 SI 时,$\Delta\tau_s = 50\text{ns}/\text{km}$;显然 SI 的色散要大得多;还可以看出色散大小与折射率分布指数 g 有关,适当选择 g 可以得到最小模式色散。例如当 $g = g_{\text{opt}}$ 时,其最大时延差为

$$\Delta\tau_G = \frac{n_1\Delta^2}{8c}$$

显然,这时如果仍取 Δ、n_1 的上述值,色散将比相应 SI 要小得多。

当采用光源为 LED 时,由于其光谱很宽,多模光纤中还存在材料色散。关于材料色散将在单模光纤中讨论。

2)单模光纤的色散

在一定波长条件下,只传输一种模式的光纤称为单模光纤。对于单模光纤而言,主要存在模内色散,即材料色散和波导色散。当模内色散很小时,极化色散的问题就显现出来。

材料色散是由于光纤材料对不同波长的光折射不同,而使得一定光源谱宽内各波长的光传输速率不同,从而产生时延差。与材料色散相应的时延差表示为

$$\Delta\tau_n = \left(\frac{-\lambda}{c}\right)\frac{\mathrm{d}^2 n}{\mathrm{d}\lambda^2}\Delta\lambda = m\Delta\lambda \quad (\text{ps}/\text{km}) \tag{6.5}$$

其中,$\Delta\lambda$ 为光源的谱宽。通常 LD 谱宽约 $1\sim2\text{nm}$;LED 谱宽约 $10\sim50\text{nm}$;SiO_2 光纤的材料色散系数 $m = 85\text{ps}/\text{km}$。因而材料色散除与材料特性有关外,还与所采用的光源谱宽有关;另外,材料色散的另一重要特性是存在材料零色散波长 λ_0,在 λ_0 左右的工作波长上材料色散极性发生变化,例如纯 SiO_2 的 $\lambda_0 = 1.27\mu\text{m}$,通过对 SiO_2 的适当掺杂可以改变其 λ_0。

的大小。图 6.8 给出了 Si 和 Si-Ge 的 m 与 λ 的关系曲线。

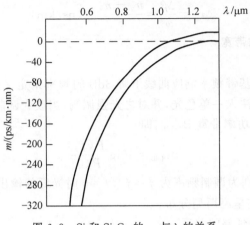

图 6.8 Si 和 Si-Ge 的 m 与 λ 的关系

波导色散是与光纤结构的导波特性 $\dfrac{d^2\beta}{d\lambda^2} \neq 0$ 有关的色散,一般用 $\Delta\tau_w$ 表示波导色散系数。例如,较细的芯径会产生较大的波导色散,而且较细的芯径有增大零色散波长 λ_0 的作用;波导色散也与光源的谱线宽度有关(见图 6.9);另外,波导色散在 λ_0 上下与材料色散有相反的极性。

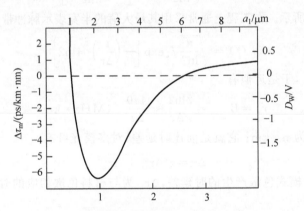

图 6.9 波导色散系数与光源谱线宽度的关系

利用模内色散的上述性质,通过适当掺杂和选择单模光纤的芯径,可以在 $\lambda = 1.55\mu m$ 上得到总模内色散为零、特性优秀的色散位移光纤。

极化色散是由于单模光纤的单一正交、简并模 HE_{11}^x 和 HE_{11}^y,在光纤的理想对称性受到破坏时产生去简并而引起的一种色散,这种色散实质上属于模式色散。但由于直观看来,它是由于两正交模相应的极化方向上相位常数不等,而出现相位延迟差引起的,因而又称为极化色散,一般用 $\Delta\tau_p$ 表示。

单模光纤理想圆对称性的破坏,可用两长短轴方向(设分别为 x、y 方向)等效折射率 n_x 和 n_y 描述。如果以 ω 表示光源的角频率,则与 HE_{11}^x 和 HE_{11}^y 相应的相位常数分别表示为 $\beta_x = \dfrac{\omega n_x}{c}$、$\beta_y = \dfrac{\omega n_y}{c}$。因而两个模式通过单位长度的单模光纤时(石英光纤),其时延差近

似为

$$\Delta\tau_p = \frac{\Delta\beta}{\omega} = \frac{n_y - n_x}{c} \quad (\text{ns/km}) \tag{6.6}$$

3. 光纤和光纤传输带宽

1) 光纤带宽

光纤带宽是由光纤基带频率响应曲线下降 3dB 的频率来定义的,所以又称为－3dB 光功率带宽。只要对光纤注入一单色光,并对之光强调制,当改变调制频率时光纤输出光功率下降 3dB 就得到了其光功率带宽 B_{-3dB},即

$$B_{-3dB} = 10\lg\frac{P(f_c)}{P(0)} \tag{6.7}$$

其中,$P(f_c)$ 和 $P(0)$ 分别为调制频率为 $f = f_c$,$f = 0$ 时光纤的输出光功率,图 6.10 给出了光纤的基带频响曲线,它呈高斯型分布。

2) 光纤带宽与其时延差的关系

图 6.10 高斯型频响的数学表达式为

$$H(f) = \frac{P(t)}{P(0)} = \exp\left[-\left(\frac{f}{f_c}\right)^2 \ln 2\right] \tag{6.8}$$

其相应的光纤冲击响应可由傅里叶反变换得到,为

$$h(t) = \sqrt{\frac{\pi}{\ln 2}} f_c \exp\left[-\frac{(\pi f_c t)^2}{\ln 2}\right] \tag{6.9}$$

相应波形如图 6.11 所示。在工程上通常采用其最大值的半宽表示脉冲带宽 $\Delta\tau$,于是可写为

$$h(t) = \sqrt{\frac{\pi}{\ln 2}} f_c \exp\left[-\left(\frac{t}{\Delta\tau}\right)^2 4\ln 2\right] \tag{6.10}$$

其中,$\Delta\tau \approx 2\ln 2/\pi f_c$,于是近似有

$$f_c = B_{-3dB} = \frac{2\ln 2}{\pi\Delta\tau} \approx \frac{440}{\Delta\tau} \quad (\text{MHz} \cdot \text{km}) \tag{6.11}$$

其中,脉宽 $\Delta\tau$ 单位为 ns/km;它就是前述时延差,对多模光纤有

$$\Delta\tau = \sqrt{\Delta\tau_m^2 + \Delta\tau_n^2} \tag{6.12}$$

其中,$\Delta\tau_m$ 表示由于模式色散产生的时延差,$\Delta\tau_n$ 为与材料色散相应的时延差。对单模光纤则为

$$\Delta\tau = \sqrt{\Delta\tau_n^2 + \Delta\tau_w^2 + \Delta\tau_p^2} \tag{6.13}$$

通常,光纤的脉冲展宽 $\Delta\tau$ 可利用光纤带宽的时域法测得,一般,SI 光纤的带宽约为几十兆赫兹;GI 光纤的带宽约为 1GHz;单模光纤的带宽可达 10GHz 以上。

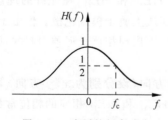

图 6.10 光纤的频率响应

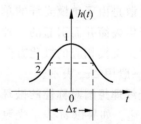

图 6.11 光纤的冲击响应和脉冲带宽

3) 光纤传输线带宽

　　上面给出光纤的色散和带宽,都是单位距离(1km)值。实际上,由于光纤中模式的变换作用以及光纤的色散,光纤的带宽还与传输线长度 L 有关,称为光纤传输线带宽,可表示为

$$B_{-3\text{dB}} = \frac{B_{\text{LD}}}{L^{\Gamma}} (\text{MHz}) \tag{6.14}$$

其中,Γ 称为带宽指数,取值为 $0.5 \sim 1.0$(单模光纤:$\Gamma = 1$);B_{LD} 是光纤生产厂家给出的利用 LD 光源 1km 光纤的测量值。图 6.12 给出了 $B_{-3\text{dB}}$ 与 L 关系曲线。其中,L_c 即表示考虑光纤模式变换作用的耦合长度。

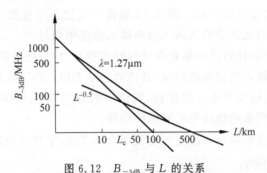

图 6.12　$B_{-3\text{dB}}$ 与 L 的关系

　　在数字光纤通信系统中,为了防止脉冲展宽引起误码率增加,采用提高光信号功率的方法。为保持误码率 10^{-9},要求提高信号功率 1dB,并限制脉冲展宽不超过脉冲持续时间的一半。考虑到均衡器的作用,系统带宽与码速率 f_{b} 关系应为

$$B_{-3\text{dB}} \geqslant (0.5 \sim 0.9) f_{\text{b}} \tag{6.15}$$

6.2.3　光缆

　　考虑到防潮、防虫、蚁、鼠的咬啃以及意外拉伸作用的损害,实际应用中光纤都要制成光缆。光缆由于应用场合不同,又分为架空缆、城市管道缆、中继缆和海缆等。对光纤成缆除考虑到上述要求外,还要求光纤不受应力作用、成缆损耗小,性能稳定,轻小便于铺设。

　　另外,从形状上分光缆又分为带状光缆和圆形光缆,图 6.13 给出了一六芯圆形光缆示意图。其中,多股钢丝绳为强加固件之一,用于保证光缆有足够的机械强度;铜线的作用主要是考虑到无电源中继站的供电需要或其他电信号联络(包括系统监控)。

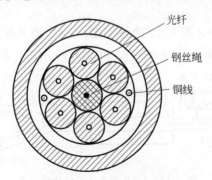

图 6.13　六芯光缆截面图

6.3 光路的无源光器件

下面对光纤线路中经常用到一些无源光器件（光纤连接器、光开关和光衰减器等）进行简单介绍。

6.3.1 光纤连接器

光纤的连接除固定接头外,在需要经常拆装之处尚需活动连接,为了保证连接附加损耗小、插拔重复性好等,而做成连接器。图 6.14 给出了连接器示意图。其中插座一般是装在机壳上的,而待连接的两光纤端插入插头后再插入插座中即可。

连接器的连接附加损耗包括内损耗和外损耗两部分,内损耗是指待连接的两纤芯径、数值孔径、折射率分布指数失配引起的损耗,其值约为 0.5dB;外损耗是指待连接的两纤端面存在的横向位移和纵向偏离而引入的损耗,其值一般为 0.5dB,如图 6.15 所示。为了减小外损耗,应尽量控制两纤端的横向偏移和纵向偏移。

目前,国产连接器总平均插入损耗可达到每个 0.5dB,重复插拔次数达 500 次以上;包括互换损耗也不超过 1dB。

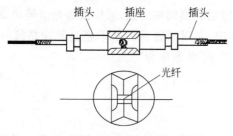

图 6.14 光纤活动连接器的结构

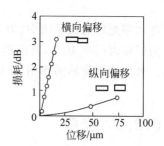

图 6.15 外损耗与位移的关系

6.3.2 光开关

为了保证光纤通信系统的安全可靠,一般光纤线路除了主传输系统外,还有备用传输系统。一旦主系统发生故障,马上自动切换到备用系统。这种光路的自动切换是由光开关完成的。

目前,国产光开关有 1×2 和 1×4 两种类型。1×2 型光开关由一根活动光纤、两根固定光纤、驱动机构和定位装置等几部分组成,如图 6.16 所示。其技术指标如表 6.1 所示。

图 6.16 1×2 型光开关结构示意图

表 6.1 1×2 型光开关技术指标

参数	插入损耗	重复性	串音	关机时间	寿命
指标	<1dB	<0.1dB	≤−50dB	<1ms	$2×10^5$ 次

6.3.3 光衰减器

光衰减器分为固定式、步进式和连续可变式 3 种,主要用于测试光接收机的灵敏度、动态范围及控制信号的大小。

图 6.17 给出了固定光衰减器示意图,其中衰减片由具有吸收作用的不同成分光学玻璃制成,也称为吸收式光衰减器。光学玻璃经冷加工后制成厚度不等的圆形玻璃薄片,由于光的吸收随玻璃的厚度和成分而异,因而可制成各种衰减量的光衰减器。

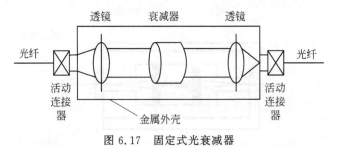

图 6.17 固定式光衰减器

固定式光衰减器的规格,可制作成 3～30dB 不等的衰减量(含光纤连接器损耗在内),其精度可达 0.5dB。

6.3.4 光隔离器

光隔离器是指只让沿传输方向的正向光波通过而防止反射光波返回的一种非互易器件。隔离器一般接在激光器或光放大器的输出端,防止由于种种因素所产生的反射光波返回激光器或光放大器,进而破坏其工作状态,以维护系统的稳定。

光通信中使用的光隔离器,大都利用在光路中插入具有法拉第磁光效应的旋光材料构成。当光波通过受外加磁场作用的旋光材料时,便产生磁光效应,即当外加磁场与光的传播方向平行时,光的极化平面或偏振面将发生旋转,其旋转角 θ_F 与磁场强度 H 和材料厚度 t 成正比:

$$\theta_F = VHt \tag{6.16}$$

其中,V 为维尔德(Verdet)常数,单位为 rad/A;H 为磁场强度,单位为 Oe。

图 6.18 为上述光隔离器的原理图,它主要由起偏器、旋光器和检偏器等组成。当入射光经过只允许垂直极化通过的起偏器后,再经过受磁场控制的旋光器,若磁场强度选择得合适,会使光的极化面旋转 45°,然后通过检偏器。当有反射光返回时,将再次通过旋光器使光的极化面旋转 45°,正好与入射光的极化方向垂直而被隔离。

对光隔离器的性能要求一般是,插损小、隔离度大、温度稳定性好、所要求的饱和磁场低、成本低等。图 6.19 给出了一种用 Gb:YIG 晶体作旋光材料的隔离器,它是在基片上液相外延生成 Gb:YIG 厚膜而成;另外,它以方解石材料构成起偏器和检偏器。这种光隔离

器在 $1.33\mu m$ 波长上隔离度大于 25dB,插损小于 1dB,已用于单模光纤通信系统中。

另外,光环行器也具有光隔离器的功能,但其结构和工作原理有所不同,这里不再赘述。

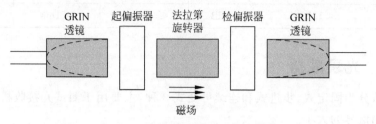

图 6.18　法拉第旋转器工作原理图

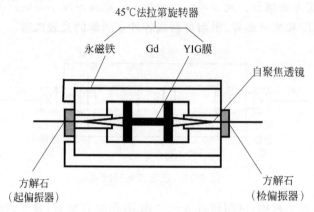

图 6.19　厚膜 Gd:YIG 隔离器结构

6.3.5　光耦合器

所谓耦合器,是把一个或多个端口输入的光信号,利用人为构造器件本身边界不完善而产生信号外溢的特性,将光信号分配到一个或多个输出端口中的一种光器件。光耦合器可以是等功率分配,也可以是不等功率分配。它也是组成一些光路器件的基本器件。

6.4　光发送机

图 6.20 给出了数字光发送机方框图。由于光源器件为其核心部分,所以本节主要以光源器件为主,介绍其驱动电路和控制电路,至于扰码和信道编码的内容将在系统部分介绍。

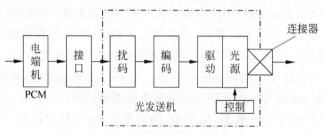

图 6.20　数字光发送机的组成

6.4.1　光源器件

目前,光纤通信用的光源器件都是半导体器件,主要有两种,即发光二极管 LED 和激光器 LD。它们的输出 P-I 曲线有较好的线性,可采用简单的直接光强调制(IM)。

1. 半导体激光器 LD

1) LD 工作原理

半导体激光器是目前光纤通信的主力光源,它主要由具有竖直跃迁特性的直接带隙半导体材料构成的 PN 结,以及由晶体结构形成的光谐振腔构成。

当 LD 加上正向电压(几伏)后,由于 PN 结内部机理,半导体导带上的过剩电子跃迁回价带,同时放出光子。开始这些光子是无定向且相互间无固定相位关系,光谱很宽的非相干光(荧光性质)。但是由于谐振腔的选频作用,光子中与谐振腔频率一致的光子形成正反馈,产生很强的振荡,沿腔的纵向形成驻波,这就是激光。所以在理论上激光是一种同频、同相位、同极化方向的光子组成的相干光。这正是激光可作为现代光通信光载波的极为重要的特性。

产生激光振荡的相位条件为

$$2\bar{n}_0 L \frac{2\pi}{\lambda_0} = 2q\pi \quad (q = 1, 2, \cdots, \text{为纵向模式序号}) \tag{6.17}$$

其中,$\bar{n}_0$ 为 PN 结有源区平均折射率;L 为谐振腔体长度,如图 6.21 所示;λ_0 为谐振波长。

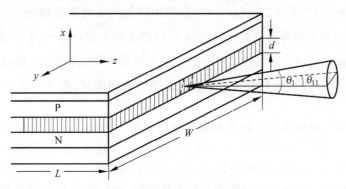

图 6.21　LD 的光束空间分布特性

2) LD 的工作特性

(1) LD 阈值特性。图 6.22 给出了 LD 输出光功率的阈值特性,其中 I_{th} 为 LD 的阈值电流。当注入电流 $I < I_{th}$ 时,LD 不产生激光,而产生非相干的荧光;只有 $I > I_{th}$ 时,LD 才产生激光。LD 的这一特性可由实验获得。

(2) 温度特性。注入 LD 的部分电功率转换为热能消耗在 LDPN 结的结电阻上,引起结温升高,从而导致 LD 的阈值电流 I_{th} 随结温升高而变大,致使 LD 输出特性 P-I 发生变化,如图 6.22 所示。这是 LD 的正常工作所不希望的。因而光发送机中总是设置温度自动补偿电路,以稳定输出光功率及其光波长。

(3) LD 的谱线特性。由 LD 振荡的相位条件可知,q

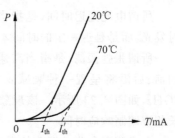

图 6.22　LD 的温度特性

表示相应振荡的纵模序号,它与 LD 谱线输出特性相对应。在多纵模 LD 输出中,每个 q 值都可能有相应纵模的频谱与之对应。其光频为

$$f_0 = \frac{c}{\lambda_0} = \frac{qc}{2\bar{n}_0 L} \tag{6.18}$$

纵模光强分布反映了 LD 的光谱特性,相邻两纵模的频率间隔为

$$\Delta f = f_{m+1} - f_m = \frac{c}{2\bar{n}_0 L} \tag{6.19}$$

Δf 与 q 无关,即当有源区材料和腔长 L 给定后,Δf 为一常数。这说明,纵模在频率轴上的分布间隔是相同的;但光强不同。通常,LD 光谱宽度 $\Delta\lambda$ 为 $1\sim 2\text{nm}$;另外,LD 的谱线将随注入电流的大小而变,这是人们所不希望的。

(4) LD 光场空间分布特性。在 LD 谐振腔的横向,即垂直 PN 结平面的 x 方向和平行于 PN 结平面的 y 方向上(见图 6.21),也是驻波分布。它们分别叫作 LD 的垂直横模和水平横模,它们所形成的空间光场分布,就是 LD 的空间光场分布。

LD 的空间光场分布又分为近场和远场分布,它对应于谐振腔镜面上的近场图样和空间远场图样(辐射光束)。

当 LD 工作于基横模时,相应的近场图样可由其场量表达式得到

$$\varphi_{11}(x,y) = N_{11}\exp\left[-\left(\frac{x}{\bar{X}}\right)^2 - \left(\frac{y}{\bar{Y}}\right)^2\right] \tag{6.20}$$

其中,$\bar{X} = (\lambda x_\varepsilon/\pi n_0)^{1/2}$,$\bar{Y} = (\lambda y_\varepsilon/\pi n_0)^{1/2}$,分别为辐射光在谐振腔镜面 x 和 y 方向的近场光束宽度;x_ε、y_ε,分别为介电常数 ε 在 x、y 方向的变化参数;$n_0 = \sqrt{\varepsilon_r}$。由于 x 方向变化较大,所以 x 值较小,从而 $\bar{X}$ 也较小;在 y 方向上折射率变化缓慢,y_ε 值较大,从而 $\bar{Y}$ 值也较大,即 $\bar{Y} > \bar{X}$;所以,LD 辐射光在谐振腔镜面处的近场图样,将是一条平行于 PN 结沿 y 方向的亮线。

LD 的远场图一般用其辐射激光束的发散角表示。由于 $\bar{X} < \bar{Y}$ 及有源区厚度 d 很小,所以远场图在 x 方向的光束发散角 $\theta_\perp$ 大于 y 方向光束发散角 θ_{11},如图 6.21 所示。一般 LD 有源区厚 $d = 0.2\sim 0.5\mu\text{m}$,折射率跃变为 $0.12\sim 0.18$,发散角分别为 $\theta_\perp = 30°\sim 50°$,$\theta_{11} = 10°$。

LD 光束的空间分布特性直接影响它与光纤的耦合效率,光束发散角越小,光能量越集中,耦合效率越高。

(5) LD 的脉冲特性,又称为瞬态特性。当对 LD 进行高速调制时,它将出现啁啾光延迟时间、张弛振荡、自脉动现象以及码型效应等较为复杂的瞬态特性。

所谓电光延迟时间,是指当电脉冲加至 LD 上时,它并不同时发光,而是延迟一定的时间才产生激光。

所谓张弛振荡,是指当高速脉码调制 LD 时,在输出光脉冲的前、后沿将呈现一种衰减式振荡,振荡频率约几百兆赫兹至 2GHz,如图 6.23 所示。该现象的存在将使光脉冲失真,亦将延长相应调制响应时间。

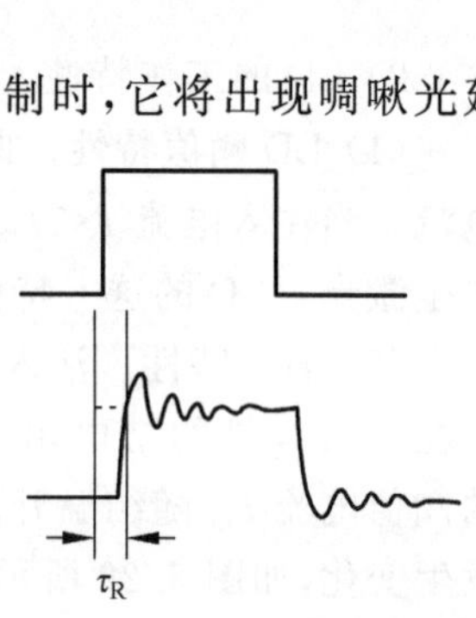

电光延迟和张弛振荡的产生,是由于在电、光的相互作用中,

图 6.23 电光延迟时间与
张弛振荡

电子的存储效应及 LD 阈值特性所致。可通过采用反馈光注入或适当提高偏置电流的方法予以抑制。

所谓自脉动现象,是指在高速脉码调制时,在光脉冲的前后沿产生一种持续高频振荡,其振荡频率与张弛振荡属同一数量级,如图 6.24 所示。它表现为一种高频干扰,该现象产生的机理较为复杂,它与有源区非线性特性有关,多存在于输出特性有扭曲的 LD 中,因而应选择 $P \sim I$ 曲线无扭曲的 LD 作为激光器。

LD 的码型效应是指,LD 输出的光脉冲的幅度和宽度随调制脉码的码型不同而异的现象。如图 6.25 所示,它是由于有源区中载流子的残留和积累作用所致。克服的简单办法有:适当增加直流偏置电流或在主电脉冲后立即加一反相电脉冲。前者在于增加有源区载流子的存储浓度,以减小其浓度的相对变化,后者在于完全消除有源区残留的载流子。

图 6.24　自脉动现象　　　　图 6.25　LD 的码型效应

2. 发光二极管 LED

与 LD 相比,LED 的优点是:结构简单,无谐振腔,成本低;不存在阈值特性,且线性较好,调制方便;温度特性较好,工作稳定可靠、寿命长,可达 10^6 h。其缺点是:输出光为非相干光,输出功率小;输出光谱宽,约 $10 \sim 30$ nm;输出光束发散角为 $40°$ 左右,与光纤耦合效率低。它只能作为近距离较小容量的光纤通信使用。表 6.2 给出了 LED 与 LD 性能比较情况。

表 6.2　LED 与 LD 性能比较

光源	辐射光功率/mW	入纤光功率/dBm	谱线宽度/A°	调制频率/GHz	发光面直径/μm	发散角	寿命/h	用途
LD	$3 \sim 10$	$-3 \sim +3$	20	1	2×15	$(\pm 15°) \times (\pm 15°)$	10^5	长距离大容量
LED	$0.1 \sim 0.5$	$-10 \sim -20$	300	0.1MHz	50	$(\pm 40°)$	10^6	短距离小容量

6.4.2　驱动电路

1. 驱动电流选择

驱动电流包括直流偏置电流 I_B 和调制电流 I_m,特别是 I_B 的大小将直接影响 LD 的高速调制特性,下面介绍其选择原则:

(1) 使 $I_B \leqslant I_{th}$,可以减少电光延迟时间,同时使张弛振荡得到一定程度的抑制。

(2) 在满足条件(1)时,较小的调制脉冲电流可获得足够的输出光脉冲,亦可以减弱码型效应。

(3) 但是 I_B 的增大应注意两个问题。一是会使 LD 消光比变坏。所谓消光比(EXT),是指 LD 在全"0"码时发射的光功率与全"1"码光功率之比;EXT 大了会使接收灵敏度明显下降,所以应注意选择 I_B 使 EXT<10%。二是实验观察发现,异质结 LD 在 $I_B = I_{th}$ 处散弹噪声出现最大值。

考虑上述种种需要,应根据具体的器件特性和实际要求选择适当大小的偏置电流 I_B。又由于 LD 串联电阻很小,因而 LD 的偏置电路应是高阻恒流源。

至于 I_m 的选择,应根据 $P \sim I$ 曲线,既要使输出光脉冲有足够的幅度,又要注意不要使光源负担太重;同时还要注意避开自脉动的发生区。

2. LD 驱动电路

对 LD 进行高速脉冲调制时,要求调制电路既要有高的开关速度,又要保持良好的脉冲波形,即电流脉冲的前、后沿要有足够陡度。图 6.26 为一调制速率为 44.7Mb/s 的发送机驱动电路。它以射极耦合差分对作电流开关,采用了温度补偿、功率自动控制措施,它可在 5~55℃ 范围内使输出光脉冲幅度稳定而可靠地工作。

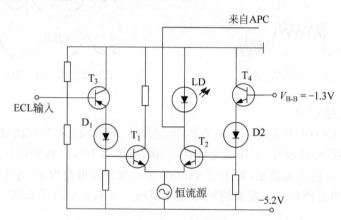

图 6.26　LD 驱动电路

光源采用双异质结 LD,$I_{th} = 100\text{mA}$,$I_B = 90\text{mA}$,$I_m = 20\text{mA}$。

电流开关电路是靠比较两晶体管 T_1、T_2 基极电位的高低来控制 LD 导通或关断,从而输出与"0""1"相应的光脉冲。

输入信号"1"码电平为 -1.8V,"0"码电平为 $+0.8\text{V}$,它们通过 ECL 射极耦合逻辑电路加到 T_3 基极,进而通过 T_3 和 D_1 移动 T_1 的基极电位,使其高于或低于 T_2 的基极电位从而控制 LD 的通断。T_4 基极电位是由温度参考补偿电路固定在 -1.3V 上,该电位是"1""0"码电平的中间值,T_4 和 D_2 的任务是给 T_2 基极提供一个 -2.6V 的稳定电位。

该开关电路的优点是,只要适当控制输入信号的幅度,电路就不会进入饱和区,因而可以具有很高的开关速度。

6.4.3　LD 控制电路

半导体 LD 虽然是高速调制的较为理想的光源,但温度的变化和器件的老化将使 LD 工作变得不稳定,如图 6.27 和图 6.28 所示。例如当温度升高和器件老化时,LD 阈值电流 I_{th} 将增大,其外微分量子效率将下降,这将使 LD 的输出光功率降低;另外,随着温度的升高 LD 发射光波长峰值将向长波长方向漂移等。因而必须采用温度控制电路和功率自动控制电路等措施,以保证 LD 稳定工作。

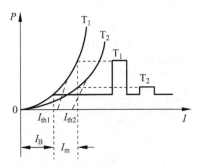

图 6.27　LD 的输出受结温度变化的影响

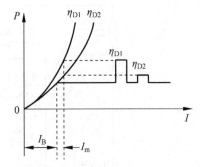

图 6.28　LD 的输出受老化因素的影响

1. LD 温控电路

图 6.29 给出了 LD 温控电路的方框图,它由微型制冷器、热敏电阻及控制电路组成。热敏电阻监测 LD 的结温,与设定的基准温度比较,温差信号经放大后驱动制冷器控制电路,改变制冷量,以保证 LD 在恒定温度下工作。

目前微型制冷器多采用半导体器件。它利用半导体材料的珀尔帖效应制成,当直流电流通过由两种半导体(P 型、N 型)组成的电偶时,一端吸热,而另一端放热,因而可以制冷,如图 6.30 所示。但是一对电偶制冷量很小,往往根据需要将若干个电偶在电学上串联,而在热学上并联起来,构成一个实用的制冷器。它的温差控制范围为 $30\sim40℃$。

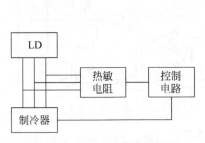

图 6.29　LD 的温度控制框图

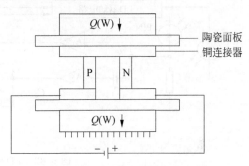

图 6.30　半导体热电偶示意图

图 6.31 是常用温控(制冷)电路,热敏电阻 R_T 接在电桥一臂上,在设定的温度下,电桥处于平衡状态。当 LD 结温升高时,热敏电阻减小,电桥失衡,于是温差电流信号经放大处理后,自动控制制冷量,使 LD 的结温维持在基准温度上。

温控电路的控制精度,一方面与外围电路有关,另一方面还与 LD 的内电路及其封装技术有关。为了提高制冷精度,一般将制冷器、热敏电阻封装在 LD 管壳内部,使热敏电阻直接探测结温,而制冷器直接与 LD 热沉接触。据报道,这种方式可将 LD 结温控制在 $\pm0.5℃$ 之内,保证 LD 恒定的光功率和光波长的输出。但是仅仅采用温控方式不能控制由于 LD 的老化所产生的光输出功率的变化。

2. 自动功率控制电路

精确地控制 LD 的输出功率应从两方面采取措施:一是控制 LD 直流偏流,使其自动跟踪阈值电流的变化,以保证 LD 偏置在最佳的工作状态;二是控制 LD 调制电流脉冲幅度,自动跟踪外微分量子效率的变化,以保持光脉冲幅度的稳定,电路如图 6.32 所示。该电路

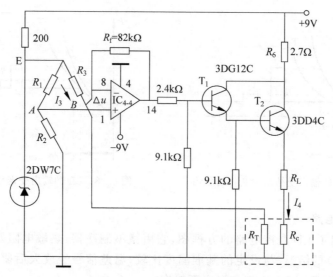

图 6.31　LD 的温度控制电路

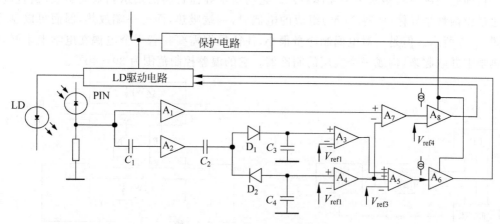

图 6.32　LD 的 APC 电路框图

一般用于要求较高的远距大容量的光纤数字通信线路中,成本较高。一般情况下,考虑到 LD 外微分量子效率对温度和老化并不十分敏感,为了简化电路降低成本,往往直接探测 LD 的发送平均光功率,只控制偏置电流跟踪 I_{th} 的变化。美国亚特兰大市的 44.7Mb/s 光纤通信系统就采用了这种电路,这种方法现已被国内外广泛采用。

图 6.33 给出了平均光功率检测的偏置电流自动控制电路。该电路以运算放大器为中心设置 3 个支路。

（1）PIN 支路通过 LD 的后镜探测 LD 的输出光功率变化,然后反馈给 I_B 自动控制电路。

（2）数字信号输入支路使激光通状态与"1"码比较,使激光断状态与"0"码比较。这个支路的设置是考虑到,当信号出现长连"0"码序列时,会引起 PIN 检测到的平均光功率下降,为了防止这种情况与由于温升或 LD 的老化引起的光功率下降相混淆导致误控而加设了该电路;在正常情况下,可调整 R_2,使支路的信号参考电流与 PIN 支路反馈电流（在 $T=$ 25℃占空比 50%的条件下）取得平衡。

（3）直流参考支路通过 R_1 产生长"0"序列时期的工作偏流 I_B,只有当驱动器供给调制

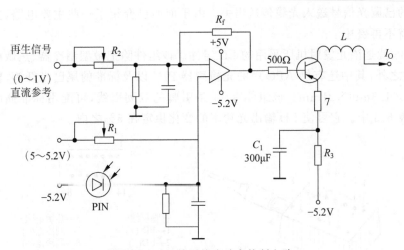

图 6.33 LD 的平均光功率控制电路

电流脉冲 I_m 时，才使 LD 产生所需要的光脉冲。

电路中的阻容元件 C_1、R_3 以及电感 L，是为了防止该电路和驱动电路与电源接通或断开瞬间，LD 会产生不必要的暂态过击。

6.4.4 光发送机电路图举例

图 6.34 给出了一种实用的 44.7Mb/s 数字光发送机电路图。该电路在温控电路、自动光功率控制等外围电路的配合下，将来自电端机的数字信号调制在 LD 上，最后通过尾巴光

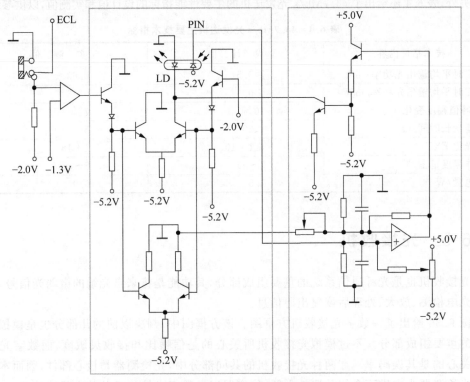

图 6.34 44.7Mb/s 光发送机电路图

纤将相应的已调光信号送入光缆传送出去。由于前面已介绍了一些主要电路,关于总的发送机电路就不再赘述了。

图 6.35 就是该光发射机所采用的 LD 组件。该组件除把微型制冷器、热敏电阻封装在 LD 管壳内之外,其中还有供 APC 用的光检测器 PIN 以及标准的尾巴光纤等,整个组件体积约 $9\text{mm}\times1.3\text{mm}\times21\text{mm}$。该组件有 14 条引脚的双列引线,可配用标准插座。其技术特性列在表 6.3 中。它可使 LD 输出光功率的变化稳定在 5% 之内。

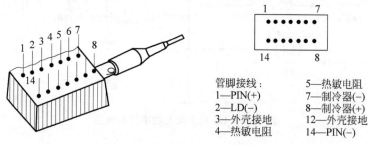

管脚接线:
1—PIN(+)   5—热敏电阻
2—LD(−)   7—制冷器(−)
3—外壳接地   8—制冷器(+)
4—热敏电阻   12—外壳接地
              14—PIN(−)

图 6.35   LD 组件的引脚及引线

表 6.3   LD 组件的技术特性

内容	辐射波长 /μm	输出功率 /mW	调制速率 /Mb/s	制冷电流 (50℃)/mA	热敏电阻 (50℃)/kΩ	PIN 灵敏度 /μA/mW⁻¹
指标	1.3	2	8.4,34,140	500	≥5	≥5

另外,表 6.4 还给出了 44.7Mb/s 光发送机的主要性能指标的设计值和实测值,以供参考。

表 6.4   44.7Mb/s 光发送机主要技术指标

技术指标内容	设 计 值	实 测 值
25℃时平均输出光功率/mW	≥0.5	0.63
50℃时平均输出光功率/mW	≥0.5	0.63
峰-峰值幅度变化	10%	7%
传输延长时间/ns	<20	5
消光比 EXT	≤1∶10	1∶18
工作温度范围/℃	5～55	5～55
耗电量/W	1.5	0.9

6.5   光接收机

光接收机也是光纤通信系统的重要组成部分,其功能是将来自光缆的微弱光信号,经过直接光电检测、放大、处理后恢复出原信息。

图 6.36 给出了一数字光接收机方框图。该方框图中,判决以前的几部分也是模拟光接收机的重要组成部分。不过模拟光接收机所关心的是信噪比和接收灵敏度,而数字光接收机最关心的是其误码率。在两种光接收机的共同部分中,光检测器是核心部件,因而本节主要以光检测器为主进而介绍前置放大器、均衡器以及数字光接收机及其主要特性。

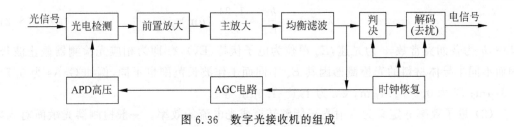

图 6.36 数字光接收机的组成

6.5.1 光检测器

目前,光纤通信所适用的光检测器是半导体检测器,即 PIN 光电管和雪崩光电管 APD。其作用是将光纤传输来的光信号转换成电信号。

1. 工作原理

APD 和 PIN 光检测器的基本结构是半导体 PN 结。在反偏压作用下,PN 结空间电荷区的势垒得到加强,载流子加速漂移,使空间电荷基本耗尽,形成宽度为 W 的耗尽层。当光子能量 $hv \geqslant E_g$ (半导体材料的带隙能量)的光束入射到 PN 结上时,光子被吸收后价带电子便跃迁到导带上而形成一光生载流子对,光生载流子对在强场作用下漂移,形成光生电流,即完成光—电转换。

PIN 光电管是为了提高 PN 结光-电转换效率和响应速度,而在 PN 型半导体之间加了一层很厚的本征半导体层而形成的,如图 6.37 所示。

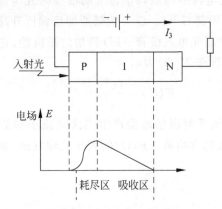

图 6.37 PIN 光电二极管

而 APD 的设计与 PIN 不同,它在结构上能承受高反偏压,以在 PN 结中形成高场区,从而使光生载流子高速漂移,碰撞晶格原子而产生雪崩效应,即使光生载流子产生倍增机制,因而其产生的电流大,响应速度快。

2. 重要的特性参数

光检测器的参数很多,而且 PIN 与 APD 又有不同的特性参数。下面只介绍几个基本参数。

(1) 截止波长 λ_c。半导体材料能做成光纤通信用的光检测器的必要条件是,其 PN 结带隙能量 E_g 必须小于或等于相应光子的能量 hv,否则光电效应就不可能产生。于是,光子的波长 λ 应满足

$$\lambda < \lambda_{\mathrm{c}} = \frac{hc}{E_{\mathrm{g}}} = \frac{1.24}{E_{\mathrm{g}}} \ (\mu\mathrm{m}) \tag{6.21}$$

其中,h 为普朗克常数,c 为光速,E_{g} 单位为电子伏特(Ev),λ_{c} 即为相应光检测器截止波长。因而不同半导体材料的光检测器因其 E_{g} 不同而工作波长范围也不同,例如 GaAs 为 $0.7\sim0.87\mu\mathrm{m}$;Si 为 $0.5\sim1.1\mu\mathrm{m}$;Ge 为 $1.1\sim1.6\mu\mathrm{m}$ 等。

(2)量子效率 η 定义为入射光子能够转换成光电流的效率。一般检测器光敏面对入射光子的反射越小,吸收能力越强,则其量子效率越高。一般要求光检测器的量子效率应高于 50%。

(3)响应速度是指光生电流 I_{p} 能够响应入射光信号变化的速度。一般其响应速度除与光检测器负载电路的时间常数有关外,还与器件中载流子在耗尽区的渡越时间及其在耗尽区外的扩散时间有关。因而为了提高器件的响应速度,还应选择器件合适的结构和适当的工作偏压。

(4)暗电流 I_0 是光检测器中的扩散电流,为非光生电流,它表现为一种噪声,主要与构成器件的材料及结构有关。

(5)雪崩倍增因子 G 是描述 APD 倍增效应的重要参量,在忽略暗电流影响时,它定义为

$$G = \langle g \rangle = \frac{I_{\mathrm{M}}}{I_{\mathrm{P}}} \tag{6.22}$$

其中,I_{P} 为无雪崩倍增时光电流平均值,I_{M} 为雪崩倍增时光电流的平均值,G 一般范围为 $40\sim100$。PIN 因无倍增作用其 $G=1$。G 一般随所加反偏压升高而变大。

(6)倍增噪声。由于雪崩光电二极管 APD 倍增的随机性,它将引起光生电流起伏而产生附加噪声,可用附加噪声因子 $F(G)$ 表示为

$$F(G) = \frac{\langle g^2 \rangle}{\langle g \rangle^2} = \frac{\langle g^2 \rangle}{G^2} \tag{6.23}$$

其中,g 是每个初始光生载流子对因倍增而产生二次载流子对的随机数;$\langle g \rangle$ 为 g 的平均值;$\langle g^2 \rangle$ 为二次载流子对数的方均值。$F(G)$ 的表达式较复杂,实际使用当 G 较小时,往往将其表示为

$$F(G) = G^x \tag{6.24}$$

于是,有

$$\langle g^2 \rangle = G^2 G^x = G^{x+2} = \langle g \rangle^{x+2} \tag{6.25}$$

x 称为附加噪声指数,它与构成 APD 的材料有关,一般 Si-APD 的 $x=0.35$,InGaAs-APD 的 $x=0.5$,Ge-APD 的 $x=1$。

6.5.2 前置放大器

噪声低、灵敏度高,有足够的工作频带宽度和动态范围,是接收机应有的工作特性。而前置放大器处于接收机的前级,其特性的好坏将直接影响接收机的上述特性。为了保证前置放大器的良好特性,应从选择器件和放大器的类型入手。

1. 晶体管类型选择

这里主要是考虑前放第一级晶体管的选择。由于处于前置放大器的第一级,器件噪声

低将是考虑的首要条件。适合这一条件的器件主要有两种：场效应晶体管 FET 和双极晶体管 BJT。

前置放大器所考虑的噪声源主要有两种：一是散粒噪声即量子噪声，主要是由光检测器倍增过程中的随机性和暗电流随温度变化的起伏所致；二是热噪声，主要是前置放大器输入电阻 R_a 和光检测器的偏置电阻 R_b 产生的。

对量子噪声的理论分析和计算表明，其大小与系统的码速或带宽有关：在带宽 $B_{-3dB} \leqslant$ 50MHz，FET 放大器噪声小于 BJT 放大器噪声；当 $B_{-3dB} \geqslant$ 50MHz 时，由于 FET 放大器噪声与 B^3 成正比、而 BJT 与 B 成正比，因而情况正好相反，即 FET 放大器的噪声大于 BJT 放大器的噪声。

从热噪声方面来看，对 FET 放大器而言，其表征热噪声大小的噪声系数 z 与其工作码速成正比，而 BJT 放大器的噪声系数 z 却与码速无关。之所以如此，是由于 BJT 前置放大器输入电阻受其偏流控制引起的。

综上所述，在低于 100Mb/s 码速的系统中，前置放大器的第一级晶体管以选 FET 为宜，在这方面已有现成的 PIN-FET 组件，如图 6.38 所示；而在高于 100Mb/s 码速的系统中，应选择 BJT 器件。另外，从器件成本和寿命看，BJT 便宜且耐用，所以在噪声要求不严格的场合选用 BJT 为宜。

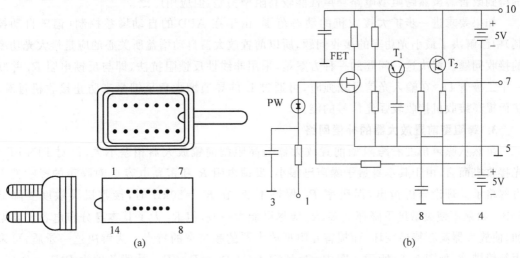

图 6.38　PIN-FET 组件

2. 前置放大器的电路类型选择

前置放大器的电路类型选用较多的主要有高阻型和跨阻型两种。至于选用哪一种，应从所要求的噪声性能、带宽、对均衡器的要求程度及动态范围的大小等方面综合考虑。

所谓高阻型前置放大器，其放大器前端的等效输入电阻 $R_T = R_a /\!/ R_b$ 很大。这里 R_b 是光检测器的偏置电阻与前置放大器晶体管的偏置电阻并联值。于是其带宽为

$$B_{Hz} = \frac{1}{2\pi R_T C_T} = \frac{R_a + R_b}{2\pi R_a R_b C_T} \tag{6.26}$$

其中，$C_T = C_d + C_a$，C_d 为光检测器结电容；C_a 为前置放大器级输入电容。由于 R_T 很大，其噪声很低；但这种前置放大器频带较窄，将对脉冲信号产生较大失真。所以，对其后均衡

结构的要求,复杂程度要高一些;另外对数字信号,检测器输出的信号在前置放大器级被积分,放大后又要在均衡器中被微分、整形,所以,为了使信号能够复原,要求放大器线性要好;再者,当所接收的信号电平较大时,特别是对长连"1"或连"0"码时,光检测器输出电流中所包含的高电平低频分量,易使放大器饱和而产生非线性失真,因而其动态范围较小。综上所述,高阻型前置放大器适用于低码速的通信系统中。

跨阻型前置放大器又称为互阻型放大器,如图 6.39 所示。由于采用了负反馈,相当于电路输入端并联了 $-R_f/(1+A)$,所以总的等效输入电阻 $R_i = R_a//R_b//R_f/(1+A)$。其中,$A$ 为放大器开环增益,由于 $A \gg 1$,$R_b \gg R_a$ 所以,$R_i \approx R_f/[A+R_f/R_a]$;于是这种放大器带宽为

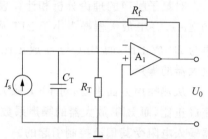

图 6.39 跨导型前置放大器级

$$B_{Tz} = \frac{1}{2\pi R_i C_T} \approx \frac{A+\dfrac{R_f}{R_a}}{2\pi R_f C_T} \qquad (6.27)$$

显然,在同样条件下它比高阻型前置放大器带宽要宽得多,使脉冲失真得到改善,从而减轻了对后面均衡器的要求。另外,由于负反馈也降低了对电路线性要求,使接收机动态范围得到改善。虽然跨阻型电路噪声性能较高阻型稍差,但应用广泛。

如果要求进一步扩大接收机的动态范围,由于在 APD 的自动增益控制(偏压自动控制)中已解决了最小光功率的接收问题,所以前置放大器自动增益所关心的应是最大光功率的接收问题。解决这一问题的一种方案是,采用非线性反馈阻抗法,即与反馈电阻 R_f 并联一个二极管 D。在输入光信号较强时,可通过 D 的导通增大负反馈量来防止接收机过载,从而提高接收机接收较强光信号的能力。

3. 跨阻型前置放大器的补偿网络

虽然从噪声角度看跨阻型前置放大器与高阻型前置放大器相差不大,但对 PIN-FET 光接收机而言,由于其本身量子噪声已很小,反馈电阻 R 和密勒电容 C 对噪声的影响就不可忽略了。理论分析指出,误码率 P_e 保持不变,在 $R_f = 50\text{k}\Omega$ 时,接收机灵敏度要降低 5dB。如果不使灵敏度下降那么多,R_f 应尽可能大一些,但 R_f 大了其本身分布电容又要增加,使放大器高频特性变坏,而损害互阻型放大器的频带宽的特点。为解决这一矛盾,可采用补偿措施,如图 6.40 所示。图中,$C_T = C_d + C_a$,$R_T = R_a//R_b$,补偿条件为 $R_f C_f = R_I C_I$。一般 $R_f = 150\text{k}\Omega$,$C_f \approx 0.3\text{pF}$。

所谓密勒电容是指 FET 栅-漏间或 BJT 基-集电极间的寄生电容,它等效到输入端变为

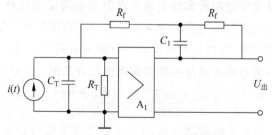

图 6.40 Rf 分布电容的补偿网络

$(1+A)C_u$,如图 6.41 所示。它既使放大器高频特性变坏,也使电路噪声变大。显然,欲减小 C_u 影响,应减小放大器的增益 A。于是,为保持前置放大器应有的增益,前置放大器应采用多级。这需要解决放大器的多级间匹配问题。

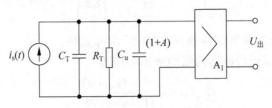

图 6.41　前置放大器中的密勒电容

FET 放大器电压增益 $A_u=-g_m R_L$,其中,g_m 为其互导,R_L 为其负载电阻,负号表示其输出、输入电压间反相。这种放大器输出电阻 $r_0 \approx R_L$。可见,欲减小这一级增益,应采用低输出阻抗的放大级。又为了达到其前、后级的匹配,其后级应为低输入阻抗放大器。如图 6.42 所示。它采用的是共发组态及并联负反馈的 BJT 电路。另外为了确保减小 C_u 的影响,同时又保证前置放大器级总增益,互阻型前置放大器在反馈环内以三级放大为宜。

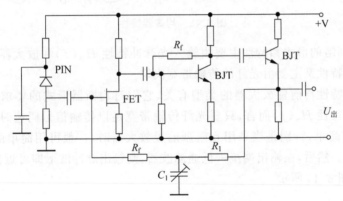

图 6.42　FET-BJT 共发极前置放大器级

6.5.3　均衡器

由于光纤存在着色散以及接收机放大器的带宽是有限的,必然使脉冲信号展宽和失真,为了有利于定时判决,降低误码率,就需要在主放大器之后设置均衡器,使均衡输出后的脉冲波形为升余弦形。为此,要求均衡后输出脉冲波形在判决时刻,其瞬时值最大,而在相邻码元判决时刻其瞬时值为 0,而码间干扰最小,即

$$\begin{cases} h_{out}(0)=1; & \text{判决第 0 个码元时,即 } K=0 \\ h_{out}(t-KT)=0; & \text{判决其他码元时,即 } K \neq 0 \end{cases} \tag{6.28}$$

其中,$h_{out}(t)=h_p(t)*h_{ef}(t)*h_{eq}(t)$ 表示均衡器输出脉冲波形为一正值函数。其中 $h_{eq}(t)$ 为均衡网络本身的冲击响应,h_{fe} 为放大器冲击响应,h_p 表示输入光脉冲波形为一正值函数,它应满足归一化条件

$$\int_{-\infty}^{+\infty} h_p(t)\,\mathrm{d}t = 1 \tag{6.29}$$

图 6.43 给出了输入的光脉冲波形和均衡器输出的升余弦脉冲波形。其数学表达式为

$$h_{\text{out}}(t) = \frac{\sin\left(\dfrac{\pi t}{T}\right)\cos\left(\dfrac{\pi \beta t}{T}\right)}{\dfrac{\pi t}{T}\left[1 - \left(\dfrac{2\beta t}{T}\right)^2\right]} \tag{6.30}$$

其中，β 为滚降因子，表示波形滚降快慢，β 越小，滚降越快。

由前述 $h_{\text{out}}(t)$ 可得到均衡器网络的频率响应为

$$H_{\text{eq}}(\omega) = \frac{H_{\text{out}}(\omega)}{H_{\text{p}}(\omega) \times H_{\text{fe}}(\omega)} \tag{6.31}$$

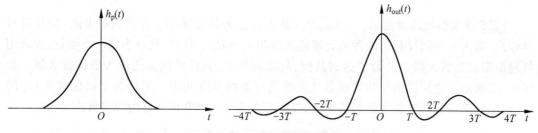

图 6.43　均衡器特性

显然，均衡网络的形式和特性主要由输入光脉冲特性 $H_{\text{p}}(f)$ 和放大器响应特性决定。而输入光脉冲的特性又主要由光纤的传输带宽决定。

放大器频响特性与前置放大器的类型有关，它们对均衡器形式的要求前面已经涉及。而对输入光脉冲特性 $H_{\text{p}}(f)$ 而言，只要光纤传输带宽足以传输信号码速时，则均衡网络的结构形式将比较简单，特别是当采用互阻型前置放大器时，一般可用简单的分散均衡方式（有时不用均衡）。然后，在输出端接一低通滤波器，则输出脉冲波形即可近似满足所要求的升余弦波形，如图 6.44 所示。

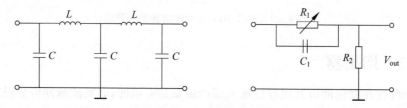

图 6.44　简单均衡网络

对于高码速光纤数字传输系统，均衡器的主要任务是提升其高频特性。图 6.45 给出了一 140Mb/s 光纤通信系统的接收机所采用的射极补偿均衡节。通过在电路射极电阻上并联小电容和阻容回路，在不同的高频段适当减小电流串联负反馈，提升其高频特性。

6.5.4　脉冲再生电路

脉冲再生电路的作用是将接收机均衡输出后的信号进行判决、再生。在时钟信号上升沿的最佳时刻，对均衡输出的升余弦波形取样，根据判决门限电平判为"0"或"1"码，从而再生出数字信号。

根据脉冲再生电路的上述作用，该电路主要由判决器和时钟信号提取电路两部分组成，

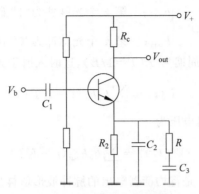

图 6.45 射极补偿均衡节

如图 6.46 所示。其中判决器主要由与非门电路与 R-S 触发器构成的判决电路和码形成电路组成,而时钟提取电路由多块电路组成,下面只简单地介绍其工作过程。

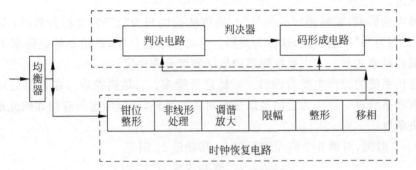

图 6.46 脉冲再生电路方框图

均衡器输出的升余弦波形,经钳位整形以后得到的是不含时钟频率成分的非归零码(NRZ),因而需要进行非线性处理,例如通过 RC 电路微分后,由一个非门产生含时钟频率成分的归零码(RZ);RZ 信号再激励调谐放大器选出时钟频率的简谐波形,然后经过限幅、整形电路得到矩形脉冲;该矩形脉冲串再经过移相网络的相位调整,最后,就得到了最佳判决时刻所需相位的时钟信号。

6.5.5 误码率和灵敏度

在数字光纤通信系统中,所接收的光信号经过光检测、放大均衡后再进行判决再生。由于噪声的存在,所接收的信号有被误判的可能,所接收码元被误判的概率称为误码率,以 P_e 表示。灵敏度是指,在给定的误码率指标下光接收机所允许输入的最小光功率,通常以 dBm 表示。显然,误码率和灵敏度是数字光接收机的重要而密切相关的两项指标,而它们和接收机中的噪声特性又是互相依存的,下面分别介绍。

1. 误码率 P_e

入射于光检测器的光脉冲码元,可以视为光子的入射,因此,光接收机的输出信号电压和噪声电压,都可用光子的能量进行描述。

光接收机所接收的是单极性"1"码和"0"码脉冲序列。若以 b_k 表示序列中第 k 个光脉冲的能量。对二进制码而言,它可用式(6.32)表示

$$b_k = \begin{cases} b_{\max}; & \text{第 } k \text{ 个光脉冲为"1"码} \\ b_{\min}; & \text{第 } k \text{ 个光脉冲为"0"码} \end{cases} \tag{6.32}$$

设系统带宽 $B = 0.7 f_b$，脉冲周期为 $T(T = 1/B)$，这时入射于光检测器上的光功率表示为

$$P(t) = \sum_{-\infty}^{+\infty} b_k h_p(t - KT) \tag{6.33}$$

于是，在均衡后光接收机输出电压为

$$\langle V_{\text{out}}(t) \rangle = \sum_{-\infty}^{+\infty} b_k h_{\text{out}}(t - KT) \tag{6.34}$$

所接收信号的判决再生，是将均衡器输出的脉冲波形取样后与一设定的门限电平 D 比较，若抽样电平大于门限电平 D，则判为"1"码，即 $b_k = b_{\max}$；否则判为"0"码，即 $b_k = b_{\min}$。在电缆数字通信中，门限电平 D 取为电脉冲幅度之半。但是，在光纤数字通信中，由于输出噪声与信号功率有关，是时间的随机函数，因而门限电平 D 不能简单定为脉冲幅度之半，而应由实验确定。

由于噪声的影响，实际接收的信号"0"码可能被误判为"1"码，这称为假码；同样，也存在"1"码被误判为"0"码的可能，这称为漏码。光纤数字通信中，系统总的误码率 P_e 即为假码概率和漏码概率之和。它由系统噪声的概率密度分布决定。

光纤通信系统的噪声主要有两种：一是量子噪声；二是热噪声。在近似处理中，往往把量子噪声和热噪声一样作为近似高斯分布对待。另外，还应考虑所有相邻码元都是"1"码的最坏判决条件。

设在 $t = 0$ 时刻，对第 0 个码元进行判决，其能量 b_0 满足

$$b_0 = \begin{cases} b_{\max}; & \text{被判决码为"1"时} \\ b_{\min}; & \text{被判决码为"0"时} \end{cases} \tag{6.35}$$

判决时光检测器上的量子噪声功率为

$$\langle n_Q^2(b_0) \rangle = e \langle g^2 \rangle \left\{ \frac{\eta e}{hv} \left[b_0 I_1 + b_{\max}(\Sigma_1 - I_1) + I_0 T I_2 \right] \right\} \tag{6.36}$$

其中，g 为光检测器 APD 随机增益；I_0 为暗电流；I_1、I_2 是和输入光脉冲占空比 α、输出电脉冲波形的滚降因子 β 有关的一些参数。式 (6.36) 中第一项为被判决码元产生的量子噪声；第二项为邻码产生的量子噪声；第三项为暗电流的量子噪声。判决时放大器的热噪声功率为

$$\langle n_t^2(b_0) \rangle = \left(\frac{2kT}{R_b} + S_I + \frac{S_E}{R_T^2} \right) T I_2 + \frac{(2\pi C_T)^2}{T e^2} S_E I_3 = Z e^2 \tag{6.37}$$

其中，$K = 1.38 \times 10^{-23} \text{J/K}$，为玻尔兹曼常数；$T$ 为绝对温度；S_I 为等效并联电流噪声源 $i_a(t)$ 的双边功率谱密度；S_E 为等效串联电压噪声源 $e_a(t)$ 的双边功率谱密度；Z 为放大器的热噪声系数。图 6.47 所示为互阻型光接收机等效电路。

在忽略暗电流噪声时，判决时刻总噪声功率为

$$\langle n_a^2(b_0) \rangle = \langle n_Q^2(b_0) \rangle + \langle n_t^2(b_0) \rangle$$

$$= e^2 \langle g^2 \rangle \frac{\eta}{hv} \left[b_0 I_1 + b_{\max}(\Sigma_1 - I_1) \right] + e^2 Z \tag{6.38}$$

由于信号是由电路输入端加入的，因而习惯上把判决码元 b_0 的噪声除以系数

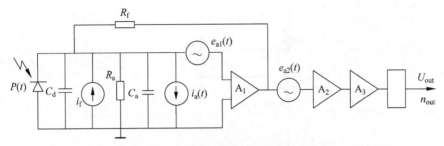

图 6.47 跨阻型光接收机的等效电路

$[R_T\eta\langle g\rangle e/h\upsilon]^2$ 也等效到输入端,这时总噪声能量可写为

$$NW(b_0) = \left(\frac{h\upsilon}{\eta}\right)^2 \left\{\frac{\langle g^2\rangle}{\langle g\rangle^2} \cdot \frac{\eta}{h\upsilon}\left[b_0 I_1 + b_{max}(\Sigma_1 - I_1)\right] + \frac{Z}{\langle g\rangle^2}\right\} \tag{6.39}$$

若被判决的码元是"1"码或"0"码,则分别将式中 b_0 用 b_{max} 或 b_{min} 代替,分别得到与被判决码元为"1"码或"0"码相应的总噪声能量 σ_0^2 或 σ_1^2。

假设噪声概率密度分布为高斯型条件,发"0"码(信号电压为 b_{min}),相应噪声电压概率密度分布函数为

$$P_e(V) = \frac{1}{\sqrt{2\pi}\sigma_0}\exp\left[\frac{(-b_{min}-V)^2}{2\sigma_0^2}\right] \tag{6.40}$$

发"1"码,相应噪声概率密度分布函数为

$$P_e(V) = \frac{1}{\sqrt{2\pi}\sigma_1}\exp\left[\frac{(V-b_{max})^2}{2\sigma_1^2}\right] \tag{6.41}$$

它们的曲线如图 6.48 所示,其中 D 为判决门限电平,"0"码误判为"1"码的概率为

$$E_{01} = \frac{1}{\sqrt{2\pi}\sigma_0}\int_D^\infty \exp\left[\frac{(-b_{min}-V)^2}{2\sigma_0^2}\right]d\upsilon \tag{6.42}$$

"1"码误判为"0"码的概率为

$$E_{10} = \frac{1}{\sqrt{2\pi}\sigma_1}\int_{-\infty}^D \exp\left[\frac{-(\upsilon-b_{max})^2}{2\sigma_1^2}\right]d\upsilon \tag{6.43}$$

图 6.48 中,阴影部分的总面积即为总的误码率,它表示为

$$P_e = P(0)E_{01} + P(1)E_{10}$$

其中,$P(0)$ 和 $P(1)$ 分别表示码流中"0"码和"1"码出现的概率。考虑到在这里脉冲序列经过扰码和编码后,"0"码与"1"码出现概率近似相等,即 $P(0)=P(1)$;另外,为了达到最小误码率,往往使 $E_{10}=E_{01}$ 对 E_{10} 和 E_{01} 式进行变量替换,令 $x=\dfrac{b_{max}-V}{\sigma_1}$ 则得到

$$E_{10} = \frac{1}{\sqrt{2\pi}}\int_{\frac{b_{max}-D}{\sigma_1}}^\infty e^{-x^2/2}dx \tag{6.44}$$

$$E_{01} = \frac{1}{\sqrt{2\pi}}\int_{\frac{D-b_{min}}{\sigma_0}}^\infty e^{-x^2/2}dx \tag{6.45}$$

显然,若 $E_{10}=E_{01}$,则应有

$$\frac{D-b_{min}}{\sigma_0} = \frac{b_{max}-D}{\sigma_1} = Q \tag{6.46}$$

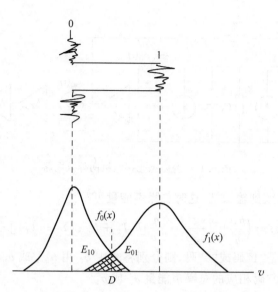

图 6.48 输出信号的概率密度及灵敏度计算示意图

从而得到系统总误码率 P_e 为

$$P_e = E_{10} + E_{01} = \frac{1}{\sqrt{2\pi}} \int_Q^\infty \exp\left[-\frac{x^2}{2}\right] \mathrm{d}x \tag{6.47}$$

于是得到总误码率 P_e 与 Q 的关系

$$P_e = \frac{1}{\sqrt{2\pi}} \cdot \frac{\exp\left(\dfrac{-Q^2}{2}\right)}{Q} \tag{6.48}$$

P_e 与 Q 关系曲线由图 6.49 给出。由图可见,当 $Q=6$ 时,$P_e=10^{-9}$;当 $Q=7.9$ 时,$P_e=10^{-15}$。在光纤通信中,为了保证高质量的通信,一般选 $P_e=10^{-9}$,即选 $Q=6$ 作为计算标准。另外,由上述也可求出,Q 值与信噪比的关系

$$Q = \frac{b_{\max} - b_{\min}}{\sigma_1 + \sigma_0} \tag{6.49}$$

当 $b_{\min}=0$ 时,则有

$$2Q = \frac{b_{\max}}{\dfrac{\sigma_1 + \sigma_0}{2}} \tag{6.50}$$

其中,$b_{\max}$ 为判决时的信号电压;$(\sigma_1 + \sigma_2)/2$ 为相应"1"码和"0"码均方根噪声电压的平均值,因而 $2Q$ 即表示信噪比。

2. 接收机灵敏度

根据前述灵敏度定义,可估算光接收机灵敏度。所接收码元中"0"码与"1"码的概率近似相等,即在两个码元间隔 $2T$ 时间内,只有一个"1"码出现,如图 6.50 所示。于是,用最低平均接收光功率表示的接收灵敏度为

$$P_{\min} = \frac{b_{\max}}{2T} \tag{6.51}$$

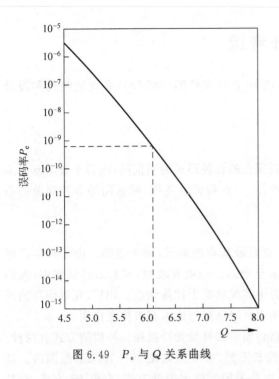

图 6.49　P_e 与 Q 关系曲线

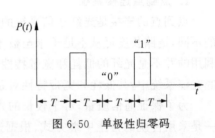

图 6.50　单极性归零码

当接收机的光检测器采用 PIN 光电二极管时,由最低平均光功率表示的灵敏度为

$$P_{\min} = Q \frac{hv}{\eta T} Z^{1/2} \tag{6.52}$$

在假设的理想光接收机中,即假设通信系统的频带无限宽、放大器无噪声、光源消光比为 0、光电二极管暗电流为 0、量子效率为 1,可以求得在指定的误码率下,光接收机仅受量子噪声所限定的量子极限,即量子计数过程的量子噪声所对应的接收机灵敏度。已知一个"1"码的光能量为 E_1,则"1"码持续期间产生的平均光子数为

$$\Lambda = \frac{E_1}{hv} \tag{6.53}$$

又知光子计数过程中的概率密度为泊松分布,即

$$P(N=n) = \frac{e^{-\Lambda}\Lambda^n}{n!} \tag{6.54}$$

于是,若求误码率 P_e 不大于 10^{-9} 的量子极限为(即"1"码误判为 0 码的概率)

$$P(N=0) = \frac{e^{-\Lambda}\Lambda^0}{0!} = e^{-E_1/hv} = P_e = 10^{-9} \tag{6.55}$$

从而得到 $E_1 = 21hv$。这表明,当要求误码率为 10^{-9} 时,每接收一个"1"码脉冲,至少应有 21 个光子的能量,否则误码率将大于 10^{-9}。因此,它就是在指定 $P_e = 10^{-9}$ 条件下的量子极限。显然,在实际光纤通信系统中,由于受光发送机消光比不为 0、光电二极管暗电流不为 0、量子效率小于 1,以及放大器噪声和取样时间的抖动等因素的影响,光接收机的灵敏度将远低于上述量子极限 $\overline{N}_P$。通常 $\overline{N}_P = E_1 > 1000hv/\text{bit}$,采用相干光检测方式时,才有可能达到 $\overline{N}_P = E_1 \geqslant 180hv/\text{bit}$。

6.6　光纤通信系统及设计考虑

在上述内容的基础上,本节将讨论光强调制-直接光检测(IM-DD)系统的结构和设计问题。

6.6.1　光纤通信系统结构

光纤通信由点到点连接开始,逐步发展到现在的各种形式的通信网,内容十分丰富。本节作为开始,首先介绍单信道传输的点到点连接、一点到多点连接、局域网等 3 种简单的系统结构。

1. 点到点连接系统

点到点的连接是光纤通信系统的最简单也是最基本的形式,称为链路。由于具体应用的不同,链路长度可从不足千米至数千千米甚至更远。一般在较短(<10km)链路中,人们利用的并不是光纤的低耗和宽带特性,而是看中其抗电磁干扰等优点。相反,在远距离的海底光缆系统中,其低耗和宽带特性对系统的实现及降低运行成本起着决定作用。

为了保证通信质量,对于较长的光纤链路必须考虑补偿光纤损耗。补偿的方式有两种。一是采用传统的再生中继方式,根据选用光波长不同,中继距离在 20~100km 范围内。其优点是还可以消除由色散导致的脉冲畸变。二是采用光放大中继方式,亦称 IR 方式,它是通过对在光纤中传输了一定距离的微弱光信号,直接进行光放大而实现补偿。根据光纤色散参数不同,其中继距离可达 40~140km。如果再配合适当的色散补偿,其中继距离会更长,特别适用于高速多信道系统。

在上述两种中继方式中,中继距离 L 是设计的主要参数,决定系统的成本。然而,当考虑光纤的色散限制时,要用比特率和距离乘积 BL 来描述链路的性能。显然,BL 的大小将由光缆的工作波长决定。例如,工作在 $0.8\mu m$、$1.3\mu m$、$1.55\mu m$ 波长的前三代商用光纤通信系统,相应 BL 的典型值分别为 $1Gb \cdot s^{-1} \cdot km$、$100Gb \cdot s^{-1} \cdot km$ 和 $1000Gb \cdot s^{-1} \cdot km$。

2. 一点对多点连接系统

光纤通信中,另外一种较为简单的系统是一点到多点的连接系统,如有线电视网(CATV)和电信业务的本地环路网。它们除了具有简单的点对点系统的信息传输功能外,还具有分配网的功能,即将信息分配到各相应用户中。分配网的两种典型结构是最基本的树形拓扑结构和总线拓扑结构,如图 6.51 所示。

图 6.51(a)的树形拓扑结构表示,信道在中心位置分配,在此中心点,自动交叉连接设备在电域上转换信道,光纤的作用与点到点连接系统类似。由于光纤的容量很大,几个中心局可共用一根光纤。显然,在这种拓扑结构中,一根光纤的故障会导致大部分业务中断,因而为了可靠地通信,一般中心点间的直接连接都铺有备用光纤。

对于图 6.51(b)的总线拓扑结构,单根光纤承载整个业务范围内多个信道光信号,通过光分路器将一小部分功率分送给每个用户。这种结构一个简单应用例子是城市有线电视(CATV)系统。一般美国数字信号标准是,非压缩数字电视比特率为 100Mb/s,压缩数字电视为 1.5Mb/s,非压缩高清晰度电视(HDTV)为 1.2Gb/s,压缩 HDTV 至少 150Mb/s。可根据各用户对节目的需要情况安排信道。

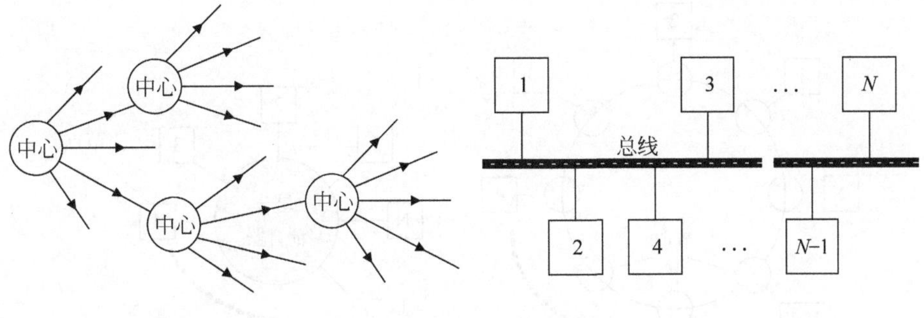

(a) 树形拓扑　　　　　　　　　　(b) 总线拓扑

图 6.51　分配网络拓扑结构

由于总线结构存在信号损耗随分路数指数增加的问题,因而单根光纤的服务范围和用户量将受到限制。若不计光纤自身的损耗,则第 N 个分支可得到的信号功率为

$$P_N = P_T C [(1-\delta)(1-C)]^{N-1}$$

其中,P_T 为发送功率;C 为分路器的功率分路比;δ 为分路器插入损耗,并假设每个分路器 C 和 δ 均相同。若 $P_T = 1\text{mW}, \delta = 0.05, C = 0.05$,且 $P_N = 0.1\mu\text{W}$,则 N 最大不超过 60。若在总线上周期性地接入光放大器,在光纤色散不构成影响时,则可以允许分配的用户数将大大增加。

3. 局域网

所谓局域网是指在一个局部区域($L < 10\text{km}$)内连接大量用户的互联系统。其特点是网络内各用户可以随机地接入。由于传输距离较短,使用光纤的目的主要是发挥光纤的带宽优势。局域网可应用于小到一架飞机或办公楼,大到一个矿区或更大范围中的数据通信,是应用最广泛的一种网络形式。

为了保证网内各用户可以随机接入进行稳定的通信,必须建立相应结构环境中的协议或规则。LAN 除了采用总线拓扑结构外,还采用环状和星状拓扑结构。采用总线结构的成功例子是“以太网”,它通常用于连接多台计算机和终端,工作于 10Mb/s 速率,使用具有碰撞监测的载波侦听多路存取(CSMA/CD)协议。由于以太网径小,数据量少,采用总线结构时,一般光缆较之同轴电缆没有什么优势,因而一种具有竞争力的应用方式是,以光纤 LAN 为主干网连接若干个细同轴电缆网的方案。

图 6.52 给出了 LAN 所采用的环状和星状拓扑结构。在环状结构中,点到点的连接将节点依次连接而构成一个闭合环。各节点均设有发送机-接收机对,它既可用作发射和接收数据,也可用作中继机。一个令牌(预先确定的比特率)在环内传递,每个节点均可监视比特率以监听自己的地址和接收数据。将数据挂到一个空令牌位置上也能传送信息。随着光纤分布式数据接口(Fiber Distributed Data Interface,FDDI)的出现,光纤 LAN 开始普遍采用环状拓扑结构。FDDI 采用 $1.3\mu\text{m}$ 多模光纤和基于 LED 的光发送机。工作于 100Mb/s,提供低速 LAN 互联或主计算机互联业务。环状拓扑结构,不仅可用于 LAN 的接入中继网,也可以用作中继网、干线网和远程干线网的拓扑结构。

星状拓扑结构的特点是,所有节点间的连接都要通过中心站或中枢节点。其中枢节点可以是有源的,也可以是无源的,因而它又分为有源星状网和无源星状网。在有源星状结构

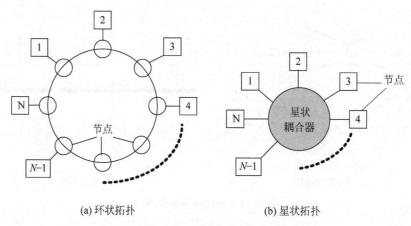

(a) 环状拓扑　　　　　　　　　(b) 星状拓扑

图 6.52　局域网拓扑结构

中,所到达的各个光信号均由光接收机转换为电信号,再将电信号分配并调制各相应节点的光发送机,即中枢节点进行电域分配,因而中枢节点也有交换功能。无源星状结构中的分配是利用星状耦合器光无源器件进行的。由于从一个节点的输入被分配到许多其他输出节点,因而传送到每个节点的功率将受用户量的限制。即与总线结构类似。只是无源星状的 LAN 可支持的用户数的变化规律不同。对于一理想的 $N \times N$ 星状耦合器,在不计传输耦合损耗时,发送功率 P_T 平均分配到 N 个用户,即到达每个节点的功率为 P_T/N,再计入星状光无源器件耦合器的插入损耗,则每个节点接收到的功率 P_N 为

$$P_\mathrm{N} = (P_\mathrm{T}/N)(1-\delta)\lg_2 N \tag{6.56}$$

其中,δ 为每个星状耦合器插入损耗。为便于比较,若仍取 $\delta = 0.05$,$P_\mathrm{T} = 1\mathrm{mW}$,$P_\mathrm{N} = 0.1\mu\mathrm{W}$,则 $N = 500$。显然,星状拓扑结构的 LAN 较之总线结构具有明显优势。

上述讨论的是单信道传输的 LAN 网络,至于多信道 LAN 问题,由于本章篇幅和内容的限制,本节不再涉及。

6.6.2　工作波长和系统的限制

前面已经指出,光纤的损耗和色散是光纤通信系统设计必须考虑的重要因素,而损耗和色散特性与光纤工作波长有关。因而工作波长的选择就成了系统设计的主要问题。下面将分别讨论在不同波长上,点对点光纤传输系统的码速率 B 和传输距离 L 所受到的限制。

1. 损耗限制系统

只要不是短程点对点通信系统,光纤的损耗(包括传输和连接损耗)在系统设计中必须考虑。设光发送机发出的最大平均功率为 $\overline{P}_\mathrm{R}$,光接收机的灵敏度为 P_R,则最大传输距离 L 为

$$L = \frac{10}{\alpha}\lg\left(\frac{P_\mathrm{T}}{P_\mathrm{R}}\right) \tag{6.57}$$

由于光接收机灵敏度 $\overline{P}_\mathrm{R}$ 随码速率 B 线性变化,即 $\overline{P}_\mathrm{R} = N_\mathrm{p}h\upsilon B$,因而在给定工作波长下 L 随 B 增加呈对数关系降低。

图 6.53 给出了 $\lambda = 0.85\mu\mathrm{m}$、$1.3\mu\mathrm{m}$、$1.55\mu\mathrm{m}$ 3 个通用工作波长处 L 随 B 变化曲线。计算中,相应的 $\alpha = 2.5\mathrm{dB/km}$、$0.4\mathrm{dB/km}$ 和 $0.25\mathrm{dB/km}$;3 个工作波长的光发送功率均为

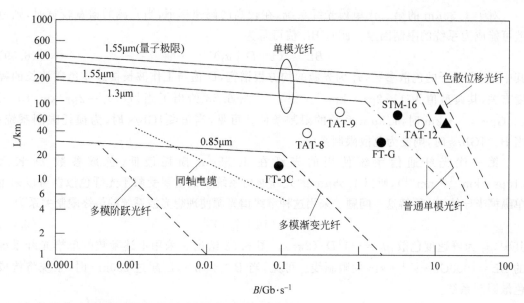

实线为损耗限制系统，虚线为色散限制系统

● 实际陆地商用光缆系统

○ 两条横越大西洋的海底光缆系统

▲ 采用色散位移光纤的 $1.55\mu m$，$B \geqslant 10Gb/s$ 的实验系统

图 6.53　各种光纤传输距离 L 随码速率 B 的关系

$\overline{P}_T = 1mW$，光接收机所要求的平均光子数分别为 $\overline{N}_P = 300$、500、500 个。工作于 $0.85\mu m$ 系统，由于损耗最大，L 限制在 $10 \sim 30km$，具体依比特率的高低而定；工作于 $1.55\mu m$ 的系统损耗最小，L 可超过 $200km$。

为了说明问题，图 6.53 中还给出了同轴电缆和 $0.85\mu m$ 多模光纤系统的 $L \sim B$ 关系。只有当 $B > 10Mb/s$ 时，相应光波长系统才开始显出优势。另外，利用光纤放大器可以在一定程度上克服损耗对传输距离的限制，除作为光中继器外，光放大器还可以作为光发送机的后置功率提升放大器或作为光接收机的前置放大器，延长系统的传输距离。

2. 色散限制系统

已经指出，光纤色散导致的光脉冲展宽构成了对系统 BL 的限制，当色散限制的传输距离 L 小于上述损耗限制的传输距离时，系统为色散限制系统。图 6.53 中用倾斜虚线给出了色散限制传输距离随比特率 B 的变化，可见它随不同的工作波长而异。

对于工作于 $\lambda = 0.85\mu m$ 的光纤通信系统，为了降低成本，一般采用多模光纤。已经指出，对 SI 多模光纤，$BL < C/(2n_1\Delta)$，当 $n_1 = 1.46\Delta = 0.01$ 时，即使是工作于 $1Mb/s$ 以下的低码率下，其 L 值也被限制在 $10km$ 以内，因而除短距离的数据传输外，基本上不采用 SI 多模光纤。如果采用 GI 多模光纤则可大大提高 BL。当折射率分布指数 $g = g_{opt}$ 时，近似有下面关系：

$$BL < 8C/(n_1\Delta^2) \tag{6.58}$$

这时，即使速率高达 $100Mb/s$ 的系统，也为损耗限制系统。损耗限制这种系统的 BL 值约为 $7Gb \cdot s^{-1} \cdot km$。

对于 $1.33\mu m$ 的第二代单模光纤系统,在较高的码速率下,当光源的谱宽较宽时,则色散可能成为系统的限制因素。此时 BL 值可写为

$$BL \leqslant (4 \mid D \mid \sigma_\lambda)^{-1} \tag{6.59}$$

其中,D 为光纤的色散参数,σ_λ 为光源的均方根谱宽,D 值与工作波长接近零色散波长的程度有关,其典型值为 $1 \sim 2ps \cdot km^{-1} \cdot nm^{-1}$。图 6.53 给出了当 $\mid D \mid \sigma_\lambda = 2ps/km$,$BL \leqslant 125Gp \cdot s^{-1} \cdot km$ 时,$1.3\mu m$ 系统的限制条件。可见,当 $B \leqslant 1Gb/s$ 时,为损耗限制系统;当 $B \geqslant 1Gb/s$ 时,则变为色散限制系统。

第三代光纤通信系统使用的光纤在 $1.55\mu m$ 损耗最低,色散参数 D 较大($15ps \cdot km^{-1} \cdot nm^{-1}$),所以 $1.55\mu m$ 的光纤通信系统参数主要受限于光纤色散。可以采用单纵模半导体 LD 缓解这一问题。采用这种窄线谱光源使理想光波系统的最终限制关系为

$$B^2 L < (16 \mid \beta_2 \mid)^{-1} \tag{6.60}$$

其中,β_2 为群速度色散,$\beta_2 = -\lambda^2 D/(2\pi c)$。图 6.53 给出了采用上述参数的单模光纤系统的 $BL = 4000Gb \cdot s^{-1} \cdot km$ 的限制线。可见,当 $B > 4Gb/s$,L 超过 $250km$ 时,系统将构成色散限制系统。

事实上,由直接调制产生的光源频率啁啾引起的脉冲频谱展宽,将加速色散限制,使 BL 值限制为 $BL < 150Gb \cdot s^{-1} \cdot km$(取 $\sigma_\lambda = 0.1nm$)。因此,对 $B = 2Gb/s$ 的系统,传输距离 L 也不超过 $75km$。

当采用色散位移光纤(Dispersion Shifted Fiber,DSF)时,可大大减轻光源啁啾所导致的限制。图 6.53 中也给出了 $\mid D \mid = 1.6ps \cdot km^{-1} \cdot nm^{-1}$ 时的系统限制线。在 $L = 80km$ 时,B 可达 $20Gb/s$。当 λ 接近零色散波长时,$\mid D \mid$ 可进一步减小,BL 可进一步提高。另外,由于半导体光源为负啁啾,当采用予啁啾补偿技术时,BL 还可进一步提高。

6.6.3 系统设计

上面讨论了光纤的损耗和色散对系统 BL 的限制,并在图 6.53 上用限制线标出了系统设计参考界限。在光纤通信系统的实际设计中,尚需考虑许多其他问题,例如,工作波长、光源、光纤检测器及各种光无源器件的选择,各部件的兼容性、性能价格比、系统的可靠性及扩容方便性等。下面仅从功率和带宽估算方面讨论系统的设计过程。

在系统性能指标误码率 P_e(一般为 10^{-9})满足要求的条件下,系统的传输距离 L 和比特率 B 是首先应确定的技术指标,出发点是使系统的成本降至最低。一般来说,$0.85\mu m$ 的系统成本最低,随着波长向 $1.3 \sim 1.6\mu m$ 移动,成本将会增加。对于多数 LAN 等 $B \leqslant 100Mb/s$,$L < 20km$ 的系统,工作在 $0.85\mu m$ 附近是一种合理的选择;而对 $B > 200Mb/s$ 的远距离传输,则应选择 $1.3 \sim 1.6\mu m$ 波长系统。

1. 系统功率估算

功率估算的目的是确保系统在整个寿命期间有足够光信号功率,以保持稳定可靠的通信。若 $\overline{P}_T$、$\overline{P}_R$ 用 dBm 表示,以 L_A 为信道的总损耗,M_S 为系统富余量,用 dB 表示,则功率估算可表示为

$$\overline{P}_T = \overline{P}_R + L_A + M_S \tag{6.61}$$

系统留有一定的富余量 M_S,是考虑到系统内元器件性能退化和不可预见因素,所引起接收机灵敏度降低的预防措施,一般 $M_S = 6 \sim 8dB$。信道总损耗 L_A 应包括光纤吸收损耗($L_f =$

$\alpha_f L$)等,及各种连接损耗 L_{con}。

在系统元、部件选定后,可按式(6.57)估算最大传输距离。例如设计一速率 $B=50$Mb/s,$L=8$km 的系统。由图 6.53 可知,为了降低成本,系统应选择 $\lambda=0.85\mu m$ 的 GI 多模光纤;光发送机的光源可选用 GaASLD 或 LED;接收机的光检测器可选用 PIN 或 APD,一般应优先考虑 PIN。目前 PIN 检测器在 $\overline{N}_P=5000hv/b$ 条件下,可达到 $P_e=10^{-9}$。于是,由 $\overline{P}_R=N_p hvB$;当选用 LD 光发送机时,一般取 $\overline{P}_T=1$mW,而对于 LED,$\overline{P}_T=50\mu W$,下面将估算结果列表 6.5 给出。

表 6.5 点对点系统功率估算举例

光源	参 数						
	$\overline{P}_T$/dBm	$\overline{P}_R$/dBm	M_s/dB	L_{con}/dB	L_A/dB	L/km	α_f/(dB/km)
LD	0	-42	6	2	36	9.7	3.5
LED	-13	-42	6	2	23	6	3.5

由式(6.61)计算结果可见,只有采用 LD 光源才能满足 8km 传输距离的要求。如果用 APD 代替 PIN,$\overline{P}_R$ 可减小 7dB,则选用 LED 作光源即可。因而,该系统是采用 LD 和 PIN 组合,还是采用 LED 和 APD 组合应视成本而定。

另外,还应该指出,随着科学技术的发展以及系统不断推广应用,各种光器件价格在不断变化,例如目前单模光纤的售价已相当或低于多模光纤,因而系统的设计方案应视形势和大趋势而变。这里只是提供一个例子而已。

2. 系统带宽的估算

已经知道,系统能传输的码速率由系统的带宽决定,因而系统带宽的估算十分重要。而系统带宽与系统总响应时间(由系统各部件响应时间决定)有关,系统的响应时间越短,则系统带宽越宽。而线性系统的响应时间由其上升时间来表示。

对于线性系统,其上升时间定义为,当系统输入一阶跃信号时,其输出幅度值由 10% 上升到 90% 的时间,一般用 T_r 表示。而线性系统的带宽 Δf 与上升时间 T_r 成反比。例如,对 RC 电路的线性系统,有

$$T_r = \frac{0.35}{\Delta f} \tag{6.62}$$

然而,不是所有线性系统的 T_r、Δf 之积均为 0.35,对于光纤通信系统,其带宽与码速率的关系随选用的码型而异。对于归零码,$\Delta f=B$,$T_r B=0.35$,而对于非归零码,$\Delta f=B/2$,$T_r B=0.7$,因而上升时间的容限分别为

$$T_r = \begin{cases} 0.35/B & \text{归零码} \\ 0.7/B & \text{非归零码} \end{cases} \tag{6.63}$$

光纤通信系统的总上升时间由光纤、光发送机和光接收机的三部分上升时间决定。设光发送机、光纤、光接收机的上升时间分别为 T_{tr}、T_{fr}、T_{rr},则系统总上升时间可表示为

$$T_r^2 = T_{tr}^2 + T_{fr}^2 + T_{rr}^2 \tag{6.64}$$

一般光发送机和接收机的上升时间是可以预知的。前者主要由驱动电路的电子元器件和与光源相关的电路参数决定,对 LED 发送机,T_{tr} 为几十纳秒,对 LD 发送机,$T_{tr} \approx$

0.1ns；而后者主要由接收机前端 3dB 带宽决定。光纤的上升时间 T_{fr} 主要由其色散决定，包括模式色散和材料色散时延展宽，可表示为

$$T_{fr}^2 = T_{mr}^2 + T_{nr}^2 \qquad (6.65)$$

对单模光纤 $T_{fr} = T_{nr}$；对 SI 多模光纤近似有

$$T_{mr} \approx \frac{n_1 \Delta}{c} L \qquad (6.66)$$

对 GI 多模光纤可表示为

$$T_{mr} \approx \frac{n_1 \Delta^2}{8c} L \qquad (6.67)$$

材料色散可表示为

$$T_{nr} \approx |D| L \Delta\lambda \qquad (6.68)$$

其中，$\Delta\lambda$ 为光源谱线宽。当链路由具有不同色散参数 D 的光纤链路连接而成时，D 应取各段光纤 D 参数的平均值。

例如，对码速率 B 为 1Gb/s，传输距离为 50km 的 $1.3\mu m$ 单模光纤系统，若发送机上升时间 $T_{tr} = 0.25ns$，接收机上升时间 $T_{rr} = 0.35ns$，$\Delta\lambda = 3nm$，在 $\lambda = 1.3\mu m$ 处 $D \approx 2ps \cdot km^{-1} \cdot nm^{-1}$，则由式(6.68)可计算出 $T_n = 0.3ps$，因而对单模光纤 $T_{fr} = 0.3ps$，于是可估算出 $T_r = 0.524ns$，这时，当系统采用归零码型时，系统无法工作于 1Gb/s；当采用非归零码形时，在 $B = 1Gb/s$ 时，系统能够正常工作。显然，采用非归零码型在相同码速率条件下对系统响应时间 T_r 或带宽要求较低，因而应用较为普遍。但若系统指定采用归零码型，则应按允许的上升时间重新选择光发送机和光接收机。

在系统码速率 $B < 100Mb/s$ 时，只要系统的总响应时间 T_r 满足要求，则大多数光纤通信系统是受损耗而非色散限制的；但是，当 $B > 500Mb/s$ 时，光纤色散开始占支配地位，尤其是当光接收机性能受到与色散相关的因素影响时，其灵敏度将会降低，将导致系统功率估算的 $\overline{P}_T$ 变大，称为功率代价。引起接收机灵敏度降低的因素有消光比、模式噪声、脉冲色散展宽、模分配噪声、LD 的频率啁啾及光反射噪声、码间干扰等。因此，为了防止引起过大的功率代价必须对上述因素提出限制，这些内容由于篇幅所限，此处不再涉及，感兴趣的读者可参考相关资料文献。

6.7　光纤通信技术介绍

光纤通信由于其众多的优点和强大的生命力而发展十分迅速，新技术不断出现。近年来，随着密集波分复用 DWDM 和 EDFA 的快速实用化，它一方面为高码速、多信道、大容量、长距离的信息传输提供了可靠的途径，另一方面也为发展以波长选路为基本方式的全光网提供了可能。另外，随着人们对光纤色散和光纤非线性的研究，光孤子技术也成为发展高码速、大容量、远距离信息传输的可供选择的方案。与此同时，人们一直在寻求超低耗光纤的研究，以延长光纤通信距离。本节就以多信道通信、光孤子通信、超长波光纤通信、全光通信网为线索，简单介绍有重要发展前景的一些新技术，以期引起光纤通信初学者的关注。

6.7.1　多信道通信

众所周知，常规石英单模光纤在 $1.55\mu m$ 波段即可提供 25THz 的低耗窗口，但是由于光

纤色散的存在和电子器件的极限响应速度(仅为 40Gb/s)的限制,仅靠单路高速信道只能利用光纤低耗带宽的很少一部分,为了充分利用光纤的巨量带宽,只能依靠多信道通信系统。

所谓多信道通信,实际上是根据光信道通信的特点,仿着电通信中的 FDM 或 WDM、TDM、CDM 和 SDM 等的概念,发展相应的光通信复用技术。显然,在这里信道的含义分别是指波长域(或频域)、时间域、空间域和码集域等。

下面简单介绍一些有关多信道通信的概念和相关技术思想。

1. 高密度多波复用(HD-WDM)

多波复用(WDM)和掺铒光放大器(EDFA)是 20 世纪 90 年代为了满足人们话音业务、数据业务(电子邮件、传真、电视等)及互联网业务的迅猛增长而发展起来的一种光纤通信技术。WDM 是将多路载荷光载波复用在一根光纤中一同传输,以扩大传输容量;而 EDFA 是一种宽带光放大器,它在一定程度上可以代替再生中继器,扩大光纤通信的中继距离,如图 6.54 所示。

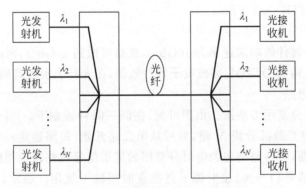

图 6.54 多信道点对点 WDM 系统

而本节提到的 HD-WDM 则是多信道通信的一个发展方向。实际上,它与密集多波复用(DWDM)和上述 WDM 并无本质区别,只是光波长的复用间隔(即密度)不同而已。相邻信道波长间隔大于 1nm 称为一般 WDM;当复用信道的相邻波长间隔小于 0.8nm(即 100GHz)而大于 0.08nm(10GHz)时称为密集多波复用(DWDM)。由于这时相邻波长间隔较大,采用一般的 IM-DD 技术和一般的耦合器与光学滤波器组合,以及选择性较高的光栅解复用器即可分别完成解复用。而对 HD-WDM,由于相邻信道间隔已小至几个吉赫兹(所以又称为 OFDM),这时需要采用波长(或频率)选择性更高的波导阵列光栅或可调的相干检测技术在电域上实现解复用。这样在一根光纤中可以传输几百到上千个信道,可以充分利用和发掘光纤的带宽潜力。

相干光检测属于相干光通信范畴,相干光通信(相干光调制/相干光检测)思想早在 20 世纪 60 年代就已提出,只是随着光纤通信的发展,人们对光纤通信容量、质量要求越来越高,直到 70 年代末又重新提出来进行研究。在光纤通信中充分利用光源的相干性,在发端采用先进的数字调制技术如 ASK、FSK、PSK,将基带信号调制于强相干光载波,而在接收端利用强相干光作为本振光源,利用外差接收技术或零差技术实现信号的接收解调。该技术的优点是充分利用光的相干性,可将系统灵敏度相对于 IM-DD 系统提高 6~26dB(具体与调制方式和器件水平有关),因而它对扩大光纤通信中继距离,并提高其通信质量具有重要的意义。但是随着 20 世纪 80 年代末 EDFA 的研制成功,WDM+EDFA 技术在一定程度上同样可以带来相干光通信的效益,加之相干光通信对光器件性能(主要是光相干性及偏振匹配等问题)要求严、技术实现难度大、成本高,因而又延缓了人们对相干光通信需要的迫切性。随着近年来 HD-WDM 的提出,复用信道波长间隔的大大减小,对光解复用器选择性的要求越来越高,而仅靠光器件难以胜任,才又提出相干光检测技术,利用电域器件选择频带窄的特点而将光域解复用转换到电域上以实现解复用(其中频一般选为 200MHz～2GHz)。当然,相干光通信的上述问题仍然存在,但是随着光纤通信的不断发展,光器件技术水平的不断提高,上述问题正在一步步得到解决。

HD-WDM 或 OFDM 系统根据通信形式可分为 3 类,即点对点通信、广播网和光局域网。下面仅举点对点 OFDM 通信实验系统的例子,如日本 NTT 公司 100 信道 OFDM 实验系统,其工作波长范围为 1548～1556nm,信道间隔为 10GHz,采用 FSK 调制;各信道传输速率相同,均为 622Mb/s,采用两个再生中继器,中间插 6 个 EDFA,相邻 EDFA 间距大于 50km;接收端采用光鉴频器直接光检测,利用调谐光滤波器作信道选择器件。系统总的等效 BL 超过了 300Tb·s^{-1}·km。

2. 光时分复用

目前,一般电子器件的响应速率为 10Gb/s,最高可做到 20Gb/s,因而利用电通信 TDM 的思想,在光波长上构成 OTDM,突破电子器件瓶颈,在光纤上实现高码速、大容量的通信,是一个完全正确的思路。

图 6.55 为光时分复用方块图。由图可见,在同一时钟控制下,一个光脉冲发生器通过 $1 \times N$ 无源耦合器将光载波分成 N 路,然后从第二路开始,每路递延一个时隙 τ,然后通过各路相应的光调制器,将各路待传的电时分复用的基带信号调制在各相应的光载波上,最后经光合路器将各路信号($1 \sim N$)按时隙 τ 逐次在时间轴上复用。通常,光复用可以是无源的,一般采用光定向耦合器;也可以是有源的,一般采用光交换器件。

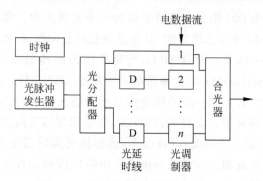

图 6.55　光时分复用系统的复用过程

日本 NTT 公司采用一个超连续(带宽大于 200nm)WDM 光源,成功地在 40km 色散位移光纤上进行了 10 信道,总容量为 1Tb/s(100Gb/s×10)的 OTDM/WDM 的实验,结果证明 OTDM 是可行的。

一个可行的光时分复用通信系统,应该成功地解决超短光脉冲的产生与调制技术、全光时分复用/解复用技术、光定时提取技术及相应的有源和无源光器件。

3. 光码分复用

关于光纤通信的 CDMA 技术的研究始于 20 世纪 80 年代中期。研究发现,由于光纤频带很宽,很适合作为 OCDM 的传输线路。另外,由于光子器件速率响应很快,可使用光学处理的方法实现信息和数据的扩频调制和解调,因而 OCDM 技术在光纤通信中具有更高的复用能力和通信容量。

与 CDM 电通信一样,OCDM 也属于一种扩频通信技术。原理上它是将信息数据用伪随机码(扩频序列)调制,即将原信息信号频谱弥散到一个较宽的频谱范围内以实现频谱扩展,然后再对光载波进行调制,最后送入光纤传输,接收端再进行相应解调或解扩和相应处理,压缩信号频谱,恢复出原始信息数据。由于它在同一波长(或频率)信道内允许不同的扩频序列调制的信息数据同时传输,因而又称为码分复用技术。

频率跳变的 OCDM 技术属于 OCDM 技术的一种。其原理是将一种微波副载波频率跳变,再对光载波调制,即利用副载波复用(SCM)技术进行光纤传输。由于其编解码都在电域上完成,技术成熟,曾在光纤局域网中进行了成功的实验。但总的看来,OCDM 技术尚不成熟,正处于发展之中。

上面介绍了多信道通信的 WDM、OTDM 和 OCDM 等,原则上讲,3 种多信道方式和电域上一样,各有优缺点,它们也可结合使用,例如 OTDM/WDM,这样会更充分地使用光纤的带宽。而对于 OSDM,由于研究工作进程上的差距,此处不再赘述。

6.7.2 光孤子通信

光纤的色散会使光脉冲展宽,因而在大容量的光纤通信中,色散是限制光纤传输距离和容量的一个重要因素。另外,经研究发现,光纤在大功率光源输入作用下会产生非线性,导致脉冲前沿速度变慢,后沿速度变快,即所谓"自相位调制",其结果是光脉冲变窄。因而在光纤的反常色散区,如果适当地利用光纤的上述两种效应,使之保持平衡,则一定峰值功率和形状的光脉冲在传输过程中可以保持其形状和宽度不变。如果光纤无损耗,则可传输至无限远,因而称为光孤子。图 6.56 给出了光纤中传输的基本孤子波形,显然,利用光孤子可实现远距离、超大容量的光纤通信。孤子通信还具有抗干扰能力强、能抑制偏振模色散等优点。

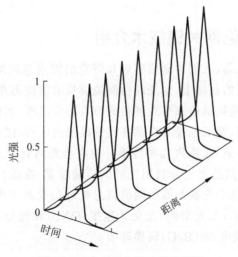

图 6.56 基本孤立子的传输波形

长距离光孤子传输系统一般由光孤子源、孤子能量补偿放大器和光孤子脉冲信号检测、接收单元等 4 个基本功能单元组成。近年来,人们在光孤子通信方面做了大量的工作,使其向实用化方向迈进了一大步。例如,1998 年 KDD 实验室成功地研制了电吸收外调制器光孤子源,最高重复频率可达 20GHz,并利用 DSF/DCF 光纤组合成功地进行了 8×20Gb/s 及 40Gb/s 的长距离光孤子实验(最远传输达 8600km);就在同一年,NTT 公司也成功地进行了 8×20Gb/s 传输距离 10 000km 的光孤子实验。这些实验一方面显示了近年来人们在光孤子通信系统研究方面取得的新进展;另一方面进一步证明了光纤光孤子通信系统用于高速、长距离通信的巨大潜力。

6.7.3　超长波红外光纤通信

通信距离和码速乘积是衡量光纤通信系统性能指标的重要参量,而通信距离的长短除了与光纤色散及采用的色散补偿技术有关外,光纤损耗特性也是关键性的因素。显然,光纤的损耗越低,在码速率一定的条件下,其无中继距离就越远。事实上,对 SiO_2 光纤而言,经过人们多年的努力,其材料提纯及制纤工艺已很完善,光纤的损耗特性在波长 $1.55\mu m$ 上已经接近其最低损耗的理论极限。因而欲寻求更低损耗的光纤,只能开展对新的光纤材料的研究。

经过多年的研究发现,一些材料在波长 $2\mu m$ 以上的窗口上存在超低耗谱区,由于处于超长波红外区,所以又称为超长波红外光纤。人们把利用这种光纤实现通信称为超长波红外光纤通信。这种红外光纤材料有两大类,即非石英的玻璃材料和结晶材料,如氟化物玻璃和卤化物结晶材料。理论上,这两种材料的光纤传输损耗可分别达到 10^{-3}dB/km 和 10^{-4}dB/km 量级。从研制情况看,目前氟化物玻璃 ZrF_4 进展较好,在 $2.3\mu m$ 波长上的损耗为 0.02dB/km。当然要达到预定要求,除需要解决红外光纤的材料提纯,提高制纤工艺,继续降低光纤的损耗外,还需要解决光纤的低色散、机械特性和温度特性等问题。

如果这种超长波红外光纤真正实现 10^{-3}dB/km 左右的超低损耗特性,那么光纤通信的中继距离可达到 1000~50 000km,这对于海底光缆通信和全球范围内无中继光纤通信的实现,是至关重要的。

6.7.4　全光通信网关键技术介绍

随着信息化社会的来临,人们对通信容量和带宽的需求急剧增长,因而 20 世纪末在光纤通信各项技术不断发展的基础上,全光通信网关键技术被提出并得到迅速发展。

所谓全光网,理论上是指从信源节点到目的节点的全过程,如传输、放大、中继、光存储、上/下载"话路"、分插复用、交叉连接等全部在光频范围内进行,摆脱电子器件瓶颈和经典信道限制,实现高速、超大容量、长距离透明传输。构成全光网有两大主要组成部分:一是传输;二是交换。多信道通信技术充分利用光纤的传输带宽,在提高码速率上已经突破了电子器件的瓶颈限制,但是电子交换和通信网的信息处理仍受到了电子速率极限的制约。为此,人们开始研究光子技术,如光交换、光交叉连接(OXC)和光分叉复用(OADM)等技术,以尽量减少光-电(O/E)或电-光(E/O)转换环节。

1. 光交换

相应于光信号的 3 种分割复用方式:时分、空分和波分,也存在着 3 种光交换,可以分别完成空分信道、时分信道和波分信道的交换,以及由它们组成的复合光交换方式。

1) 空分光交换

空分光交换是在空间域上进行的各路光信号之间有序交换,空间光开关是完成光交换的基本功能元件。它可以直接构成空间光交换单元,也可以与其他功能开关一起构成时分光交换单元和波分光交换单元。

空间光开关可以分为光纤型和自由空间型两种,前者又分为波导型光开关、门型光开关、机械型光开关和热光开关等4种实现方案。它们的基本特征是有两条输入光纤和两条输出光纤,通过某种控制方式,以实现光空间通道上的平行连接和交叉连接。图6.57(a)、(b)仅给出一种LiNbO₃定向耦合器构成的波导型光开关。它由外部控制波导的折射率,利用光电效应或热光效应选择光路即输出波导。

由若干2×2基本光开关和1×2光开关也可构成大型空分交换单元。

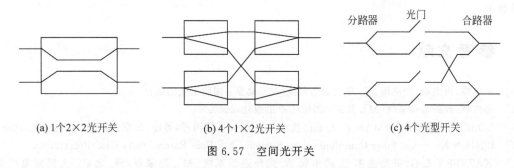

(a) 1个2×2光开关　　　　(b) 4个1×2光开关　　　　(c) 4个光型开关

图 6.57　空间光开关

2) 时分光交换

时分交换就是在时间轴上将复用的光信号的时间位置 t_i 转换为另一时间位置 t_j。它是解决通信网中时分复用的重要手段。若时分复用的光信号每帧 T 个时隙,每个时隙就表示一个信道,根据时分复用的需要,它可以将输入的某一光信道的信号转换到任一输出的光信道(时隙)上去。

时隙交换器是完成时分交换的重要器件,而光缓存器又是构成光时隙交换的重要器件。光纤延迟线是比较适用于时隙交换的光缓存器,光信号需要延迟几个时隙,只要让它经过几个单位长度的光纤延迟线就行了。因而目前的时隙交换器都是由空间光开关和一组光纤延迟线组成,空间光开关每个时隙改变一次状态把时分复用的信道在空间上分割开,然后,每一个信道(时隙)分别延迟后,再复用到一起输出。

图6.58给出一种时隙交换器原理图。它由 $1×T$ 和 $T×1$ 两个空间光开关和 T 条不同长度的光纤延迟线构成。它通过光时分信号的解复用,依序分别时间延迟,再时分复用完成各信道间的时分交换。

3) 波分光交换

波分光交换就是将波分复用的信号中任一波长 λ_i 变换到另一波长 λ_j。它是实现波分复用的关键步骤。与时分交换类似,波分光交换也是首先利用波分解复用器将波分信道进行空间分割,然后对每一波长信道分别进行波长变换(W/C),最后再将它们复用起来输出。

如前所述,若将上述几种交换方式适当组合,可以构

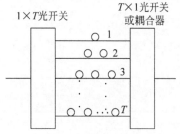

图 6.58　时隙交换器原理图

成不同的复合光交换方式。

2. 光交叉连接器

光交叉连接器（OXC）是全光网最重要的网络部件，OADM 可视为 OXC 功能的简化。OXC 可完成光通道的交叉连接和本地上、下路两个主要功能。OXC 的节点结构有基于光交换的 OXC 结构和基于波长变换的 OXC 结构，前者由波分解复用器、空间光开关矩阵和波分复用器等器件构成，而后者可以利用间隔阵列波导光栅复用器将多级波长变换器级联构成，以实现光波长域上的光通道交叉连接。

3. 全光波长变换器

光波长变换器是全光网中实现虚波长通道的重要器件。而光波长变换器可以利用半导体激光放大器非线性效应如交叉增益调制、交叉相位调制和四波混频等实现。由上可知，这种器件是构成基于波长变换的 OXC 的重要器件，它支持有限的光波长资源，以提高波长重用效率。

参考文献

[1] 牛忠霞,冉崇森,刘洛琨,等.现代通信系统[M].北京:国防工业出版社,2003.

[2] 杨祥林.光纤通信系统[M].北京:国防工业出版社,2000.

[3] ROBERT M G. SHERMAN K.光通信技术与应用[M].陈根祥,等译.北京:电子工业出版社,1998.

[4] BINH N L. Optical Fiber Communications Systems[M]. Boca Raton,USA:CRC Press,2010.

[5] KAZVSKY L G,贝勒迪多 S,威尔勒 A.光纤通信系统[M].张肇议,译.北京:人民邮电出版社,1999.

[6] 刘增基,等.光纤通信[M].西安:西安电子科技大学出版社,2001.

[7] 赵梓森,等.光纤通信工程[M].北京:人民邮电出版社,1993.

[8] 高炜烈.光纤通信原理[M].北京:人民邮电出版社,1994.

[9] Michael B.光纤通信——通信用光纤、器件和系统[M].胡志先,等译.北京:人民邮电出版社,2004.

[10] 王秉钧,等.光纤通信系统[M].北京:电子工业出版社,2004.

[11] 李玲,等.光纤通信基础[M].北京:国防工业出版社,2001.

图书资源支持

感谢您一直以来对清华版图书的支持和爱护。为了配合本书的使用,本书提供配套的资源,有需求的读者请扫描下方的"书圈"微信公众号二维码,在图书专区下载,也可以拨打电话或发送电子邮件咨询。

如果您在使用本书的过程中遇到了什么问题,或者有相关图书出版计划,也请您发邮件告诉我们,以便我们更好地为您服务。

我们的联系方式:

地　　址:北京市海淀区双清路学研大厦 A 座 714

邮　　编:100084

电　　话:010-83470236　010-83470237

客服邮箱:2301891038@qq.com

QQ:2301891038(请写明您的单位和姓名)

资源下载:关注公众号"书圈"下载配套资源。

资源下载、样书申请

书圈

获取最新书目

观看课程直播